王天威 编著

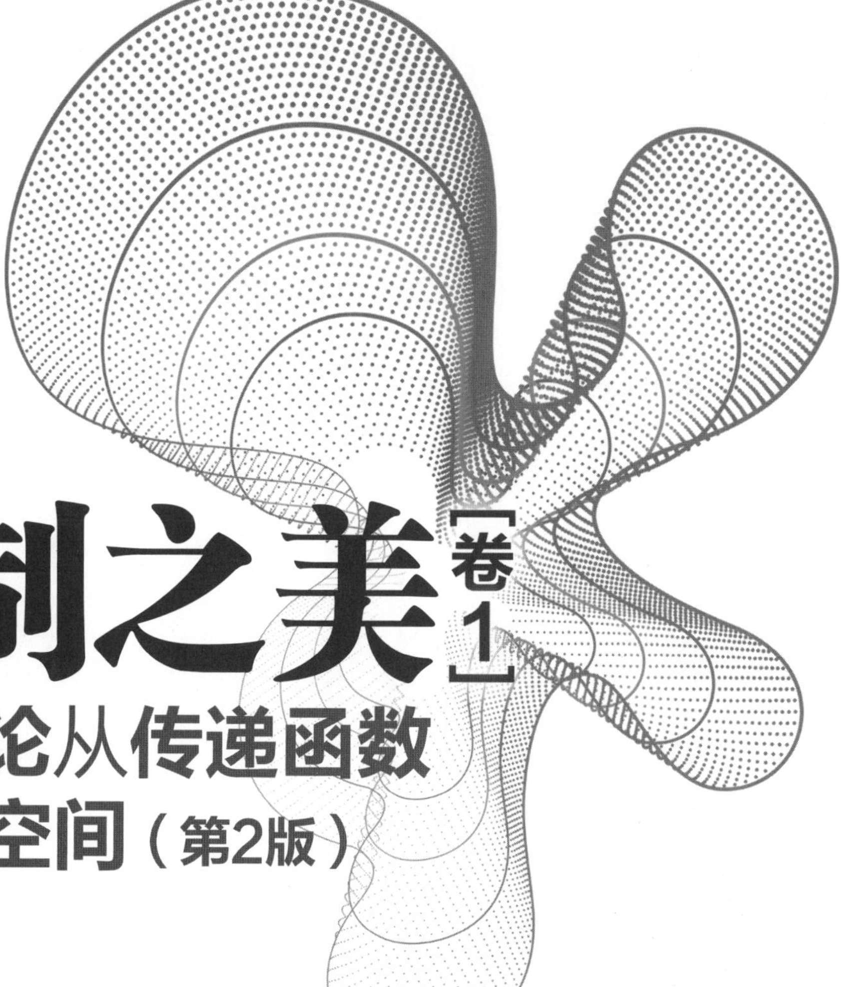

控制之美 卷1

控制理论从传递函数到状态空间（第2版）

Beauty of Control Systems

From Transfer Function to State Space Representation 2nd edition

清華大学出版社
北京

内 容 简 介

本书涵盖动态系统分析、经典控制理论与现代控制理论的核心基础内容。其中，经典控制理论以拉普拉斯变换为数学工具，通过传递函数分析系统的表现并进行控制器的设计；现代控制理论以状态空间方程为研究对象，以微分方程和线性代数为数学工具，从时域的角度分析系统的表现并设计系统的控制器。本书在多个章节对比讲解两种理论之间的区别与联系。

本书的目标是以简单的语言讲述复杂的知识，希望本书可以引起读者对控制理论的兴趣，并掌握控制理论的核心精神所在，为未来深入学习其他相关知识打下基础。同时，本书的"实战性"很强，大部分章节以一个实际例子入手，从开发者的角度展开分析并引出知识点。本书的多个章节有案例分析，并对结果与讨论部分进行了详细的讲解，这部分内容将为读者的论文写作及科研分析提供思路。

本书适合自动化专业的本科生或研究生、相关领域的科研人员使用，尤其适合准备研究生复试的学生使用。

图书在版编目(CIP)数据

控制之美. 卷 1，控制理论从传递函数到状态空间 / 王天威编著. -- 2 版.
北京 ：清华大学出版社，2024. 9. -- ISBN 978-7-302-67429-0

Ⅰ. TP13

中国国家版本馆 CIP 数据核字第 2024MU9710 号

责任编辑：杨迪娜
封面设计：徐　超
责任校对：李建庄
责任印制：沈　露

出版发行：清华大学出版社
网　　址：https://www.tup.com.cn，https://www.wqxuetang.com
地　　址：北京清华大学学研大厦 A 座　　**邮　　编**：100084
社 总 机：010-83470000　　**邮　　购**：010-62786544
投稿与读者服务：010-62776969，c-service@tup.tsinghua.edu.cn
质量反馈：010-62772015，zhiliang@tup.tsinghua.edu.cn
课件下载：https://www.tup.com.cn,010-83470236
印 装 者：涿州汇美亿浓印刷有限公司
经　　销：全国新华书店
开　　本：185mm×260mm　　**印　　张**：13.75　　**字　　数**：333 千字
版　　次：2022 年 7 月第 1 版　　2024 年 10 月第 2 版　　**印　　次**：2024 年 10 月第1 次印刷
定　　价：79.00 元

产品编号：108565-01

谨以此书致我的父亲王翼清

第2版前言

PREFACE

《控制之美(卷1)——控制理论从传递函数到状态空间》(以下简称卷1)自2022年6月问世以来，深受读者的支持与喜爱，销量远超预期，并被评选为清华大学出版社2022年度的十佳好书。作为我的第一部作品，这样的成就令我感到无比荣幸和感激。然而，回顾初版的写作过程，我发现了许多不够成熟的地方以及可以改进的空间。在过去的两年里，我在编写《控制之美(卷2)——最优化控制MPC与卡尔曼滤波器》(以下简称卷2)的过程中积累了更多经验，并逐渐完善了图书的风格和内容。为了使卷1和卷2在风格上保持一致，我决定对卷1进行全面的改版。作者和UP主的双重身份让我能够更加直接地与读者进行交流和互动，这种互动模式使得我能够更加及时地对内容做出调整和改进。这次的改版不仅是为了提升卷1的整体质量，更是为了响应读者提供的大量反馈、建议与意见。

《控制之美(卷1)——控制理论从传递函数到状态空间(第2版)》延续第1版的写作风格，继续追求以简单的语言讲述复杂的知识，同时强调知识点之间的内在联系。例如，我在新增的内容中将基于频率响应的控制器设计与根轨迹结合，将观测器设计与滤波器结合，通过不同的角度与思路讲解PI控制器，以便读者能够更全面地理解和应用这些概念。在第2版中，我对内容进行了多方面的扩展和优化，新增内容具体如下。

(1) **第2章**：增加流体系统动态方程建模的例子。

(2) **第4章**：新增以流体系统为案例的直流增益概念讲解。

(3) **第7章**：增加扰动对系统的影响，以及扰动和系统叠加的概念，同时探讨了直流增益与稳态系统的关系。

(4) **第8章**：新增标准型PID控制器的介绍。

(5) **第9章**：

- 基于标准型PID设计重构9.5.2节。
- 新增9.6节，详细讨论使用频率响应设计控制器的思路。
- 新增9.7节，介绍Nyquist稳定性判据相关概念。
- 新增9.8节，介绍裕度的概念与设计思路。

(6) **第10章**：

- 重构10.4.3节和10.4.4节，增加降阶观测器的设计并讨论观测器的滤波性质。
- 新增10.5节，通过一个案例探讨观测器与控制器的结合。

(7) **代码优化**：重新制作了所有程序代码并增加了详细注释，使之更易于理解和应用。

(8) **文字修改**：对章节中的一些文字进行了修改，增加了一些解释，修改了一些错误，以使内容更加清晰和易懂。

通过这次改版，我希望能够进一步提升卷1的质量，使其更符合读者的期待和需求。感谢读者一直以来的支持与关注，也感谢大家对卷1的反馈与建议。

王天威

2024年9月

第1版前言

PREFACE

自 2017 年起，我开始以网名 DR_CAN 在哔哩哔哩网站上发表自己制作的动态系统和控制理论的视频课程。我当时的想法很简单，如果能有 50 人，也就是一个班的同学可以从我的视频中得到启发，我就心满意足了。没想到几年过去了，到本书截稿时，频道已经获得了超过 16 万人的关注以及 500 多万次的视频观看量。

在过去的几年中，我收到了大量的留言，其中有很多朋友希望我分享视频中的笔记，或者推荐一些参考书籍。也有朋友给我留言提醒，为我愤愤不平，他们发现我的视频内容被一些网友整理并发表了出来，有的加了引用，也有的直接拿来使用，甚至有些是从视频中截图直接放进自己的网文里。对于这样的行为，我并没有感到很大的冒犯，因为我讲述的这些知识都属于自动化学科中的基础知识，都是前辈科学家们的发现与创造。我所做的工作是将其中的重点与核心内容整理出来，把晦涩难懂的地方加入了我的个人理解之后，再尝试用简单易懂的方式介绍给大家。当然，这种尝试取得了很好的效果，也有越来越多的同学从中得到了启发。

在我最开始制作视频的阶段，所计划的内容并不多。但随着关注的同学越来越多，大家提出了各类的问题和有兴趣的话题。所以有很多开始时并没有计划的内容便以补丁的形式做到了视频里。这就导致了整个视频课程虽然完整，但是缺少严谨的逻辑性。而且回过头去看，我也发现了一些口误与笔误，有些例子的使用也并不是最适合的。考虑以上几点，我决定写一本可读性强、结构严谨、举例生动的书籍作为视频的深化与补充。

在编写本书时，我选择了将经典控制理论和现代控制理论的核心内容包括其中，并打破了传统教科书中将两者分离的讲解方式，重点说明两者的联系与区别。此外，我重新设计了一些贯穿章节的案例，从开发者的角度为读者深入浅出地讲解动态系统分析及控制理论中的重要概念与知识点。同时，通过案例的结果与讨论，我希望向各位读者传递科学思考的方法及思辨的精神。

最后，我要感谢清华大学出版社的杨迪娜编辑为本书的立项、编排与出版付出的辛勤劳动，同时感谢清华大学出版社对本书的支持。

感谢我的师弟黄军魁博士，他在繁忙的工作中抽出时间阅读本书的草稿，并为一些章节的写作、例子的展开、结果与讨论提供思路。同时感谢陶欣然博士对部分章节提出的修改建议。

感谢所有哔哩哔哩网站上的粉丝对我的关注、留言、提问与批评。

感谢我的母亲宋津丽对我一如既往的信任与鼓励。感谢我一岁的儿子王逸飞对我“三言两语”的支持以及带给我的无尽快乐。

最要感谢的是我的爱人王莎莎博士在我写作的过程中对家庭的奉献与付出。同时，她虽然并非本专业人士，但依然帮助我指出了稿件中的写作问题及纰漏之处。

限于本人水平，书中的缺点和不足之处在所难免，热忱欢迎各位读者批评指正。有关图书的建议和意见，请发送到以下邮箱：ydn85@sina.cn。勘误表扫描封底本书代码即可获取。

王天威

2022 年 7 月

目 录

CONTENTS

CHAPTER 1 第1章

绪　论

自动控制是现代社会不可缺少的组成部分，我们生活在被自动控制系统包围的环境中。坐在家里，新风系统会自动调节室内温度与湿度，人们喝着刚从冰箱里拿出来的冰凉可口却不结冰的饮料，坐在全自动的按摩椅上，享受着人造卫星从千里之外传送过来的球赛直播信号。与此同时，扫地机器人正在毫无怨言地打扫着房间的每一个角落。走在路上，行驶中的每一辆汽车都装配有全自动的发动机冷却系统，这套系统保障了车辆不管是在严寒的阿拉斯加还是在酷热潮湿的东南亚都可以正常运行。智能交通灯会根据路口车辆和行人的流量调整红绿灯的切换时间，最大限度地减少路上的拥堵。在智能工厂中，一台机器人正在使用视觉引导系统和精密的运动控制伺服系统将相机模组精确地组装到手机基板上，它在以人类无法达到的精度与速度重复着此项工作。在它身后有成百上千的机器人在没有人员监督的流水线上井然有序地工作着，或是装配，或是打包，或是检测。大规模的自动化控制系统为我们带来了价格低廉且优质的商品。在快递分拣中心会看到日夜不停运转的传送带、自动引导运输车和时刻闪烁的扫码器，自动化仓库控制系统在努力地保障着每一件包裹按时流向它的终点。相比于几十年前，这些自动控制的应用让我们现在的生活变得更加便利、更加美好。

在这些科技感十足的应用背后是不断发展的控制理论。控制理论本身是一门充满美感的学科，它作为一门单独的学科诞生于 20 世纪中叶。自诞生以来，这门学科就始终致力于将数学理论应用在现实生活当中。在过去的几十年中，控制理论已经发展成为一门综合性很强的学科，它涵盖了应用数学、机械电子、计算机技术和信号处理以及电气工程等。而且，每当有新的数学理论或者新的科技突破，都会很快地应用到自动控制相关的领域当中。例如，近年来高速发展的智能机器人控制、无人飞行器控制和无人驾驶等，都得益于计算机硬件的快速发展、人工智能(AI)、云计算以及神经网络算法的应用和发展。自动控制领域始终是高新技术的一块重要试验地。而且控制理论的思想也已经扩展到了很多非工程领域，例如视频网站的推送算法、生物医学系统和经济系统等，在其中都可以找到控制算法的影子。

1.1　动态系统

控制理论的研究对象是**动态系统**(Dynamic System)。动态系统是指状态随时间变化的系统，其特点为系统的**状态变量**(State Variable)是时间的函数。如图 1.1.1 所示，在光

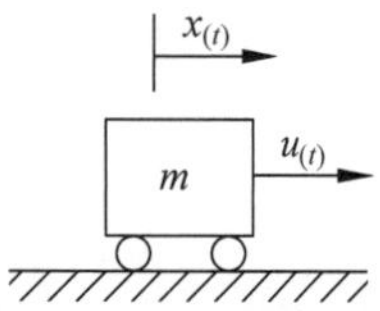

图 1.1.1 动态系统举例

滑的平面上对一辆质量为 m 的小车施加一个随时间变化的外力 $u_{(t)}$，这便构成了一个动态系统。其中，小车的位移 $x_{(t)}$ 是此系统的状态变量，它是时间的函数。它随时间的变化率是其对时间 t 的导数 $\frac{\mathrm{d}x_{(t)}}{\mathrm{d}t}$，这也代表了小车的速度。而速度随时间的变化率为 $\frac{\mathrm{d}^2x_{(t)}}{\mathrm{d}t^2}$，代表小车的加速度。根据牛顿第二定律，得到

$$u_{(t)}=m\frac{\mathrm{d}^2x_{(t)}}{\mathrm{d}t^2} \tag{1.1.1}$$

在这个动态系统中，将外力 $u_{(t)}$ 定义为系统的**输入**(Input)，将小车位移 $x_{(t)}$ 定义为系统的**输出**(Output)。式(1.1.1)说明给定的系统输入(即作用在小车上的外力 $u_{(t)}$)将通过影响小车的加速度和小车的速度，最终影响系统的输出(小车的位移 $x_{(t)}$)。

在本书中，若无特别说明，研究的动态系统特指**线性时不变系统**(Linear Time Invariant System)。其中，**线性**指系统的输入与输出是线性映射的，符合**叠加原理**(Superposition Principle)。如图 1.1.2 所示，如果一个线性系统在输入 $u_{1_{(t)}}$ 的作用下，输出是 $x_{1_{(t)}}$；在输入 $u_{2_{(t)}}$ 的作用下，输出是 $x_{2_{(t)}}$。那么当输入为 $au_{1_{(t)}}+bu_{2_{(t)}}$(其中 a 和 b 是常数)时，系统的输出等于 $ax_{1_{(t)}}+bx_{2_{(t)}}$。

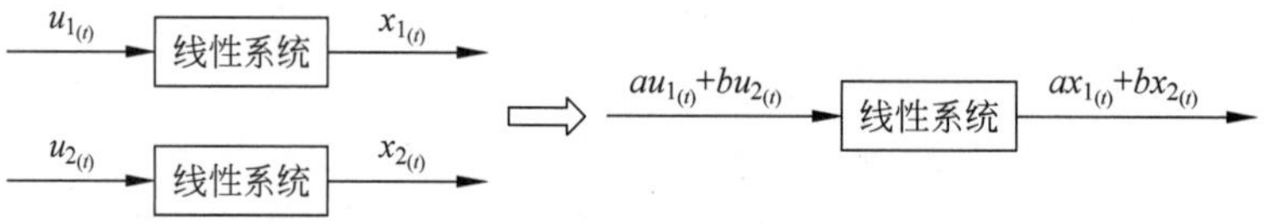

图 1.1.2 线性系统性质

时不变性是指如果系统的输入信号延迟了时间 T，那么系统的输出也会延迟时间 T。如图 1.1.3 所示，系统在输入 $u_{1_{(t)}}$ 作用下的输出是 $x_{1_{(t)}}$。那么在延迟 T 之后的输入 $u_{1_{(t-T)}}$ 作用下，系统的输出是 $x_{1_{(t-T)}}$。一般情况下，时不变系统的数学表达式中都是常数系数(系数不是时间的函数)。

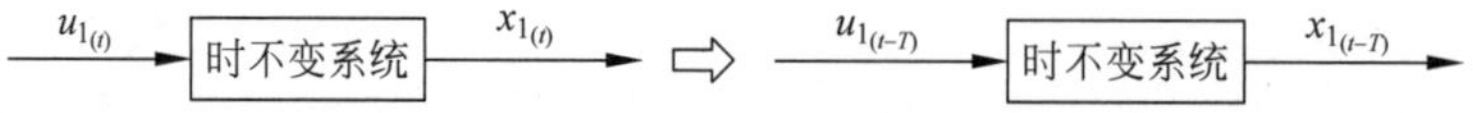

图 1.1.3 时不变系统性质

线性时不变系统必须**同时满足**上面两个性质。请判断下面几例是否为线性时不变系统：

(1) $a\frac{\mathrm{d}^2x_{(t)}}{\mathrm{d}t^2}+b\frac{\mathrm{d}x_{(t)}}{\mathrm{d}t}+c_{(t)}x_{(t)}=u_{(t)}$

该系统为线性时变系统，因为参数 $c_{(t)}$ 随时间变化。

(2) $a\frac{\mathrm{d}^2x_{(t)}}{\mathrm{d}t^2}+b\frac{\mathrm{d}x_{(t)}}{\mathrm{d}t}+\sin x_{(t)}=u_{(t)}$

该系统为非线性时不变系统，其中非线性项为 $\sin x_{(t)}$，而 $\sin x_{1_{(t)}}+\sin x_{2_{(t)}}\neq\sin(x_{1_{(t)}}+x_{2_{(t)}})$。

(3) $a\frac{\mathrm{d}^2x_{(t)}}{\mathrm{d}t^2}+b\frac{\mathrm{d}x_{(t)}}{\mathrm{d}t}+cx_{(t)}=u_{(t)}$

该系统为线性时不变系统。

> 需要说明的是，从严格意义上讲，时不变系统是不存在的，因为"人不能两次踏进同一条河流"，但在大部分工程情况下，在系统分析的时间区间内，参数是恒定的或者是缓慢变化的。对于非线性的系统，一般可以做线性化处理(参考附录A)。不可以近似为线性时不变的系统不在本书的讨论范围之内。

1.2　控制系统

通过研究动态系统的数学模型和系统表现，可以得到在给定输入 $u_{(t)}$ 作用下的系统**响应**(Response，即系统在输入 $u_{(t)}$ 作用下的输出 $x_{(t)}$)。当掌握了动态系统输入与输出的关系之后，就可以设计控制器来调节动态系统的输入，使得系统的输出按照预期的目标响应。

一般而言，**控制系统**(Control System)由**控制器**(Controller)和动态系统组成。在图 1.2.1 所描述的控制系统中，其被控对象是图 1.1.1 中的动态系统。控制器会根据**参考值**(Reference)$r_{(t)}$ 来决定**控制量**，即动态系统的输入 $u_{(t)}$。这种简单的控制方式称为**开环**(Open Loop)控制。当系统的全部信息可知且准确时，开环控制可以完美地达成控制目标。在本例中，如果式(1.1.1)准确无误，那么就可以根据参考目标 $r_{(t)}$ 设计作用在小车上的控制量 $u_{(t)}$，使得小车的实际位移 $x_{(t)}$ 与 $r_{(t)}$ 保持一致。但如果系统的输入输出模型不够准确，或者系统存在扰动，例如在上述例子中，如果有物体掉落在小车内使其质量发生改变，那么基于式(1.1.1)的开环控制器将无法提供准确的控制量 $u_{(t)}$，也就无法保障系统输出与目标值 $r_{(t)}$ 一致。在实际应用场景中，扰动无处不在，而且完美的数学模型几乎是不存在的，因此开环控制大多只能应用在简单的、对精度要求不高的场景中，例如，传统的电风扇打开开关之后就会一直转，不用去关心被吹物体的温度。

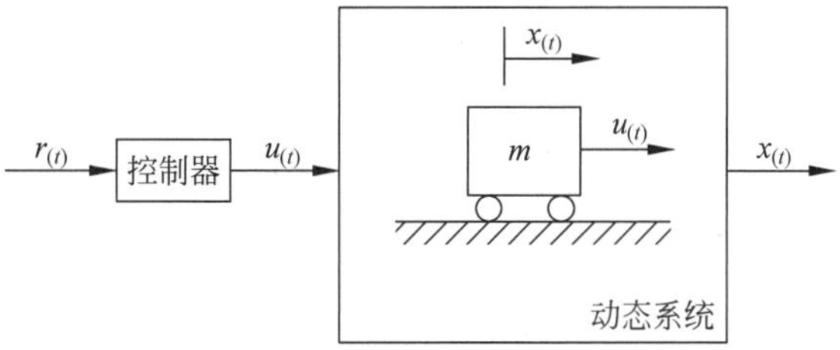

图 1.2.1　开环控制系统

如果希望精确地控制系统，则需要使用**闭环**(Closed Loop)控制系统，如图 1.2.2 所示，它与开环控制的最大区别是，在闭环控制中会测量系统的输出，并将其**反馈**(Feedback)到输入端与参考值进行比较。参考值与实际系统输出的差称为**误差**(Error)，控制器将根据误差调整控制量。闭环控制系统可以实现高精度的控制，同时补偿由于外界扰动及系统建模不准确而引起的偏差。例如，空调系统会根据室内的实际测量温度调节出风口的风速和温度，智能手机会根据外界光强自动调节屏幕的亮度，这些都是闭环控制的例子。本书的重点就是分析闭环控制系统并设计控制器。

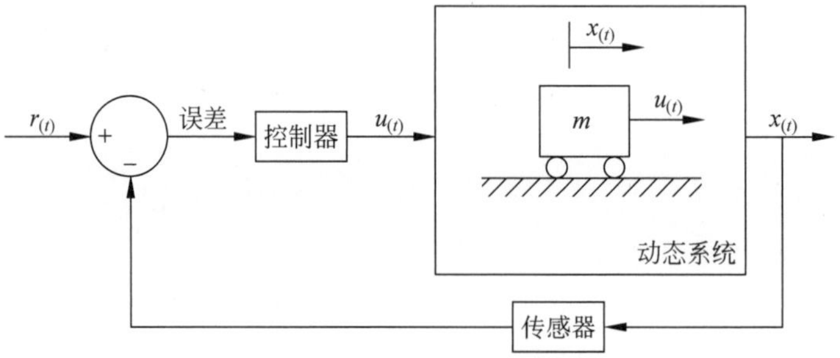

图 1.2.2 闭环控制系统

本书共分为 10 章。第 1 章为绪论；第 2 章和第 3 章分别介绍使用传递函数和状态空间方程描述系统的方法；第 4 章和第 5 章使用这两种方法分析一阶系统与二阶系统的时域响应；第 6 章介绍系统稳定性的概念；第 7 章和第 8 章重点分析经典控制理论中的控制器设计方法，包含比例积分控制和根轨迹法；第 9 章介绍系统的频率响应并与滤波器的设计相结合；第 10 章讨论现代控制理论中的控制器设计，以及观测器设计方法。附录部分介绍两个广泛使用的工程数学工具：线性化与傅里叶变换。

本书配套的视频详细讲解了使用计算机软件(GNU Octave)分析书中例子的方法，并提供了详细代码以及注释，读者可以扫描书中二维码浏览并以此作为程序基础。

本书所有案例所附代码请扫描此二维码下载。

CHAPTER 2 第2章

动态系统建模——传递函数

动态系统的分析和数学建模是分析系统及设计控制器的基础。本章将讨论经典控制理论的建模方法，即采用拉普拉斯变换和传递函数来描述系统。**本章的学习目标为：**

- 掌握线性时不变系统中输入与输出之间的卷积关系。
- 掌握建立动态系统微分方程的方法与流程，熟悉典型系统的微分方程。
- 理解在经典控制理论中引入拉普拉斯变换的意义和优点。
- 掌握拉普拉斯变换及其逆变换。
- 理解传递函数的概念和意义，掌握使用传递函数描述动态系统与控制系统的方法。

2.1 卷积与微分方程

2.1.1 卷积

研究动态系统的输入与输出之间的关系可以帮助我们了解动态系统的本质。对于线性时不变系统而言，其输入与输出之间是**卷积**(Convolution)关系，即系统的输入会对未来一段时间之内的系统输出产生影响。做一个直观的比喻，向平静的水中扔一颗石子，水面会产生涟漪。如果在第一次涟漪消失之前，向水中的同一位置再扔一颗石子，那么这两次产生的涟漪便会叠加在一起。在这个例子中，扔石子这个动作是系统的输入，产生的涟漪是系统的输出。因此，某个时刻的涟漪是前面几次石子入水后叠加的效果。这个叠加用数学语言表示即为卷积，下面将通过一个例子推导卷积的公式，一步步揭开卷积的面纱，从而了解动态系统的本质。

考虑一个在日常生活中最常见到的线性欠阻尼弹簧，如图 2.1.1(a)所示，弹簧力与压缩程度成正比(线性)，而且不管在什么时间去压缩或者拉伸这个弹簧，它的动态特性都不变(时不变)，因此这是一个线性时不变系统。定义系统的输出为弹簧位移 $x_{(t)}$，向上为正方向，系统的输入为外力 $u_{(t)}$。在没有外力的作用下，弹簧会静止在其平衡位置。如果对弹簧施加一个短暂的向上外力 $u_{(t)}$，如图 2.1.1(b)所示，弹簧的位移 $x_{(t)}$ 会不断地振动并衰减，最终回到平衡位置。

下面请读者思考一个问题，当系统的输入 $u_{(t)}$ 连续不间断地作用在弹簧上时(如图 2.1.1(c)所示)，弹簧的位移 $x_{(t)}$ 将如何变化？

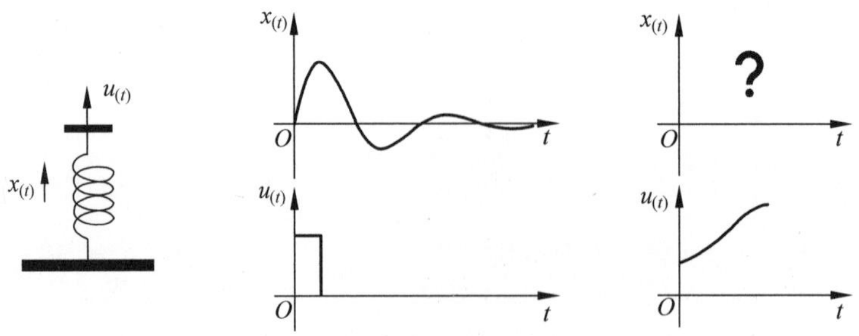

(a) 欠阻尼弹簧系统　(b) 短暂的外力输入与其响应　(c) 连续外力输入

图 2.1.1　欠阻尼弹簧系统的输入输出响应

这并不是一个很容易回答的问题。为了便于研究，首先将 $u_{(t)}$ 近似地划分为三个离散型的输入 $u_{0_{(t)}}$、$u_{1_{(t)}}$ 和 $u_{2_{(t)}}$，如图 2.1.2(a)所示的三个小区域块，其中每一块的宽度为 ΔT。

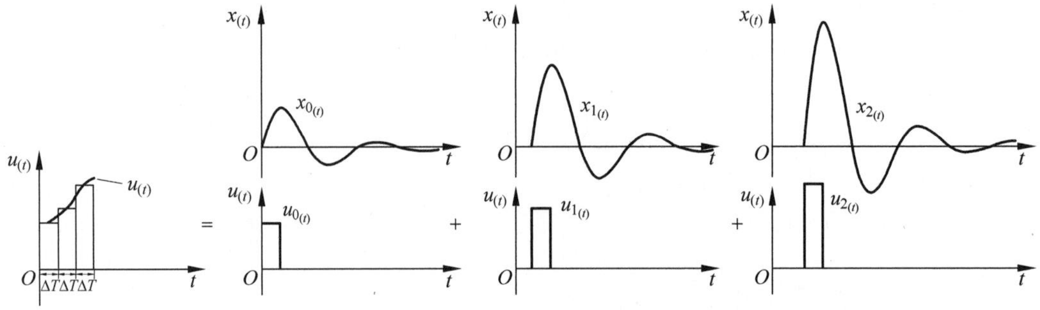

(a) 连续输入　(b) 离散输入与其对应的输出

图 2.1.2　弹簧系统连续输入离散化及其响应

当这三个离散的输入分别作用在系统上时，其对应的输出是 $x_{0_{(t)}}$、$x_{1_{(t)}}$ 和 $x_{2_{(t)}}$。因为这是一个线性时不变系统，所以三个输出的形状相同，它们之间只存在延迟和幅度上的差别，如图 2.1.2(b)所示。当这三个离散的输入接连作用在系统上时，系统的输出为

$$x_{(t)} = x_{0_{(t)}} + x_{1_{(t)}} + x_{2_{(t)}} \tag{2.1.1}$$

图 2.1.3 所示的虚线部分显示了这三个输出叠加后的系统输出结果。

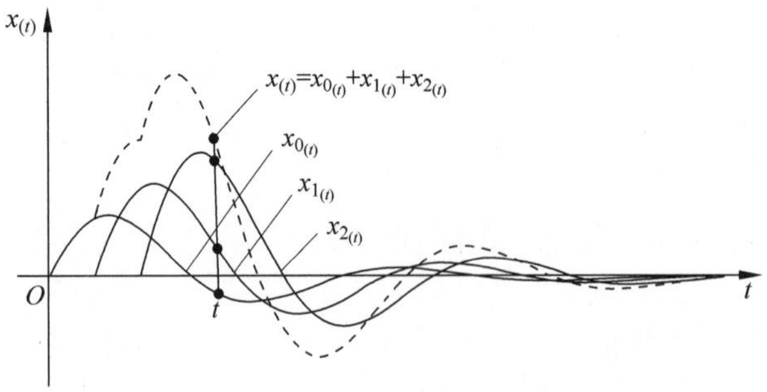

图 2.1.3　$x_{0_{(t)}}$、$x_{1_{(t)}}$、$x_{2_{(t)}}$ 和 $x_{(t)}$ 随时间的变化

上述例子直观地描述了离散系统输出叠加的概念。若要使用数学方法对其进行深入剖析，首先要得到 $u_{0_{(t)}}$、$u_{1_{(t)}}$ 和 $u_{2_{(t)}}$ 以及 $x_{0_{(t)}}$、$x_{1_{(t)}}$ 和 $x_{2_{(t)}}$ 的表达式，掌握这些信息后便可以将其从离散形式推广到连续形式，得到 $u_{(t)}$ 与 $x_{(t)}$ 的关系。

为了找到输入 $u_{0_{(t)}}$、$u_{1_{(t)}}$ 和 $u_{2_{(t)}}$ 的数学表达式，需要引入**单位冲激函数**(Unit Impulse)，又称**狄拉克函数**(Dirac Delta)，其定义为

$$\begin{cases}\delta_{(t)}=0, \quad t\neq 0\\ \int_{-\infty}^{\infty}\delta_{(t)}\mathrm{d}t=1\end{cases} \tag{2.1.2}$$

式(2.1.2)所描述的单位冲激函数是一个宽度为0、面积为1的函数，这是一个纯数学函数，无法在现实生活中找到，但我们可以通过一个辅助函数来理解它。如图2.1.4(a)所示的单位脉冲方波 $\delta_{\Delta_{(t)}}$，它的宽度为 ΔT，长度为 $\frac{1}{\Delta T}$，面积为 $\Delta T\times\frac{1}{\Delta T}=1$，可以理解为它包含了1个单位面积的能量。想象从右边将这个方框压扁，但面积保持不变。当宽度 ΔT 不断缩小时，长度 $\frac{1}{\Delta T}$ 会不断变长，直到宽度为0时，$\lim\limits_{\Delta T\to 0}\delta_{\Delta_{(t)}}=\delta_{(t)}$。

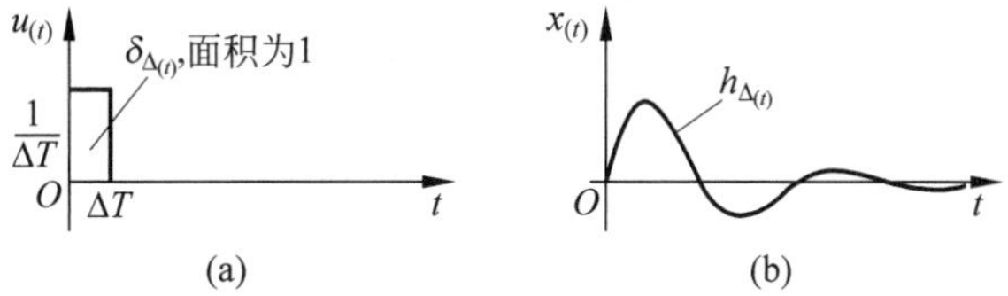

图2.1.4　单位脉冲方波及其响应

当 $\delta_{\Delta_{(t)}}$ 作用在上述弹簧系统上时，系统对其响应如图2.1.4(b)所示，定义为 $h_{\Delta_{(t)}}$。根据线性时不变系统的性质，如果系统的输入是 $A\delta_{\Delta_{(t-T)}}$（它代表 A 倍单位面积的 $\delta_{\Delta_{(t)}}$ 在延迟了 T 之后作用到系统中），则系统的输出是 $Ah_{\Delta_{(t-T)}}$。

如图2.1.5所示，$u_{0_{(t)}}$、$u_{1_{(t)}}$ 和 $u_{2_{(t)}}$ 中分别包含的面积为 A_0、A_1 和 A_2。以 A_2 为例，它的高是连续函数 $u_{(t)}$ 在 $2\Delta T$ 时刻的值 $u_{(2\Delta T)}$，宽是 ΔT，可得

$$A_2=u_{(2\Delta T)}\Delta T \tag{2.1.3}$$

同时，$u_{2_{(t)}}$ 作用在系统的时间延迟了 $2\Delta T$，因此

$$u_{2_{(t)}}=u_{(2\Delta T)}\Delta T\delta_{\Delta_{(t-2\Delta T)}} \tag{2.1.4}$$

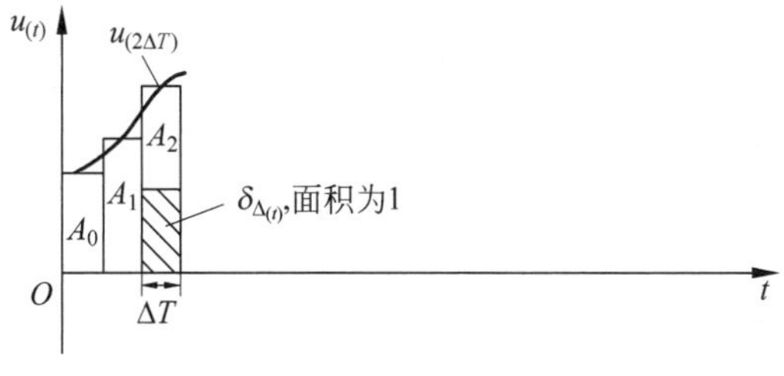

图2.1.5　单位冲激函数和冲激响应

动态系统对于式(2.1.4)的响应为

$$x_{2_{(t)}}=u_{(2\Delta T)}\Delta Th_{\Delta_{(t-2\Delta T)}} \tag{2.1.5}$$

式(2.1.5)说明 $x_{2_{(t)}}$ 是扩大了 $A_2=u_{(2\Delta T)}\Delta T$ 倍且延迟了 $2\Delta T$ 的响应 $h_{\Delta_{(t)}}$。

同理，可以得到 $u_{0_{(t)}}$ 和 $u_{1_{(t)}}$ 及其对应的输出，分别为

$$\begin{cases}u_{0_{(t)}}=u_{(0)}\Delta T\delta_{\Delta(t)}\\ u_{1_{(t)}}=u_{(\Delta T)}\Delta T\delta_{\Delta(t-\Delta T)}\end{cases} \tag{2.1.6}$$

$$\begin{cases} x_{0_{(t)}} = u_{(0)} \Delta T h_{\Delta_{(t)}} \\ x_{1_{(t)}} = u_{(\Delta T)} \Delta T h_{\Delta_{(t-\Delta T)}} \end{cases} \tag{2.1.7}$$

将式(2.1.5)和式(2.1.7)代入式(2.1.1),得到

$$x_{(t)} = u_{(0)} \Delta T h_{\Delta_{(t)}} + u_{(\Delta T)} \Delta T h_{\Delta_{(t-\Delta T)}} + u_{(2\Delta T)} \Delta T h_{\Delta_{(t-2\Delta T)}}$$

即

$$x_{(t)} = \sum_{i=0}^{2} u_{(i\Delta T)} \Delta T h_{\Delta_{(t-i\Delta T)}} \tag{2.1.8}$$

现在将图 2.1.2(a)中的划分间隔 ΔT 缩小,将其划成$(n+1)$个小区域块,则式(2.1.8)可以写成

$$x_{(t)} = \sum_{i=0}^{n} u_{(i\Delta T)} \Delta T h_{\Delta_{(t-i\Delta T)}} \tag{2.1.9}$$

式(2.1.9)是**卷积**的离散表达形式。令 $\Delta T \to 0$,便可以得到卷积的连续表达形式。根据积分的定义,可得

$$\begin{aligned} x_{(t)} &= \lim_{\Delta T \to 0} \sum_{i=0}^{n} u_{(i\Delta T)} \Delta T h_{\Delta(t-i\Delta T)} \\ &= \int_0^t u_{(\tau)} h_{(t-\tau)} \mathrm{d}\tau = u_{(t)} * h_{(t)} \end{aligned} \tag{2.1.10}$$

其中,$h_{(t)}$是系统对于冲激函数$\delta_{(t)}$的**冲激响应**(Impulse Response)。式(2.1.10)可以用框图表示,如图 2.1.6 所示。

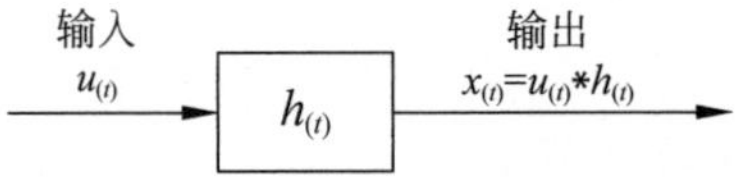

图 2.1.6 动态系统输入与输出的卷积关系

通过式(2.1.10)和图 2.1.6 可以得出,冲激响应 $h_{(t)}$ 包含了线性时不变系统的全部特性。

> 关于这个性质,读者可以尝试做一个有趣的实验。首先寻找一个空旷的地方,例如操场或者礼堂。然后扎破一个气球或者用力拍手,要保证时间很短但能量很大,这样就制造了一个冲激输入。然后用麦克风录制下这个声音,得到这个地方的冲激响应。之后,可以把其他的声音和这个冲激响应做卷积运算,就可以模拟这个地方的混响了。有很多的公司都会在音乐厅最好的位置采集素材,合成到唱片当中,由此创造出一种身临其境的感觉。

请参考代码 2.1:2-1_Convolution_Example.m。

2.1.2 常见动态系统微分方程举例

使用微分方程可以直接描述动态系统输入与输出之间的卷积关系。建立系统的微分方程,首先要分析系统的物理特性并列出方程组,之后消去中间的变量并将其写成标准形式。本节将讨论几个常见的动态系统并建立其微分方程。

例 2.1.1 体重变化。

先来看一个很多人感兴趣的例子——体重控制。人类体重的变化与热量吸收及消耗相

关。每日的饮食会带来热量摄入；同时，每天的呼吸、日常工作或者运动则会消耗热量。

根据热量的摄入与消耗，一个人体重变化的微分方程可以粗略表达为

$$\frac{\mathrm{d}m}{\mathrm{d}t}=\frac{E_{\mathrm{i}}-E_{\mathrm{e}}}{7000} \tag{2.1.11}$$

其中，m 表示体重；E_{i} 表示热量摄入，国际单位是 kJ。而一般情况下，与饮食、运动相关的热量常用单位是 kCal，即一千卡路里。热量的消耗用 E_{e} 来表示。因此，每日的净热量摄入等于 $E_{\mathrm{i}}-E_{\mathrm{e}}$，如图 2.1.7 所示。而净热量和体重的关系大概是 7000kCal≈1kg 脂肪。可以认为，身体燃烧掉 7000kCal 可以消耗 1kg 脂肪。同理，摄入 7000kCal 则会增加 1kg 脂肪。

图 2.1.7 体重与热量

在式(2.1.11)中，热量摄入 E_{i} 来自饮食，属于相对独立的一个变量。而消耗 E_{e} 可以分为两部分，即

$$E_{\mathrm{e}}=E_{\mathrm{a}}+\alpha P \tag{2.1.12}$$

其中，E_{a} 是每日额外的运动消耗，如健身消耗；而 αP 表示日常消耗，α 是一个对应于不同劳动强度的系数，例如轻体力劳动者的 $\alpha=1.3$，中体力劳动者的 $\alpha=1.5$，重体力劳动者大概的 $\alpha=1.9$。P 是**基础代谢率**(Basal Metabolic Rate，BMR)，有过健身经验的读者对这个名词应该不陌生。它的计算很复杂且因人而异。为简化运算，可以选用 Mifflin-St Jeor 公式来估算它，误差在 5%左右，其表达式为

$$P=10m+6.25h-5a+S \tag{2.1.13}$$

其中，h 表示身高，单位是 cm；a 表示年龄；S 是一个调整系数，它和性别相关(其中，男性：$S=5$；女性：$S=-161$)。

通过式(2.1.13)可以得出，一个人的体重(m)越大，身高(h)越高，基础代谢率就会越高，因为大块头需要更多的能量来维持身体运行。而随着年龄(a)的增长，基础代谢率会逐渐下降，这也是人在年龄大了之后会更加不容易管控身材和体重的原因。另外，在同样的身高体重状态下，男性的基础代谢率大约要比女性高 166kCal，所以女性想要保持体型会比男性更加困难。

将式(2.1.12)和式(2.1.13)代入式(2.1.11)中并调整，可得

$$7000\frac{\mathrm{d}m}{\mathrm{d}t}+10\alpha m=E_{\mathrm{i}}-E_{\mathrm{a}}-\alpha(6.25h-5a+S) \tag{2.1.14}$$

这是关于体重的一阶微分方程。式(2.1.14)表明身材管理也可以通过数学公式来分析。本书会在**第 7 章**中继续分析这个模型，并揭秘科学控制体重的方法。

例 2.1.2 电路系统。

图 2.1.8 所示为典型的电路网络系统，包含了电源 $e_{(t)}$、电感 L、电容 C 和电阻 R。对于电路系统的数学建模，可以使用**基尔霍夫电压定律**(Kirchhoff's Voltage Law)：沿着闭合回路的所有电动势的代数和等于所有电压降的代数和。

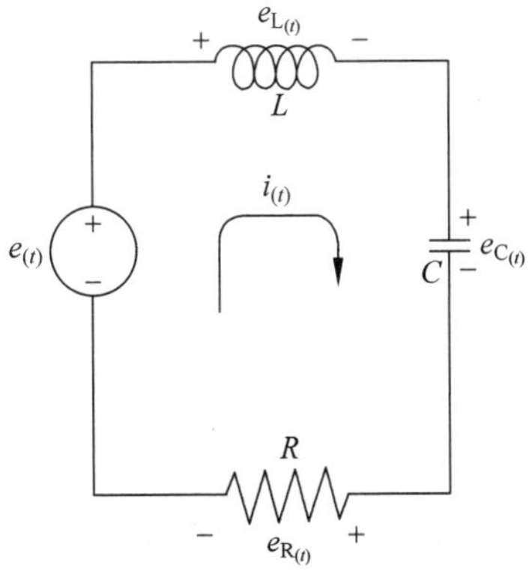

图 2.1.8 电阻电感电容电路

具体步骤为沿着电流的参考方向(方向可以任意选

定,此例中选择顺时针方向),给每一个元器件上的电压标明正负号,在元器件内,电流从正极向负极流动,如图 2.1.8 所示。根据各个元器件特性,它们的电压分别为

$$\left.\begin{aligned}&\text{电感电压}:e_{\mathrm{L}_{(t)}}=L\frac{\mathrm{d}i_{(t)}}{\mathrm{d}t}\\&\text{电容电压}:e_{\mathrm{C}_{(t)}}=\frac{1}{C}\int_0^t i_{(t)}\mathrm{d}t\\&\text{电阻电压}:e_{\mathrm{R}_{(t)}}=i_{(t)}R\end{aligned}\right\}\tag{2.1.15}$$

以上三项电压与参考电流的方向一致,所以取正号。而电源电压 $e_{(t)}$ 与参考电流方向相反,所以取负号。根据基尔霍夫电压定律,可得

$$e_{\mathrm{L}_{(t)}}+e_{\mathrm{C}_{(t)}}+e_{\mathrm{R}_{(t)}}-e_{(t)}=0\tag{2.1.16}$$

将式(2.1.15)代入式(2.1.16),可得

$$L\frac{\mathrm{d}i_{(t)}}{\mathrm{d}t}+\frac{1}{C}\int_0^t i_{(t)}\mathrm{d}t+i_{(t)}R-e_{(t)}=0\tag{2.1.17}$$

等式两边同时对时间 t 求导,可以消除积分项 $\frac{1}{C}\int_0^t i_{(t)}\mathrm{d}t$,调整 $e_{(t)}$ 的位置,可得

$$\frac{\mathrm{d}e_{(t)}}{\mathrm{d}t}=L\frac{\mathrm{d}^2 i_{(t)}}{\mathrm{d}t^2}+R\frac{\mathrm{d}i_{(t)}}{\mathrm{d}t}+\frac{1}{C}i_{(t)}\tag{2.1.18}$$

式(2.1.18)描述了电流 $i_{(t)}$ 与电压 $e_{(t)}$ 之间的关系,它是一个关于电流的二阶微分方程。

例 2.1.3 弹簧质量阻尼系统。

弹簧质量阻尼系统在工程中有很广泛的应用,绝大部分与振动相关的系统都可以简化成图 2.1.9(a)的模式,如果把它竖起来就是四分之一个汽车悬挂系统。

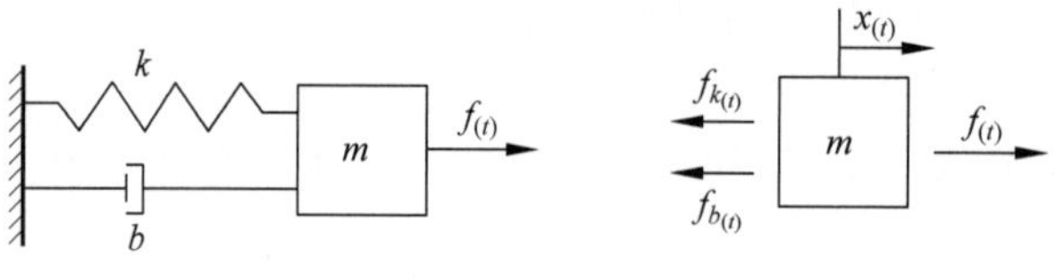

(a) 弹簧质量阻尼系统示意图　　(b) 质量块受力分析

图 2.1.9　弹簧质量阻尼系统

对这一系统进行数学建模,首先要对质量块进行受力分析,如图 2.1.9(b)所示,令 $x_{(t)}$ 表示质量块的位移并设向右为正方向,$x_{(t)}=0$ 时代表了弹簧的自由状态,不压缩也不拉伸。它受到外力 $f_{(t)}$、弹簧力 $f_{k_{(t)}}$ 以及阻尼力 $f_{b_{(t)}}$ 的共同作用。根据胡克定律,弹簧力为

$$f_{k_{(t)}}=-kx_{(t)}\tag{2.1.19}$$

其中,k 表示弹簧的弹性系数。弹簧力和位移成正比,因为其方向与位移 $x_{(t)}$ 相反,所以取负号。

阻尼力为

$$f_{b_{(t)}}=-b\frac{\mathrm{d}x_{(t)}}{\mathrm{d}t}\tag{2.1.20}$$

其中,b 表示阻尼系数。式(2.1.20)说明阻尼力与物体的移动速度(位移对时间的一次导数)成正比且方向与移动方向相反。

读者可以通过一个小实验感受阻尼力与速度的关系：接一盆水，然后将手放入水中滑动，你会发现滑动速度越快，感受到的阻力就会越大；反之，缓慢地将手从水中拂过，则不会感受到很大的阻力。

根据牛顿第二定律，$m\dfrac{\mathrm{d}^2x_{(t)}}{\mathrm{d}t^2}=f_{(t)}+f_{k_{(t)}}+f_{b_{(t)}}$，将式(2.1.19)和式(2.1.20)代入并整理即可得到位移的二阶微分方程，即

$$m\frac{\mathrm{d}^2x_{(t)}}{\mathrm{d}t^2}+b\frac{\mathrm{d}x_{(t)}}{\mathrm{d}t}+kx_{(t)}=f_{(t)} \tag{2.1.21}$$

式(2.1.21)是振动系统的基本形式。这个例子会多次出现在本书后面章节的分析当中。

例 2.1.4　流体系统。

如图 2.1.10 所示流体系统，容器底面积为 A，大气压强为 P_{a}，容器进口处的流量为 $q_{\mathrm{in}_{(t)}}$，出口位于容器底部，出口流阻为 R，出口流量为 $q_{\mathrm{out}_{(t)}}$，试建立容器内液面高度 $h_{(t)}$ 与流量 $q_{\mathrm{in}_{(t)}}$ 的动态微分方程。

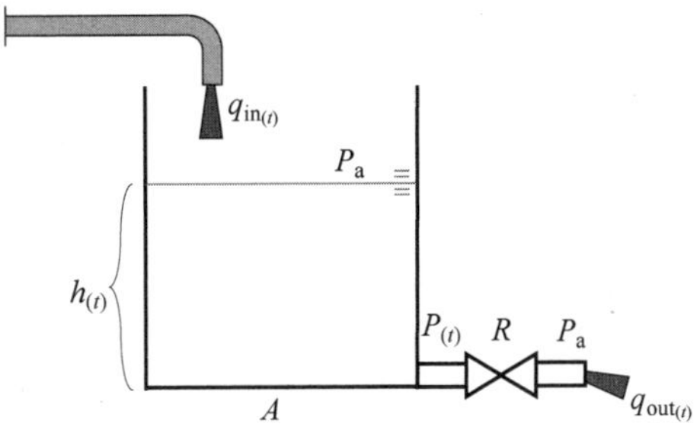

图 2.1.10　流体系统

首先分析出口处的动态过程。流体在流动的过程中，管道、阀门、链接等都会阻碍流体的流动，进而产生压强差，压强差与流阻和流量成正比。这与电路系统的电阻功能非常相似。在流阻 R 两端：

$$P_{(t)}-P_{\mathrm{a}}=\rho Rq_{\mathrm{out}_{(t)}} \tag{2.1.22}$$

其中，ρ 为流体密度。根据质量守恒定律：

$$A\frac{\mathrm{d}h_{(t)}}{\mathrm{d}t}=q_{\mathrm{in}_{(t)}}-q_{\mathrm{out}_{(t)}} \tag{2.1.23}$$

其中，$\dfrac{\mathrm{d}h_{(t)}}{\mathrm{d}t}$代表流体高度随时间的变化，将其乘以底面积 A 可以得到容器内流体体积对时间的导数(随时间的变化)，这一变化即流入容器流量与流出容器流量之差。同时，容器出口处的压强 $P_{(t)}$ 与液面高度相关，为

$$P_{(t)}=P_{\mathrm{a}}+\rho gh_{(t)} \tag{2.1.24}$$

将式(2.1.24)代入式(2.1.22)，可得

$$\begin{aligned}&P_{\mathrm{a}}+\rho gh_{(t)}-P_{\mathrm{a}}=\rho Rq_{\mathrm{out}_{(t)}}\\&\Rightarrow\rho gh_{(t)}=\rho Rq_{\mathrm{out}_{(t)}}\\&\Rightarrow q_{\mathrm{out}_{(t)}}=\frac{\rho gh_{(t)}}{\rho R}=\frac{gh_{(t)}}{R}\end{aligned} \tag{2.1.25}$$

将式(2.1.25)代入式(2.1.23),可得

$$A\frac{\mathrm{d}h_{(t)}}{\mathrm{d}t}=q_{\mathrm{in}_{(t)}}-\frac{gh_{(t)}}{R} \tag{2.1.26}$$

整理后可得液面高度的动态方程为

$$\frac{\mathrm{d}h_{(t)}}{\mathrm{d}t}+\frac{gh_{(t)}}{AR}=\frac{q_{\mathrm{in}_{(t)}}}{A} \tag{2.1.27}$$

这是关于高度的一阶微分方程,体现了液面高度变化与入口流量变化的关系。

2.2 拉普拉斯变换

本节将介绍**拉普拉斯变换**(Laplace Transform),它是经典控制理论中重要的数学工具。拉普拉斯变换广泛地应用于工程分析当中。它可以把一个时域上的函数 $f_{(t)}$ 转换成一个复数域上的函数 $F_{(s)}$,从而简化系统分析的难度。

2.2.1 拉普拉斯变换的定义

以图 2.2.1(a)所示的电路系统为例,电流的动态微分方程为

$$e_{(t)}=L\frac{\mathrm{d}i_{(t)}}{\mathrm{d}t}+Ri_{(t)} \tag{2.2.1}$$

其中,$e_{(t)}$ 表示电压,$i_{(t)}$ 表示电流,L 表示电感,R 表示电阻。

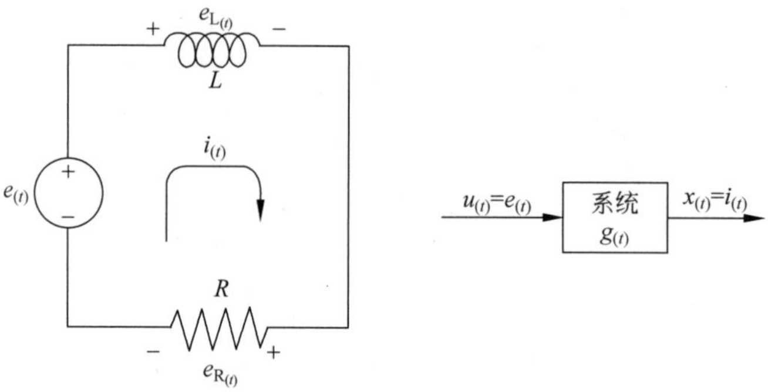

(a) 电感电阻网络图　　(b) 系统框图

图 2.2.1　电感电阻系统

定义此动态系统的输入为电压 $u_{(t)}=e_{(t)}$,输出为电流 $x_{(t)}=i_{(t)}$,则式(2.2.1)可以写成

$$u_{(t)}=L\frac{\mathrm{d}x_{(t)}}{\mathrm{d}t}+Rx_{(t)} \tag{2.2.2}$$

式(2.2.2)可以用图 2.2.1(b)所示的框图描述。其中,在系统的输入与输出中间有一个转化过程,设为 $g_{(t)}$。$g_{(t)}$ 就是系统的单位冲激响应 $h_{(t)}$($g_{(t)}=h_{(t)}$)。系统的输入 $u_{(t)}$、输出 $x_{(t)}$ 与 $g_{(t)}$ 之间是卷积运算的关系,即

$$x_{(t)}=u_{(t)}*g_{(t)}=\int_0^t u_{(\tau)}g_{(t-\tau)}\mathrm{d}\tau \tag{2.2.3}$$

若要分析系统的输出 $x_{(t)}$,就需要分析卷积 $u_{(t)}*g_{(t)}$,或者求解微分方程。观察式(2.2.2)和

式(2.2.3)，直接求解它们的过程会非常复杂，尤其是处理复杂系统的时候。正是因为如此，在经典控制理论当中，一个强大的数学工具被引入进行辅助分析，这个数学工具就是**拉普拉斯变换**。通过拉普拉斯变换，系统的微分方程将转化为代数方程，卷积运算则会变为乘法运算。现在，让我们暂时抛开上面的例子，先来讨论拉普拉斯变换的定义，等到2.3节再重新分析此例。

对一个函数 $f_{(t)}$ 做拉普拉斯变换，可以将其从时域(t)转换到复数域(s)，它的定义为

$$\mathcal{L}[f_{(t)}]=F_{(s)}=\int_0^{\infty} f_{(t)}\mathrm{e}^{-st}\mathrm{d}t \tag{2.2.4}$$

其中，$s=\sigma+\mathrm{j}\omega$，是一个复数。

> 式(2.2.4)中积分下限从0开始。从控制工程的角度来讲，不需要去研究时间0点以前的事情，而是把这部分留给哲学家。考虑一个特例，当 $\sigma=0$ 的时候，拉普拉斯变换变成了 $F_{(s)}=F_{(\mathrm{j}\omega)}=\int_0^{\infty} f_{(t)}\mathrm{e}^{-\mathrm{j}\omega t}\mathrm{d}t$。这是函数 $f_{(t)}$ 的傅里叶变换。因此，傅里叶变换是拉普拉斯变换的一种特殊情况。关于傅里叶级数和傅里叶变换的推导，读者可以参考**附录B**。

下面请看几个拉普拉斯变换的例子。

例 2.2.1　$\mathcal{L}[\mathrm{e}^{-at}]=\dfrac{1}{s+a}$。

证：

$$\begin{aligned}\mathcal{L}[\mathrm{e}^{-at}]&=\int_0^{\infty}\mathrm{e}^{-at}\mathrm{e}^{-st}\mathrm{d}t=\int_0^{\infty}\mathrm{e}^{-(a+s)t}\mathrm{d}t\\&=-\frac{1}{s+a}\mathrm{e}^{-(a+s)t}\Big|_0^{\infty}\\&=-\frac{1}{s+a}\lim_{t\to\infty}(\mathrm{e}^{-(a+s)t})-\left(-\frac{1}{s+a}\mathrm{e}^{0}\right)\\&=\frac{1}{s+a}\end{aligned} \tag{2.2.5}$$

例 2.2.2　$\mathcal{L}[af_{(t)}+bg_{(t)}]=aF_{(s)}+bG_{(s)}$，其中，$a$、$b$ 为常数。

证：略，可用积分基本规则证明。这是拉普拉斯变换的**线性叠加性质**，说明拉普拉斯变换是线性变换。

例 2.2.3　$\mathcal{L}[\sin(at)]=\dfrac{a}{s^2+a^2}$。

证：根据欧拉公式

$$\mathrm{e}^{\mathrm{j}at}=\cos(at)+\mathrm{j}\sin(at) \tag{2.2.6a}$$

$$\mathrm{e}^{-\mathrm{j}at}=\cos(at)-\mathrm{j}\sin(at) \tag{2.2.6b}$$

式(2.2.6a)减式(2.2.6b)，得到

$$\mathrm{c}^{\mathrm{j}at}-\mathrm{e}^{-\mathrm{j}at}=2\mathrm{j}\sin(at)$$

$$\Rightarrow \sin(at)=\frac{\mathrm{e}^{\mathrm{j}at}-\mathrm{e}^{-\mathrm{j}at}}{2\mathrm{j}} \tag{2.2.7}$$

根据例2.2.2的线性叠加性质，与例2.2.1所求指数函数的拉普拉斯变换，可得

$$\mathcal{L}[\sin(at)]=\mathcal{L}\left[\frac{\mathrm{e}^{\mathrm{j}at}-\mathrm{e}^{-\mathrm{j}at}}{2\mathrm{j}}\right]$$

$$=\frac{1}{2\mathrm{j}}(\mathcal{L}[\mathrm{e}^{\mathrm{j}at}]-\mathcal{L}[\mathrm{e}^{-\mathrm{j}at}])$$

$$=\frac{1}{2\mathrm{j}}\left(\frac{1}{s-a\mathrm{j}}-\frac{1}{s+a\mathrm{j}}\right)=\frac{1}{2\mathrm{j}}\left(\frac{s+a\mathrm{j}}{s^2+a^2}-\frac{s-a\mathrm{j}}{s^2+a^2}\right)$$

$$=\frac{1}{2\mathrm{j}}\left(\frac{2a\mathrm{j}}{s^2+a^2}\right)$$

$$=\frac{a}{s^2+a^2} \tag{2.2.8}$$

例 2.2.4 $\mathcal{L}\left[\frac{\mathrm{d}f_{(t)}}{\mathrm{d}t}\right]=sF_{(s)}-f_{(0)}$。

证:

$$\mathcal{L}\left[\frac{\mathrm{d}f_{(t)}}{\mathrm{d}t}\right]=\int_0^{\infty}\frac{\mathrm{d}f_{(t)}}{\mathrm{d}t}\mathrm{e}^{-st}\,\mathrm{d}t=f_{(t)}\mathrm{e}^{-st}\Big|_0^{\infty}-\int_0^{\infty}f_{(t)}(-s\mathrm{e}^{-st})\,\mathrm{d}t$$

$$=\lim_{t\to\infty}f_{(t)}\mathrm{e}^{-st}-f_{(0)}\mathrm{e}^{0}+s\int_0^{\infty}f_{(t)}\mathrm{e}^{-st}\,\mathrm{d}t$$

$$=sF_{(s)}-f_{(0)} \tag{2.2.9}$$

其中,$f_{(0)}$是函数的**初始条件**(Initial Condition)。

例 2.2.5 $\mathcal{L}[f_{(t)}*g_{(t)}]=F_{(s)}G_{(s)}$。

证:

$$\mathcal{L}[f_{(t)}*g_{(t)}]=\int_0^{\infty}f_{(t)}*g_{(t)}\mathrm{e}^{-st}\,\mathrm{d}t$$

$$=\int_0^{\infty}\int_0^{t}f_{(\tau)}g_{(t-\tau)}\,\mathrm{d}\tau\,\mathrm{e}^{-st}\,\mathrm{d}t \tag{2.2.10a}$$

这是一个二重积分,可以通过交换积分顺序与上下限的方式来进行化简。交换之后,式(2.2.10a)可以写成

$$\int_0^{\infty}\int_0^{t}f_{(\tau)}g_{(t-\tau)}\,\mathrm{d}\tau\,\mathrm{e}^{-st}\,\mathrm{d}t=\int_0^{\infty}\int_{\tau}^{\infty}f_{(\tau)}g_{(t-\tau)}\mathrm{e}^{-st}\,\mathrm{d}t\,\mathrm{d}\tau \tag{2.2.10b}$$

对式(2.2.10b)里面的积分$\int_{\tau}^{\infty}f_{(\tau)}g_{(t-\tau)}\mathrm{e}^{-st}\,\mathrm{d}t$项使用换元法,令$t-\tau=u$,可得

$$t=u+\tau$$

$$\Rightarrow \mathrm{d}t=\mathrm{d}u+\mathrm{d}\tau=\mathrm{d}u$$

$$\Rightarrow \int_{\tau}^{\infty}f_{(\tau)}g_{(t-\tau)}\mathrm{e}^{-st}\,\mathrm{d}t=\int_0^{\infty}f_{(\tau)}g_{(u)}\mathrm{e}^{-s(u+\tau)}\,\mathrm{d}u \tag{2.2.11}$$

将式(2.2.11)代入式(2.2.10b),得到

$$\int_0^{\infty}\int_{\tau}^{\infty}f_{(\tau)}g_{(t-\tau)}\mathrm{e}^{-st}\,\mathrm{d}t\,\mathrm{d}\tau=\int_0^{\infty}\int_0^{\infty}f_{(\tau)}g_{(u)}\mathrm{e}^{-s(u+\tau)}\,\mathrm{d}u\,\mathrm{d}\tau$$

$$=\int_0^{\infty}f_{(\tau)}\mathrm{e}^{-s\tau}\,\mathrm{d}\tau\int_0^{\infty}g_{(u)}\mathrm{e}^{-su}\,\mathrm{d}u=F_{(s)}G_{(s)} \tag{2.2.12}$$

式(2.2.12)说明通过拉普拉斯变换后,复杂的卷积运算变成了简单的乘法运算。

表 2.2.1 列出了常见的拉普拉斯变换公式。

表 2.2.1　常见的拉普拉斯变换公式

原　函　数	拉普拉斯变换	收　敛　域
$f_{(t)}=\mathcal{L}^{-1}[F_{(s)}]$	$F_{(s)}=\mathcal{L}[f_{(t)}]$	
$\delta_{(t)}$	1	$\infty>s>-\infty$
1	$\frac{1}{s}$	$s>0$
e^{-at}	$\frac{1}{s+a}$	$s>-a$
$\sin(at)$	$\frac{a}{s^2+a^2}$	$s>0$
$\cos(at)$	$\frac{s}{s^2+a^2}$	$s>0$
$\sinh(at)$	$\frac{a}{s^2-a^2}$	$s>\|a\|$
$\cosh(at)$	$\frac{s}{s^2-a^2}$	$s>\|a\|$
$e^{at}\sin(bt)$	$\frac{b}{(s-a)^2+b^2}$	$s>a$
$e^{at}\cos(bt)$	$\frac{s-a}{(s-a)^2+b^2}$	$s>a$
$e^{at}\sinh(bt)$	$\frac{b}{(s-a)^2-b^2}$	$s-a>\|b\|$
$e^{at}\cosh(bt)$	$\frac{s-a}{(s-a)^2-b^2}$	$s-a>\|b\|$

2.2.2　拉普拉斯变换的收敛域

重新分析例 2.2.1，$\mathcal{L}[e^{-at}]=\int_0^{\infty}e^{-at}e^{-st}dt=\frac{1}{s+a}$。在求它的拉普拉斯变换时，需要假设这个积分是收敛的。

可以举一个反例，例如，选取 $s=-2a$，且 $a>0$，这时积分可写成

$$F_{(s)}=\mathcal{L}[e^{-at}]=\int_0^{+\infty}e^{-at}e^{-(-2a)t}dt=\int_0^{\infty}e^{at}dt \tag{2.2.13}$$

当 $a>0$ 时，e^{at} 随着时间的增加会趋于无穷。显然，式(2.2.13)的积分不存在(无穷大)。所以求它的拉普拉斯变换，就需要对变量 s 加一个限制条件。而这个限制条件称为拉普拉斯变换的**收敛域**(Region Of Convergence，ROC)。

将 $s=\sigma+j\omega$ 代入式(2.2.13)，得到

$$F_{(s)}=\int_0^{+\infty}e^{-at}e^{-(\sigma+j\omega)t}dt=\int_0^{+\infty}e^{-(a+\sigma)t}e^{-j\omega t}dt \tag{2.2.14}$$

式(2.2.14)中的积分由两部分相乘而得，首先看 $e^{-j\omega t}$ 这一项，它是一个复数。根据欧拉公式，$e^{-j\omega t}=\cos(\omega t)-j\sin(\omega t)$。$e^{-j\omega t}$ 在复平面中的表达如图 2.2.2 所示，随着 t 的增加，它在复平面上会沿着一个圆做顺时针运动，而它的幅值 $|e^{-j\omega t}|$ 是恒定不变的：$|e^{-j\omega t}|=\cos^2(\omega t)+\sin^2(\omega t)=1$。所以，用它乘以 $e^{-(a+\sigma)t}$ 这一项并不会对积分的收敛产生影响。

这也很好理解，根据欧拉公式，$e^{-j\omega t}$ 仅仅引入了正弦和余弦函数(引入了振动)，而振动会有正有负，不会在单一的方向增加或者减少。因此，分析积分是否收敛需要看式(2.2.14)积分中前面的一项，即 $e^{-(a+\sigma)t}$。若要求这部分收敛，显而易见，e 的指数部分要小于 0，即

$$-(a+\sigma)<0\Rightarrow\sigma>-a \tag{2.2.15}$$

所以，$\sigma>-a$ 是 $\mathcal{L}[e^{-at}]=\frac{1}{s+a}$ 的收敛域。其他常见拉普拉斯变换的收敛域请参考表 2.2.1。

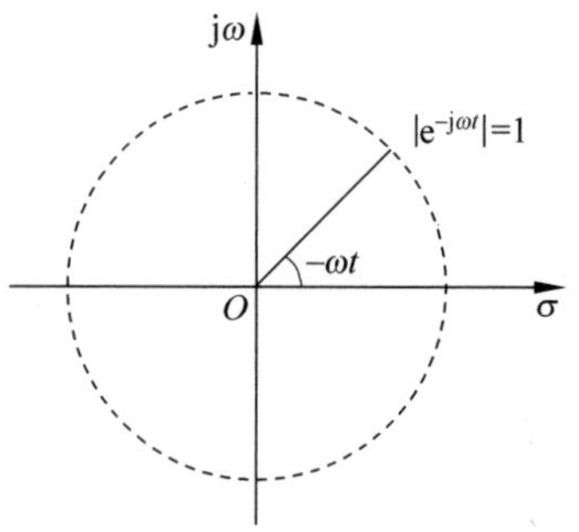

图 2.2.2 $e^{-j\omega t}$ 的复平面表达

2.2.3 拉普拉斯逆变换

本节将介绍**拉普拉斯的逆变换**(Inverse Laplace Transform)，它是反向使用拉普拉斯变换，将 $F_{(s)}$ 变回时域函数 $f_{(t)}$，即

$$f_{(t)}=\mathcal{L}^{-1}[F_{(s)}] \tag{2.2.16}$$

请看下面的例子。

例 2.2.6 已知 $F_{(s)}=\frac{-s+5}{s^2+5s+4}$，求 $f_{(t)}$。

解：

$$F_{(s)}=\frac{-s+5}{s^2+5s+4}=\frac{-s+5}{(s+4)(s+1)}=\frac{A}{s+4}+\frac{B}{s+1} \tag{2.2.17}$$

此时可以用分式分解法求解 A 和 B。根据式(2.2.17)可得

$$A(s+1)+B(s+4)=-s+5 \tag{2.2.18}$$

令 $s=-1$，可得

$$B(-1+4)=1+5$$
$$\Rightarrow B=2 \tag{2.2.19}$$

令 $s=-4$，可得

$$-3A=9$$
$$\Rightarrow A=-3 \tag{2.2.20}$$

所以

$$F_{(s)}=\frac{-3}{s+4}+\frac{2}{s+1} \tag{2.2.21}$$

根据例 2.2.1，$\mathcal{L}^{-1}\left[\frac{1}{s+a}\right]=e^{-at}$，可得

$$f_{(t)}=\mathcal{L}^{-1}[F_{(s)}]=\mathcal{L}^{-1}\left[\frac{-3}{s+4}+\frac{2}{s+1}\right]=-3e^{-4t}+2e^{-t} \tag{2.2.22}$$

在式(2.2.21)中，如果令 $F_{(s)}$ 的分母部分等于 0，即 $\begin{cases}s+4=0\\s+1=0\end{cases}$，可以得到 s 的两个解：$\begin{cases}s_1=-4\\s_2=-1\end{cases}$。再去对比式(2.2.22)可以发现，$s_1$ 与 s_2 出现在了时间函数 $f_{(t)}$ 的指数部分。因

为它们两个都是负值，所以决定了 $f_{(t)}$ 随着时间 t 的增加而不断地减小，最终变为 0。而一旦 s_1 或者 s_2 里面有一个为正值，$f_{(t)}$ 则会随着时间的增加而趋于无穷大。

例 2.2.7　已知 $F_{(s)}=\dfrac{4s+8}{s^2+2s+5}$，求 $f_{(t)}$。

解：

$$F_{(s)}=\frac{4s+8}{s^2+2s+5}=\frac{4s+8}{(s+1+2\mathrm{j})(s+1-2\mathrm{j})}$$

$$=\frac{A}{(s+1+2\mathrm{j})}+\frac{B}{(s+1-2\mathrm{j})} \tag{2.2.23}$$

利用分式分解法可得

$$\begin{cases}A=\mathrm{j}+2\\B=-\mathrm{j}+2\end{cases} \tag{2.2.24}$$

可以得到

$$\begin{aligned}f_{(t)}&=\mathcal{L}^{-1}[F_{(s)}]=(\mathrm{j}+2)\mathrm{e}^{(-1-2\mathrm{j})t}+(-\mathrm{j}+2)\mathrm{e}^{(-1+2\mathrm{j})t}\\&=\mathrm{e}^{-t}(\mathrm{j}\mathrm{e}^{-2\mathrm{j}t}+2\mathrm{e}^{-2\mathrm{j}t}-\mathrm{j}\mathrm{e}^{2\mathrm{j}t}+2\mathrm{e}^{2\mathrm{j}t})\\&=\mathrm{e}^{-t}[\mathrm{j}(\mathrm{e}^{-2\mathrm{j}t}-\mathrm{e}^{2\mathrm{j}t})+2(\mathrm{e}^{-2\mathrm{j}t}+\mathrm{e}^{2\mathrm{j}t})]\\&=\mathrm{e}^{-t}[2\sin(2t)+4\cos(2t)]\end{aligned} \tag{2.2.25}$$

在例 2.2.7 中，$F_{(s)}$ 分母部分为零时，得到：$s_1=-1-2\mathrm{j}$ 和 $s_2=-1+2\mathrm{j}$ 出现在了 $f_{(t)}$ 的指数部分。因为它们是复数，根据欧拉公式，复数将引入正弦（余弦）函数，带来了振动。这说明，当一个函数 $f_{(t)}$ 经过拉普拉斯变换之后，如果 $F_{(s)}$ 分母部分的根存在虚部，那么 $f_{(t)}$ 就会存在振动。例 2.2.6 和例 2.2.7 说明，通过分析 $F_{(s)}$ 的根可以了解原函数 $f_{(t)}$ 的时间表现。

2.3　传递函数和系统设计

2.3.1　传递函数

本节将介绍**传递函数**（Transfer Function），它是经典控制理论的基础。系统的传递函数 $G_{(s)}$ 的定义是：在零初始条件下，系统输出的拉普拉斯变换 $X_{(s)}$ 与系统输入的拉普拉斯变换 $U_{(s)}$ 之间的比值，即

$$G_{(s)}=\frac{X_{(s)}}{U_{(s)}} \tag{2.3.1}$$

式(2.3.1)所示系统可以用框图表示，如图 2.3.1 所示，其中，$U_{(s)}G_{(s)}=X_{(s)}$。

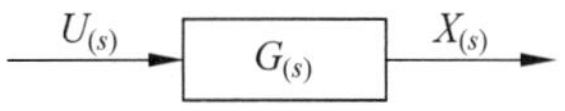

图 2.3.1　动态系统框图

根据表 2.2.1，单位冲激函数 $\delta_{(t)}$ 的拉普拉斯变换 $\mathcal{L}[\delta_{(t)}]=1$，系统对其响应为

$$X_{(s)}=\mathcal{L}[\delta_{(t)}]G_{(s)}=G_{(s)} \tag{2.3.2}$$

式(2.3.2)说明，当单位冲激函数作用在线性时不变系统上时，其输出（即系统的单位冲激响应）等于传递函数本身。

式(2.3.2)从另一个角度验证了2.1.1节中提出的重要概念：单位冲激响应可以完全地定义线性时不变系统。同时，根据例2.2.5，卷积运算通过拉普拉斯变换成为乘法运算，这也符合式(2.3.1)所表达出来的输入与输出之间的乘积关系。希望读者可以把这几部分内容结合起来理解，从不同的角度理解线性时不变系统的特性。

经过拉普拉斯变换后，卷积关系的系统输入与输出 $x_{(t)}=u_{(t)}*h_{(t)}$ 被简化为乘积关系 $X_{(s)}=U_{(s)}G_{(s)}$，这将在很大程度上简化系统分析的复杂程度。回到图2.2.1的例子，首先对式(2.2.2)左右两边进行拉普拉斯变换，得到

$$\mathcal{L}[u_{(t)}]=\mathcal{L}\left[L\frac{\mathrm{d}x_{(t)}}{\mathrm{d}t}+Rx_{(t)}\right]$$

$$\Rightarrow U_{(s)}=L(sX_{(s)}-x_{(0)})+RX_{(s)} \tag{2.3.3a}$$

其中，L 是电感，R 是电阻，它们都是正数。考虑零初始状态，即系统输出 $x_{(t)}$ 的初始状态为 $x_{(0)}=0$，式(2.3.3a)可写成

$$U_{(s)}=LsX_{(s)}+RX_{(s)}=(Ls+R)X_{(s)} \tag{2.3.3b}$$

其传递函数为

$$G_{(s)}=\frac{X_{(s)}}{U_{(s)}}=\frac{1}{Ls+R} \tag{2.3.4}$$

当一个常数输入 $u_{(t)}=C$ 作用在系统上时，其拉普拉斯变换为

$$U_{(s)}=\mathcal{L}[u_{(t)}]=\mathcal{L}[C]=\mathcal{L}[C\mathrm{e}^{-0t}]=C\frac{1}{s+0}=C\frac{1}{s} \tag{2.3.5}$$

将式(2.3.5)代入式(2.3.4)中，可以得到系统输出的拉普拉斯变换为

$$X_{(s)}=U_{(s)}G_{(s)}=C\left(\frac{1}{s}\right)\left(\frac{1}{Ls+R}\right)=\frac{C}{L}\frac{1}{s\left(s+\frac{R}{L}\right)} \tag{2.3.6}$$

若要分析这一系统输出的时间函数 $x_{(t)}$ 的表现，可以采用2.2.3节中的方法求解其拉普拉斯逆变换。式(2.3.6)可以写为

$$X_{(s)}=\frac{C}{L}\frac{1}{s\left(s+\frac{R}{L}\right)}=\frac{C}{L}\left(\frac{A}{s}+\frac{B}{s+\frac{R}{L}}\right) \tag{2.3.7}$$

利用分式分解法可得 $A=\frac{L}{R}$，$B=-\frac{L}{R}$，代入式(2.3.7)中，得到

$$X_{(s)}=\frac{C}{L}\left(\frac{\frac{L}{R}}{s}-\frac{\frac{L}{R}}{s+\frac{R}{L}}\right)=\frac{C}{R}\left(\frac{1}{s}-\frac{1}{s+\frac{R}{L}}\right) \tag{2.3.8}$$

对式(2.3.8)两边进行拉普拉斯逆变换，便可以得到系统的输出，即

$$x_{(t)}=\mathcal{L}^{-1}[X_{(s)}]=\frac{C}{R}\left(\mathrm{e}^{0t}-\mathrm{e}^{-\frac{R}{L}t}\right)=\frac{C}{R}-\frac{C}{R}\mathrm{e}^{-\frac{R}{L}t} \tag{2.3.9}$$

$x_{(t)}$ 随时间的变化如图2.3.2所示。从图中可以得出，系统的输出将从0开始，随着时间的增加而无限地接近一个定值 $\frac{C}{R}$。

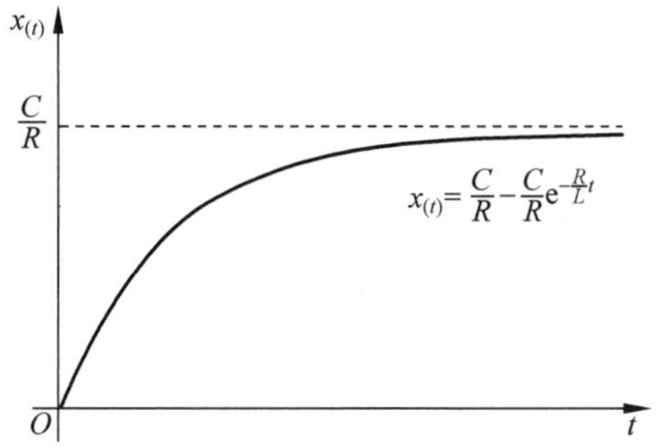

图 2.3.2 系统输出 $x_{(t)}=\frac{C}{R}-\frac{C}{R}e^{-\frac{R}{L}t}$ 随时间变化

式(2.3.9)中,$x_{(t)}$由两项相减组合而成,分别是$\frac{C}{R}e^{0t}$和$\frac{C}{R}e^{-\frac{R}{L}t}$,第一项中 e 的指数部分系数是 0,因此$\frac{C}{R}e^{0t}$等于常数$\frac{C}{R}$;而第二项中指数部分系数为$-\frac{R}{L}<0$,表明项$\frac{C}{R}e^{-\frac{R}{L}t}$会随着时间的增加而不断地衰减,直到为 0。所以,系统输出$x_{(t)}$是有界限的,并且随着时间的增加而趋向于常数$\frac{C}{R}$。在式(2.3.6)中,当系统输出$X_{(s)}$的分母部分等于 0 时,可以得到

$$s\left(s+\frac{R}{L}\right)=0 \Rightarrow \begin{cases} s_{p1}=0 \\ s_{p2}=-\frac{R}{L} \end{cases} \tag{2.3.10}$$

s_{p1}和s_{p2}被称为系统输出的**极点**(Poles),其中,s_{p1}是输入$U_{(s)}=C\frac{1}{s}$引入的极点。$s_{p2}=-\frac{R}{L}$则是**传递函数的极点**,这是动态系统自身的极点,体现了动态系统的特性,它可以直接通过传递函数的**特征方程**(Characteristic Equation),即令$G_{(s)}$的分母部分为 0($Ls+R=0$)得到。

在此例中,$s_{p1}=0$,而$s_{p2}=-\frac{R}{L}<0$,所以输出$x_{(t)}$将会趋于一个常数。以上的分析说明,在得到系统的传递函数之后,便可以通过简单的代数计算得到系统输出的极点,并以此为依据快速判断系统的表现。也就是说,在得到式(2.3.6)之后就可以判断系统的表现了,这省去了大量的中间过程,并且避免了求解微分方程和卷积的麻烦。

传递函数是动态系统中描述输入与输出关系的重要工具,它反映了系统对输入信号的响应。在现实生活中,传递函数必须符合**因果定律**(Principle of Causality),这意味着系统的输出不能在其输入之前发生变化。从卷积的角度理解,系统输出是通过对输入信号的历史记录进行加权求和得到的结果,所以动态系统输出对时间的导数的阶数一定不大于输入对时间的导数的阶数。

因此,在实际应用中,动态系统的传递函数一定是真分数形式。真分数传递函数是指其分母中的 s 阶数大于或等于分子中的 s 阶数。当分母和分子的阶数相等时,这种传递函数被称为真分数传递函数,比如$G_{(s)}=\frac{(s+2)(s+4)}{(s+1)(s+3)}$。而当分母的阶数大于分子的阶数时,

称之为严格真分数传递函数,比如 $G_{(s)}=\dfrac{(s+2)}{(s+1)(s+3)}$,这种情况在 2.1.2 节的所有例子中都有所体现。

2.3.2 控制系统的传递函数

在掌握了动态系统的传递函数 $G_{(s)}$ 之后,便可以着手设计控制器来调节该动态系统的输出响应。如图 2.3.3 所示的**开环控制系统**(Open Loop Control System),其中 $R_{(s)}$ 是**参考值**(Reference)或目标值,$C_{(s)}$ 是控制器,原动态系统的传递函数 $G_{(s)}$ 被称为控制系统的**开环传递函数**(Open Loop Transfer Function)。控制量是 $U_{(s)}$,也就是原动态系统的输入。控制系统的输出等于原动态系统的输出 $X_{(s)}$。

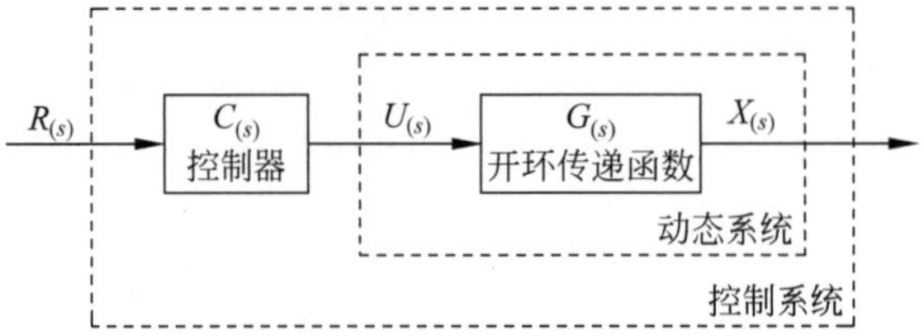

图 2.3.3 开环控制系统框图

控制系统本质上也是一个动态系统,从参考值 $R_{(s)}$(它同时也是该控制系统的输入,又称参考输入)到系统输出 $X_{(s)}$ 是串联的结构,即

$$X_{(s)}=U_{(s)}G_{(s)}=R_{(s)}C_{(s)}G_{(s)} \tag{2.3.11}$$

其中,控制量 $U_{(s)}=R_{(s)}C_{(s)}$,说明系统的输出 $X_{(s)}$ 对控制量 $U_{(s)}$ 没有影响,这也是开环系统的特点。

若将输出 $X_{(s)}$ 反馈到输入端,则可以形成一个闭环控制系统,如图 2.3.4 所示。其中,参考值与输出之间的差称为**误差**(Error),$E_{(s)}=R_{(s)}-X_{(s)}$,其对应的时间函数是 $e_{(t)}=r_{(t)}-x_{(t)}$,控制器 $C_{(s)}$ 将根据误差决定控制量 $U_{(s)}$。

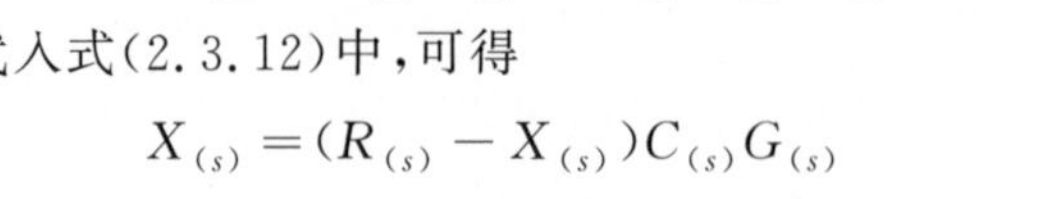

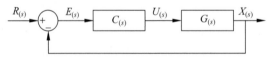

图 2.3.4 闭环控制系统框图

根据传递函数的代数性质,可得

$$X_{(s)}=U_{(s)}G_{(s)}=E_{(s)}C_{(s)}G_{(s)} \tag{2.3.12}$$

将 $E_{(s)}=R_{(s)}-X_{(s)}$ 代入式(2.3.12)中,可得

$$\begin{aligned}&X_{(s)}=(R_{(s)}-X_{(s)})C_{(s)}G_{(s)}\\&\Rightarrow(1+C_{(s)}G_{(s)})X_{(s)}=C_{(s)}G_{(s)}R_{(s)}\\&\Rightarrow X_{(s)}=\frac{C_{(s)}G_{(s)}R_{(s)}}{1+C_{(s)}G_{(s)}}\end{aligned} \tag{2.3.13}$$

定义控制系统的**闭环传递函数**(Closed Loop Transfer Function)为

$$G_{\mathrm{cl}_{(s)}}=\frac{X_{(s)}}{R_{(s)}}=\frac{C_{(s)}G_{(s)}}{1+C_{(s)}G_{(s)}} \tag{2.3.14}$$

由此可以得到一个简化后的闭环控制系统框图，如图 2.3.5 所示。

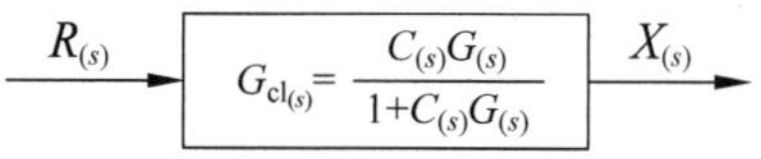

图 2.3.5　简化后的闭环控制系统框图

图 2.3.5 所描述的控制系统输入是参考输入 $R_{(s)}$，输出是 $X_{(s)}$。

请参考代码 2.2：2-2_Transfer_Function_Example.m。

2.4　非零初始状态下的传递函数

在传递函数的定义中有一个先决条件，即零初始条件。但在实际情况中，往往需要处理非零初始状态的系统。本节将对此内容进行简单的探讨，考虑一个一阶微分方程：

$$\frac{\mathrm{d}x_{(t)}}{\mathrm{d}t}+ax_{(t)}=u_{(t)} \tag{2.4.1}$$

对式(2.4.1)两边进行拉普拉斯变换，根据例 2.2.4，可得

$$\mathcal{L}\left[\frac{\mathrm{d}x_{(t)}}{\mathrm{d}t}+ax_{(t)}\right]=\mathcal{L}[u_{(t)}]$$

$$sX_{(s)}-x_{(0)}+aX_{(s)}=U_{(s)} \tag{2.4.2}$$

在零初始条件下($x_{(0)}=0$)，式(2.4.2)可写成 $sX_{(s)}+aX_{(s)}=U_{(s)}$，系统的传递函数是

$$G_{(s)}=\frac{X_{(s)}}{U_{(s)}}=\frac{1}{s+a} \tag{2.4.3}$$

而当 $x_{(0)}\neq 0$ 时，式(2.4.2)可以写成

$$sX_{(s)}+aX_{(s)}=U_{(s)}+x_{(0)} \tag{2.4.4}$$

此时定义新的系统输入：$U_{1_{(s)}}=U_{(s)}+x_{(0)}$，代入式(2.4.4)中，得到

$$G_{(s)}=\frac{X_{(s)}}{U_{1_{(s)}}}=\frac{1}{s+a} \tag{2.4.5}$$

式(2.4.3)和式(2.4.5)的系统框图如图 2.4.1 所示。可见这两个系统的传递函数是相同的，其中非零初始条件系统多出一个输入，而这个输入的拉普拉斯变换等于其初始条件 $x_{(0)}$。对它进行拉普拉斯逆变换可以得到其原函数，即

$$\mathcal{L}^{-1}[x_{(0)}]=x_{(0)}\delta_{(t)} \tag{2.4.6}$$

(a) 零初始条件系统框图　　(b) 非零初始条件系统框图

图 2.4.1　零初始条件和非零初始条件系统框图

其中，$\delta_{(t)}$ 是单位冲激函数，在 2.1.1 节介绍过，可以把它理解为在很短的时间内释放出的一个单位的能量。将它乘以一个系数 $x_{(0)}$，则相当于在一瞬间对系统施加了 $x_{(0)}$ 个单位的能量(系统的输出也将叠加 $x_{(0)}h_{(t)}$)。因为这个能量是瞬间的，并不持续，所以它不会影响到系统的稳定性分析与特征分析。高阶系统的非零初始条件的分析则比较复杂，但是其理

念与一阶系统相同,系统的初始状态可以理解为瞬时间赋予系统的“能量”。

2.5 本章要点总结

- **卷积与微分方程**。
  - 线性时不变系统的输出与输入之间是卷积的关系。
  - 单位冲激响应可以完整地描述线性时不变系统。
  - 微分方程可以直接描述系统输入与输出之间的卷积关系。
- **拉普拉斯变换**。
  - 拉普拉斯变换是线性变换,符合叠加原理。
  - 卷积的拉普拉斯变换是乘法运算,这是重要的性质,它可以简化系统的分析。
  - 利用拉普拉斯逆变换可以方便地求解微分方程。
- **传递函数**。
  - 传递函数的定义:在零初始条件下,系统输出的拉普拉斯变换与系统输入的拉普拉斯变换之间的比值。
  - 传递函数的极点:令系统的传递函数分母等于0时的 s 值。它将决定系统的表现。
  - 非零初始状态:在时间零点赋予系统“能量”,使得系统达到初始状态。

动态系统建模——状态空间方程

本章将介绍使用**状态空间方程**(State Space Model)描述系统数学模型的方法。状态空间方程是现代控制理论的基础,它以矩阵的形式表达系统状态变量、输入及输出之间的关系。它可以描述和处理**多输入多输出**(Multiple Input Multiple Output,MIMO)的系统。目前流行的一些算法,如模型预测控制、卡尔曼滤波器及最优化控制,都是在状态空间方程的表达形式基础上发展而来的。**本章的学习目标为:**

- 掌握使用状态空间方程建立动态系统数学模型的流程。
- 理解状态空间方程与传递函数的关系。
- 掌握使用矩阵的特征值与特征向量解耦动态系统的方法。
- 掌握一维与二维相平面、相轨迹的绘制方法。
- 熟练使用相平面、相轨迹的方法分析动态系统平衡点的类型。
- 理解动态系统平衡点类型与状态矩阵特征值之间的关系。

3.1 状态空间方程

3.1.1 状态空间方程表达式

从一个例子入手分析,如图 3.1.1(a)所示的弹簧质量阻尼系统,在 2.1.2 节中曾经分析过,它的动态微分方程为

$$m\frac{\mathrm{d}^2x_{(t)}}{\mathrm{d}t^2}+b\frac{\mathrm{d}x_{(t)}}{\mathrm{d}t}+kx_{(t)}=f_{(t)} \tag{3.1.1}$$

其中,$x_{(t)}$是位移,方向向右;m 是质量;b 是阻尼系数;k 是弹簧系数;$f_{(t)}$是外力。

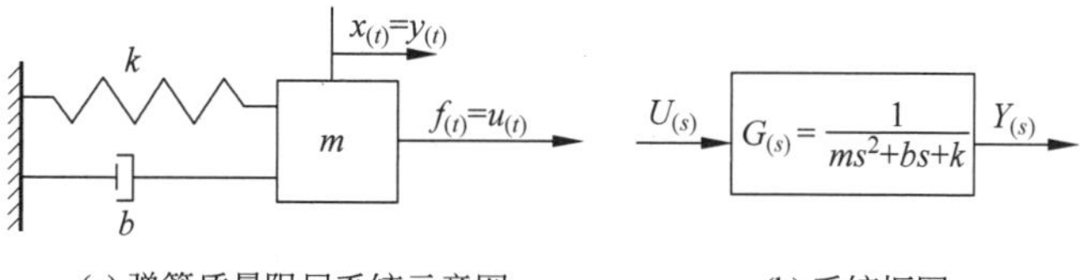

(a) 弹簧质量阻尼系统示意图　　(b) 系统框图

图 3.1.1　弹簧质量阻尼系统与框图

令此系统的输入等于外力,即 $u_{(t)}=f_{(t)}$,系统的输出等于位移,即 $y_{(t)}=x_{(t)}$。第 2 章介绍了经典控制理论中使用传递函数来描述系统的方法,对式(3.1.1)等号两边分别进行拉

普拉斯变换，并将 $u_{(t)}=f_{(t)}$、$y_{(t)}=x_{(t)}$ 代入进行调整，同时假设零初始条件 $x_{(0)}=\left.\frac{\mathrm{d}x_{(t)}}{\mathrm{d}t}\right|_{t=0}=0$，可以得到系统的传递函数为

$$G_{(s)}=\frac{Y_{(s)}}{U_{(s)}}=\frac{1}{ms^2+bs+k} \tag{3.1.2}$$

式(3.1.2)所对应的系统框图如图 3.1.1(b)所示。

对于同样的系统，在现代控制理论中则会使用状态空间方程的表达方式。状态空间方程是一个集合，它包含了系统的输入、输出及状态变量，并把它们用一系列的一阶微分方程表达出来。对于本例中的二阶系统，为了将其写成状态空间方程，只有选取合适的**状态变量**(State Variables)，才能使二阶系统转化为一系列的一阶系统。根据这个要求，选取两个状态变量 $z_{1_{(t)}}$ 和 $z_{2_{(t)}}$，其中

$$z_{1_{(t)}}=x_{(t)} \tag{3.1.3}$$

$$z_{2_{(t)}}=\frac{\mathrm{d}z_{1_{(t)}}}{\mathrm{d}t}=\frac{\mathrm{d}x_{(t)}}{\mathrm{d}t} \tag{3.1.4}$$

根据式(3.1.4)，取 $z_{2_{(t)}}$ 对时间的导数，并将式(3.1.1)和 $u_{(t)}=f_{(t)}$ 代入其中，可得

$$\begin{aligned}\frac{\mathrm{d}z_{2_{(t)}}}{\mathrm{d}t}&=\frac{\mathrm{d}^2x_{(t)}}{\mathrm{d}t^2}=\frac{1}{m}\left(f_{(t)}-b\,\frac{\mathrm{d}x_{(t)}}{\mathrm{d}t}-kx_{(t)}\right)\\&=\frac{1}{m}u_{(t)}-\frac{b}{m}z_{2_{(t)}}-\frac{k}{m}z_{1_{(t)}}\end{aligned} \tag{3.1.5}$$

现在将式(3.1.3)～式(3.1.5)写成紧凑的矩阵表达形式，可得

$$\frac{\mathrm{d}}{\mathrm{d}t}\begin{bmatrix}z_{1_{(t)}}\\z_{2_{(t)}}\end{bmatrix}=\begin{bmatrix}0&1\\-\frac{k}{m}&-\frac{b}{m}\end{bmatrix}\begin{bmatrix}z_{1_{(t)}}\\z_{2_{(t)}}\end{bmatrix}+\begin{bmatrix}0\\\frac{1}{m}\end{bmatrix}[u_{(t)}] \tag{3.1.6}$$

而系统的输出 $y_{(t)}=x_{(t)}$ 也可以写成矩阵形式，即

$$y_{(t)}=[1\quad 0]\begin{bmatrix}z_{1_{(t)}}\\z_{2_{(t)}}\end{bmatrix}+[0][u_{(t)}] \tag{3.1.7}$$

式(3.1.6)和式(3.1.7)是图 3.1.1 中弹簧质量阻尼系统的状态空间方程。

上述形式可推广并得到状态空间方程的一般形式，即

$$\frac{\mathrm{d}\boldsymbol{z}_{(t)}}{\mathrm{d}t}=\boldsymbol{A}\boldsymbol{z}_{(t)}+\boldsymbol{B}\boldsymbol{u}_{(t)} \tag{3.1.8a}$$

$$\boldsymbol{y}_{(t)}=\boldsymbol{C}\boldsymbol{z}_{(t)}+\boldsymbol{D}\boldsymbol{u}_{(t)} \tag{3.1.8b}$$

其中，

$\boldsymbol{z}_{(t)}$ 是状态变量，是一个 n 维向量，$\boldsymbol{z}_{(t)}=[z_{1_{(t)}},z_{2_{(t)}},\cdots,z_{n(t)}]^{\mathrm{T}}$；

$\boldsymbol{y}_{(t)}$ 是系统输出，是一个 m 维向量，$\boldsymbol{y}_{(t)}=[y_{1_{(t)}},y_{2_{(t)}},\cdots,y_{m(t)}]^{\mathrm{T}}$；

$\boldsymbol{u}_{(t)}$ 是系统输入，是一个 p 维向量，$\boldsymbol{u}_{(t)}=[u_{1_{(t)}},u_{2_{(t)}},\cdots,u_{p(t)}]^{\mathrm{T}}$。

这说明，当使用状态空间方程来描述系统时，有 n 个状态变量、m 个输出和 p 个输入。它可以表达多状态、多输出、多输入的系统。其中，矩阵 $\boldsymbol{A}$ 是 $n\times n$ 矩阵，表示系统状态变量之间的关系，称为**状态矩阵**或者系统矩阵。矩阵 $\boldsymbol{B}$ 是 $n\times p$ 矩阵，表示输入对状态变量的影

响，称为**输入矩阵**或者控制矩阵。矩阵 $\boldsymbol{C}$ 是 $m\times n$ 矩阵，表示系统的输出与系统状态变量之间的关系，称为**输出矩阵**。矩阵 $\boldsymbol{D}$ 是 $m\times p$ 矩阵，表示系统的输入直接作用在系统输出的部分，称为**直接传递矩阵**。状态空间方程符号说明见表 3.1.1。

表 3.1.1 状态空间方程符号说明

符　　号	名　　称	维　　度
$\boldsymbol{z}_{(t)}$	状态变量	$n\times 1$
$\boldsymbol{y}_{(t)}$	系统输出	$m\times 1$
$\boldsymbol{u}_{(t)}$	系统输入	$p\times 1$
$\boldsymbol{A}$	状态矩阵	$n\times n$
$\boldsymbol{B}$	输入矩阵	$n\times p$
$\boldsymbol{C}$	输出矩阵	$m\times n$
$\boldsymbol{D}$	直接传递矩阵	$m\times p$

以上述弹簧质量阻尼系统为例，参考式(3.1.6)和式(3.1.7)，其状态变量 $\boldsymbol{z}_{(t)}=\begin{bmatrix} z_{1_{(t)}} \\ z_{2_{(t)}} \end{bmatrix}$，是 $n=2$ 维向量。输出 $\boldsymbol{y}_{(t)}=x_{(t)}$，是 $m=1$ 维向量。输入 $\boldsymbol{u}_{(t)}=[u_{(t)}]=[f_{(t)}]$，是 $p=1$ 维向量。因此，对应的状态矩阵 $\boldsymbol{A}=\begin{bmatrix} 0 & 1 \\ -\dfrac{k}{m} & -\dfrac{B}{m} \end{bmatrix}$，是一个 $n\times n=2\times 2$ 的矩阵。输入矩阵 $\boldsymbol{B}=\begin{bmatrix} 0 \\ \dfrac{1}{m} \end{bmatrix}$，是一个 $n\times p=2\times 1$ 的矩阵。输出矩阵 $\boldsymbol{C}=[1\quad 0]$，是一个 $m\times n=1\times 2$ 的矩阵。直接传递矩阵 $\boldsymbol{D}=[0]$，是一个 $m\times p=1\times 1$ 的矩阵。因为它只有一个输入和一个输出，所以本系统属于**单输入单输出**(Single Input Single Output，SISO)系统。

下面请看一个**多输入多输出**(Multiple Inputs Multiple Outputs，MIMO)系统的例子。

根据图 3.1.2 所示的电路网络，列出其状态空间方程表达式。其中，系统有两个输入 $\boldsymbol{u}_{(t)}=[e_{1_{(t)}},e_{2_{(t)}}]^{\mathrm{T}}$ 和两个输出 $\boldsymbol{y}_{(t)}=[i_{1_{(t)}},e_{R_{3_{(t)}}}]^{\mathrm{T}}$。

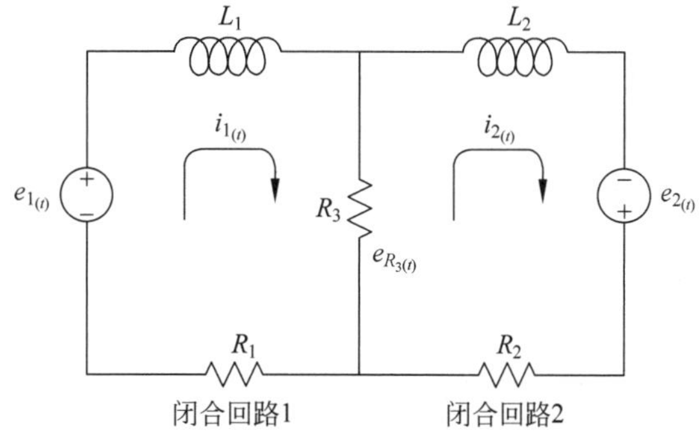

图 3.1.2 多输入多输出电路系统

若要建立上述系统的状态空间方程，首先要掌握它的动态微分方程。这个系统可以考虑成两个闭合回路，在每一个闭合回路里面使用基尔霍夫电压定律。可以得到闭合回路 1

$$L_1\frac{\mathrm{d}i_{1_{(t)}}}{\mathrm{d}t}+i_{1_{(t)}}R_1+e_{R_{3_{(t)}}}=e_{1_{(t)}} \tag{3.1.9a}$$

闭合回路 2

$$L_2\frac{di_{2_{(t)}}}{dt}+i_{2_{(t)}}R_2-e_{R_{3_{(t)}}}=e_{2_{(t)}} \tag{3.1.9b}$$

其中，

$$e_{R_{3_{(t)}}}=(i_{1_{(t)}}-i_{2_{(t)}})R_3 \tag{3.1.9c}$$

将式(3.1.9c)代入式(3.1.9a)和式(3.1.9b)并进行调整，得到

$$L_1\frac{di_{1_{(t)}}}{dt}+i_{1_{(t)}}(R_1+R_3)-i_{2_{(t)}}R_3=e_{1_{(t)}} \tag{3.1.9d}$$

$$L_2\frac{di_{2_{(t)}}}{dt}+i_{2_{(t)}}(R_2+R_3)-i_{1_{(t)}}R_3=e_{2_{(t)}} \tag{3.1.9e}$$

选取系统的状态变量 $\boldsymbol{z}_{(t)}=[z_{1_{(t)}},z_{2_{(t)}}]^{\mathrm{T}}$，其中，

$$z_{1_{(t)}}=i_{1_{(t)}} \tag{3.1.10a}$$

$$z_{2_{(t)}}=i_{2_{(t)}} \tag{3.1.10b}$$

将式(3.1.10a)、式(3.1.10b)代入式(3.1.9d)和式(3.1.9e)，调整后可得

$$\frac{dz_{1_{(t)}}}{dt}=-\left(\frac{R_1+R_3}{L_1}\right)z_{1_{(t)}}+\frac{R_3}{L_1}z_{2_{(t)}}+\frac{1}{L_1}e_{1_{(t)}} \tag{3.1.11a}$$

$$\frac{dz_{2_{(t)}}}{dt}=\frac{R_3}{L_2}z_{1_{(t)}}-\left(\frac{R_2+R_3}{L_2}\right)z_{2_{(t)}}+\frac{1}{L_2}e_{2_{(t)}} \tag{3.1.11b}$$

将式(3.1.11a)、式(3.1.11b)写成紧凑的矩阵形式，得到

$$\begin{bmatrix}\frac{dz_{1_{(t)}}}{dt}\\ \frac{dz_{2_{(t)}}}{dt}\end{bmatrix}=\begin{bmatrix}-\left(\frac{R_1+R_3}{L_1}\right) & \frac{R_3}{L_1}\\ \frac{R_3}{L_2} & -\left(\frac{R_2+R_3}{L_2}\right)\end{bmatrix}\begin{bmatrix}z_{1_{(t)}}\\ z_{2_{(t)}}\end{bmatrix}+\begin{bmatrix}\frac{1}{L_1} & 0\\ 0 & \frac{1}{L_2}\end{bmatrix}\begin{bmatrix}e_{1_{(t)}}\\ e_{2_{(t)}}\end{bmatrix} \tag{3.1.12}$$

系统输出 $\boldsymbol{y}_{(t)}=[i_{1_{(t)}},e_{R_{3_{(t)}}}]^{\mathrm{T}}$，可以表达为

$$\boldsymbol{y}_{(t)}=\begin{bmatrix}i_{1_{(t)}}\\ e_{R_{3_{(t)}}}\end{bmatrix}=\begin{bmatrix}1 & 0\\ R_3 & -R_3\end{bmatrix}\begin{bmatrix}z_{1_{(t)}}\\ z_{2_{(t)}}\end{bmatrix}+\begin{bmatrix}0 & 0\\ 0 & 0\end{bmatrix}\begin{bmatrix}e_{1_{(t)}}\\ e_{2_{(t)}}\end{bmatrix} \tag{3.1.13}$$

将式(3.1.12)和式(3.1.13)写成一般形式，可以得到系统的状态空间方程，即

$$\frac{d\boldsymbol{z}_{(t)}}{dt}=\boldsymbol{A}\boldsymbol{z}_{(t)}+\boldsymbol{B}\boldsymbol{u}_{(t)}$$

$$\boldsymbol{y}_{(t)}=\boldsymbol{C}\boldsymbol{z}_{(t)}+\boldsymbol{D}\boldsymbol{u}_{(t)}$$

其中，

$\boldsymbol{z}_{(t)}=[i_{1_{(t)}},i_{2_{(t)}}]^{\mathrm{T}}$；$\boldsymbol{y}_{(t)}=[i_{1_{(t)}},e_{R_{3_{(t)}}}]^{\mathrm{T}}$；$\boldsymbol{u}_{(t)}=[e_{1_{(t)}},e_{2_{(t)}}]^{\mathrm{T}}$；

$$\boldsymbol{A}=\begin{bmatrix}-\left(\frac{R_1+R_3}{L_1}\right) & \frac{R_3}{L_1}\\ \frac{R_3}{L_2} & -\left(\frac{R_2+R_3}{L_2}\right)\end{bmatrix};\ \boldsymbol{B}=\begin{bmatrix}\frac{1}{L_1} & 0\\ 0 & \frac{1}{L_2}\end{bmatrix};\ \boldsymbol{C}=\begin{bmatrix}1 & 0\\ R_3 & -R_3\end{bmatrix};\ \boldsymbol{D}=\begin{bmatrix}0 & 0\\ 0 & 0\end{bmatrix}。$$

3.1.2 状态空间方程与传递函数的关系

如 3.1.1 节所分析的，一个单输入单输出系统可以写成式(3.1.2)的传递函数形式和式(3.1.8a)、式(3.1.8b)的状态空间方程表达式，下面我们来讨论这两种形式之间的联系。

对式(3.1.8a)、式(3.1.8b)的等式两边进行拉普拉斯变换，得到

$$\mathcal{L}\left[\frac{\mathrm{d}\boldsymbol{z}_{(t)}}{\mathrm{d}t}\right]=\mathcal{L}[\boldsymbol{A}\boldsymbol{z}_{(t)}+\boldsymbol{B}\boldsymbol{u}_{(t)}] \tag{3.1.14a}$$

$$\mathcal{L}[\boldsymbol{y}_{(t)}]=\mathcal{L}[\boldsymbol{C}\boldsymbol{z}_{(t)}+\boldsymbol{D}\boldsymbol{u}_{(t)}] \tag{3.1.14b}$$

考虑零初始状态，$z_{1_{(0)}}=z_{2_{(0)}}=0$，式(3.1.14a)、式(3.1.14b)可以整理为

$$s\boldsymbol{Z}_{(s)}=\boldsymbol{A}\boldsymbol{Z}_{(s)}+\boldsymbol{B}\boldsymbol{U}_{(s)} \tag{3.1.15a}$$

$$\boldsymbol{Y}_{(s)}=\boldsymbol{C}\boldsymbol{Z}_{(s)}+\boldsymbol{D}\boldsymbol{U}_{(s)} \tag{3.1.15b}$$

其中，$\boldsymbol{Z}_{(s)}=\mathcal{L}[\boldsymbol{z}_{(t)}]$，$\boldsymbol{Y}_{(s)}=\mathcal{L}[\boldsymbol{y}_{(t)}]$，$\boldsymbol{U}_{(s)}=\mathcal{L}[\boldsymbol{u}_{(t)}]$。式(3.1.15a)调整后可得

$$\boldsymbol{Z}_{(s)}=(s\boldsymbol{I}-\boldsymbol{A})^{-1}\boldsymbol{B}\boldsymbol{U}_{(s)} \tag{3.1.16}$$

其中，$(s\boldsymbol{I}-\boldsymbol{A})^{-1}$ 是$(s\boldsymbol{I}-\boldsymbol{A})$的逆矩阵；$\boldsymbol{I}$ 是 $n\times n$ 单位矩阵，$\boldsymbol{I}_{n\times n}=\begin{bmatrix}1 & 0 & \cdots & 0\\ 0 & 1 & \cdots & 0\\ \vdots & \vdots & \ddots & \vdots\\ 0 & 0 & 0 & 1\end{bmatrix}$。

将式(3.1.16)代入式(3.1.15b)中并调整，可得

$$\boldsymbol{Y}_{(s)}=(\boldsymbol{C}(s\boldsymbol{I}-\boldsymbol{A})^{-1}\boldsymbol{B}+\boldsymbol{D})\boldsymbol{U}_{(s)} \tag{3.1.17}$$

因此，系统的传递函数可以表达为

$$G_{(s)}=\frac{\boldsymbol{Y}_{(s)}}{\boldsymbol{U}_{(s)}}=\boldsymbol{C}(s\boldsymbol{I}-\boldsymbol{A})^{-1}\boldsymbol{B}+\boldsymbol{D} \tag{3.1.18}$$

考虑图 3.1.1 的弹簧质量阻尼系统，其中 $\boldsymbol{D}=0$，根据矩阵求逆公式$(s\boldsymbol{I}-\boldsymbol{A})^{-1}=\dfrac{(s\boldsymbol{I}-\boldsymbol{A})^{*}}{|s\boldsymbol{I}-\boldsymbol{A}|}$，代入式(3.1.18)可得

$$G_{(s)}=\frac{\boldsymbol{Y}_{(s)}}{\boldsymbol{U}_{(s)}}=\frac{\boldsymbol{C}(s\boldsymbol{I}-\boldsymbol{A})^{*}\boldsymbol{B}}{|s\boldsymbol{I}-\boldsymbol{A}|} \tag{3.1.19}$$

其中，$(s\boldsymbol{I}-\boldsymbol{A})^{*}$ 是$(s\boldsymbol{I}-\boldsymbol{A})$的伴随矩阵，$|s\boldsymbol{I}-\boldsymbol{A}|$是$(s\boldsymbol{I}-\boldsymbol{A})$的行列式。

> 观察式(3.1.19)，如果令 $G_{(s)}$ 的分母部分为零，即$|s\boldsymbol{I}-\boldsymbol{A}|=0$，得出的 s 值有两个含义：第一，从传递函数的角度考虑，它是传递函数的极点；第二，从状态矩阵的角度考虑，它是矩阵 $\boldsymbol{A}$ 的特征值(令$|s\boldsymbol{I}-\boldsymbol{A}|=0$ 是求矩阵 $\boldsymbol{A}$ 特征值的公式，见 3.2.1 节)。在 2.3 节中曾经介绍过，通过分析传递函数极点可以判断系统的表现。而当把系统写成状态空间方程之后，状态矩阵 $\boldsymbol{A}$ 的特征值即为其相对应的传递函数 $G_{(s)}$ 的极点。因此，通过分析矩阵 $\boldsymbol{A}$ 的特征值也可以判断系统的表现。

请参考代码 3.1：3-1_Statespace_Example.m。

3.2 相平面数学基础

式(3.1.8a)、式(3.1.8b)是状态空间方程的一般表达式，求解矩阵形式的微分方程可以掌握系统状态变量随时间的变化。式(3.1.8a)的解为

$$\boldsymbol{z}_{(t)}=\mathrm{e}^{\boldsymbol{A}(t-t_0)}\boldsymbol{z}_{(t_0)}+\int_{t_0}^{t}\mathrm{e}^{\boldsymbol{A}(t-\tau)}\boldsymbol{B}\boldsymbol{u}_{(\tau)}\mathrm{d}\tau \tag{3.2.1}$$

关于求解过程本书不做详细推导，只给出结论作为参考，有兴趣的读者可以参考《控制之美(卷 2)——最优化控制 MPC 与卡尔曼滤波器》。观察式(3.2.1)可以发现，$\boldsymbol{z}_{(t)}$ 由两部分组成：第一部分只和系统的初始条件 $\boldsymbol{z}_{(t_0)}$ 相关，而第二部分是一个卷积，与系统的输入相关。式(3.2.1)包含了卷积，而且指数部分还出现矩阵，因此增加了分析求解的难度和复杂程度。在第 2 章中引入了拉普拉斯变换和传递函数来绕开求解微分方程和卷积，从而简化了系统的分析。而对于状态空间方程，使用相平面与相轨迹的方法可以快速有效地分析系统。在讲解这一数学工具之前，首先回顾线性代数中的一个重要概念——矩阵的特征值与特征向量。

3.2.1 矩阵的特征值与特征向量

在线性代数中，对于一个给定的方阵 $\boldsymbol{A}$，它的特征向量 $\boldsymbol{v}$ 经过矩阵 $\boldsymbol{A}$ 线性变换的作用之后，得到的新的向量仍然与原来的 $\boldsymbol{v}$ 保持在同一条直线上，但其长度或方向也许会改变。即

$$\boldsymbol{A}\boldsymbol{v}=\lambda\boldsymbol{v} \tag{3.2.2}$$

其中，λ 为标量，即特征向量的长度在矩阵 $\boldsymbol{A}$ 线性变换下缩放的比例，称为矩阵 $\boldsymbol{A}$ 的**特征值**。

首先来看线性变换，假设有一个二维矩阵 $\boldsymbol{A}$ 与一个向量 $\boldsymbol{v}_{\mathrm{a}}$，其中，

$$\boldsymbol{A}=\begin{bmatrix}1 & 1\\4 & -2\end{bmatrix},\quad \boldsymbol{v}_{\mathrm{a}}=\begin{bmatrix}1\\2\end{bmatrix} \tag{3.2.3}$$

用矩阵 $\boldsymbol{A}$ 左乘以 $\boldsymbol{v}_{\mathrm{a}}$，根据矩阵的乘法法则，可得

$$\boldsymbol{A}\boldsymbol{v}_{\mathrm{a}}=\begin{bmatrix}1 & 1\\4 & -2\end{bmatrix}\begin{bmatrix}1\\2\end{bmatrix}=\begin{bmatrix}1\times1+1\times2\\4\times1+(-2)\times2\end{bmatrix}=\begin{bmatrix}3\\0\end{bmatrix} \tag{3.2.4}$$

从 $\boldsymbol{v}_{\mathrm{a}}$ 到 $\boldsymbol{A}\boldsymbol{v}_{\mathrm{a}}$ 的过程称为线性变换，如图 3.2.1(a)所示。向量 $\boldsymbol{v}_{\mathrm{a}}$ 经过矩阵 $\boldsymbol{A}$ 线性变换后，长度发生了改变，而且不再和原向量保持在一条直线上。

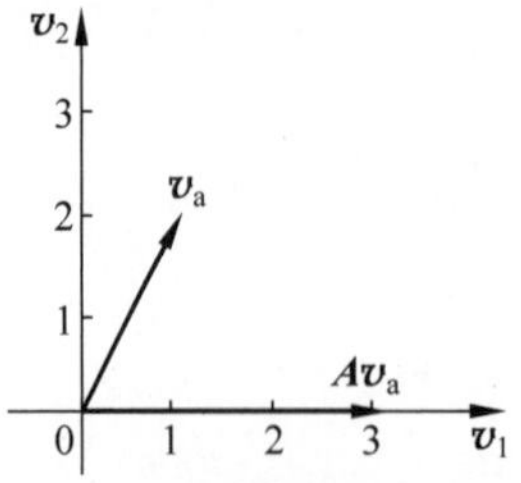

(a) $\boldsymbol{v}_{\mathrm{a}}$和$\boldsymbol{A}\boldsymbol{v}_{\mathrm{a}}$

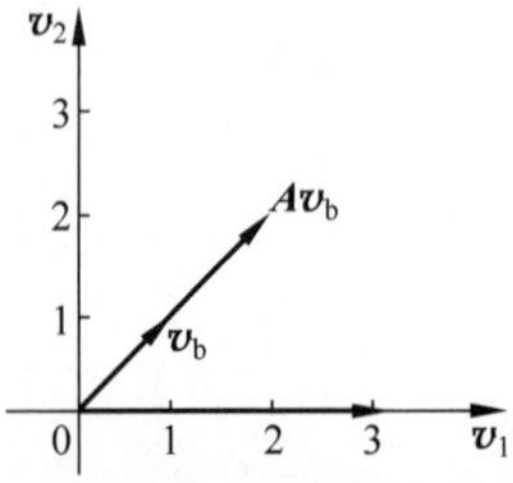

(b) $\boldsymbol{v}_{\mathrm{b}}$和$\boldsymbol{A}\boldsymbol{v}_{\mathrm{b}}$

图 3.2.1 向量的线性变换

再来考虑另一个向量$\boldsymbol{v}_{\mathrm{b}}=[1,1]^{\mathrm{T}}$，对它进行同样的通过矩阵$\boldsymbol{A}$的线性变换，可得

$$\boldsymbol{A}\boldsymbol{v}_{\mathrm{b}}=\begin{bmatrix}1 & 1\\ 4 & -2\end{bmatrix}\begin{bmatrix}1\\ 1\end{bmatrix}=\begin{bmatrix}2\\ 2\end{bmatrix}=2\begin{bmatrix}1\\ 1\end{bmatrix}=\lambda\boldsymbol{v}_{\mathrm{b}} \tag{3.2.5}$$

式(3.2.5)说明通过矩阵$\boldsymbol{A}$线性变换后，$\boldsymbol{A}\boldsymbol{v}_{\mathrm{b}}=\lambda\boldsymbol{v}_{\mathrm{b}}=2\boldsymbol{v}_{\mathrm{b}}$。如图3.2.1(b)所示，经过变换后的新向量与原向量在一条直线上，但是长度发生了改变。根据定义，$\boldsymbol{v}_{\mathrm{b}}$是矩阵$\boldsymbol{A}$的特征向量，缩放比例$\lambda=2$则是矩阵$\boldsymbol{A}$对应于特征向量$\boldsymbol{v}_{\mathrm{b}}$的特征值。

现在以矩阵$\boldsymbol{A}$为例，说明如何求解特征值与特征向量。根据式(3.2.2)，可得

$$\begin{aligned}&\boldsymbol{A}\boldsymbol{v}-\lambda\boldsymbol{v}=0\\ \Rightarrow&(\boldsymbol{A}-\lambda\boldsymbol{I})\boldsymbol{v}=0\end{aligned} \tag{3.2.6}$$

其中，$\boldsymbol{I}$为单位矩阵，维度与$\boldsymbol{A}$相同。根据矩阵理论，如果式(3.2.6)有非零解，则矩阵$(\boldsymbol{A}-\lambda\boldsymbol{I})$的行列式必须为零，即

$$|\boldsymbol{A}-\lambda\boldsymbol{I}|=0 \tag{3.2.7}$$

将$\boldsymbol{A}=\begin{bmatrix}1 & 1\\ 4 & -2\end{bmatrix}$代入式(3.2.7)，可得

$$\begin{vmatrix}1-\lambda & 1\\ 4 & -2-\lambda\end{vmatrix}=0 \tag{3.2.8a}$$

即

$$\begin{aligned}&(1-\lambda)(-2-\lambda)-1\times 4=0\\ \Rightarrow&\lambda^2+\lambda-6=0\end{aligned} \tag{3.2.8b}$$

式(3.2.8b)称为矩阵$\boldsymbol{A}$的**特征方程**(Characteristic Equation)。可以得到矩阵$\boldsymbol{A}$的两个特征值：

$$\begin{cases}\lambda_1=2\\ \lambda_2=-3\end{cases} \tag{3.2.9}$$

将式(3.2.9)代入式(3.2.6)即可得到不同特征值所对应的特征向量。例如，当$\lambda_1=2$时，对应的特征向量为$\boldsymbol{v}_1=[v_{11},v_{12}]^{\mathrm{T}}$，根据式(3.2.6)，可得

$$(\boldsymbol{A}-\lambda_1\boldsymbol{I})\boldsymbol{v}_1=\begin{bmatrix}1-2 & 1\\ 4 & -2-2\end{bmatrix}\begin{bmatrix}v_{11}\\ v_{12}\end{bmatrix}=\begin{bmatrix}-1 & 1\\ 4 & -4\end{bmatrix}\begin{bmatrix}v_{11}\\ v_{12}\end{bmatrix}=0$$

$$\Rightarrow\begin{cases}-v_{11}+v_{12}=0\\ 4v_{11}-4v_{12}=0\end{cases}$$

$$\Rightarrow v_{11}=v_{12} \tag{3.2.10}$$

式(3.2.10)说明特征向量$\boldsymbol{v}_1$存在于$v_{11}=v_{12}$这一条直线上。可以任意取其中的一组，例如选取$v_{11}=v_{12}=1$，那么矩阵$\boldsymbol{A}$对应于特征值$\lambda_1=2$的特征向量为

$$\boldsymbol{v}_1=\begin{bmatrix}v_{11}\\ v_{12}\end{bmatrix}=\begin{bmatrix}1\\ 1\end{bmatrix} \tag{3.2.11}$$

$\boldsymbol{v}_1$通过矩阵$\boldsymbol{A}$的线性变换后得到$\boldsymbol{A}\boldsymbol{v}_1=[2,2]^{\mathrm{T}}=2\boldsymbol{v}_1$，如图3.2.1(b)所示。

同理，可以计算$\boldsymbol{v}_2$，即特征值$\lambda_2=-3$时的特征向量，可得

$$(\boldsymbol{A}-\lambda_2\boldsymbol{I})\boldsymbol{v}_2=\begin{bmatrix}1+3 & 1\\ 4 & -2+3\end{bmatrix}\begin{bmatrix}v_{21}\\ v_{22}\end{bmatrix}=\begin{bmatrix}4 & 1\\ 4 & 1\end{bmatrix}\begin{bmatrix}v_{21}\\ v_{22}\end{bmatrix}=0$$

$$\begin{cases}4v_{21}+v_{22}=0\\ 4v_{21}+v_{22}=0\end{cases}$$

$$\Rightarrow v_{21}=-\frac{1}{4}v_{22} \tag{3.2.12}$$

选取 $v_{21}=0.5$,$v_{22}=-2$。那么,矩阵 $\boldsymbol{A}$ 对应于特征值 $\lambda_2=-3$ 的特征向量为

$$\boldsymbol{v}_2=\begin{bmatrix}v_{21}\\ v_{22}\end{bmatrix}=\begin{bmatrix}0.5\\ -2\end{bmatrix} \tag{3.2.13}$$

此时,$\boldsymbol{A}\boldsymbol{v}_2=\begin{bmatrix}1 & 1\\ 4 & -2\end{bmatrix}\begin{bmatrix}0.5\\ -2\end{bmatrix}=\begin{bmatrix}-1.5\\ 6\end{bmatrix}=-3\boldsymbol{v}_2$。

3.2.2 特征值与特征向量的应用——线性方程组解耦

特征值与特征向量的一个重要应用是将矩阵转化成对角矩阵,从而达到**解耦**(Decouple)的效果。解耦即解除耦合,而耦合是指一个系统里面的两个或以上的状态变量存在相互影响、相互关联的作用。考虑一个包含两个状态变量的系统,它的微分方程组为

$$\begin{cases}\dfrac{\mathrm{d}z_{1_{(t)}}}{\mathrm{d}t}=z_{1_{(t)}}+z_{2_{(t)}}\\ \dfrac{\mathrm{d}z_{2_{(t)}}}{\mathrm{d}t}=4z_{1_{(t)}}-2z_{2_{(t)}}\end{cases} \tag{3.2.14}$$

式(3.2.14)说明,系统状态变量 $z_{1_{(t)}}$ 的变化率$\dfrac{\mathrm{d}z_{1_{(t)}}}{\mathrm{d}t}$除了与自身相关之外,还与 $z_{2_{(t)}}$ 相关。而 $z_{2_{(t)}}$ 的变化率$\dfrac{\mathrm{d}z_{2_{(t)}}}{\mathrm{d}t}$同时是$z_{2_{(t)}}$ 和 $z_{1_{(t)}}$ 的函数,这样的两个状态变量就是耦合的。对于耦合系统,分析单个状态变量的变化需要同时考虑两个变量,这是不容易做到的。将上述系统写成紧凑的状态空间方程,得到

$$\frac{\mathrm{d}\boldsymbol{z}_{(t)}}{\mathrm{d}t}=\boldsymbol{A}\boldsymbol{z}_{(t)} \tag{3.2.15}$$

其中,

$$\boldsymbol{A}=\begin{bmatrix}1 & 1\\ 4 & -2\end{bmatrix}$$

若要解耦这个系统,首先需要定义**过渡矩阵**(Transition Matrix):

$$\boldsymbol{P}=[\boldsymbol{v}_1,\boldsymbol{v}_2]=\begin{bmatrix}v_{11} & v_{21}\\ v_{12} & v_{22}\end{bmatrix} \tag{3.2.16}$$

其中,$\boldsymbol{v}_1$、$\boldsymbol{v}_2$ 是矩阵 $\boldsymbol{A}$ 所对应的两个特征向量。用矩阵 $\boldsymbol{A}$ 左乘以过渡矩阵,可得

$$\boldsymbol{A}\boldsymbol{P}=\boldsymbol{A}\begin{bmatrix}v_{11} & v_{21}\\ v_{12} & v_{22}\end{bmatrix}=\begin{bmatrix}\boldsymbol{A}\begin{bmatrix}v_{11}\\ v_{12}\end{bmatrix} & \boldsymbol{A}\begin{bmatrix}v_{21}\\ v_{22}\end{bmatrix}\end{bmatrix} \tag{3.2.17}$$

因为$\begin{bmatrix} v_{11} \\ v_{12} \end{bmatrix}$和$\begin{bmatrix} v_{21} \\ v_{22} \end{bmatrix}$是矩阵 $\boldsymbol{A}$ 的特征向量，所以 $\boldsymbol{A}\begin{bmatrix} v_{11} \\ v_{12} \end{bmatrix}=\lambda_1\begin{bmatrix} v_{11} \\ v_{12} \end{bmatrix}$，$\boldsymbol{A}\begin{bmatrix} v_{21} \\ v_{22} \end{bmatrix}=\lambda_2\begin{bmatrix} v_{21} \\ v_{22} \end{bmatrix}$，其中，$\lambda_1$ 和 λ_2 是特征向量 $\boldsymbol{v}_1$ 和 $\boldsymbol{v}_2$ 所对应的特征值。式(3.2.17)可以写成

$$\boldsymbol{AP}=\begin{bmatrix} \lambda_1\begin{bmatrix} v_{11} \\ v_{12} \end{bmatrix} & \lambda_2\begin{bmatrix} v_{21} \\ v_{22} \end{bmatrix} \end{bmatrix}=\begin{bmatrix} \lambda_1 v_{11} & \lambda_2 v_{21} \\ \lambda_1 v_{12} & \lambda_2 v_{22} \end{bmatrix}=\begin{bmatrix} v_{11} & v_{21} \\ v_{12} & v_{22} \end{bmatrix}\begin{bmatrix} \lambda_1 & 0 \\ 0 & \lambda_2 \end{bmatrix}=\boldsymbol{PD} \tag{3.2.18}$$

其中，$\boldsymbol{D}=\begin{bmatrix} \lambda_1 & 0 \\ 0 & \lambda_2 \end{bmatrix}$是一个特征值位于对角线上的对角矩阵。现在对式(3.2.18)等号两边同时左乘以 $\boldsymbol{P}^{-1}$，可得

$$\boldsymbol{P}^{-1}\boldsymbol{AP}=\boldsymbol{P}^{-1}\boldsymbol{PD}$$

$$\Rightarrow \boldsymbol{P}^{-1}\boldsymbol{AP}=\boldsymbol{D} \tag{3.2.19}$$

式(3.2.19)通过过渡矩阵 $\boldsymbol{P}$ 将原矩阵 $\boldsymbol{A}$ 对角化。

下面定义一组新的状态变量 $\bar{\boldsymbol{z}}_{(t)}$，令

$$\boldsymbol{z}_{(t)}=\boldsymbol{P}\bar{\boldsymbol{z}}_{(t)} \tag{3.2.20}$$

将式(3.2.20)代入式(3.2.15)，可得

$$\boldsymbol{P}\frac{\mathrm{d}\bar{\boldsymbol{z}}_{(t)}}{\mathrm{d}t}=\boldsymbol{AP}\bar{\boldsymbol{z}}_{(t)} \tag{3.2.21}$$

式(3.2.21)等号两边同时左乘以 $\boldsymbol{P}^{-1}$，得到

$$\boldsymbol{P}^{-1}\boldsymbol{P}\frac{\mathrm{d}\bar{\boldsymbol{z}}_{(t)}}{\mathrm{d}t}=\boldsymbol{P}^{-1}\boldsymbol{AP}\bar{\boldsymbol{z}}_{(t)} \tag{3.2.22}$$

其中，$\boldsymbol{P}^{-1}\boldsymbol{P}=\boldsymbol{I}$ 是单位矩阵。根据式(3.2.19)，$\boldsymbol{P}^{-1}\boldsymbol{AP}=\boldsymbol{D}$。可得

$$\frac{\mathrm{d}\bar{\boldsymbol{z}}_{(t)}}{\mathrm{d}t}=\boldsymbol{D}\bar{\boldsymbol{z}}_{(t)}=\begin{bmatrix} \lambda_1 & 0 \\ 0 & \lambda_2 \end{bmatrix}\bar{\boldsymbol{z}}_{(t)} \tag{3.2.23}$$

即

$$\begin{cases} \dfrac{\mathrm{d}\bar{z}_{1_{(t)}}}{\mathrm{d}t}=\lambda_1\bar{z}_{1_{(t)}} \\ \dfrac{\mathrm{d}\bar{z}_{2_{(t)}}}{\mathrm{d}t}=\lambda_2\bar{z}_{2_{(t)}} \end{cases} \tag{3.2.24}$$

式(3.2.24)说明新的状态变量 $\bar{z}_{1_{(t)}}$ 和 $\bar{z}_{2_{(t)}}$ 的变化率只和自身相关，因此通过这样的一个变换之后，原来系统中的耦合关系就不再存在。而求解式(3.2.24)则非常容易，根据微分方程的求解公式可得

$$\begin{cases} \bar{z}_{1_{(t)}}=C_1\mathrm{e}^{\lambda_1 t} \\ \bar{z}_{2_{(t)}}=C_2\mathrm{e}^{\lambda_2 t} \end{cases} \tag{3.2.25}$$

其中，C_1 和 C_2 是常数，与初始条件有关。

我们之前已经计算过了矩阵 $\boldsymbol{A}$ 的特征值(参考式(3.2.9))及特征向量(参考式(3.2.11)和式(3.2.13))，代入式(3.2.25)可得

$$\begin{cases} \bar{z}_{1_{(t)}}=C_1\mathrm{e}^{2t} \\ \bar{z}_{2_{(t)}}=C_2\mathrm{e}^{-3t} \end{cases} \tag{3.2.26}$$

此时，根据式(3.2.20)，可以得到系统的原状态变量 $\boldsymbol{z}_{(t)}$ 的表达式，即

$$\boldsymbol{z}_{(t)}=\boldsymbol{P}\bar{\boldsymbol{z}}_{(t)}=\begin{bmatrix}v_{11} & v_{21}\\ v_{12} & v_{22}\end{bmatrix}\begin{bmatrix}C_1\mathrm{e}^{2t}\\ C_2\mathrm{e}^{-3t}\end{bmatrix}=\begin{bmatrix}1 & 0.5\\ 1 & -2\end{bmatrix}\begin{bmatrix}C_1\mathrm{e}^{2t}\\ C_2\mathrm{e}^{-3t}\end{bmatrix}=\begin{bmatrix}C_1\mathrm{e}^{2t}+0.5C_2\mathrm{e}^{-3t}\\ C_1\mathrm{e}^{2t}-2C_2\mathrm{e}^{-3t}\end{bmatrix} \tag{3.2.27}$$

> 请读者观察式(3.2.27)，会发现状态矩阵 $\boldsymbol{A}$ 的特征值 $\lambda_1=2$ 和 $\lambda_2=-3$ 出现在指数的部分。它们将决定 $\boldsymbol{z}_{(t)}$ 随时间的变化趋势。例如，$z_{1_{(t)}}=C_1\mathrm{e}^{2t}+0.5C_2\mathrm{e}^{-3t}$ 的第一项 $C_1\mathrm{e}^{2t}$ 会随着时间的增加趋于无穷大，而第二项 $0.5C_2\mathrm{e}^{-3t}$ 则会随着时间的增加趋于零。因此，这两项相加的结果也会随着时间的增加趋于无穷大。$z_{2_{(t)}}$ 也有同样的表现。综上所述，随着时间的增加，系统的状态变量 $\boldsymbol{z}_{(t)}$ 会趋于无穷。以上解耦的方法也可以推广到更高阶的矩阵当中，这部分推导留给读者自行分析。

讨论过数学基础之后，我们将正式进入相平面与相轨迹的分析中。

3.3 相平面与相轨迹分析

相平面与**相轨迹**(Phase Portrait)将使用直观的图形来分析微分方程，特别是二阶微分方程。相轨迹描述了系统的状态变量随时间在相平面上的变化轨迹。它的理念也可以拓展到更高维度的系统中。而且不只是线性系统，在非线性系统中也可以利用这一数学工具分析系统的表现。

3.3.1 一维相轨迹

首先讨论使用图形化分析一阶微分方程的方法。考虑一个一阶微分方程：

$$\frac{\mathrm{d}z_{(t)}}{\mathrm{d}t}=z_{(t)}^2-1 \tag{3.3.1}$$

将其在相平面中绘制出来，令横轴为状态变量 $z_{(t)}$，纵轴为 $\frac{\mathrm{d}z_{(t)}}{\mathrm{d}t}$。式(3.3.1)所表达的是一条抛物线，如图 3.3.1 所示，它与横坐标之间存在两个交点，分别定义为 z_{f1} 和 z_{f2}。当状态变量 $z_{(t)}$ 位于这两个点时，$\left.\frac{\mathrm{d}z_{(t)}}{\mathrm{d}t}\right|_{z_{(t)}=z_{\mathrm{f1}}}=\left.\frac{\mathrm{d}z_{(t)}}{\mathrm{d}t}\right|_{z_{(t)}=z_{\mathrm{f2}}}=0$，说明此刻的 $z_{(t)}$ 将不会随时间发生任何改变。因此，这两个点被称为**平衡点**(Equilibrium Point 或者 Fixed Point)。从动态系统的角度考虑，当状态变量 $z_{(t)}$ 位于平衡点时的动态系统会保持“静止”的状态。

一旦状态变量偏离平衡点之后，动态系统便会“动”起来，此时我们所关心的是系统能否回到静止的状态(平衡点)。首先看图 3.3.1(a)，假设状态变量 $z_{(t)}$ 在 $t=0$ 时位于平衡点 z_{f1} 的左边，即 $z_{(0)}=z_{11}$。根据图像显示，此时 $\left.\frac{\mathrm{d}z_{(t)}}{\mathrm{d}t}\right|_{z_{(t)}=z_{11}}>0$，这说明随着时间的增加，状态变量 $z_{(t)}$ 也会增加。在图中，$z_{(t)}$ 将沿着向右的轨迹移动。而在它移动的过程中，$\frac{\mathrm{d}z_{(t)}}{\mathrm{d}t}$ 始终保持为正值，因此 $z_{(t)}$ 就会一直增加并保持向右移动。直到 $z_{(t)}=z_{\mathrm{f1}}$ 时才会停下来(此

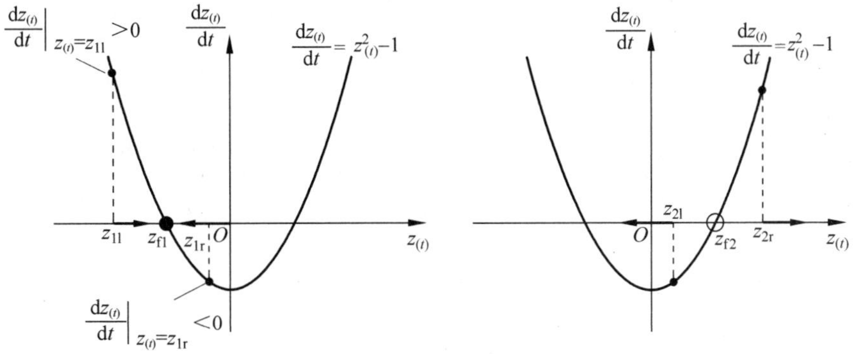

(a) 初始位置在平衡点z_{f1}附近　　(b) 初始位置在平衡点z_{f2}附近

图 3.3.1　一维微分方程图形化分析

时$\left.\frac{dz_{(t)}}{dt}\right|_{z_{(t)}=z_{f1}}=0$)。同理，如果 $t=0$ 时 $z_{(0)}$ 在 z_{f1} 的右边，即 $z_{(0)}=z_{1r}$，此时 $\left.\frac{dz_{(t)}}{dt}\right|_{z_{(t)}=z_{1r}}<0$，$z_{(t)}$则会随着时间的增加而向左移动(随着时间的增加而减小)，直到平衡点 z_{f1} 为止。以上的分析说明，当系统的状态变量 $z_{(t)}$ 小范围偏离平衡点 z_{f1} 后，会自动回到平衡点 z_{f1}。因此，z_{f1} 被称为**稳定平衡点**。

用同样的方法分析另一个平衡点 z_{f2}，请读者根据图 3.3.1(b)自行推导，可以发现，无论 $z_{(t)}$ 的初始位置在 z_{f2} 的左边还是右边，它的变化趋势都将会是远离 z_{f2}。因此，z_{f2} 被称为系统的**不稳定平衡点**。即状态变量偏离 z_{f2} 之后，就无法再自动地回到 z_{f2} 这个平衡点上。需要注意的是，根据图 3.3.1，只有当初始位置 $z_{(0)}$ 在 z_{f2} 左边，即 $z_{(0)}<z_{f2}$ 时，状态变量才可以回到平衡点 z_{f1}。因此，z_{f1} 是一个**局部**(Local)稳定的平衡点。

使用此方法来分析如下非线性微分方程。

例 3.3.1　利用相平面与相轨迹分析 Logistic 人口繁衍模型，它的微分方程为

$$\frac{dP_{(t)}}{dt}=rP_{(t)}\left(1-\frac{P_{(t)}}{K}\right) \tag{3.3.2}$$

其中，$P_{(t)}$是人口数，r 是人口的自然增长率($r>0$)，K 是环境承载力。

解：式(3.3.2)可以写成

$$\frac{dP_{(t)}}{dt}=rP_{(t)}-\frac{r}{K}P_{(t)}^2 \tag{3.3.3}$$

因为式(3.3.3)存在 $P_{(t)}^2$ 项，所以它是一个非线性的系统，求解微分方程相较于线性系统会更加困难，使用相平面可以简化分析并直观地理解系统的特征。首先来寻找系统的平衡点，令$\frac{dP_{(t)}}{dt}=0$，可得

$$0=rP_{(t)}-\frac{r}{K}P_{(t)}^2$$

$$\Rightarrow\begin{cases}P_{f1}=0\\P_{f2}=K\end{cases} \tag{3.3.4}$$

上面两个平衡点的位置很容易通过物理意义来理解。首先，$P_{f1}=0$ 说明这是个无人区，人

口自然不会凭空产生出来。而当 $P_{f2}=K$ 时，说明人口数达到了环境的承载力，将在此位置保持平衡。将式(3.3.3)分成两部分，即 $rP_{(t)}$ 和 $\frac{r}{K}P_{(t)}^2$，并把这两条曲线在相平面中绘制出来，如图 3.3.2 所示，系统的平衡点位于两条曲线交叉位置($rP_{(t)}=\frac{r}{K}P_{(t)}^2$)。负数对于人口数量没有意义，所以图中只包含了正数部分。横轴为人口数 $P_{(t)}$，纵轴为人口变化率 $\frac{\mathrm{d}P_{(t)}}{\mathrm{d}t}$。

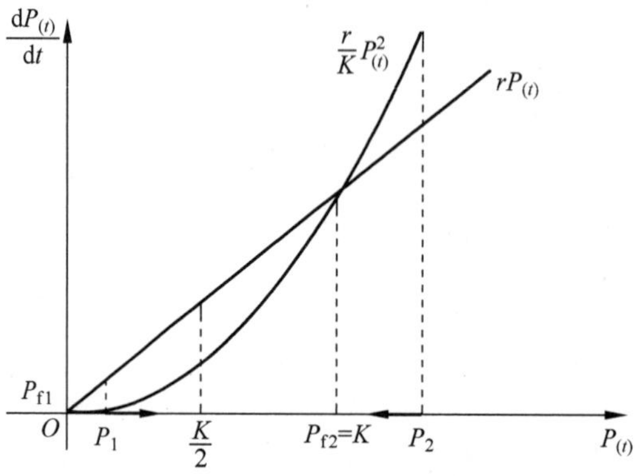

图 3.3.2 例 3.3.1 相轨迹分析

首先分析平衡点 $P_{f1}=0$。如图 3.3.2 所示，当有少量人口迁移到此地时(此时假设初始状态为 $P_{(0)}=P_1$)，此时的人口变化率 $\left.\frac{\mathrm{d}P_{(t)}}{\mathrm{d}t}\right|_{P_{(t)}=P_1}=rP_1-\frac{r}{K}P_1^2>0$，因此随着时间的增加，人口将正增长，$P_{(t)}$ 将沿着正方向轨迹移动并将远离平衡点 P_{f1}，所以 P_{f1} 是一个不稳定平衡点。这说明一个地方一旦开始出现生命，就会生生不息。同时可以发现，随着 $P_{(t)}$ 不断向正方向移动，$rP_{(t)}$ 与 $\frac{r}{K}P_{(t)}^2$ 之间的差距会越来越大，直到 $P_{(t)}=\frac{K}{2}$ 时它们达到最大的差值。这说明当人口数 $P_{(t)}<\frac{K}{2}$ 时，人口的增长率在不断地升高，人口加速增长。而当 $P_{(t)}>\frac{K}{2}$ 以后，增长速度就会减缓，直到达到环境的承载力，即另一个平衡点 $P_{f2}=K$ 时为止。

考虑另一种情况，如果突然间有大量的人口涌入这个地方(此时初始状态为 $P_{(0)}=P_2$)，从图 3.3.2 中可以发现，此时 $rP_2<\frac{r}{K}P_2^2$，所以变化率 $\left.\frac{\mathrm{d}P_{(t)}}{\mathrm{d}t}\right|_{P_{(t)}=P_2}=rP_2-\frac{r}{K}P_2^2<0$，人口将负增长($P_{(t)}$ 将沿着负方向移动)。同时可以发现，初始状态下涌入的人越多，负增长的速率就越高，随着人口的下降，负增长的速率也会下降，直到达到环境的承载力，即平衡点 $P_{f2}=K$ 为止。所以 P_{f2} 是一个稳定的平衡点。

图 3.3.3 显示了从 P_1 和 P_2 开始时人口随时间的变化。它呈现出了与上面分析一致的结果。当初始位置从 P_1 开始时，人口的增速会越来越快，直到 $\frac{K}{2}$ 后增速开始下降，并达

到承载力。而一旦人口超过承载能力 K 以后，将会迅速负增长以达到平衡点。

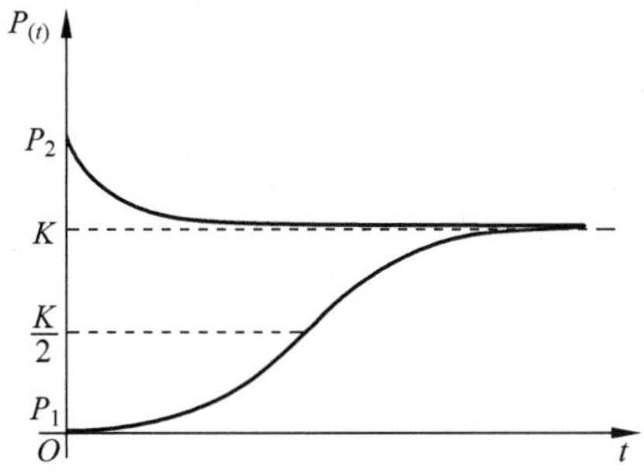

图 3.3.3　例 3.3.1 人口随时间的变化趋势图

> 如图 3.3.3 所示，在此模型条件下，人口从 P_1 增长到 K 的速度要远远慢于人口从 P_2 下降到 K 的速度。这是因为一个人从出生到成熟需要十几年的时间，繁衍一代人则需要二三十年的时间。然而，一场战争、一场瘟疫或一场自然灾害却可以在短时间内毁灭大量的人口，甚至造成深远的断代影响。人类是世界上最伟大的物种，自从诞生在这个地球以来就开始了对自然界的征服之旅，仅仅用了很短的时间就站到了食物链的顶端，从此不断地繁衍、进化，变得文明。与此同时，人类的生存环境也在被自身的活动不断地改变着。上述人口模型比较简单且参数较少，它并没有考虑到人口的年龄结构、迁徙、疾病、科技发展，或是政策因素的影响。但即便如此，这个简单的数学模型仍然揭示了人类活动和环境承载力之间的关系，并阐述了一个重要的道理：在发展的同时需要对自然法则存一份敬畏之心。尊重自然，尊重科学，人类的文明才能够更加繁荣地发展下去。

3.3.2　二维相平面与相轨迹——简化形式

考虑一个二维系统，在没有输入的情况下，它的状态空间方程为

$$\frac{\mathrm{d}}{\mathrm{d}t}\begin{bmatrix} z_{1_{(t)}} \\ z_{2_{(t)}} \end{bmatrix} = \boldsymbol{A}\begin{bmatrix} z_{1_{(t)}} \\ z_{2_{(t)}} \end{bmatrix} = \begin{bmatrix} a_{11} & a_{12} \\ a_{21} & a_{22} \end{bmatrix}\begin{bmatrix} z_{1_{(t)}} \\ z_{2_{(t)}} \end{bmatrix} \tag{3.3.5}$$

求式(3.3.5)的平衡点，可令 $\frac{\mathrm{d}}{\mathrm{d}t}\begin{bmatrix} z_{1_{(t)}} \\ z_{2_{(t)}} \end{bmatrix}=0$，得到

$$\begin{cases} 0 = a_{11}z_{1_{(t)}} + a_{12}z_{2_{(t)}} \\ 0 = a_{21}z_{1_{(t)}} + a_{22}z_{2_{(t)}} \end{cases}$$

$$\Rightarrow \begin{cases} z_{1\mathrm{f}} = 0 \\ z_{2\mathrm{f}} = 0 \end{cases} \tag{3.3.6}$$

首先分析简化矩阵，假设 $a_{12}=a_{21}=0$。此时式(3.3.5)可以化简为

$$\frac{\mathrm{d}}{\mathrm{d}t}\begin{bmatrix} z_{1_{(t)}} \\ z_{2_{(t)}} \end{bmatrix} = \begin{bmatrix} a_{11} & 0 \\ 0 & a_{22} \end{bmatrix}\begin{bmatrix} z_{1_{(t)}} \\ z_{2_{(t)}} \end{bmatrix} \tag{3.3.7}$$

即

$$\begin{cases}\dfrac{\mathrm{d}z_{1_{(t)}}}{\mathrm{d}t}=a_{11}z_{1_{(t)}}\\[2ex]\dfrac{\mathrm{d}z_{2_{(t)}}}{\mathrm{d}t}=a_{22}z_{2_{(t)}}\end{cases}\tag{3.3.8}$$

下面根据 a_{11} 和 a_{22} 的符号来进行分类讨论。

类(1)：$a_{11}>0$ 且 $a_{22}>0$。

首先分析 $a_{11}=a_{22}>0$ 的情况：从坐标轴上的点入手，假设 $\boldsymbol{z}_{(t)}$ 在 $t=0$ 时位于坐标横轴上，即 $\boldsymbol{z}_{(0)}=[z_{1_{(0)}},z_{2_{(0)}}]^{\mathrm{T}}=[z_{1_{(0)}},0]^{\mathrm{T}}$，此时 $z_{2_{(0)}}=0=z_{2\mathrm{f}}$ 在平衡点上，所以 $z_{2_{(t)}}$ 不会随时间改变。如图 3.3.4(a)所示，当初始状态 $z_{1_{(0)}}=z_{1\mathrm{r}}>0$ 时，根据式(3.3.8)，$\left.\dfrac{\mathrm{d}z_{1_{(t)}}}{\mathrm{d}t}\right|_{z_{1_{(0)}}=z_{1\mathrm{r}}}=a_{11}z_{1\mathrm{r}}>0$，因此 $z_{1_{(t)}}$ 会随着时间增加而不断地增加，向右移动并远离平衡点。同理，如果初始状态处于平衡点左边，即 $z_{1_{(0)}}=z_{1\mathrm{l}}<0$，那么随着时间的增加，$z_{1_{(t)}}$ 会不断地减小(向左移动)。读者可以用同样的方法去分析在纵轴上($z_{1_{(0)}}=z_{1\mathrm{f}}=0$)的情况，如图 3.3.4(a)所示，在纵轴上 $z_{2_{(t)}}$ 的变化也将是沿着远离平衡点的轨迹移动。

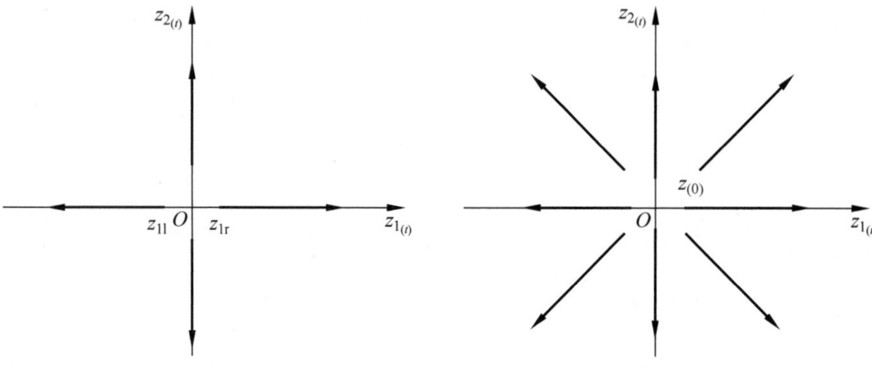

(a) 坐标轴上的相轨迹　　(b) 平面上的相轨迹

图 3.3.4　$a_{11}=a_{22}>0$ 时的相平面分析

把坐标轴上的情况推广到整个相平面上可以得到图 3.3.4(b)所示的图像。如果初始位置在第一象限，即 $z_{1_{(0)}}>0$ 且 $z_{2_{(0)}}>0$，此时 $\left.\dfrac{\mathrm{d}z_{1_{(t)}}}{\mathrm{d}t}\right|_{t=0}>0$ 且 $\left.\dfrac{\mathrm{d}z_{2_{(t)}}}{\mathrm{d}t}\right|_{t=0}>0$。因此，两个变量都会随着时间的增加而增加。而且因为 $a_{11}=a_{22}$，所以根据式(3.3.7)，$z_{1_{(t)}}$ 和 $z_{2_{(t)}}$ 的变化速率是一样的，此时的相轨迹便是一条直线。读者可以自行推导在其他象限上的情况。

如果 $a_{11}\neq a_{22}>0$，那么它的相轨迹如图 3.3.5 所示。因为两个变量的变化率不同，所以相轨迹是一条曲线，但仍然是远离平衡点位置的。在这种情况下，平衡点 $\boldsymbol{z}_{\mathrm{f}}$ 称为**不稳定节点**(Unstable Node)。

类(2)：$a_{11}>0$ 且 $a_{22}<0$。

使用与类(1)相似的分析方法。首先分析坐标轴上的点，其中平衡点 $z_{1\mathrm{f}}=0$ 是不稳定平衡点，$z_{1_{(t)}}$ 会从初始位置向远离平衡点的方向移动。同时，因为 $a_{22}<0$，所以在坐标轴纵轴上，一个偏离平衡点 $z_{2\mathrm{f}}=0$ 的初始状态会向平衡点移动。例如，在图 3.3.6(a)中，初始位置为 $z_{2_{(0)}}>0$，此时 $\left.\dfrac{\mathrm{d}z_{2_{(t)}}}{\mathrm{d}t}\right|_{t=0}=a_{22}z_{2_{(0)}}<0$。所以 $z_{2_{(t)}}$ 将随着时间的增加递减，并逐渐靠近

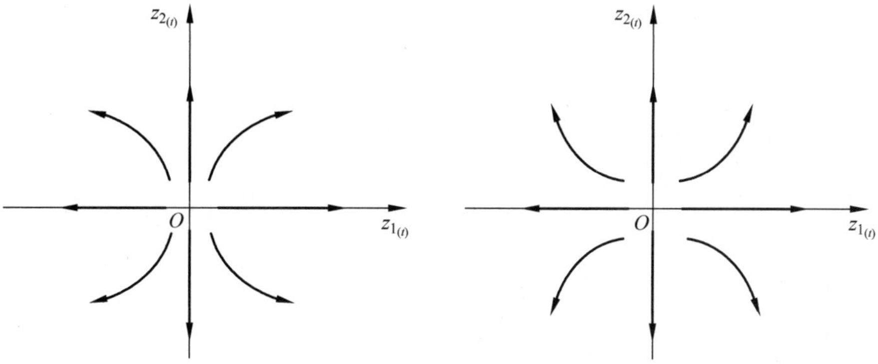

(a) $a_{11}>a_{22}>0$的相轨迹　　(b) $a_{22}>a_{11}>0$的相轨迹

图 3.3.5　$a_{11}\neq a_{22}>0$ 时的相平面分析

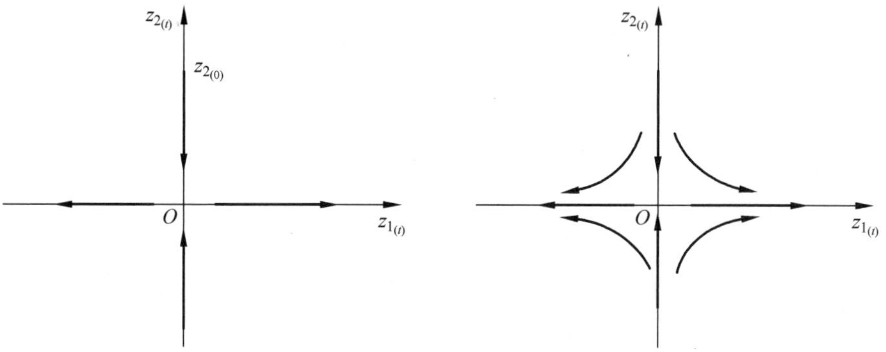

(a) 坐标轴上的相轨迹　　(b) 平面上的相轨迹

图 3.3.6　$a_{11}>0$ 且 $a_{22}<0$ 时的相平面分析

平衡点 $z_{2f}=0$。

得到坐标轴上的情况之后，便可以推导出整个相平面上的相轨迹，如图 3.3.6(b)所示。相轨迹会沿着横轴远离平衡点 $z_{1f}=0$ 的位置，同时沿着纵轴靠近平衡点 $z_{2f}=0$ 的位置。在此情况下，随着时间 t 趋于无穷，$z_{2_{(t)}}$ 将收敛于平衡点 $z_{2f}=0$，而 $z_{1_{(t)}}$ 将趋于正(负)无穷。

当 $a_{11}<0$、$a_{22}>0$ 时与上述分析类似，故不再赘述，读者可以自行推导。在这种情况下，平衡点 $\boldsymbol{z}_f$ 称为**鞍点**(Saddle)，是一个不稳定的点。

类(3)：$a_{11}<0$ 且 $a_{22}<0$。

可以使用与类(1)相同的方式分析，故不再赘述。它的相轨迹如图 3.3.7 所示。其中，图 3.3.7(a)显示的情况是 $|a_{11}|=|a_{22}|$，所以 $z_{1_{(t)}}$ 与 $z_{2_{(t)}}$ 向平衡点收敛的速度是相同的。而在图 3.3.7(b)中，$|a_{11}|>|a_{22}|$，所以 $z_{1_{(t)}}$ 的收敛速度会大于 $z_{2_{(t)}}$ 的收敛速度。

在这种情况下，平衡点 $\boldsymbol{z}_f$ 称为**稳定节点**(Stable Node)。

3.3.3　二维相平面与相轨迹——一般形式

掌握了简化形式的二维系统相轨迹后，可以推广到一般形式。首先将式(3.3.5)解耦(对角化)，定义一个新的状态变量 $\bar{\boldsymbol{z}}_{(t)}$，令 $\boldsymbol{z}_{(t)}=\boldsymbol{P}\bar{\boldsymbol{z}}_{(t)}$。$\boldsymbol{P}$ 是过渡矩阵($\boldsymbol{P}=[\boldsymbol{v}_1,\boldsymbol{v}_2]$)，其

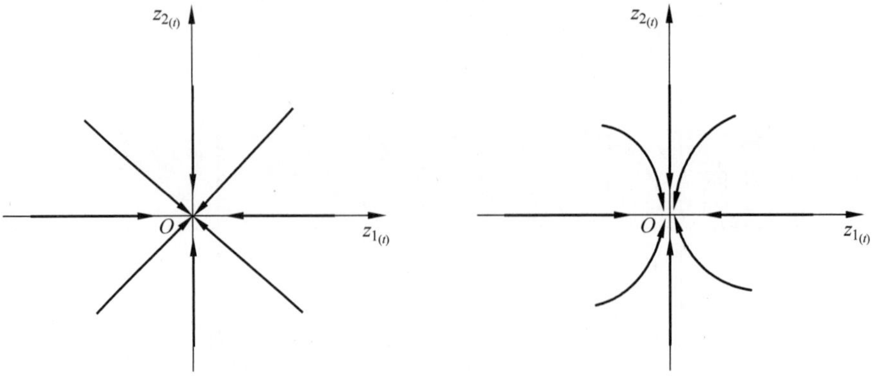

(a) $|a_{11}|=|a_{22}|$的相轨迹　　(b) $|a_{11}|>|a_{22}|$的相轨迹

图 3.3.7　$a_{11}<0$ 且 $a_{22}<0$ 时的相轨迹分析

中$\boldsymbol{v}_1$ 和$\boldsymbol{v}_2$ 是矩阵 $\boldsymbol{A}$ 的特征向量。根据 3.3.2 节中的介绍，可得

$$\frac{\mathrm{d}}{\mathrm{d}t}\begin{bmatrix}\bar{z}_{1_{(t)}}\\ \bar{z}_{2_{(t)}}\end{bmatrix}=\begin{bmatrix}\lambda_1 & 0\\ 0 & \lambda_2\end{bmatrix}\bar{\boldsymbol{z}}_{(t)} \tag{3.3.9}$$

其中，λ_1 和 λ_2 是矩阵 $\boldsymbol{A}$ 的特征值。式(3.3.9)是一个对角矩阵，分析它的相轨迹可以使用 3.3.2 节的结论。下面通过几个例子深入地讨论一般形式矩阵的相轨迹。

例 3.3.2　分析二阶系统$\frac{\mathrm{d}\boldsymbol{z}_{(t)}}{\mathrm{d}t}=\boldsymbol{A}\boldsymbol{z}$ 的相轨迹，其中 $\boldsymbol{A}=\begin{bmatrix}-3 & 4\\ -2 & 3\end{bmatrix}$。

解：首先求矩阵 $\boldsymbol{A}$ 的特征值，令$|\boldsymbol{A}-\lambda\boldsymbol{I}|=0$，可得$\begin{cases}\lambda_1=-1\\ \lambda_2=1\end{cases}$，与其相对应的特征向量分别为 $\boldsymbol{v}_1=[2,1]^{\mathrm{T}}$，$\boldsymbol{v}_2=[1,1]^{\mathrm{T}}$。令 $\boldsymbol{z}_{(t)}=\boldsymbol{P}\bar{\boldsymbol{z}}_{(t)}$，其中 $\boldsymbol{P}=[\boldsymbol{v}_1,\boldsymbol{v}_2]=\begin{bmatrix}2 & 1\\ 1 & 1\end{bmatrix}$，根据式(3.3.9)，得到

$$\frac{\mathrm{d}}{\mathrm{d}t}\begin{bmatrix}\bar{z}_{1_{(t)}}\\ \bar{z}_{2_{(t)}}\end{bmatrix}=\begin{bmatrix}-1 & 0\\ 0 & 1\end{bmatrix}\bar{\boldsymbol{z}}_{(t)} \tag{3.3.10}$$

式(3.3.10)所示矩阵 $\boldsymbol{A}$ 的特征值都是实数且符号相反，这种情况和 3.3.2 节中讨论的类(2)是一样的，如前面所分析的，平衡点 $\bar{\boldsymbol{z}}_{\mathrm{f}}=[0,0]^{\mathrm{T}}$ 是一个鞍点。它的相轨迹如图 3.3.8(a)所示，$\bar{z}_{1_{(t)}}$ 随着时间增加而靠近平衡点，$\bar{z}_{2_{(t)}}$ 随着时间增加而远离平衡点。式(3.3.10)中 $\bar{\boldsymbol{z}}_{(t)}$ 的解为

$$\bar{\boldsymbol{z}}_{(t)}=\begin{bmatrix}\bar{z}_{1_{(t)}}\\ \bar{z}_{2_{(t)}}\end{bmatrix}=\begin{bmatrix}C_1\mathrm{e}^{-t}\\ C_2\mathrm{e}^{t}\end{bmatrix} \tag{3.3.11}$$

其中，C_1、C_2 为两个常数，和初始条件 $\bar{\boldsymbol{z}}_{(t_0)}$ 相关。

此时原始状态变量 $\boldsymbol{z}_{(t)}$ 为

$$\boldsymbol{z}_{(t)}=\boldsymbol{P}\bar{\boldsymbol{z}}_{(t)}=\begin{bmatrix}2 & 1\\ 1 & 1\end{bmatrix}\begin{bmatrix}C_1\mathrm{e}^{-t}\\ C_2\mathrm{e}^{t}\end{bmatrix}=\begin{bmatrix}2C_1\mathrm{e}^{-t}+C_2\mathrm{e}^{t}\\ C_1\mathrm{e}^{-t}+C_2\mathrm{e}^{t}\end{bmatrix}=C_1\mathrm{e}^{-t}\begin{bmatrix}2\\ 1\end{bmatrix}+C_2\mathrm{e}^{t}\begin{bmatrix}1\\ 1\end{bmatrix} \tag{3.3.12}$$

式(3.3.12)说明 $\boldsymbol{z}_{(t)}$ 是 $\bar{\boldsymbol{z}}_{(t)}$ 通过矩阵 $\boldsymbol{P}$ 的线性变换，在通过这个线性变换之后，相轨迹将从 $\bar{\boldsymbol{z}}_{(t)}=\begin{bmatrix}\bar{z}_{1_{(t)}}\\ \bar{z}_{2_{(t)}}\end{bmatrix}$ 映射到 $\boldsymbol{z}_{(t)}=\begin{bmatrix}z_{1_{(t)}}\\ z_{2_{(t)}}\end{bmatrix}$ 上。如图 3.3.8(b)所示，从直观上看，这个线性变换将 $\bar{z}_{1_{(t)}}$ 和 $\bar{z}_{2_{(t)}}$ 两个坐标轴沿着图中箭头的方向旋转到 $\boldsymbol{v}_1$ 和 $\boldsymbol{v}_2$ 上，那么相轨迹也会被相应地"拉长"与"压扁"。$\boldsymbol{z}_{(t)}$ 的相轨迹如图 3.3.8(c)所示。更为重要的是，这个线性变化不会改变平衡点的性质，因此平衡点 $\boldsymbol{z}_{\mathrm{f}}$ 的性质与 $\bar{\boldsymbol{z}}_{\mathrm{f}}$ 保持一致，是一个**鞍点**。这也可以通过式(3.3.12)得到验证：例如，在某种初始条件下，$C_2=0$，可得 $\begin{bmatrix}z_{1_{(t)}}\\ z_{2_{(t)}}\end{bmatrix}=C_1\mathrm{e}^{-t}\begin{bmatrix}2\\1\end{bmatrix}$，说明随着时间的增加，$z_{1_{(t)}}$ 和 $z_{2_{(t)}}$ 将沿着 $\boldsymbol{v}_1=[2,1]^{\mathrm{T}}$ 这条直线向$[0,0]^{\mathrm{T}}$ 移动(相对应的指数部分为 $\lambda_1=-1$)。同理，当 $C_1=0$ 时，$\begin{bmatrix}z_{1_{(t)}}\\ z_{2_{(t)}}\end{bmatrix}=\begin{bmatrix}C_2\mathrm{e}^{t}\\ C_2\mathrm{e}^{t}\end{bmatrix}$，这说明随着时间的增加，$z_{1_{(t)}}$ 和 $z_{2_{(t)}}$ 将沿着 $\boldsymbol{v}_2=[1,1]^{\mathrm{T}}$ 这条直线趋于无穷(对应的指数部分为 $\lambda_2=1$)。

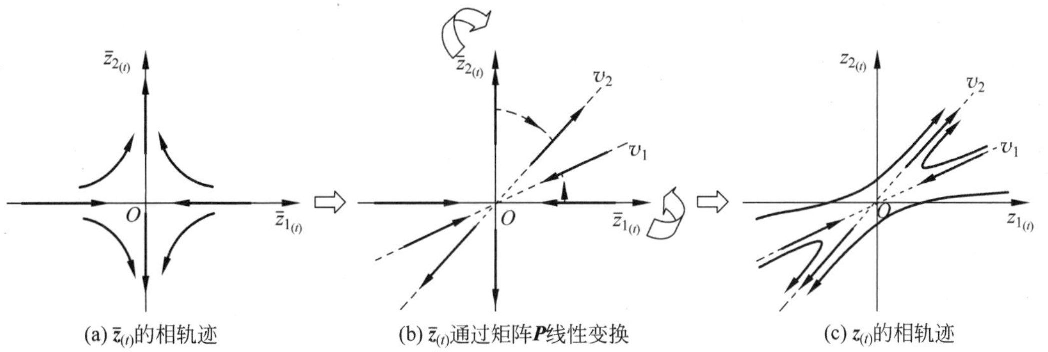

图 3.3.8　例 3.3.2 的相轨迹分析

例 3.3.3　分析二阶系统 $\dfrac{\mathrm{d}\boldsymbol{z}_{(t)}}{\mathrm{d}t}=\boldsymbol{A}\boldsymbol{z}_{(t)}$ 的相轨迹，其中 $\boldsymbol{A}=\begin{bmatrix}3 & -2\\ 1 & 0\end{bmatrix}$。

解：矩阵 $\boldsymbol{A}$ 的特征值为 $\begin{cases}\lambda_1=1\\ \lambda_2=2\end{cases}$，因此平衡点 $\boldsymbol{z}_{\mathrm{f}}$ 是一个**不稳定节点**。相轨迹的分析方法同例 3.3.2，故不再赘述。

例 3.3.4　分析二阶系统 $\dfrac{\mathrm{d}\boldsymbol{z}_{(t)}}{\mathrm{d}t}=\boldsymbol{A}\boldsymbol{z}_{(t)}$ 的相轨迹，其中 $\boldsymbol{A}=\begin{bmatrix}-3 & 2\\ -1 & 0\end{bmatrix}$。

解：矩阵 $\boldsymbol{A}$ 的特征值为 $\begin{cases}\lambda_1=-1\\ \lambda_2=-2\end{cases}$，因此平衡点 $\boldsymbol{z}_{\mathrm{f}}$ 是一个**稳定的节点**。相轨迹的分析方法同例 3.3.2，故不再赘述。

例 3.3.3 和例 3.3.4 的相轨迹如图 3.3.9 所示，请读者自行推导。

例 3.3.5　分析二阶系统 $\dfrac{\mathrm{d}\boldsymbol{z}_{(t)}}{\mathrm{d}t}=\boldsymbol{A}\boldsymbol{z}_{(t)}$ 的相轨迹，其中 $\boldsymbol{A}=\begin{bmatrix}0 & 4\\ -1 & 0\end{bmatrix}$。

解：首先求解矩阵 $\boldsymbol{A}$ 的特征值与特征向量，可得

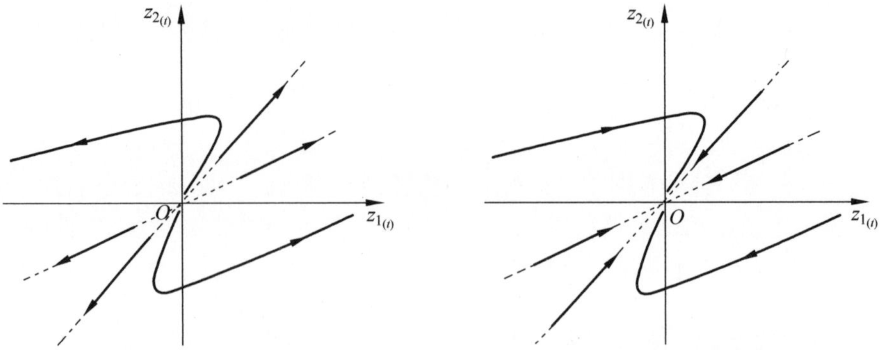

(a) 例3.3.3的相轨迹　　(b) 例3.3.4的相轨迹

图 3.3.9　例 3.3.3 与例 3.3.4 的相轨迹分析

$$\begin{cases}\lambda_1=2\mathrm{j}\\ \lambda_2=-2\mathrm{j}\end{cases},\quad \begin{cases}\boldsymbol{v}_1=\begin{bmatrix}2\\ \mathrm{j}\end{bmatrix}\\ \boldsymbol{v}_2=\begin{bmatrix}2\\ -\mathrm{j}\end{bmatrix}\end{cases} \tag{3.3.13}$$

式(3.3.13)说明矩阵 $\boldsymbol{A}$ 的特征值是一对共轭复数，而且它不存在实数特征向量(特征向量无法在相平面中表达出来)。前面例子的处理方法将无法使用，因此需要从解入手分析。首先令 $\boldsymbol{z}_{(t)}=\boldsymbol{P}\bar{\boldsymbol{z}}_{(t)}$，其中 $\boldsymbol{P}=[\boldsymbol{v}_1,\boldsymbol{v}_2]=\begin{bmatrix}2 & 2\\ \mathrm{j} & -\mathrm{j}\end{bmatrix}$，可得

$$\frac{\mathrm{d}}{\mathrm{d}t}\begin{bmatrix}\bar{z}_{1_{(t)}}\\ \bar{z}_{2_{(t)}}\end{bmatrix}=\begin{bmatrix}2\mathrm{j} & 0\\ 0 & -2\mathrm{j}\end{bmatrix}\bar{\boldsymbol{z}}_{(t)} \tag{3.3.14}$$

式(3.3.14)的解为

$$\bar{\boldsymbol{z}}_{(t)}=\begin{bmatrix}\bar{z}_{1_{(t)}}\\ \bar{z}_{2_{(t)}}\end{bmatrix}=\begin{bmatrix}C_1\mathrm{e}^{\mathrm{j}2t}\\ C_2\mathrm{e}^{-\mathrm{j}2t}\end{bmatrix} \tag{3.3.15}$$

根据欧拉公式 $\mathrm{e}^{\mathrm{j}t}=\cos t+\mathrm{j}\sin t$，式(3.3.15)可以写成

$$\bar{\boldsymbol{z}}_{(t)}=\begin{bmatrix}\bar{z}_{1_{(t)}}\\ \bar{z}_{2_{(t)}}\end{bmatrix}=\begin{bmatrix}C_1\cos(2t)+C_1\mathrm{j}\sin(2t)\\ C_2\cos(2t)-C_2\mathrm{j}\sin(2t)\end{bmatrix} \tag{3.3.16}$$

将式(3.3.16)代入 $\boldsymbol{z}_{(t)}=\boldsymbol{P}\bar{\boldsymbol{z}}_{(t)}$，可得

$$\begin{aligned}\boldsymbol{z}_{(t)}&=\begin{bmatrix}2 & 2\\ \mathrm{j} & -\mathrm{j}\end{bmatrix}\begin{bmatrix}C_1\cos(2t)+C_1\mathrm{j}\sin(2t)\\ C_2\cos(2t)-C_2\mathrm{j}\sin(2t)\end{bmatrix}\\ &=\begin{bmatrix}2C_1\cos(2t)+2C_1\mathrm{j}\sin(2t)+2C_2\cos(2t)-2C_2\mathrm{j}\sin(2t)\\ \mathrm{j}C_1\cos(2t)-C_1\sin(2t)-\mathrm{j}C_2\cos(2t)-C_2\sin(2t)\end{bmatrix}\\ &=\begin{bmatrix}2(C_1+C_2)\cos(2t)+2(C_1-C_2)\mathrm{j}\sin(2t)\\ (C_1-C_2)\mathrm{j}\cos(2t)-(C_1+C_2)\sin(2t)\end{bmatrix}\end{aligned} \tag{3.3.17}$$

令 $C_1+C_2=B_1$，$C_1-C_2=B_2$，则式(3.3.17)化简为

$$\boldsymbol{z}_{(t)}=\begin{bmatrix}z_{1_{(t)}}\\ z_{2_{(t)}}\end{bmatrix}=\begin{bmatrix}2B_1\cos(2t)+2B_2\mathrm{j}\sin(2t)\\ B_2\mathrm{j}\cos(2t)-B_1\sin(2t)\end{bmatrix} \tag{3.3.18}$$

根据式(3.3.18)可得

$$\left(\frac{z_{1_{(t)}}}{2}\right)^2+z_{2_{(t)}}^2=(B_1\cos(2t)+B_2\mathrm{j}\sin(2t))^2+(B_2\mathrm{j}\cos(2t)-B_1\sin(2t))^2$$
$$=B_1^2\cos^2(2t)+2B_1B_2\mathrm{j}\cos(2t)\sin(2t)-B_2^2\sin^2(2t)-$$
$$B_2^2\cos^2(2t)-2B_1B_2\mathrm{j}\cos(2t)\sin(2t)+B_1^2\sin^2(2t)$$
$$=B_1^2\cos^2(2t)-B_2^2\sin^2(2t)-B_2^2\cos^2(2t)+B_1^2\sin^2(2t)$$
$$=(B_1^2-B_2^2)\cos^2(2t)+(B_1^2-B_2^2)\sin^2(2t)$$
$$=(B_1^2-B_2^2)(\cos^2(2t)+\sin^2(2t))$$
$$=B_1^2-B_2^2 \tag{3.3.19}$$

将 $C_1+C_2=B_1$、$C_1-C_2=B_2$ 代入式(3.3.19)可得

$$\left(\frac{z_{1_{(t)}}}{2}\right)^2+z_{2_{(t)}}^2=(C_1+C_2)^2-(C_1-C_2)^2=4C_1C_2 \tag{3.3.20}$$

两边同时乘以$\frac{1}{4C_1C_2}$,整理后可得

$$\left(\frac{z_{1_{(t)}}}{4\sqrt{C_1C_2}}\right)^2+\left(\frac{z_{2_{(t)}}}{2\sqrt{C_1C_2}}\right)^2=1 \tag{3.3.21}$$

式(3.3.21)是一个以原点为中心的椭圆方程,这说明 $z_{1_{(t)}}$ 和 $z_{2_{(t)}}$ 在相平面中沿着一个椭圆的轨迹运行,如图 3.3.10 所示。在这种情况下,平衡点 $\boldsymbol{z}_\mathrm{f}$ 称为**中心点**(Center),相轨迹会围绕着这个中心点做圆周运动。判断相轨迹的运动方向,可以以一个在横轴的点进行分析,例如,选择状态在横轴 $\begin{bmatrix} z_{1_{(0)}} \\ z_{2_{(0)}} \end{bmatrix}=\begin{bmatrix} z_{1_{(0)}} \\ 0 \end{bmatrix}$(如图 3.3.10 所示,选择 $z_{1_{(0)}}>0$)的点进行分析。此时根据状态空间方程$\frac{\mathrm{d}\boldsymbol{z}_{(t)}}{\mathrm{d}t}=\begin{bmatrix} 0 & 4 \\ -1 & 0 \end{bmatrix}\boldsymbol{z}_{(t)}$,可得$\begin{bmatrix} \frac{\mathrm{d}z_{1_{(t)}}}{\mathrm{d}t} \\ \frac{\mathrm{d}z_{2_{(t)}}}{\mathrm{d}t} \end{bmatrix}=\begin{bmatrix} 0 \\ -z_{1_{(0)}} \end{bmatrix}$。在这一时刻,$\left.\frac{\mathrm{d}z_{1_{(t)}}}{\mathrm{d}t}\right|_{t=0}=0$,所以 $z_{1_{(t)}}$ 不会随时间改变。而$\left.\frac{\mathrm{d}z_{2_{(t)}}}{\mathrm{d}t}\right|_{t=0}=-z_{1_{(0)}}<0$,所以 $z_{2_{(t)}}$ 会随着时间的增加而减小。在相轨迹中,$z_{2_{(t)}}$ 在 $t=0$ 时的移动趋势指向下方,所以相轨迹在图中按照顺时针移动。图 3.3.10(b)显示了 $z_{1_{(t)}}$ 和 $z_{2_{(t)}}$ 随时间的变化。可以发现,$z_{1_{(t)}}$ 和 $z_{2_{(t)}}$ 此消

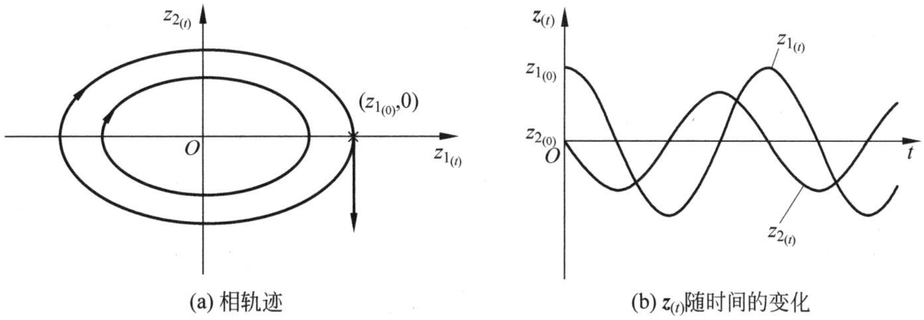

图 3.3.10　例 3.3.5 的相轨迹分析

彼长,循环往复。如果从能量的角度来分析,它们的总能量取决于初始状态 $\boldsymbol{z}_{(0)}$,不会随着时间发生改变。所以这个系统处于稳定与不稳定之间,$\boldsymbol{z}_{(t)}$ 始终有界,但始终不为 0。

例 3.3.6 分析二阶系统 $\frac{\mathrm{d}\boldsymbol{z}_{(t)}}{\mathrm{d}t}=\boldsymbol{A}\boldsymbol{z}_{(t)}$ 的相轨迹,其中 $\boldsymbol{A}=\begin{bmatrix}1 & -2\\ 2 & 1\end{bmatrix}$。

解:首先求解矩阵 **A** 的特征值,可得

$$\begin{cases}\lambda_1=1+2\mathrm{j}\\ \lambda_2=1-2\mathrm{j}\end{cases} \tag{3.3.22}$$

矩阵 **A** 的特征值是共轭的复数,但与例 3.3.5 不同,它包含了实部部分。分析它的解,令 $\boldsymbol{z}_{(t)}=\boldsymbol{P}\bar{\boldsymbol{z}}_{(t)}$,其中 $\boldsymbol{P}=[\boldsymbol{v}_1,\boldsymbol{v}_2]$,可得

$$\frac{\mathrm{d}}{\mathrm{d}t}\begin{bmatrix}\bar{z}_{1_{(t)}}\\ \bar{z}_{2_{(t)}}\end{bmatrix}=\begin{bmatrix}1+2\mathrm{j} & 0\\ 0 & 1-2\mathrm{j}\end{bmatrix}\bar{\boldsymbol{z}}_{(t)} \tag{3.3.23}$$

式(3.3.23)的解为

$$\bar{\boldsymbol{z}}_{(t)}=\begin{bmatrix}\bar{z}_{1_{(t)}}\\ \bar{z}_{2_{(t)}}\end{bmatrix}=\begin{bmatrix}C_1\mathrm{e}^{(1+\mathrm{j}2)t}\\ C_2\mathrm{e}^{(1-\mathrm{j}2)t}\end{bmatrix}=\mathrm{e}^t\begin{bmatrix}C_1\mathrm{e}^{\mathrm{j}2t}\\ C_2\mathrm{e}^{-\mathrm{j}2t}\end{bmatrix} \tag{3.3.24}$$

可以发现,它和式(3.3.15)的差别在于一个系数 e^t,而 e^t 是随着时间的增加而不断增大的。因此其相轨迹如图 3.3.11(a)所示,它与图 3.3.10(a)类似,以原点为中心做圆周运动,但是直径在不断地扩大,形成了一个向外的螺旋线(本例中,螺旋线的方向是逆时针的,如例 3.3.5 所分析,可以通过坐标轴上一点进行判断,故不赘述)。$\boldsymbol{z}_{(t)}$ 随时间变化的示意图如图 3.3.11(b)所示,会持续地振荡且振幅不断地加强。在这种情况下,平衡点 $\boldsymbol{z}_\mathrm{f}$ 称为**不稳定焦点**(Unstable Spiral)。

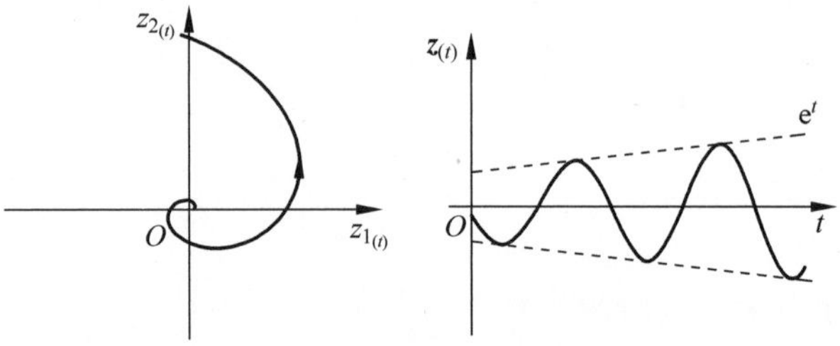

(a) 相轨迹　　(b) $z_{(t)}$随时间的变化

图 3.3.11 例 3.3.6 的相轨迹分析

例 3.3.7 分析二阶系统 $\frac{\mathrm{d}\boldsymbol{z}_{(t)}}{\mathrm{d}t}=\boldsymbol{A}\boldsymbol{z}_{(t)}$ 的相轨迹,其中 $\boldsymbol{A}=\begin{bmatrix}-4 & 2\\ -5 & -2\end{bmatrix}$。

解:求解矩阵 **A** 的特征值,可得

$$\begin{cases}\lambda_1=-3+3\mathrm{j}\\ \lambda_2=-3-3\mathrm{j}\end{cases} \tag{3.3.25}$$

与例 3.3.6 类似,可以判断出它的平衡点是一个**稳定焦点**(Stable Spiral)。相轨迹将沿螺旋线指向原点。其所对应的时间函数将振荡衰减,直至为 0。它的相轨迹和时间函数如图 3.3.12 所示。

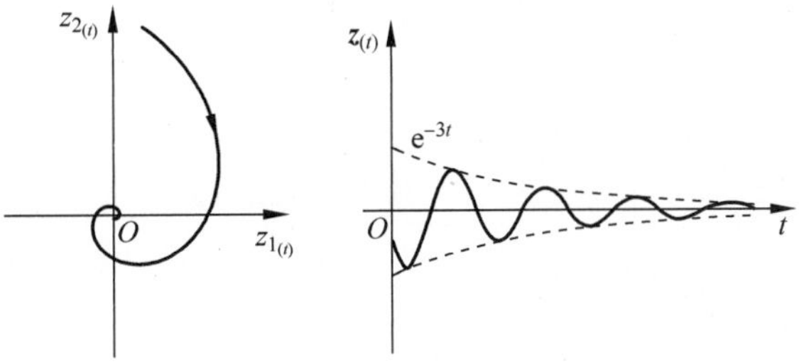

(a) 相轨迹　　(b) 时间函数

图 3.3.12　例 3.3.7 的相轨迹分析

上述例子说明,状态矩阵 **A** 的特征值将决定平衡点的类型及系统的表现。表 3.3.1 总结了特征值与平衡点类型的关系。通过上述分析和表 3.3.1 可知,状态矩阵 **A** 的特征值实部部分决定了平衡点的稳定性,而特征值的虚部部分决定了系统是否会有振动。

表 3.3.1　状态矩阵 A 的特征值与平衡点类型

λ_1、λ_2 均为 $\sigma \pm j\omega$	特征值 λ_1、λ_2 分类与说明		平衡点类型
特征值为实数 ($\omega=0$)	$\lambda_1\lambda_2>0$ 且 $\lambda_1+\lambda_2<0$	λ_1 和 λ_2 都为负数	稳定节点
	$\lambda_1\lambda_2<0$	λ_1 和 λ_2 一正一负	鞍点
	$\lambda_1\lambda_2>0$ 且 $\lambda_1+\lambda_2>0$	λ_1 和 λ_2 都为正数	不稳定节点
特征值为复数 ($\omega\neq0$)	λ_1、λ_2 均为 $\pm j\omega$	特征值为纯虚数	中心点
	λ_1、λ_2 均为 $\sigma\pm j\omega(\sigma>0)$	实部大于 0	不稳定焦点
	λ_1、λ_2 均为 $\sigma\pm j\omega(\sigma<0)$	实部小于 0	稳定焦点

正如在 3.2.2 节中所描述的,状态矩阵的特征值就是其对应的传递函数的极点。希望读者可以把这两种描述系统的方法结合起来分析思考。另外,请读者开始思考一个问题:如果设计一个反馈控制器(即系统的输入是状态变量的一个函数),使得状态变量稳定于一个平衡点,那么这个控制器应该满足什么条件?相关分析请见第 10 章。

3.4　相平面案例分析——爱情故事

3.3 节详细讨论了使用相轨迹分析状态空间方程平衡点类型的方法。在本节中,将通过一个案例帮助读者加深对这部分内容的理解,希望这个有趣的例子可以引起读者的兴趣与思考。另外,本节将介绍动态系统分析的思路与讨论方法,这种思路和讨论方法可以作为模板使用在论文写作和学术报告中。动态系统的分析可以分为三个步骤:第一步**描述系统**,即通过语言来描述系统的特性;第二步**数学分析**,即使用数学工具对系统进行量化解析;第三步**结果与讨论**,即根据第二步数学分析的结果,进行深层次的思考与讨论。

爱情是永恒的主题,每个人都有自己的故事。康奈尔大学应用数学系教授 Steven H. Strogatz 在 1988 年首先将爱情模型引入相轨迹分析的教学中。他当时在哈佛大学做博士后,根据课堂的经验引入了这一模型。他选用的是莎翁笔下的著名人物——罗密欧与朱丽叶。之后很多教师都纷纷使用这一概念来引起同学们的兴趣,而每一个教师也会在其中加入自己的思考与分析。

为了使本书读者有更好的代入感,我将选用两个中国人的名字,来自于我的两位朋友,男生叫雨飞,女生叫梦寒,如图 3.4.1 所示。其中,雨飞对梦寒的感情用 $Y_{(t)}$ 来表示,梦寒对雨飞的感情用 $M_{(t)}$ 来表示。$Y_{(t)}$ 与 $M_{(t)}$ 大于零时说明他们是相爱的,小于零时说明他们心有怨恨,等于零时说明他们对对方无感。

图 3.4.1 爱情故事:雨飞和梦寒

下面分以下几种情况进行讨论。

情况(1):$\frac{\mathrm{d}}{\mathrm{d}t}\begin{bmatrix}Y_{(t)}\\M_{(t)}\end{bmatrix}=\boldsymbol{A}\begin{bmatrix}Y_{(t)}\\M_{(t)}\end{bmatrix}$,其中 $\boldsymbol{A}=\begin{bmatrix}0 & a\\-b & 0\end{bmatrix}$,$a>0$ 且 $b>0$。

第一步:描述系统。

从上式可以看出,雨飞是一个耿直男孩。他的表现是:如果你对我好($M_{(t)}>0$),我就会对你产生好感$\left(\frac{\mathrm{d}Y_{(t)}}{\mathrm{d}t}=aM_{(t)}>0\right)$;如果你讨厌我($M_{(t)}<0$),我也不搭理你$\left(\frac{\mathrm{d}Y_{(t)}}{\mathrm{d}t}=aM_{(t)}<0\right)$。他属于“投桃报李”加“以牙还牙”的性格。这种性格过于直来直去,在现实生活中其实不太容易受到欢迎。

而梦寒则是一个多情甚至有些矫情的女孩。当雨飞向她嘘寒问暖时($Y_{(t)}>0$),她爱答不理,你越热情,她就越远离$\left(\frac{\mathrm{d}M_{(t)}}{\mathrm{d}t}=-bY_{(t)}<0\right)$。而当雨飞开始疏远她时($Y_{(t)}<0$),她又发现了雨飞身上的优点,不可控制地开始爱上他$\left(\frac{\mathrm{d}M_{(t)}}{\mathrm{d}t}=-bY_{(t)}>0\right)$。即“欲迎还拒”加“若即若离”的性格。当这两种性格遇到一起,就会发生一些奇妙的事情。

第二步:数学分析。

首先求系统的平衡点,令$\frac{\mathrm{d}}{\mathrm{d}t}\begin{bmatrix}Y_{(t)}\\M_{(t)}\end{bmatrix}=\mathbf{0}$,得到平衡点$\begin{cases}Y_{\mathrm{f}}=0\\M_{\mathrm{f}}=0\end{cases}$。

求矩阵 **A** 的特征值，可得 $\lambda_{1,2}=\pm\sqrt{ab}\,\mathrm{j}$。根据表 3.3.1，判断出平衡点是一个中心点。它的相轨迹是图 3.4.2 所示的椭圆（参考例 3.3.5）。根据初始状态的不同，这个椭圆的大小会有所不同。

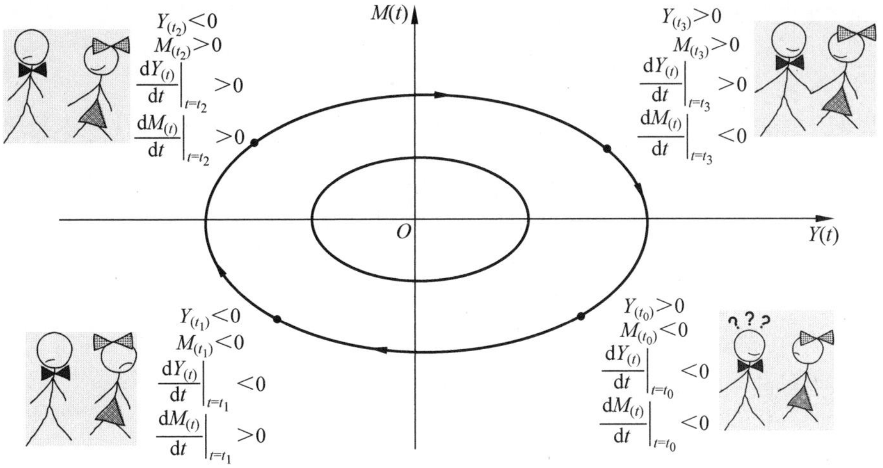

图 3.4.2　情况（1）的相轨迹

第三步：结果与讨论。

分析图 3.4.2 中的相轨迹，会发现他们之间是一个无限循环、爱恨交织的关系。例如，以第四象限的 $[Y_{(t_0)},M_{(t_0)}]^{\mathrm{T}}$ 点作为初始条件开始分析。在 t_0 时刻，$Y_{(t_0)}>0$ 代表雨飞爱着梦寒，而 $M_{(t_0)}<0$ 则代表梦寒正在讨厌着雨飞。此时，$\left.\dfrac{\mathrm{d}Y_{(t)}}{\mathrm{d}t}\right|_{t=t_0}=aM_{(t_0)}<0$，说明了因为梦寒讨厌雨飞，所以雨飞对她的热情也在减少当中。直到过了某个临界点之后，相轨迹来到了第三象限，雨飞开始讨厌梦寒了，$Y_{(t_1)}<0$。而这时 $\left.\dfrac{\mathrm{d}M_{(t)}}{\mathrm{d}t}\right|_{t=t_1}>0$，说明梦寒对雨飞的态度发生了转变，虽然还是讨厌，但因为雨飞开始不搭理她，她反而想起了雨飞的好，$M_{(t)}$ 开始增加，向正方向移动。二人的关系继续发展到下一个临界点（进入第二象限），此时的雨飞已经非常讨厌梦寒，而梦寒却开始喜欢上雨飞（$M_{(t_2)}>0$）。随着梦寒态度变得亲近，雨飞的热情又重新被燃了起来，此时 $\left.\dfrac{\mathrm{d}Y_{(t)}}{\mathrm{d}t}\right|_{t=t_2}>0$。沿着这个椭圆继续走，相轨迹进入第一象限，雨飞又开始喜欢梦寒（$Y_{(t_3)}>0$），但梦寒却因为受不了他的热情，逐渐变得冷淡了起来，$\left.\dfrac{\mathrm{d}M_{(t)}}{\mathrm{d}t}\right|_{t=t_3}<0$。

就这样，他们有四分之一时间是相爱的（第一象限），有四分之一时间是互相看不顺眼的（第三象限）。而剩下的二分之一时间是一半火焰，一半海水（第二、四象限）。这是个不错的关系，也是情侣之间的常态。因为即使在这互不顺眼的四分之一时间内，也充满了对未来的期望和憧憬。

那是一场不见不散
终点等时间来宣判
离别不过是换一种方式的陪伴

这一刻让我凝望你的眼

——张磊《一念天堂》

情况(2)：$\frac{\mathrm{d}}{\mathrm{d}t}\begin{bmatrix}Y_{(t)}\\M_{(t)}\end{bmatrix}=\boldsymbol{A}\begin{bmatrix}Y_{(t)}\\M_{(t)}\end{bmatrix}$，其中 $\boldsymbol{A}=\begin{bmatrix}-a & b\\b & -a\end{bmatrix}$，$a>0$ 且 $b>0$。

第一步：描述这种情况下的爱情系统。

以雨飞为例，$\frac{\mathrm{d}Y_{(t)}}{\mathrm{d}t}=-aY_{(t)}+bM_{(t)}$，说明雨飞的感情变化 $\frac{\mathrm{d}Y_{(t)}}{\mathrm{d}t}$ 和梦寒对其的感情 $M_{(t)}$ 是正相关的。如果雨飞感受到的是梦寒的爱($M_{(t)}>0$)，那么就会促进雨飞对梦寒感情的增长($bM_{(t)}>0$)，而如果他感受到的是梦寒的恨($M_{(t)}<0$)，那么他对梦寒的感情也会受挫($bM_{(t)}<0$)。同时，雨飞的感情变化 $\frac{\mathrm{d}Y_{(t)}}{\mathrm{d}t}$ 还与他自身对梦寒的感情反相关，因为其中包含了 $-aY_{(t)}$ 这一项。这说明了他很小心，不管是爱或恨都会有所保留，有所克制。因为矩阵 $\boldsymbol{A}$ 是一个对称矩阵，所以梦寒的性格和雨飞是一样的。

第二步：对这个系统进行数学分析。

首先求系统的平衡点，令 $\frac{\mathrm{d}}{\mathrm{d}t}\begin{bmatrix}Y_{(t)}\\M_{(t)}\end{bmatrix}=\boldsymbol{0}$，可以得到平衡点 $\begin{cases}Y_{\mathrm{f}}=0\\M_{\mathrm{f}}=0\end{cases}$

求矩阵 $\boldsymbol{A}$ 的特征值，可得

$$\begin{cases}\lambda_1=-a+b\\\lambda_2=-a-b\end{cases}\tag{3.4.1}$$

其所对应的特征向量为

$$\begin{cases}\boldsymbol{v}_1=[1,1]^{\mathrm{T}}\\\boldsymbol{v}_2=[1,-1]^{\mathrm{T}}\end{cases}\tag{3.4.2}$$

这时需要分情况进行讨论。

情况(2.1)：$a>b$。

在这种情况下，他们两个人对于自我的意识要超过对于对方的感情，换言之，他们都很理智，都更倾向于克制自己的情感。根据式(3.4.1)，当 $a>b$ 时，$\lambda_1<0$ 且 $\lambda_2<0$，所以平衡点是一个稳定节点。它的相轨迹如图 3.4.3(a)所示，无论是从任何的初始状态开始，随着时间的增加，$Y_{(t)}$ 和 $M_{(t)}$ 都会趋于 0，并最终稳定在 0 点处。在这种情况下，不管他们曾经爱得有多深，或是恨得有多深，随着时间的增加，雨飞与梦寒终究会成为路人，相忘于江湖，$Y_{(t)}=M_{(t)}=0$。

十年之后

我们是朋友，还可以问候，只是那种温柔

再也找不到拥抱的理由

情人最后难免沦为朋友

——陈奕迅《十年》

情况(2.2)：$a<b$。

在这种情况下，他们两个人对于对方的感情都超过了对于自我的意识，他们都很感性，

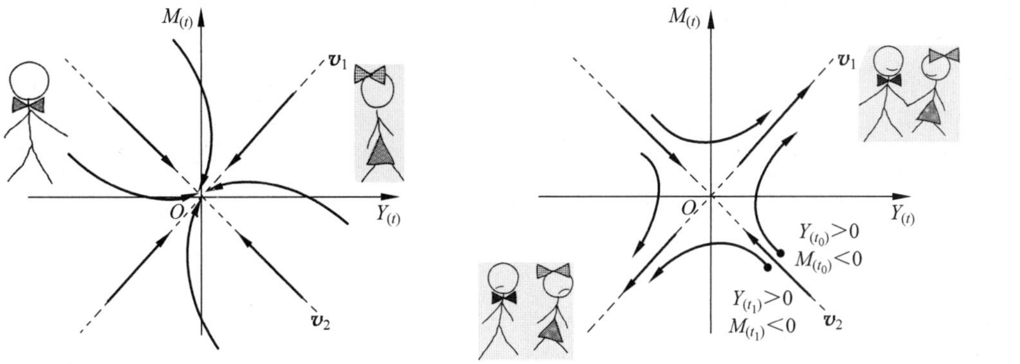

(a) $a>b$时的相轨迹　　(b) $a<b$时的相轨迹

图 3.4.3 情况(2)的相轨迹

都更加勇于表达对对方的情感。根据式(3.4.1)，当 $a<b$ 时，$\lambda_1>0$ 而 $\lambda_2<0$，所以平衡点是一个鞍点。它的相轨迹如图 3.4.3(b)所示。可以发现，这将导致两种极端的情况，他们或者在第一象限共浴爱河($Y_{(t)}>0$ 且 $M_{(t)}>0$)，或者在第三象限成为仇敌($Y_{(t)}<0$ 且 $M_{(t)}<0$)。而最终的结果与初始状态相关，即他们给对方的第一印象。

如果他们初次见面时对对方的感受在图 3.4.3(b)所示的第四象限中的$[Y_{(t_0)}, M_{(t_0)}]^{\mathrm{T}}$点，在此时刻，雨飞深爱着梦寒($Y_{(t_0)}>0$)，但是梦寒却不喜欢雨飞($M_{(t_0)}<0$)。在以后的交往中，梦寒对雨飞的感情逐渐升温，可以看到 $M_{(t)}$ 在相轨迹中向上移动(增加)。而雨飞虽然动摇过($Y_{(t)}$ 在不断减小)，但是却仍然一直爱着梦寒($Y_{(t)}>0$)。终于，他们突破了临界点，进入第一象限。两个人开始过上了幸福的生活。相反地，如果他们初次见面时的感受在图 3.4.3(b)所示的第四象限中的$[Y_{(t_1)} M_{(t_1)}]^{\mathrm{T}}$点，这个时候，雨飞爱着梦寒($Y_{(t_1)}>0$)，但是梦寒非常讨厌雨飞($M_{(t_1)}<0$)。在后面的发展中，虽然梦寒的感情在升温，但是雨飞却先坚持不住了，终于达到临界点并且崩溃(相轨迹进入第三象限)，他们最终由爱生恨，变成了仇人。所以，一定要珍惜第一次亮相的机会，不要等到和心上人见面以后才想起来要充实自己或是做身材管理，初始条件将决定最后的结果，要时刻做好准备，给对方留下惊艳的初次印象。

假如我年少有为不自卑
懂得什么是珍贵
那些美梦
没给你，我一生有愧
——李荣浩《年少有为》

第三步：结果与讨论。

上面的结果说明当一个人过于理性，过于在乎自我的时候($a>b$)，往往就会忽略别人的感受，最终会和心上人变为路人，成为一个孤独的人。而如果对对方倾入的情感大于对自我的意识($a<b$)时，则会有两种结果，要么共浴爱河，要么因爱生恨。通过这个分析可以得出两个结论：①有很多人愿意一辈子做朋友，却不愿意去打破这个微妙的平衡。②如果不认真的话，那肯定赢不了；但是如果认真的话，那就有可能会输了。

最后要说明的是,希望通过这个例子引起读者的兴趣并加深对相轨迹的理解。但在我看来,请读者朋友们千万不要试图用数学的方式来解决爱情问题。因为生活当中有太多的不确定性,我们无法准确地建立爱情的数学模型。即使有一天,新的技术手段可以准确地预测这些不确定性,我也不愿意这样去做。因为我认为,正是这些不确定性,才让这个世界如此浪漫,如此美丽。

少一些套路,多一点真诚,才是面对爱情和生活最正确的态度。值得一提的是,本例中我的两位朋友最后幸福地生活在了一起。

谁画出这天地

又画下我和你

让我们的世界绚丽多彩

——许巍《旅行》

3.5 本章要点总结

- **状态空间表达形式**。
  - 用一系列的一阶微分方程表达系统的输入、输出及状态变量。其一般形式为

$$\begin{cases}\dfrac{\mathrm{d}\boldsymbol{z}_{(t)}}{\mathrm{d}t}=\boldsymbol{A}\boldsymbol{z}_{(t)}+\boldsymbol{B}\boldsymbol{u}_{(t)}\\ \boldsymbol{y}_{(t)}=\boldsymbol{C}\boldsymbol{z}_{(t)}+\boldsymbol{D}\boldsymbol{u}_{(t)}\end{cases}$$

    其中,符号定义与维度如表 3.1.1 所示。
  - 状态矩阵的**特征值**与其所对应的单输入单输出传递函数的**极点**相同。根据第 2 章的内容,极点决定系统的表现,状态矩阵的特征值是研究的重点。
- **相平面与相轨迹分析**。
  - 利用矩阵特征值与特征向量的性质可以将矩阵对角化,从而将系统解耦。
  - 利用图形的方法,可以直观地分析复杂的非线性一阶系统平衡点的表现。
  - 二阶系统平衡点的性质由状态矩阵的特征值决定,具体见表 3.3.1。
- **动态系统的分析方法**。
  - 第一步,描述系统。通过语言来描述系统的特性。
  - 第二步,数学分析。使用数学工具对系统进行解析。
  - 第三步,结果与讨论。分析的结果,进行深层次的思考与讨论。

一阶系统的时域响应分析

使用一阶微分方程描述的动态系统被称为一阶系统。本章将使用传递函数和状态空间方程来分析一阶系统的时域响应与性能特征。**本章的学习目标为：**

- 了解典型系统输入信号的含义和数学表达式，包括单位冲激输入和单位阶跃输入。
- 掌握使用传递函数和状态空间方程的方法分析一阶系统的时域响应，并体会两种方式各自的优势。
- 掌握一阶系统性能指标的推导方法和意义。
- 了解一阶动态系统的应用。

4.1 引子——案发时间是几点

请读者试想以下的场景(如图 4.1.1 所示)：你是一名侦探，应邀去调查一起密室杀人案件。基于职业习惯，你在进入房间的时候看了一眼手表，记录下此刻的时间是下午 2:30。死者正躺在密室的地板上，你拿出温度枪，测得此刻尸体的温度是 26℃。你开始对房间展开调查并寻找蛛丝马迹。这是一个密闭的空间，有一套完善的空调系统可以将室温准确地保持在 20℃。空调控制器也没有被动过的痕迹，因此可以断定尸体一直保存在 20℃的环境下。调查取证用了 1 小时的时间，在收集完所有物证之后时钟指向下午 3:30。此时再次测量尸体的温度，已经降低到了 25℃。你了解到死者进入现场之前曾经测量过体温，是标准

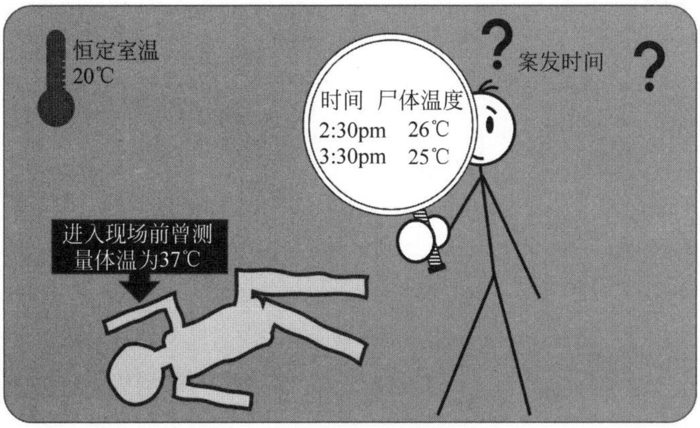

图 4.1.1 案发时间是几点

的 37℃。此时,你思考了一下,在本子上演算并得出结论:本案案发时间是……(答案将在4.3 节揭晓。)

在现实生活中,法医判断案发时间是一门综合性很强的技术,需要收集多方因素进行分析演算才能得到精确的结果。上述的例子属于理想状态(密室且恒温),因此可以使用简单的牛顿冷却定律进行分析。牛顿冷却定律的动态微分方程是

$$\frac{\mathrm{d}T_{(t)}}{\mathrm{d}t}=-K(T_{(t)}-C_{(t)}) \tag{4.1.1}$$

其中,$T_{(t)}$是物体温度,$C_{(t)}$是环境温度,K 是导热系数。式(4.1.1)是一个一阶微分方程,所以其对应的系统是一阶动态系统。设系统的输入 $u_{(t)}$ 是环境温度,即 $u_{(t)}=C_{(t)}$,系统的输出是物体温度,即 $x_{(t)}=T_{(t)}$。将上述定义代入式(4.1.1)并进行调整,可得

$$\frac{\mathrm{d}x_{(t)}}{\mathrm{d}t}+Kx_{(t)}=Ku_{(t)} \tag{4.1.2}$$

对式(4.1.2)等号两边分别进行拉普拉斯变换,得到

$$sX_{(s)}-x_{(0)}+KX_{(s)}=KU_{(s)} \tag{4.1.3}$$

其中,$x_{(0)}$是系统的初始条件,在本例中则是初始体温,即 $x_{(0)}=37℃$。式(4.1.3)可以写为

$$(s+K)X_{(s)}=K\left(\frac{1}{K}x_{(0)}+U_{(s)}\right) \tag{4.1.4}$$

系统的传递函数为

$$G_{(s)}=\frac{X_{(s)}}{\frac{1}{K}x_{(0)}+U_{(s)}}=\frac{K}{s+K} \tag{4.1.5}$$

式(4.1.5)说明系统的输入由两部分相加而成,定义 $U_{1_{(s)}}=\frac{1}{K}x_{(0)}$,$U_{2_{(s)}}=U_{(s)}$,得到

$$G_{(s)}=\frac{X_{(s)}}{U_{1_{(s)}}+U_{2_{(s)}}}=\frac{K}{s+K} \tag{4.1.6}$$

根据线性时不变系统的叠加性质,系统的输出则是对应于这两个输入响应(定义为 $X_{1_{(s)}}$ 和 $X_{2_{(s)}}$)的和,即

$$X_{(s)}=X_{1_{(s)}}+X_{2_{(s)}} \tag{4.1.7}$$

在本例中,这两个输入分别是冲激输入 $U_{1_{(s)}}$ 和阶跃输入 $U_{2_{(s)}}$,所对应的响应则是**冲激响应**和**阶跃响应**。我们暂时从这个密室走出来,首先来分析一阶系统的时域响应。等到掌握了这些基本知识之后,再回到密室揭秘案发时间。

4.2 一阶系统的时域响应

4.2.1 典型一阶系统和典型系统输入信号

典型一阶系统的微分方程为

$$\frac{\mathrm{d}x_{(t)}}{\mathrm{d}t}+ax_{(t)}=au_{(t)} \tag{4.2.1}$$

其中,a 是一个常数。考虑零初始条件 $x_{(0)}=u_{(0)}=0$,对式(4.2.1)等号两边进行拉普拉斯

变换,可得

$$sX_{(s)}+aX_{(s)}=aU_{(s)} \tag{4.2.2}$$

调整后可以得到系统的传递函数为

$$G_{(s)}=\frac{X_{(s)}}{U_{(s)}}=\frac{a}{s+a} \tag{4.2.3}$$

$G_{(s)}$的极点是$s_{\mathrm{p}}=-a$。

下面介绍两个典型的系统输入信号。

单位冲激函数(见2.1.1节),定义为

$$\begin{cases}\delta_{(t)}=0, t\neq 0\\ \int_{-\infty}^{\infty}\delta_{(t)}\,\mathrm{d}t=1\end{cases} \tag{4.2.4}$$

其拉普拉斯变换为

$$\mathcal{L}[\delta_{(t)}]=\int_{0}^{\infty}\delta_{(t)}\mathrm{e}^{-st}\,\mathrm{d}t=\mathrm{e}^{-s0}=1 \tag{4.2.5}$$

单位阶跃函数(Unit Step):读者可以在英语国家的一些公共场所看到“小心台阶”(Watch Your Step)的警示牌,如图4.2.1(a)所示。“阶跃”(Step)可以理解为一个台阶。“单位”阶跃是指幅度为1的阶跃函数,如图4.2.1(b)所示。它的数学表达式为

$$u_{(t)}=\begin{cases}1, & t\geqslant 0\\ 0, & t<0\end{cases} \tag{4.2.6}$$

其对应的拉普拉斯变换为

$$\mathcal{L}[1]=\mathcal{L}[\mathrm{e}^{-0t}]=\frac{1}{s+0}=\frac{1}{s} \tag{4.2.7}$$

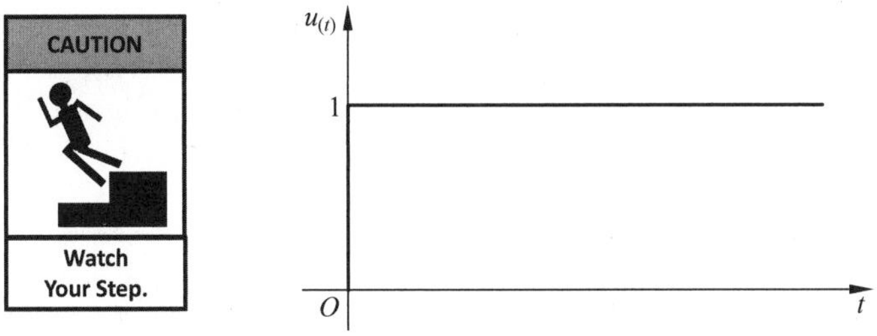

(a) 小心台阶(Watch Your Step)　　(b) 单位阶跃函数

图4.2.1 单位阶跃函数理解与图示

4.2.2 一阶系统单位冲激响应

当系统的输入为单位冲激函数时,$u_{(t)}=\delta_{(t)}$,$U_{(s)}=1$。代入式(4.2.3),可得

$$X_{(s)}=U_{(s)}G_{(s)}=1\times\frac{a}{s+a}=\frac{a}{s+a} \tag{4.2.8}$$

对式(4.2.8)等号两边进行拉普拉斯逆变换,可得

$$x_{(t)}=\mathcal{L}^{-1}[X_{(s)}]=\mathcal{L}^{-1}\left[\frac{a}{s+a}\right]=a\mathrm{e}^{-at} \tag{4.2.9}$$

图4.2.2显示了一阶系统在不同a值下的单位冲激响应。可知当单位冲激输入作用在

一阶系统时,系统的输出 $x_{(t)}$ 将从 a 开始变化。

> 从系统输出的极点角度来看,当 $a>0$ 时,$X_{(s)}$ 的极点 $s_p=-a<0$,因此 $x_{(t)}$ 将递减并收敛于 0。另一方面,当 $a<0$ 时,$X_{(s)}$ 的极点 $s_p=-a>0$,$x_{(t)}$ 则会趋于负无穷。同时,因为 $X_{(s)}$ 是单位冲激响应,所以 $X_{(s)}=G_{(s)}$,输出的极点也是传递函数的极点。

现在假设式(4.2.1)中的系统输入为 $u_{(t)}=0$,但是系统的初始条件 $x_{(0)}=x_0\neq 0$。那么式(4.2.1)和式(4.2.2)分别变为

$$\frac{\mathrm{d}x_{(t)}}{\mathrm{d}t}+ax_{(t)}=0 \tag{4.2.10}$$

$$sX_{(s)}-x_0+aX_{(s)}=0 \tag{4.2.11}$$

调整式(4.2.11),得到

$$X_{(s)}=\frac{x_0}{s+a} \tag{4.2.12a}$$

对式(4.2.12a)等号两边进行拉普拉斯逆变换,得到

$$x_{(t)}=\mathcal{L}^{-1}[X_{(s)}]=\mathcal{L}^{-1}\left[\frac{x_0}{s+a}\right]=x_0\mathrm{e}^{-at} \tag{4.2.12b}$$

$x_{(t)}$ 随时间的变化如图 4.2.3 所示。比较式(4.2.12b)和式(4.2.9),会发现它们之间只有系数部分的不同。因此,它的初始输出状态是 x_0。$x_{(t)}$ 随时间收敛或者发散取决于 a 的符号,当 $a>0$ 时,不管初始输出 x_0 的符号是什么,系统的输出 $x_{(t)}$ 都会随时间的增加趋于 0。当 $a<0$ 时,不同符号的初始输出 x_0 会导致 $x_{(t)}$ 随时间的增加向着正无穷或者负无穷变化。

> 通过以上分析可知,一阶系统对初始条件的响应就是系统的冲激响应,冲激的强度使得系统的初始输出达到 x_0。单位冲激响应发散或收敛与传递函数的极点相关。

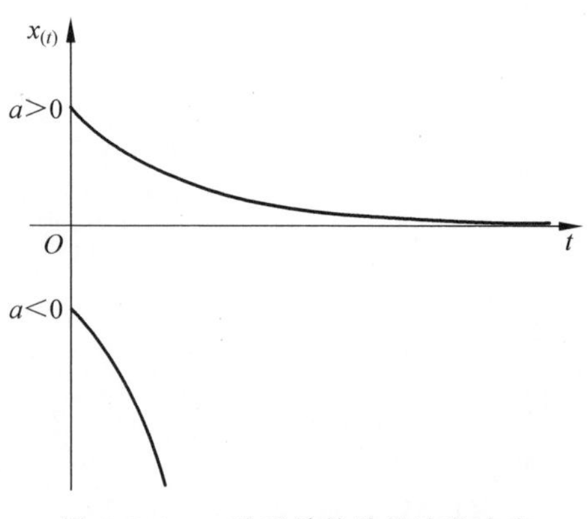

图 4.2.2　一阶系统的单位冲激响应

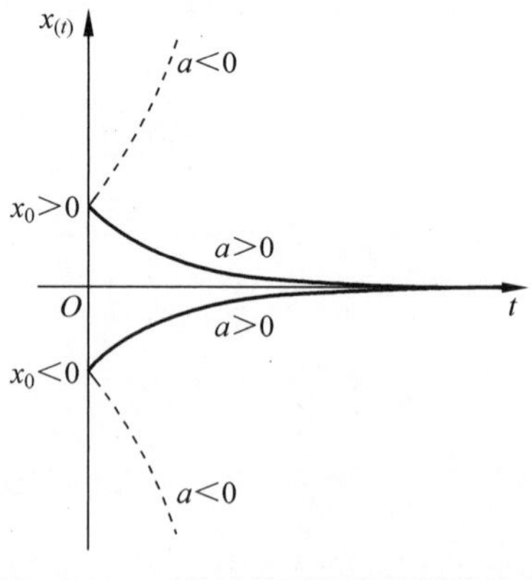

图 4.2.3　一阶系统对初始条件的响应

上述分析使用了传递函数的方法。下面我们换一种思路,使用相轨迹的方法对同样的一阶系统进行分析。考虑式(4.2.10)的零输入,即 $u_{(t)}=0$ 的情况,定义系统的状态变量为系统的输出,即 $z_{(t)}=x_{(t)}$。此时,式(4.2.10)可以写为

$$\frac{\mathrm{d}z_{(t)}}{\mathrm{d}t}=-az_{(t)} \tag{4.2.13}$$

令$\frac{\mathrm{d}z_{(t)}}{\mathrm{d}t}=0$,可以得到它的平衡点$z_{\mathrm{f}}=0$。图 4.2.4 显示了不同 a 值时式(4.2.13)的相轨迹。以 $a>0$ 的情况为例(相轨迹如图 4.2.4(a)所示),当系统的初始条件在平衡点 z_{f} 的左侧,即 $z_{(0)}=z_1$ 时,$\left.\frac{\mathrm{d}z_{(t)}}{\mathrm{d}t}\right|_{z_{(t)}=z_1}>0$,因此 $z_{(t)}$ 将随着时间的增加而不断增大,其移动轨迹向右直到平衡点为止。同时,随着 $z_{(t)}$ 向平衡点不断地靠近,它的变化速率$\frac{\mathrm{d}z_{(t)}}{\mathrm{d}t}$会不断地减小。同理,当初始条件在平衡点右侧,即 $z_{(0)}=z_2$ 时,$z_{(t)}$将随着时间的增加而不断减小,移动轨迹向左直到平衡点。因此,平衡点 $z_{\mathrm{f}}=0$ 是一个稳定的平衡点。读者可以自己分析 $a<0$ 时的情况并和图 4.2.4(b)进行对比,在这种条件下,平衡点 $z_{\mathrm{f}}=0$ 是一个不稳定的平衡点。以上通过相轨迹分析的结果和图 4.2.3 所示的结果一致。

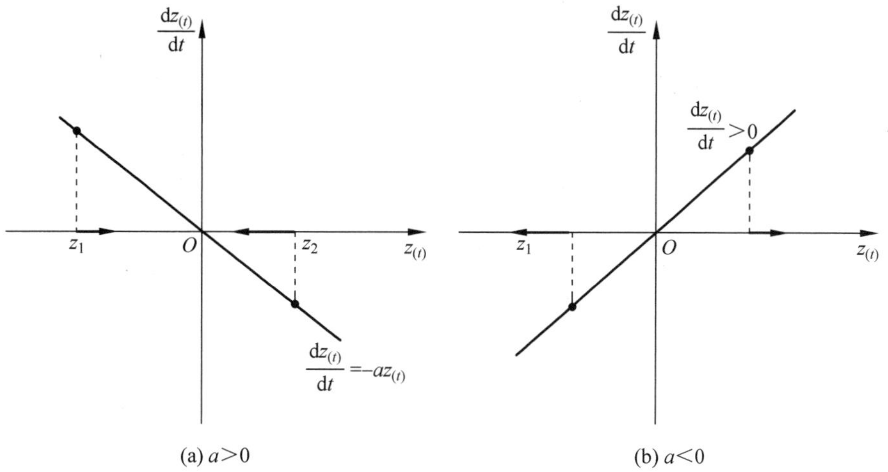

图 4.2.4 一阶系统零输入的相轨迹图(冲激响应)

4.2.3 一阶系统单位阶跃响应

当系统的输入为单位阶跃函数时,其拉普拉斯变换是$U_{(s)}=\frac{1}{s}$,代入式(4.2.3),可得

$$X_{(s)}=U_{(s)}G_{(s)}=\frac{1}{s}\times\frac{a}{s+a}=\frac{a}{s(s+a)} \tag{4.2.14}$$

对式(4.2.14)等号两边进行拉普拉斯逆变换,得到

$$x_{(t)}=\mathcal{L}^{-1}[X_{(s)}]=\mathcal{L}^{-1}\left[\frac{a}{s(s+a)}\right]=\mathcal{L}^{-1}\left[\frac{1}{s-0}-\frac{1}{s+a}\right]=\mathrm{e}^{0t}-\mathrm{e}^{-at}=1-\mathrm{e}^{-at} \tag{4.2.15}$$

根据式(4.2.15),当 $a<0$ 时,$x_{(t)}$将趋于负无穷(图略)。当 $a>0$ 时,$x_{(t)}$的图像如图 4.2.5 所示,从 0 开始,$x_{(t)}$随着时间的增加而不断地增加,直到达到稳定值 1。通过分析式(4.2.14)的极点也可以得到一致的结论,$X_{(s)}$有两个极点,其中,$s_{\mathrm{p1}}=0$ 来自系统输入 $U_{(s)}=\frac{1}{s}$,另一个极点 $s_{\mathrm{p2}}=-a$ 是系统传递函数 $G_{(s)}$ 的极点。

下面介绍两个一阶系统的重要性能指标。

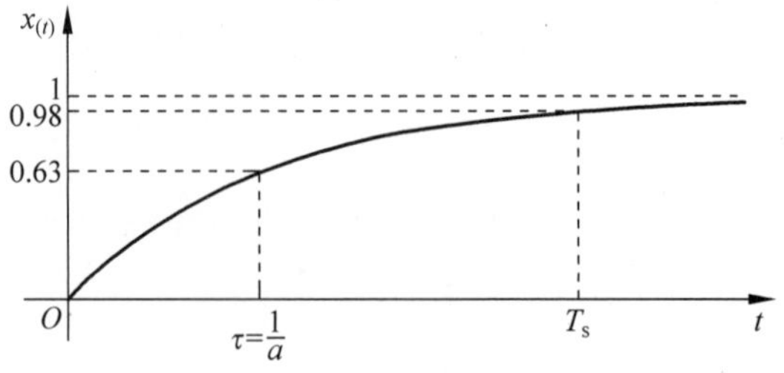

图 4.2.5 一阶系统单位阶跃响应

(1) **时间常数**(Time Constant):$\tau=\frac{1}{a}$,此时 $x_{(\tau)}=1-e^{-a\frac{1}{a}}=1-e^{-1}\approx 0.63$。这个参数反映了系统的响应速度。$a$ 越大,τ 越小,系统的反应速度越快。

(2) **调节时间或者稳定时间**(Settling Time):$T_s=4\tau=\frac{4}{a}$,此时 $x_{(T_s)}\approx 0.98$。它表示了系统输出与终值之间的差距达到 2%以内时所需要的时间。在工程中,可以理解为对系统施加一个阶跃输入后,系统需要 T_s 的时间达到稳定状态。

在具体工程案例中,可以通过实验的方法来确定一阶系统的参数。请参考以下案例。

例 4.2.1 考虑例 2.1.4,使用实验方法得到参数 R 和 A。

设系统的输出为液面高度 $x_{(t)}=h_{(t)}$,输入 $u_{(t)}=q_{\text{in}_{(t)}}$。在零初始条件下,对式(2.1.27)两边进行拉普拉斯变换,可得

$$sX_{(s)}+\frac{g}{AR}X_{(s)}=\frac{1}{A}U_{(s)} \tag{4.2.16a}$$

调整可得

$$U_{(s)}\frac{R}{ARs+g}=X_{(s)} \tag{4.2.16b}$$

其传递函数为 $G_{(s)}=\frac{R}{ARs+g}$,将其转化为与式(4.2.3)相似的典型形式,可得

$$G_{(s)}=\frac{R}{ARs+g}=\frac{\frac{1}{A}}{s+\frac{g}{AR}}=\frac{\frac{g}{AR}}{s+\frac{g}{AR}}\frac{R}{g} \tag{4.2.16c}$$

其中,$\frac{\frac{g}{AR}}{s+\frac{g}{AR}}$即为典型的一阶系统,其时间常数 $\tau=\frac{1}{\frac{g}{AR}}=\frac{AR}{g}$。稳定时间为 $T_s=4\tau=\frac{4AR}{g}$。可以发现,AR 越大,时间常数 τ 越大,系统的反应就越缓慢。这可以从动态系统的物理性质来理解,假设从空的容器开始注入流体,随着容器内流体高度增加,出口处压强不断增加,出口处的流量也将上升,直到平衡状态$\left(即\frac{dh_{(t)}}{dt}=0\right)$时,出口处流量与进口处流量相同,液面高度将不再发生变化。正因为如此,底面积 A 越大的容器,高度变化越缓慢,出口处压强的变化就会越慢,需要更长的时间达到稳定状态。同理,较大的阻力 R 会减缓液

体流动的速度，在流阻大的情况下就需要更高的液面高度才可以产生同样的出口流量。

在实际应用中，使用单位阶跃输入的方法通过实验测得系统的参数是一种常见的方法。从空的容器开始，将进口处流量维持在 $u_{(t)}=q_{\text{in}_{(t)}}=1$，将其拉普拉斯变换 $U_{(s)}=\frac{1}{s}$ 代入式(4.2.16b)，可得

$$X_{(s)}=\frac{1}{s}\frac{\frac{g}{AR}}{\left(s+\frac{g}{AR}\right)}\frac{R}{g} \tag{4.2.16d}$$

对它进行拉普拉斯逆变换，参考式(4.2.15)，可得

$$x_{(t)}=\frac{R}{g}(1-\mathrm{e}^{-\frac{g}{AR}t}) \tag{4.2.16e}$$

随着时间 $t\to\infty$，$\mathrm{e}^{-\frac{g}{AR}t}\to 0$。$\frac{R}{g}$ 被称为**直流增益**(DC Gain)，它代表了稳态输出与稳态输入之间的比例，即当单位阶跃输入 $u_{(t)}=1$ 时(因为输入不随时间变化，所以称为直流信号)，稳态输出 $x_{(t\to\infty)}=\frac{R}{g}$(不随时间变化，因此为直流响应)。在本例中可以看到，流阻 R 越大，直流增益越大，系统在稳态时液面的高度就越高。这是因为出口压强与液面高度成正比，当阻力增大时，需要更大的压强才可以保证液体流出速度与流入速度相等。通过以上分析也可以发现，底面积 A 只会影响系统的响应速度，对流体最终的高度没有影响。

使用实验的方法观测并记录系统的输出，即高度变化 $h_{(t)}$，并绘制曲线。假如我们得到了如图 4.2.6 所示的曲线，根据其稳态高度值即可得到 $\frac{R}{g}$，通过测量其稳定时间可以得到 $\frac{4AR}{g}$，从而计算得到系统的参数 R 和 A。

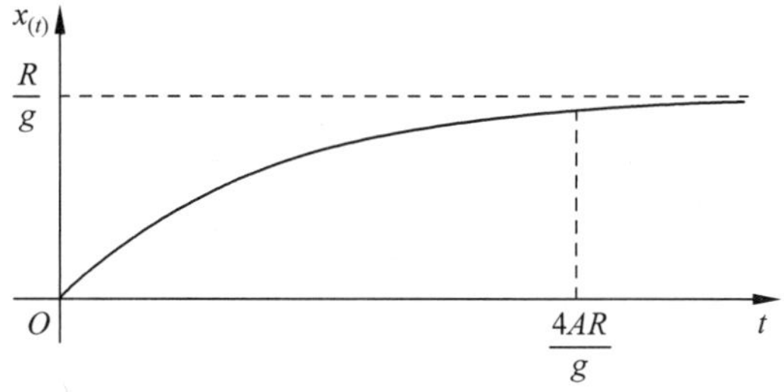

图 4.2.6　单位阶跃实验方法

重新审视直流增益这一概念，在本例中动态系统输入是流量 $q_{\text{in}_{(t)}}$，输出则是液面高度 $h_{(t)}$，它们的单位不相同，因此我们无法确切地解释它们的比值所对应的物理意义。然而，当我们构建反馈闭环系统之后，直流增益就变得有意义且极为重要了。比如我们要控制容器内液面的高度，构建如图 4.2.7 所示的闭环系统，控制系统的输入是参考高度 $h_{\text{d}_{(t)}}$(目标值)，输出则是实际液面高度 $h_{(t)}$，根据控制器 $C_{(s)}$ 的不同，闭环系统可能仍是一个一阶系统，也可能是更高阶的系统。当 $h_{\text{d}_{(t)}}$ 为直流输入时($h_{\text{d}_{(t)}}=h_{\text{d}}$)，闭环系统的直流增益为 $\lim\limits_{t\to\infty}\frac{h_{(t)}}{h_{\text{d}}}$，即稳定状态下实际高度与目标高度之间的比值，它们单位相同，物理意义一致。

直流增益成了评价闭环系统性能的重要指标，它反映了系统在稳态下对于目标变化的响应程度，直流增益越接近1，闭环系统对目标值的追踪性能就越好。更多有关直流增益内容请参考7.3.3节。

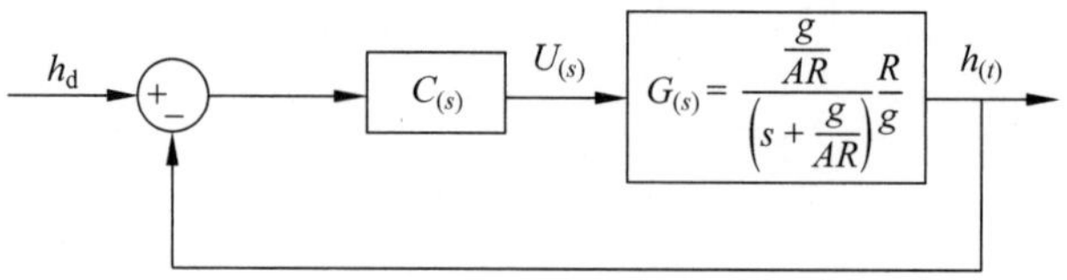

图4.2.7 反馈闭环系统

除传递函数外，我们也可以利用相轨迹分析一阶系统的单位阶跃响应。考虑一般情况，设系统的状态变量为系统输出 $z_{(t)}=x_{(t)}$，式(4.2.1)可以写成

$$\frac{\mathrm{d}z_{(t)}}{\mathrm{d}t}+az_{(t)}=au_{(t)} \tag{4.2.17}$$

当对其施加单位阶跃输入时($u_{(t)}=1$)，式(4.2.17)可以整理为

$$\frac{\mathrm{d}z_{(t)}}{\mathrm{d}t}=a-az_{(t)} \tag{4.2.18}$$

令$\frac{\mathrm{d}z_{(t)}}{\mathrm{d}t}=0$，可以得到其平衡点位置 $z_f=1$。当 $a>0$ 时，其对应的相轨迹如图4.2.8所示，可以得出平衡点 z_f 是一个稳定平衡点，无论初始状态在其左边还是右边，都将回到平衡位置。读者可以自己推导当 $a<0$ 时的情况。

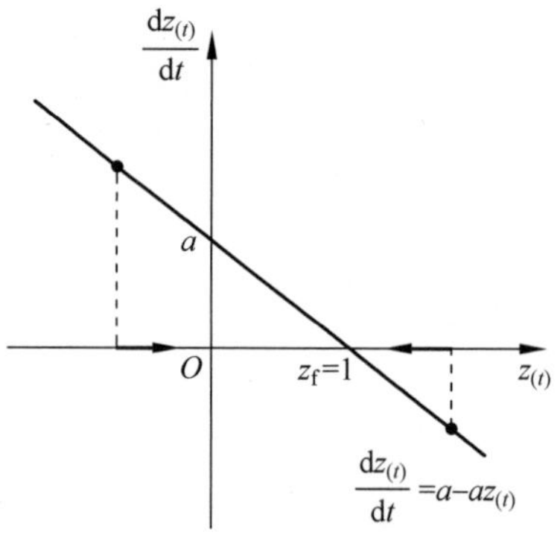

图4.2.8 一阶系统单位阶跃响应的相轨迹

> 通过以上分析可以发现，使用传递函数和相轨迹得出的结论是一致的。其中，利用传递函数和拉普拉斯变换可以方便地得到一阶系统的时域响应解析式。而通过相轨迹可以直观、快速地分析一阶系统对初始条件的响应。

请参考代码4.1：4-1_1st_Order_Response.m。

4.3 案发时间揭秘

在4.2节中，我们充分讨论了一阶系统的冲激响应和阶跃响应。现在回到本章开始的案例，揭秘案发的时间。式(4.1.5)所对应的系统框图如图4.3.1所示。

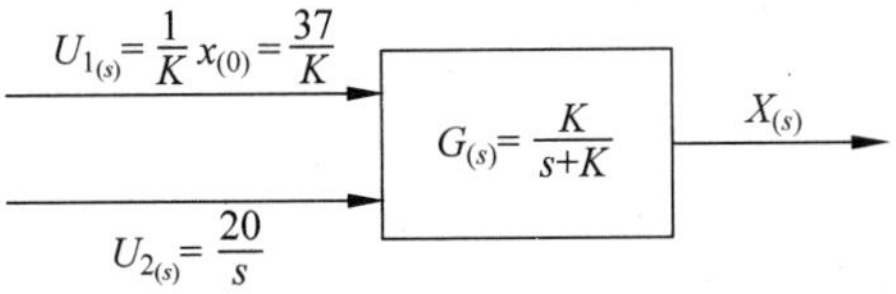

图 4.3.1　系统框图

系统的输入分为两部分，其中 $U_{1_{(s)}}=\frac{37}{K}$是冲激输入，$U_{2_{(s)}}=\frac{20}{s}$是阶跃输入。因此，系统的输出是对这两部分输入响应的和(冲激响应加阶跃响应)。

根据式(4.2.12b)，输出 $x_{1_{(t)}}=x_0\mathrm{e}^{-Kt}=37\mathrm{e}^{-Kt}$。根据式(4.2.15)，$x_{2_{(t)}}=20(1-\mathrm{e}^{-Kt})$，它是 20 倍的单位阶跃响应。$x_{1_{(t)}}$ 与 $x_{2_{(t)}}$ 如图 4.3.2(a)所示。叠加后的响应为

$$x_{(t)}=x_{1_{(t)}}+x_{2_{(t)}}=37\mathrm{e}^{-Kt}+20(1-\mathrm{e}^{-Kt})=20+17\mathrm{e}^{-Kt} \tag{4.3.1}$$

$x_{(t)}$随时间的变化如图 4.3.2(b)所示。

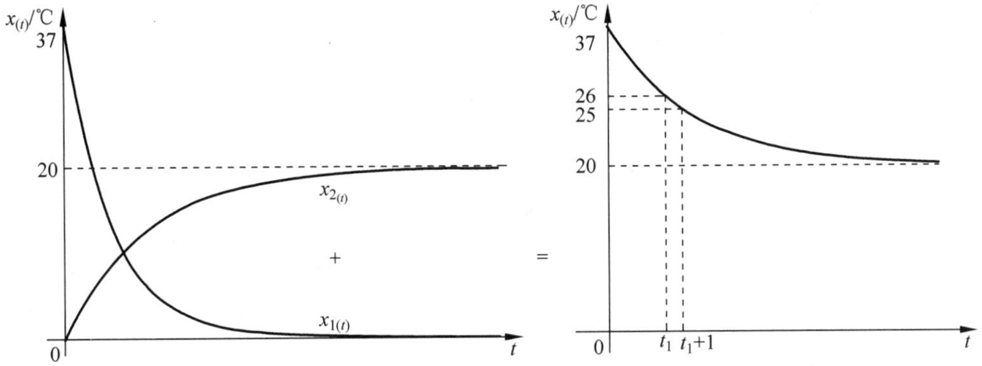

(a) $x_{1(t)}$和$x_{2(t)}$随时间的变化　　(b) $x_{(t)}$随时间的变化

图 4.3.2　式(4.3.1)的输出响应

此时将两个已知条件代入式(4.3.1)(下午 2:30 时体温为 26℃，下午 3:30 时体温为 25℃)，并设下午 2:30 时已经距离死亡时间过去了 t_1 小时，可得

$$\begin{cases}26=20+17\mathrm{e}^{-Kt_1}\\25=20+17\mathrm{e}^{-K(t_1+1)}\end{cases} \tag{4.3.2}$$

求解式(4.3.2)所示方程组，得到

$$\begin{cases}K=0.182\\t_1=5.72\end{cases} \tag{4.3.3}$$

式(4.3.3)说明在下午 2:30 的时候，距离死亡时间已经过去了 5.72 小时(约 5 小时 43 分钟)，所以案发时间大概是上午 8:47。

4.4　本章要点总结

- **一阶系统的表达形式。**
  - 微分方程：$\frac{\mathrm{d}x_{(t)}}{\mathrm{d}t}+ax_{(t)}=au_{(t)}$。

- 传递函数：$G_{(s)}=\frac{X_{(s)}}{U_{(s)}}=\frac{a}{s+a}$。
- 传递函数极点：$s_{\mathrm{p}}=-a$。

• **一阶系统的单位冲激响应**。

- 单位冲激函数：$\begin{cases}\delta_{(t)}=0, t\neq 0\\ \int_{-\infty}^{\infty}\delta_{(t)}\mathrm{d}t=1\end{cases}$。
- 系统输出的拉普拉斯变换：$X_{(s)}=\frac{a}{s+a}$。
- 冲激响应的时域表达：$x_{(t)}=a\mathrm{e}^{-at}$。
- 当 $a>0$ 时，$s_{\mathrm{p}}<0$，系统收敛于 0。当 $a<0$ 时，$s_{\mathrm{p}}>0$，系统趋于负无穷。
- 系统对初始条件的响应即冲激响应。

• **一阶系统的单位阶跃响应**。

- 单位阶跃函数：$u_{(t)}=\begin{cases}1, & t\geqslant 0\\ 0, & t<0\end{cases}$。
- 系统输出的拉普拉斯变换：$X_{(s)}=\frac{a}{s(s+a)}$。
- 单位阶跃响应的时域表达：$x_{(t)}=1-\mathrm{e}^{-at}$。
- 当 $a>0$ 时，$s_{\mathrm{p}}<0$，系统收敛于 1。当 $a<0$ 时，$s_{\mathrm{p}}>0$，系统趋于负无穷。
- 时间常数 $\tau=\frac{1}{a}$，此时系统输出在终值状态的 63%。
- 调节时间 $T_{\mathrm{s}}=4\tau=\frac{4}{a}$，此时系统输出达到了终值的 98%。
- 使用相轨迹法可以直观明了地分析系统对于不同初始条件的响应。

二阶系统的时域响应分析

二阶系统被广泛地运用于控制工程的实践中，尤其是与力学相关的控制，如自动驾驶、无人机控制、电机控制、机器人控制等。同时，很多的高阶系统都可以近似为二阶系统。所以详细讨论和分析二阶系统有很重要的实际意义。**本章的学习目标为：**

- 掌握二阶系统的一般形式及其参数的含义。
- 掌握使用传递函数和状态空间方程的方法分析二阶系统的时域响应。
- 熟悉二阶系统性能指标的含义和推导方法。
- 理解科学评价动态系统性能的流程与方法。

5.1　二阶系统的一般形式——传递函数和状态空间方程

从一个典型的二阶系统例子入手，一个弹簧质量阻尼系统如图 5.1.1(a)所示。其对应的微分方程为

$$m\frac{\mathrm{d}^2x_{(t)}}{\mathrm{d}t^2}+b\frac{\mathrm{d}x_{(t)}}{\mathrm{d}t}+kx_{(t)}=f_{(t)} \tag{5.1.1a}$$

调整可得

$$\frac{\mathrm{d}^2x_{(t)}}{\mathrm{d}t^2}+\frac{b}{m}\frac{\mathrm{d}x_{(t)}}{\mathrm{d}t}+\frac{k}{m}x_{(t)}=\frac{1}{m}f_{(t)} \tag{5.1.1b}$$

给出如下定义。

固有频率或者**自然频率**(Natural Frequency)：$\omega_{\mathrm{n}}=\sqrt{\frac{k}{m}}$。

阻尼比(Damping Ratio)：$\zeta=\frac{b}{2\sqrt{km}}$。

代入式(5.1.1b)，可得

$$\frac{\mathrm{d}^2x_{(t)}}{\mathrm{d}t^2}+2\zeta\omega_{\mathrm{n}}\frac{\mathrm{d}x_{(t)}}{\mathrm{d}t}+\omega_{\mathrm{n}}^2x_{(t)}=\frac{1}{m}f_{(t)} \tag{5.1.1c}$$

为了简化计算，使系统单位化，定义系统的输入为 $u_{(t)}=\frac{f_{(t)}}{m\omega_{\mathrm{n}}^2}$。代入式(5.1.1c)，可得

$$\frac{\mathrm{d}^2x_{(t)}}{\mathrm{d}t^2}+2\zeta\omega_{\mathrm{n}}\frac{\mathrm{d}x_{(t)}}{\mathrm{d}t}+\omega_{\mathrm{n}}^2x_{(t)}=\omega_{\mathrm{n}}^2u_{(t)} \tag{5.1.2}$$

在本章中只讨论 $m>0$、$k>0$、$b>0$ 的情况，因此 $\omega_{\mathrm{n}}>0$ 且 $\zeta>0$。其他例外情况读者可以根据本章的方法去处理。

考虑零初始状态，对式(5.1.2)等号两边进行拉普拉斯变换并整理，可以得到一般形式二阶系统的传递函数，即

$$G_{(s)}=\frac{X_{(s)}}{U_{(s)}}=\frac{\omega_{\mathrm{n}}^{2}}{s^{2}+2\zeta\omega_{\mathrm{n}}s+\omega_{\mathrm{n}}^{2}} \tag{5.1.3}$$

系统的框图如图 5.1.1(b)所示。

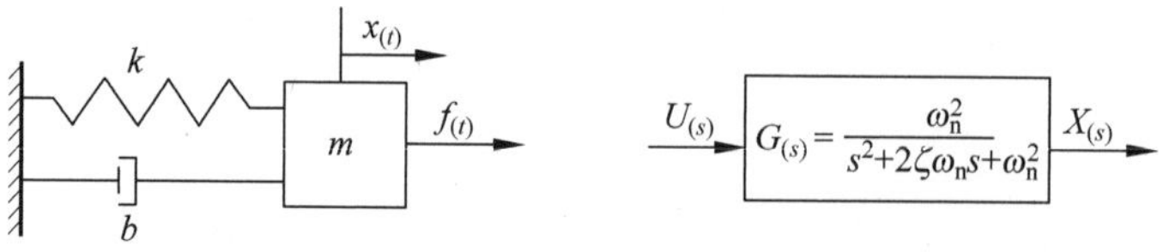

(a) 弹簧质量阻尼系统　　(b) 动态系统框图

图 5.1.1　弹簧质量阻尼系统与其传递函数

如果使用状态空间方程的表达形式，可以设系统的状态变量为 $\boldsymbol{z}_{(t)}=[z_{1_{(t)}},z_{2_{(t)}}]^{\mathrm{T}}=\left[x_{(t)},\frac{\mathrm{d}x_{(t)}}{\mathrm{d}t}\right]^{\mathrm{T}}$。得到

$$\frac{\mathrm{d}z_{1_{(t)}}}{\mathrm{d}t}=z_{2_{(t)}} \tag{5.1.4a}$$

$$\frac{\mathrm{d}z_{2_{(t)}}}{\mathrm{d}t}=\frac{\mathrm{d}^{2}z_{1_{(t)}}}{\mathrm{d}t^{2}}=-2\zeta\omega_{\mathrm{n}}z_{2_{(t)}}-\omega_{\mathrm{n}}^{2}z_{1_{(t)}}+\omega_{\mathrm{n}}^{2}u_{(t)} \tag{5.1.4b}$$

将其写成紧凑的矩阵形式，得到

$$\frac{\mathrm{d}\boldsymbol{z}_{(t)}}{\mathrm{d}t}=\boldsymbol{A}\boldsymbol{z}_{(t)}+\boldsymbol{B}u_{(t)}$$

其中，

$$\boldsymbol{A}=\begin{bmatrix}0 & 1\\ -\omega_{\mathrm{n}}^{2} & -2\zeta\omega_{\mathrm{n}}\end{bmatrix},\quad \boldsymbol{B}=\begin{bmatrix}0\\ \omega_{\mathrm{n}}^{2}\end{bmatrix} \tag{5.1.5}$$

5.2　二阶系统对初始状态的响应

首先分析二阶系统对初始状态的响应，即考虑无输入的情况，$u_{(t)}=0$。试想如果在时间 $t=0$ 的时刻，质量块的位置 $x_{(0)}\neq 0$ 或者速度 $\left.\frac{\mathrm{d}x_{(t)}}{\mathrm{d}t}\right|_{t=0}\neq 0$，系统将如何运行？在 4.2.2 节中曾经分析过，使用相轨迹可以直观清晰地定性分析系统对初始条件的响应，因此本节将从此角度入手进行分析。当系统的输入 $u_{(t)}=0$ 时，式(5.1.5)可写成

$$\frac{\mathrm{d}\boldsymbol{z}_{(t)}}{\mathrm{d}t}=\boldsymbol{A}\boldsymbol{z}_{(t)},\quad 其中\ \boldsymbol{A}=\begin{bmatrix}0 & 1\\ -\omega_{\mathrm{n}}^{2} & -2\zeta\omega_{\mathrm{n}}\end{bmatrix} \tag{5.2.1}$$

求这个系统的平衡点，令 $\frac{\mathrm{d}\boldsymbol{z}_{(t)}}{\mathrm{d}t}=\boldsymbol{0}$，可得

$$\begin{cases}0=z_{2f}\\0=-\omega_n^2 z_{1f}-2\zeta\omega_n z_{2f}\end{cases}$$

$$\Rightarrow\begin{cases}z_{1f}=0\\z_{2f}=0\end{cases}\tag{5.2.2}$$

分析平衡点的性质，首先要得到状态矩阵 $\boldsymbol{A}$ 的特征值，令 $|\boldsymbol{A}-\lambda\boldsymbol{I}|=0$，得到

$$\begin{vmatrix}-\lambda & 1\\-\omega_n^2 & -2\zeta\omega_n-\lambda\end{vmatrix}=\lambda^2+2\zeta\omega_n\lambda+\omega_n^2=0\tag{5.2.3a}$$

求解特征值，得到

$$\begin{cases}\lambda_1=-\zeta\omega_n+\omega_n\sqrt{\zeta^2-1}\\\lambda_2=-\zeta\omega_n-\omega_n\sqrt{\zeta^2-1}\end{cases}\tag{5.2.3b}$$

> 特征值 λ 对应了式(5.1.3)中的传递函数 $G_{(s)}$ 的极点。

下面来分类讨论不同的参数对特征值 λ_1 和 λ_2 的影响以及特征值将如何影响系统的表现。

类(1)：$\zeta\geqslant 1$。

此时

$$\zeta>\sqrt{\zeta^2-1}\geqslant 0$$

$$\Rightarrow\begin{cases}\lambda_1=-\zeta\omega_n+\omega_n\sqrt{\zeta^2-1}<0\\\lambda_2=-\zeta\omega_n-\omega_n\sqrt{\zeta^2-1}<0\end{cases}\tag{5.2.4}$$

特征值 λ_1 与 λ_2 都为实数且都小于 0。根据表 3.3.1，平衡点 $\boldsymbol{z}_f=[0,0]^T$ 是一个稳定的节点。它的相轨迹如图 5.2.1(a)所示。不管初始位置从何处开始，都会随着时间的增加而趋于 0。

其中，当 $\zeta>1$ 时的系统称为**过阻尼系统**（Overdamped System），当 $\zeta=1$ 时的系统称为**临界阻尼系统**（Critically Damped System）。过阻尼和临界阻尼的区别在于它们的收敛速度不同，其中临界阻尼系统的收敛速度更快。本节重点在于定性分析，这两种系统的细微差别将在 5.3 节定量分析中详细阐释。

类(2)：$0<\zeta<1$。

此时

$$\sqrt{\zeta^2-1}=\sqrt{1-\zeta^2}\,\mathrm{j}$$

$$\Rightarrow\begin{cases}\lambda_1=-\zeta\omega_n+\omega_n\sqrt{1-\zeta^2}\,\mathrm{j}\\\lambda_2=-\zeta\omega_n-\omega_n\sqrt{1-\zeta^2}\,\mathrm{j}\end{cases}\tag{5.2.5}$$

特征值 λ_1 和 λ_2 是两个复数，而且它们的实部都是 $-\zeta\omega_n<0$。根据表 3.3.1，平衡点 $\boldsymbol{z}_f=[0,0]^T$ 是一个稳定的焦点，它的相轨迹如图 5.2.1(b)所示。这是一个边振荡边衰减的系统，系统的状态变量将随着时间的增加而趋于平衡点。这也是我们日常生活中最常见的弹

簧系统，无论它被压缩或者拉伸，当它从初始位置被释放后，就会不断地振动且振幅逐渐减小并最终停下来。这种系统称为**欠阻尼系统**(Underdamped System)。

类(3)：$\zeta=0$。

此时

$$\begin{cases}\lambda_1=\omega_n \mathrm{j}\\ \lambda_2=-\omega_n \mathrm{j}\end{cases} \tag{5.2.6}$$

状态矩阵的特征值是一对共轭纯虚数。根据表 3.3.1，平衡点 $\boldsymbol{z}_f=[0,0]^{\mathrm{T}}$ 是一个中心点。其相轨迹会围绕着这个中心点做圆周运动，如图 5.2.1(c)所示。此时两个状态变量，即质量块的位移与速度会不断地振动，循环往复。从物理意义上来理解它，$\zeta=0$ 代表了式(5.1.1a)中 $b=0$，即系统的阻尼为零。没有阻尼的时候系统的总能量就不会消耗，所以一旦对这个系统施加一个初始状态(给予其初始的能量)，它就会不断地振动下去。这种系统称为**无阻尼系统**(Undamped System)。

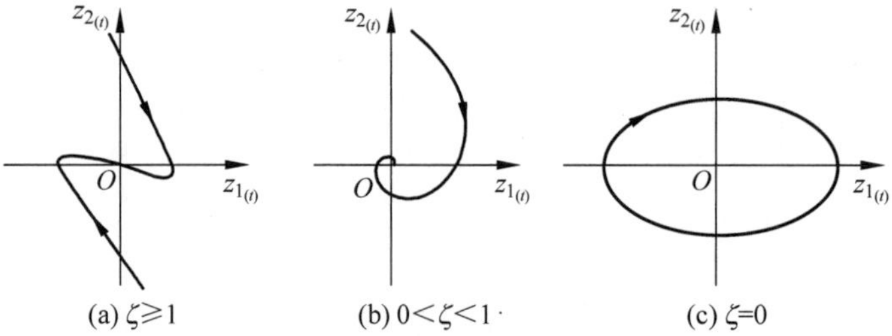

图 5.2.1　二阶系统对初始状态响应的相轨迹

5.3　二阶系统的单位阶跃响应

在 5.2 节中，我们采用相轨迹的方法定性讨论了二阶系统对初始状态的响应。本节将采用传递函数的方法定量分析二阶系统的单位阶跃响应。读者在阅读过程中可以将这两节中所介绍的方法结合起来思考，例如用传递函数的方法去求解初始状态问题，或者用相轨迹的方法求解阶跃响应，相信读者会对这部分内容有更深刻的理解。

当系统的输入为单位阶跃函数时，输入的拉普拉斯变换为 $U_{(s)}=\dfrac{1}{s}$，将其代入式(5.1.3)，可得

$$X_{(s)}=G_{(s)}U_{(s)}=\frac{\omega_n^2}{s^2+2\zeta\omega_n s+\omega_n^2}\times\frac{1}{s} \tag{5.3.1}$$

令式(5.3.1)的分母等于 0，可以求出三个极点，分别为

$$\begin{cases}s_{p1}=0\\ s_{p2}=-\zeta\omega_n+\omega_n\sqrt{\zeta^2-1}\\ s_{p3}=-\zeta\omega_n-\omega_n\sqrt{\zeta^2-1}\end{cases} \tag{5.3.2}$$

通过 5.2 节的介绍，不同的 ζ 值将对应不同的系统表现，本节将详细推导其中一个最为复杂的情况，即欠阻尼系统 $0<\zeta<1$，并分析它的系统响应。当 $0<\zeta<1$ 时，式(5.3.2)变为

$$\begin{cases} s_{p1}=0 \\ s_{p2}=-\zeta\omega_n+\omega_n\sqrt{1-\zeta^2}\,\mathrm{j} \\ s_{p3}=-\zeta\omega_n-\omega_n\sqrt{1-\zeta^2}\,\mathrm{j} \end{cases} \tag{5.3.3}$$

其中，s_{p1} 来自输入，s_{p2} 和 s_{p3} 则是系统传递函数的极点。将式(5.3.3)代入式(5.3.1)，并设三个待定系数分别为 A、B 和 C，可得

$$\begin{aligned} X_{(s)} &= \frac{\omega_n^2}{s(s^2+2\zeta\omega_n s+\omega_n^2)}=\frac{A}{(s-s_{p1})}+\frac{B}{(s-s_{p2})}+\frac{C}{(s-s_{p3})} \\ &= \frac{A(s-s_{p2})(s-s_{p3})+B(s-s_{p1})(s-s_{p3})+C(s-s_{p1})(s-s_{p2})}{(s-s_{p1})(s-s_{p2})(s-s_{p3})} \end{aligned} \tag{5.3.4}$$

比较等式两侧的分子，可得

$$\omega_n^2=A(s-s_{p2})(s-s_{p3})+B(s-s_{p1})(s-s_{p3})+C(s-s_{p1})(s-s_{p2}) \tag{5.3.5}$$

利用分式分解法求 A、B 和 C：

令 $s=s_{p1}=0$，可得

$$\begin{aligned} \omega_n^2 &= A(0-s_{p2})(0-s_{p3}) \\ &= A\left(\zeta\omega_n-\omega_n\sqrt{1-\zeta^2}\,\mathrm{j}\right)\left(\zeta\omega_n+\omega_n\sqrt{1-\zeta^2}\,\mathrm{j}\right)=A\omega_n^2 \\ \Rightarrow A &= 1 \end{aligned} \tag{5.3.6a}$$

令 $s=s_{p2}=-\zeta\omega_n+\omega_n\sqrt{1-\zeta^2}\,\mathrm{j}$，可得

$$\begin{aligned} \omega_n^2 &= B\left(-\zeta\omega_n+\omega_n\sqrt{1-\zeta^2}\,\mathrm{j}-s_{p1}\right)\left(-\zeta\omega_n+\omega_n\sqrt{1-\zeta^2}\,\mathrm{j}-s_{p3}\right) \\ &= B\left(-\zeta\omega_n+\omega_n\sqrt{1-\zeta^2}\,\mathrm{j}-0\right)\left[-\zeta\omega_n+\omega_n\sqrt{1-\zeta^2}\,\mathrm{j}-\left(-\zeta\omega_n-\omega_n\sqrt{1-\zeta^2}\,\mathrm{j}\right)\right] \\ &= B\left(-\zeta\omega_n+\omega_n\sqrt{1-\zeta^2}\,\mathrm{j}\right)\left(2\omega_n\sqrt{1-\zeta^2}\,\mathrm{j}\right) \\ &= B\left[-2\zeta\omega_n^2\sqrt{1-\zeta^2}\,\mathrm{j}-2\omega_n^2(1-\zeta^2)\right] \\ &= B(-2\omega_n^2)\left(\zeta\sqrt{1-\zeta^2}\,\mathrm{j}+1-\zeta^2\right) \end{aligned}$$

$$\begin{aligned} \Rightarrow B &= \left(-\frac{1}{2}\right)\frac{1}{\zeta\sqrt{1-\zeta^2}\,\mathrm{j}+1-\zeta^2} \\ &= \left(-\frac{1}{2}\right)\frac{1}{\zeta\sqrt{1-\zeta^2}\,\mathrm{j}+1-\zeta^2}\,\frac{\left(-\zeta\sqrt{1-\zeta^2}\,\mathrm{j}\right)+1-\zeta^2}{\left(-\zeta\sqrt{1-\zeta^2}\,\mathrm{j}\right)+1-\zeta^2} \\ &= \left(-\frac{1}{2}\right)\frac{1-\zeta^2-\zeta\sqrt{1-\zeta^2}\,\mathrm{j}}{(1-\zeta^2)^2+\zeta^2(1-\zeta^2)}=\left(-\frac{1}{2}\right)\frac{1-\zeta^2-\zeta\sqrt{1-\zeta^2}\,\mathrm{j}}{1-2\zeta^2+\zeta^4+\zeta^2-\zeta^4} \\ &= \left(-\frac{1}{2}\right)\frac{1-\zeta^2-\zeta\sqrt{1-\zeta^2}\,\mathrm{j}}{1-\zeta^2} \\ &= -\frac{1}{2}\left(1-\frac{\zeta}{\sqrt{1-\zeta^2}}\mathrm{j}\right) \end{aligned} \tag{5.3.6b}$$

同理，令 $s=s_{p3}$，可得

$$C=-\frac{1}{2}\left(1+\frac{\zeta}{\sqrt{1-\zeta^2}}\mathrm{j}\right) \tag{5.3.6c}$$

可知 C 与 B 是共轭关系。将式(5.3.6a)、式(5.3.6b)、式(5.3.6c)代入式(5.3.4)中可得

$$X_{(s)}=\frac{1}{(s-s_{\mathrm{p1}})}-\frac{1}{2}\left(1-\frac{\zeta}{\sqrt{1-\zeta^2}}\mathrm{j}\right)\frac{1}{(s-s_{\mathrm{p2}})}-\frac{1}{2}\left(1+\frac{\zeta}{\sqrt{1-\zeta^2}}\mathrm{j}\right)\frac{1}{(s-s_{\mathrm{p3}})} \tag{5.3.7}$$

对式(5.3.7)等号两边进行拉普拉斯逆变换,可得

$$\begin{aligned}x_{(t)}&=\mathcal{L}^{-1}[X_{(s)}]\\&=\mathcal{L}^{-1}\left[\frac{1}{s-s_{\mathrm{p1}}}-\frac{1}{2}\left(1-\frac{\zeta}{\sqrt{1-\zeta^2}}\mathrm{j}\right)\frac{1}{(s-s_{\mathrm{p2}})}-\frac{1}{2}\left(1+\frac{\zeta}{\sqrt{1-\zeta^2}}\mathrm{j}\right)\frac{1}{(s-s_{\mathrm{p3}})}\right]\\&=\mathrm{e}^{s_{\mathrm{p1}}t}-\frac{1}{2}\left(1-\frac{\zeta}{\sqrt{1-\zeta^2}}\mathrm{j}\right)\mathrm{e}^{s_{\mathrm{p2}}t}-\frac{1}{2}\left(1+\frac{\zeta}{\sqrt{1-\zeta^2}}\mathrm{j}\right)\mathrm{e}^{s_{\mathrm{p3}}t}\end{aligned} \tag{5.3.8}$$

将式(5.3.3)代入式(5.3.8),可得

$$\begin{aligned}x_{(t)}&=\mathrm{e}^{0t}-\frac{1}{2}\left(1-\frac{\zeta}{\sqrt{1-\zeta^2}}\mathrm{j}\right)\mathrm{e}^{(-\zeta\omega_{\mathrm{n}}+\omega_{\mathrm{n}}\sqrt{1-\zeta^2}\mathrm{j})t}-\frac{1}{2}\left(1+\frac{\zeta}{\sqrt{1-\zeta^2}}\mathrm{j}\right)\mathrm{e}^{\left(-\zeta\omega_{\mathrm{n}}-\omega_{\mathrm{n}}\sqrt{1-\zeta^2}\mathrm{j}\right)t}\\&=1-\mathrm{e}^{-\zeta\omega_{\mathrm{n}}t}\left[\frac{1}{2}\left(1-\frac{\zeta}{\sqrt{1-\zeta^2}}\mathrm{j}\right)\mathrm{e}^{\omega_{\mathrm{n}}\sqrt{1-\zeta^2}\mathrm{j}t}+\frac{1}{2}\left(1+\frac{\zeta}{\sqrt{1-\zeta^2}}\mathrm{j}\right)\mathrm{e}^{-\omega_{\mathrm{n}}\sqrt{1-\zeta^2}\mathrm{j}t}\right]\end{aligned} \tag{5.3.9}$$

定义一个新的参数 $\omega_{\mathrm{d}}=\omega_{\mathrm{n}}\sqrt{1-\zeta^2}$,称其为**阻尼固有频率**(Damped Natural Frequency)。可以通过复平面图形辅助理解这一参数,将式(5.3.3)中 $G_{(s)}$ 的两个共轭极点 s_{p2} 和 s_{p3} 在图 5.3.1 中的复平面上绘制出来,可以发现它们的横坐标为 $-\zeta\omega_{\mathrm{n}}$,纵坐标分别为 $\pm\omega_{\mathrm{n}}\sqrt{1-\zeta^2}$,即阻尼固有频率。根据三角关系,它们的模(即长度)等于系统的固有频率 ω_{n}。

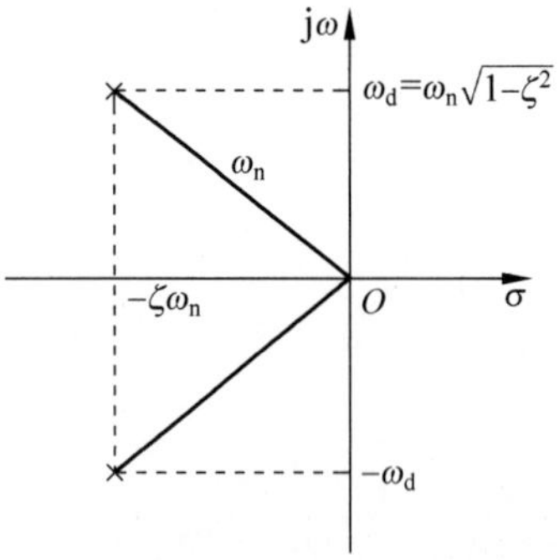

图 5.3.1 极点、固有频率与阻尼固有频率的关系

此时,式(5.3.9)可以化简为

$$\begin{aligned}x_{(t)}&=1-\mathrm{e}^{-\zeta\omega_{\mathrm{n}}t}\left[\frac{1}{2}\left(1-\frac{\zeta}{\sqrt{1-\zeta^2}}\mathrm{j}\right)\mathrm{e}^{\omega_{\mathrm{d}}\mathrm{j}t}+\frac{1}{2}\left(1+\frac{\zeta}{\sqrt{1-\zeta^2}}\mathrm{j}\right)\mathrm{e}^{-\omega_{\mathrm{d}}\mathrm{j}t}\right]\\&=1-\mathrm{e}^{-\zeta\omega_{\mathrm{n}}t}\left[\frac{1}{2}(\mathrm{e}^{\omega_{\mathrm{d}}\mathrm{j}t}+\mathrm{e}^{-\omega_{\mathrm{d}}\mathrm{j}t})+\frac{1}{2}\frac{\zeta}{\sqrt{1-\zeta^2}}\mathrm{j}(-\mathrm{e}^{\omega_{\mathrm{d}}\mathrm{j}t}+\mathrm{e}^{-\omega_{\mathrm{d}}\mathrm{j}t})\right]\end{aligned} \tag{5.3.10a}$$

根据欧拉公式,$\mathrm{e}^{\omega_{\mathrm{d}}\mathrm{j}t}=\cos(\omega_{\mathrm{d}}t)+\mathrm{j}\sin(\omega_{\mathrm{d}}t)$,$\mathrm{e}^{-\omega_{\mathrm{d}}\mathrm{j}t}=\cos(\omega_{\mathrm{d}}t)-\mathrm{j}\sin(\omega_{\mathrm{d}}t)$。可得

$$\frac{1}{2}(e^{\omega_d jt}+e^{-\omega_d jt})=\cos(\omega_d t) \tag{5.3.10b}$$

$$\frac{1}{2}j(-e^{\omega_d jt}+e^{-\omega_d jt})=\sin(\omega_d t) \tag{5.3.10c}$$

代入式(5.3.10a)，化简后得到

$$x_{(t)}=1-e^{-\zeta\omega_n t}\left[\cos(\omega_d t)+\frac{\zeta}{\sqrt{1-\zeta^2}}\sin(\omega_d t)\right] \tag{5.3.11a}$$

令 $\varphi=\arctan\frac{\sqrt{1-\zeta^2}}{\zeta}$，可得

$$\cos(\omega_d t)+\frac{\zeta}{\sqrt{1-\zeta^2}}\sin(\omega_d t)=\sqrt{1^2+\left(\frac{\zeta}{\sqrt{1-\zeta^2}}\right)^2}\sin(\omega_d t+\varphi)$$

$$=\sqrt{\frac{1}{1-\zeta^2}}\sin(\omega_d t+\varphi) \tag{5.3.11b}$$

代入式(5.3.11a)，可得

$$x_{(t)}=1-e^{-\zeta\omega_n t}\sqrt{\frac{1}{1-\zeta^2}}\sin(\omega_d t+\varphi) \tag{5.3.12}$$

式(5.3.12)为二阶欠阻尼系统单位阶跃响应的时间函数，它由两部分相减而成。其中，“1”来自系统输入(极点为 $s_{p1}=0$，因此输出包含一个常数)。后半部分的 $e^{-\zeta\omega_n t}\sqrt{\frac{1}{1-\zeta^2}}\sin(\omega_d t+\varphi)$ 是两项相乘，其中，$e^{-\zeta\omega_n t}\sqrt{\frac{1}{1-\zeta^2}}$ 项会随着时间的增加而递减并趋于0，如图5.3.2(a)所示。而 $\sin(\omega_d t+\varphi)$ 则是周期为 $\frac{2\pi}{\omega_d}$、初相位为 φ 的三角函数，如图5.3.2(b)所示。这两部分相乘之后就形成了图5.3.2(c)中振荡且递减的曲线。

> 同时，式(5.3.12)说明 $x_{(t)}$ 的收敛速度是由指数部分——$\zeta\omega_n$ 决定的，它同时也是传递函数极点 s_{p2}、s_{p3} 的实数部分。周期是由 ω_d 决定的，而 $\omega_d=\omega_n\sqrt{1-\zeta^2}$ 则是传递函数极点 s_{p2}、s_{p3} 的虚部。这再一次验证了传递函数极点对系统输出的影响。

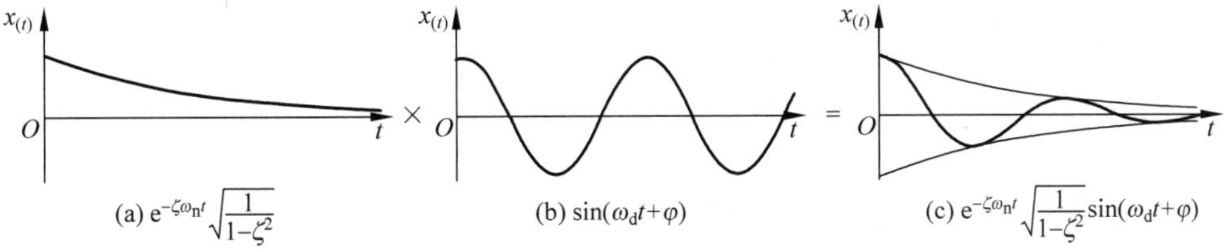

图5.3.2　$e^{-\zeta\omega_n t}\sqrt{\frac{1}{1-\zeta^2}}\sin(\omega_d t+\varphi)$ 的图像组成

而 $x_{(t)}$ 的图像就是用“1”减去图5.3.2(c)的图像，其结果如图5.3.3所示。

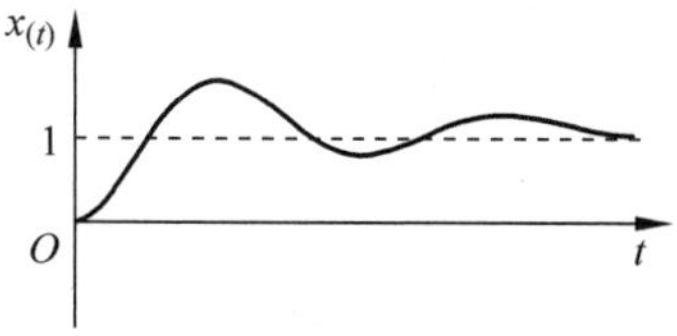

图 5.3.3 欠阻尼二阶系统的单位阶跃响应

读者可以用同样的方法去推导过阻尼、临界阻尼和无阻尼的情况。这里不再赘述，只给出结果如下。

无阻尼情况(当 $\zeta=0$ 时)：

$$x_{(t)}=1-\cos(\omega_n t) \tag{5.3.13}$$

临界阻尼情况(当 $\zeta=1$ 时)：

$$x_{(t)}=1-e^{-\omega_n t}(1+\omega_n t) \tag{5.3.14}$$

过阻尼情况(当 $\zeta>1$ 时)：

$$x_{(t)}=1-\frac{1}{2\sqrt{\zeta^2-1}\left(\zeta-\sqrt{\zeta^2-1}\right)}e^{\left(-\zeta\omega_n+\omega_n\sqrt{\zeta^2-1}\right)t}+\frac{1}{2\sqrt{\zeta^2-1}\left(\zeta+\sqrt{\zeta^2-1}\right)}e^{\left(-\zeta\omega_n-\omega_n\sqrt{\zeta^2-1}\right)t} \tag{5.3.15}$$

图 5.3.4 显示了在不同阻尼比下，二阶系统的单位阶跃响应曲线。可见阻尼比 ζ 是二阶系统中的一个重要参数，它决定了系统的响应速度和振荡的激烈程度等。

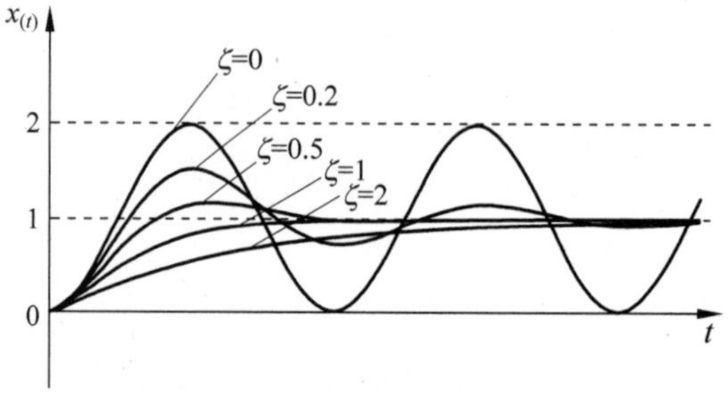

图 5.3.4 不同阻尼比下二阶系统的阶跃响应

请参考代码 5.1：5-1_2nd_Order_Step_Response.m。

5.4 二阶系统性能指标分析

本节将介绍二阶系统的一些重要的性能指标及分析方法。这些参数不仅可以运用在分析二阶系统的动态表现上，也可以用在定量评估控制器中。此外，本节将通过一个案例为读者梳理科学分析动态系统的方法。

5.4.1 二阶系统的重要性能指标

考虑一个实际的控制器设计案例，设想你作为一个项目经理负责开发一个无人机项目。目标是设计一套算法自动控制无人机的高度，工程设计团队开发了一套反馈控制系统，如图 5.4.1 所示。控制框图如图 5.4.1(b)所示，其中，$R_{(s)}$ 是参考值，$E_{(s)}$ 是误差。$C_{(s)}$ 是控制器，其包含的控制算法会根据无人机的实际高度 $X_{(s)}$ 与参考(目标)高度 $R_{(s)}$ 的差值(误差 $E_{(s)}$)来决定控制量，即马达的转速 $U_{(s)}$。根据框图化简原理，图 5.4.1(b)可以化简为图 5.4.1(c)。简化后的框图(控制系统)输入是参考值 $R_{(s)}$，输出是高度的拉普拉斯变换 $X_{(s)}$。闭环控制系统的传递函数是 $\frac{C_{(s)}G_{(s)}}{1+C_{(s)}G_{(s)}}$。

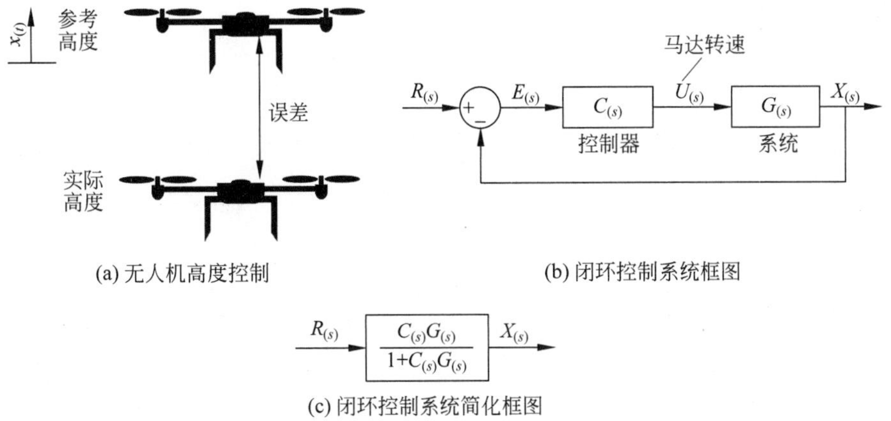

(a) 无人机高度控制　　(b) 闭环控制系统框图

(c) 闭环控制系统简化框图

图 5.4.1　控制器设计二阶系统例子

在实际工程应用中，大部分关于运动控制的系统，简化后的闭环传递函数都会呈现出二阶系统的表现，即可以近似认为图 5.4.1(c)中的$\frac{C_{(s)}G_{(s)}}{1+C_{(s)}G_{(s)}}=\frac{\omega_n^2}{s^2+2\zeta\omega_n s+\omega_n^2}$。

> 从直观理解，控制系统设计相当于将无人机挂在了一个“看不见”的弹簧阻尼系统上面，如图 5.4.2 所示，而控制器的设计过程就是设计这个弹簧阻尼系统的固有频率和阻尼比。

根据设定，“你”的角色是产品经理，因此你的关注点不在控制器的设计上，而是如何评估控制系统(有关“看不见”的弹簧阻尼系统设计请参考 7.3.2 节)。现在假设算法工程师提供了三种方案，经过测试后无人机都可以从初始高度达到目标高度，但它们的运行轨迹不同，如图 5.4.2 所示的三条轨迹。作为项目经理，请问你会如何评价这三种算法，又会选择哪一种呢？读者可以记录下你现在的选择，与本章最后的分析与结果进行比较。

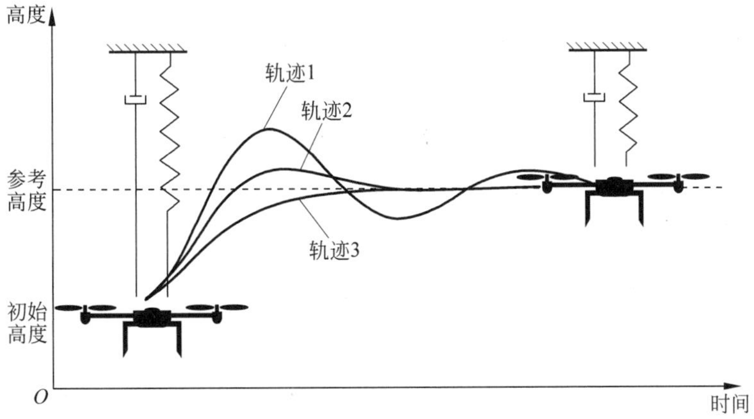

图 5.4.2　无人机高度控制

各位读者在今后的科研或者工作中，会经常遇到类似的系统分析的问题。为了得到令人信服的评估结果，需要一些量化的指标。下面将列出三个指标参数来描述二阶系统的性能，其他指标都可以通过这三个指标推导出来。图 5.4.3 是一个典型的欠阻尼二阶系统的单位阶跃响应,以它为例,定义如下性能指标。

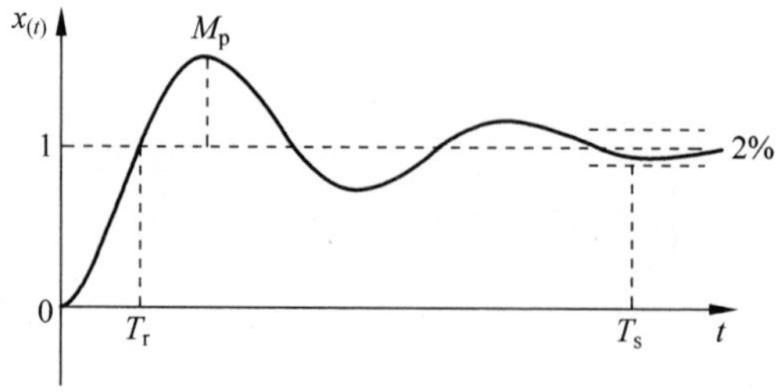

图 5.4.3 二阶系统的单位阶跃响应性能指标

(1) **上升时间**(Rise Time)T_r:是指系统第一次到达稳定点的时间,有的系统达不到稳定状态,就取稳定值的 90%。这一参数体现了系统的反应速度。

(2) **最大超调量**(Maximum Overshoot)$\boldsymbol{M}_p$:系统输出的最大值(峰值)减去稳态值,再乘以 100%,即 $M_p=\dfrac{x_{max}-x_{(\infty)}}{x_{(\infty)}}\times 100\%$,这个指标说明了系统有多大的"矫枉过正"的倾向。

(3) **稳定时间**(Settling Time)$\boldsymbol{T}_s$:又称调节时间,是指系统进入稳态的误差范围内的时间。一般就是最终状态的 2%以内。

在实际工程中,以上三个指标都是可以通过实验测得的。如果系统的传递函数已知,就可以直接计算这三个指标。其中:

(1) 上升时间 T_r。

根据定义,当 $t=T_r$ 时,$x_{(T_r)}=1$。将其代入式(5.3.12),可得

$$1=1-e^{-\zeta\omega_n T_r}\sqrt{\frac{1}{1-\zeta^2}}\sin(\omega_d T_r+\varphi)$$

$$\Rightarrow 0=e^{-\zeta\omega_n T_r}\sqrt{\frac{1}{1-\zeta^2}}\sin(\omega_d T_r+\varphi) \tag{5.4.1}$$

式(5.4.1)等号右边的前面一项 $e^{-\zeta\omega_n T_r}\sqrt{\frac{1}{1-\zeta^2}}\neq 0$,所以等式成立时,$\sin(\omega_d T_r+\varphi)=0$,得到

$$\omega_d T_r+\varphi=k\pi,\quad k=1,2,3,\cdots \tag{5.4.2a}$$

可得

$$T_r=\frac{k\pi-\varphi}{\omega_d},\quad k=1,2,3,\cdots \tag{5.4.2b}$$

因为上升时间是第一次到达稳定点的时间,所以取 $k=1$,即

$$T_r=\frac{\pi-\varphi}{\omega_d}=\frac{\pi-\varphi}{\omega_n\sqrt{1-\zeta^2}} \tag{5.4.3}$$

式(5.4.3)说明固有频率 ω_n 越大,则上升时间 T_r 越小,系统的响应就越快。同时,阻尼比 ζ 越大,上升时间 T_r 越大。思考一下固有频率的物理定义,$\omega_n=\sqrt{\frac{k}{m}}$ 是弹簧系数与质量的比值。当 ω_n 增大时,弹簧系数与质量的比值就增大,此时相当于用一个强力弹簧去拉一个小

质量的物体，它的响应速度自然就会很快。而阻尼力则相反，阻尼增大会减缓物体的移动速度，这是因为阻尼力与速度方向相反且大小与速度成正比。

(2) 最大超调量 M_p。

若求解最大超调量，首先要找到系统的**峰值时间**(Peak Time) T_p。即 $x(T_p)=x_{max}$，在此时刻，有

$$\left.\frac{\mathrm{d}x_{(t)}}{\mathrm{d}t}\right|_{t=T_p}=0$$

$$\Rightarrow \zeta\omega_n\sqrt{\frac{1}{1-\zeta^2}}\mathrm{e}^{-\zeta\omega_n t}\sin(\omega_d t+\varphi)-\mathrm{e}^{-\zeta\omega_n t}\sqrt{\frac{1}{1-\zeta^2}}\omega_d\cos(\omega_d t+\varphi)\bigg|_{t=T_p}=0 \tag{5.4.4a}$$

可得

$$\mathrm{e}^{-\zeta\omega_n T_p}\sqrt{\frac{1}{1-\zeta^2}}(\zeta\omega_n\sin(\omega_d T_p+\varphi)-\omega_d\cos(\omega_d T_p+\varphi))=0 \tag{5.4.4b}$$

式(5.4.4b)中的第一项 $\mathrm{e}^{-\zeta\omega_n T_p}\sqrt{\frac{1}{1-\zeta^2}}\neq 0$，所以等式成立时，$\zeta\omega_n\sin(\omega_d T_p+\varphi)-\omega_d\cos(\omega_d T_p+\varphi)=0$，得到

$$\zeta\omega_n\sin(\omega_d T_p+\varphi)=\omega_d\cos(\omega_d T_p+\varphi)$$

$$\Rightarrow \tan(\omega_d T_p+\varphi)=\frac{\omega_d}{\zeta\omega_n}=\frac{\sqrt{1-\zeta^2}}{\zeta} \tag{5.4.4c}$$

根据式(5.3.11)的定义，$\frac{\sqrt{1-\zeta^2}}{\zeta}=\tan\varphi$，所以 $\tan(\omega_d T_p+\varphi)=\tan\varphi$，即

$$\omega_d T_p=k\pi,\quad k=1,2,3,\cdots \tag{5.4.4d}$$

因为最大超调量出现在第一次的峰值，所以 $k=1$，可得

$$T_p=\frac{\pi}{\omega_d}=\frac{\pi}{\omega_n\sqrt{1-\zeta^2}} \tag{5.4.5}$$

对比式(5.4.3)和式(5.4.5)可以发现，T_p 与 T_r 的性质相同，因为它们都反映了系统的反应速度。将式(5.4.5)代入式(5.4.1)中，可得

$$x_{(T_p)}=1-\mathrm{e}^{\frac{-\zeta\pi}{\sqrt{1-\zeta^2}}}\sqrt{\frac{1}{1-\zeta^2}}\sin(\pi+\varphi)=1+\mathrm{e}^{\frac{-\zeta\pi}{\sqrt{1-\zeta^2}}}\sqrt{\frac{1}{1-\zeta^2}}\sin\varphi \tag{5.4.6a}$$

因为 $\frac{\sqrt{1-\zeta^2}}{\zeta}=\tan\varphi$，所以 $\sin\varphi=\sqrt{1-\zeta^2}$，代入式(5.4.6a)，可得

$$x_{(T_p)}=1+\mathrm{e}^{\frac{-\zeta\pi}{\sqrt{1-\zeta^2}}}\sqrt{\frac{1}{1-\zeta^2}}\sqrt{1-\zeta^2}=1+\mathrm{e}^{\frac{-\zeta\pi}{\sqrt{1-\zeta^2}}} \tag{5.4.6b}$$

将式(5.4.6b)代入最大超调量的定义中，可得

$$M_p=\frac{1+\mathrm{e}^{\frac{-\zeta\pi}{\sqrt{1-\zeta^2}}}-1}{1}\times 100\%=\mathrm{e}^{\frac{-\zeta\pi}{\sqrt{1-\zeta^2}}}\times 100\% \tag{5.4.7}$$

式(5.4.7)说明最大超调量只与阻尼比 ζ 相关。ζ 越大，M_p 就越小。从物理角度来理解，阻

尼比的定义为 $\zeta=\dfrac{b}{2\sqrt{km}}$。当阻尼比越大时,阻尼 b 在系统中产生的影响相较于弹簧系数 k 与质量 m 就越大,因此系统的"弹性"就会降低,超调就会减小。在无阻尼状态 $\zeta=0$ 时,系统的"弹性"最大,$M_{\mathrm{p}}=100\%$,即最大会超调 1 倍(参考图 5.3.4)。

(3) 稳定时间 T_{s}。

这个指标一般是通过实验测试得到的,也可以采用估算的办法得到。根据其定义,可得

$$x_{(T_{\mathrm{s}})}=1-\mathrm{e}^{-\zeta\omega_{\mathrm{n}}T_{\mathrm{s}}}\sqrt{\frac{1}{1-\zeta^2}}\sin(\omega_{\mathrm{d}}T_{\mathrm{s}}+\varphi)=0.98 \tag{5.4.8}$$

考虑在稳态时振动部分的最大值,即 $\sin(\omega_{\mathrm{d}}T_{\mathrm{s}}+\varphi)=1$,式(5.4.8)变为

$$\mathrm{e}^{-\zeta\omega_{\mathrm{n}}T_{\mathrm{s}}}\sqrt{\frac{1}{1-\zeta^2}}=0.02$$

$$\Rightarrow T_{\mathrm{s}}=\frac{4}{\zeta\omega_{\mathrm{n}}} \tag{5.4.9}$$

式(5.4.9)说明稳定时间与 $\zeta\omega_{\mathrm{n}}$ 成反比,根据式(5.2.3b),$\zeta\omega_{\mathrm{n}}$ 是传递函数系统极点的实部,将决定系统的收敛速度(参考图 5.3.2)。

5.4.2 二阶系统的性能分析

5.4.1 节中介绍了三个重要的二阶系统性能指标,本节将讨论它们在实际案例分析中的应用。重新思考本节提出的无人机案例,面对图 5.4.2 中的三条轨迹,可以使用上述性能指标来进行比较。在分析之前,还需要做一步工作,为评价这三种算法制定一个规则,并在此规则下为这三种算法排名和打分(1 分、2 分或 3 分)。我们将使用一种非常简单的打分方式,具体规则如下。

指标(1)是上升时间 T_{r}:上升时间越短说明系统的反应速度越快。因此对这个指标评价时,越短得分越高。在图 5.4.2 中,轨迹 1 的响应速度最快,它最先上升到参考高度,所以得 3 分。紧接着是轨迹 2 和 3,分别得 2 分和 1 分。

指标(2)是最大超调量 M_{p}:当无人机改变高度的时候,我们当然希望它可以一步到位,而不是先超过再回来的"矫枉过正"的运行轨迹。所以没有超调量的轨迹 3 得 3 分,而轨迹 1 则在这项评比中垫底得 1 分。

指标(3)是稳定时间 T_{s}:这个指标也是越短分数越高。可以看到轨迹 3 最好得 3 分,轨迹 1 最差只得 1 分。

将上面的评分总结到表 5.4.1 中并用一个雷达图表示,如图 5.4.4 所示。

表 5.4.1 系统的性能指标与评分

轨　迹	性能指标得分		
	T_{r}	M_{p}	T_{s}
轨迹 1	3	1	1
轨迹 2	2	2	2
轨迹 3	1	3	3

读者如果是游戏玩家的话,就不会对图 5.4.4 感到陌生,这种雷达图被大量地使用在游

戏中展示角色的各项能力。当然，根据打分的规则，这个三角形越大就越好，说明它在各项评比中都得到了高分。但是在现实生活中，各项指标都优秀的系统几乎是不存在的，尤其是在引入更多的指标（如控制器的成本、输入能量的成本等）之后。正如在本例中，你会发现每一条轨迹都各有优势和不足。

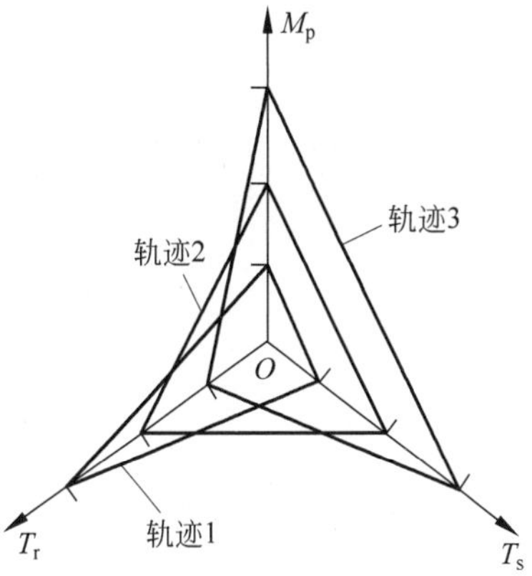

图 5.4.4　性能指标雷达图

请进一步考虑以下两种应用场景：

(1) 这套算法将应用到灯光秀场中的一组编队飞行无人机中，整个编队非常紧密，每一架无人机之间的距离很近。

(2) 这套算法将应用在勘探无人机上。它将进入一个能见度很差、有很多未知障碍的区域。

针对第(1)种情况，超调量是需要重点考虑的部分，因为没有人希望在编队表演中无人机之间发生任何的碰撞。因此要选择轨迹 3，即使它的反应速度是最慢的，但是因为它没有超调，至少在运行中不会进入其他无人机的区域内。而对于第(2)种情况，无人机的反应速度就成了首选要素。轨迹 1 在此情况下可能是最佳的，因为它可以在有限的反应时间内迅速地离开当前区域，快速避开在勘探路上突然出现的障碍物。

读者可以将上述例子类比到自己开车的场景中，在正常行驶的情况下变换车道时，大部分人都会使用轨迹 3 这样慢慢地过去，不会冲到别的车道上。而当前面突然有紧急状况出现的时候，往往下意识就会选择轨迹 1，先脱离危险之后再慢慢回到正常行驶的车道上。因此，这几种算法本身没有“对错”，只有适合与不适合。此时作为项目经理的你，是否会改变你最初的选择呢?

希望上述案例可以给读者一些启示，引发一些思考。这种**思辨**(Critical Thinking)的精神也是本书希望传递给各位读者的。我们有很多同学都习惯于被动地灌输知识与思想，从小到大的考试也总是有一个标准答案。这在小学与中学阶段的基础知识学习中是可行的。但在大学或者更高等的教育阶段，思辨精神的培养就显得尤为重要了。在现实生活中和在科研工作中分析问题处理问题的时候，往往是没有标准答案的，不存在绝对的正确与错误。从不同的角度入手，立足于不同的观点，站在不同的位置上，都会得到不一样的答案。评判的标准也绝对不是单一的，很多时候都需要综合考虑。所以，希望读者朋友们可以把这种思辨的精神运用到日常生活和工作中，做一个有独立思考精神的人。

5.5　本章要点总结

- **二阶系统的一般表达形式。**
  - 微分方程：$\frac{d^2x_{(t)}}{dt^2}+2\zeta\omega_n\frac{dx_{(t)}}{dt}+\omega_n^2x_{(t)}=\omega_n^2u_{(t)}$。
  - 传递函数：$G_{(s)}=\frac{X_{(s)}}{U_{(s)}}=\frac{\omega_n^2}{s^2+2\zeta\omega_n s+\omega_n^2}$。

- 零输入状态空间方程表达：$\frac{\mathrm{d}\boldsymbol{z}_{(t)}}{\mathrm{d}t}=\boldsymbol{A}\boldsymbol{z}_{(t)}, \boldsymbol{A}=\begin{bmatrix}0 & 1\\ -\omega_n^2 & -2\zeta\omega_n\end{bmatrix}$。

- **二阶系统对初始状态的响应**。
  - 特征方程：$\lambda^2+2\zeta\omega_n\lambda+\omega_n^2=0$。
  - 特征方程的解：$\begin{cases}\lambda_1=-\zeta\omega_n+\omega_n\sqrt{\zeta^2-1}\\ \lambda_2=-\zeta\omega_n-\omega_n\sqrt{\zeta^2-1}\end{cases}$。
  - 可采用相轨迹的方法分情况讨论分析。
- **二阶系统的单位阶跃响应**。
  - 系统输出的三个极点：$\begin{cases}s_{p1}=0\\ s_{p2}=-\zeta\omega_n+\omega_n\sqrt{\zeta^2-1}\\ s_{p3}=-\zeta\omega_n-\omega_n\sqrt{\zeta^2-1}\end{cases}$，其中 s_{p1} 来自输入，s_{p2} 和 s_{p3} 是传递函数的极点。
  - 欠阻尼系统($0<\zeta<1$)：$x_{(t)}=1-\mathrm{e}^{-\zeta\omega_n t}\left[\cos(\omega_d t)+\frac{\zeta}{\sqrt{1-\zeta^2}}\sin(\omega_d t)\right]$。
  - 无阻尼系统($\zeta=0$)：$x_{(t)}=1-\cos(\omega_n t)$。
  - 临界阻尼系统($\zeta=1$)：$x_{(t)}=1-\mathrm{e}^{-\omega_n t}(1+\omega_n t)$。
  - 过阻尼系统($\zeta>1$)：

$$x_{(t)}=1-\frac{1}{2\sqrt{\zeta^2-1}(\zeta-\sqrt{\zeta^2-1})}\mathrm{e}^{(-\zeta\omega_n+\omega_n\sqrt{\zeta^2-1})t}+\frac{1}{2\sqrt{\zeta^2-1}(\zeta+\sqrt{\zeta^2-1})}\mathrm{e}^{(-\zeta\omega_n-\omega_n\sqrt{\zeta^2-1})t}。$$

- **二阶系统性能指标**。
  - 上升时间：系统第一次到达稳定点的时间，体现了系统的反应速度。
  - 最大超调量：系统输出的最大值(峰值)减去稳态值，再乘以 100%。
  - 稳定时间：系统进入稳态的误差范围内的时间，一般就是最终状态的 2%以内。

稳 定 性

本章将讨论自动控制理论中最重要的概念——**稳定性**(Stability)。稳定性是控制系统的基础,如果系统不稳定,其他的性能则无从说起。误差分析、性能分析和最优化分析等只有使用在稳定系统上才有意义。在前面的章节中,已经或多或少地涉及了一些稳定性的概念,本章中将以更加严谨的数学语言介绍并讨论稳定性的概念。**本章的学习目标为:**

- 掌握李雅普诺夫意义下的稳定性、渐近稳定及输入输出稳定的定义。
- 掌握经典控制理论中通过传递函数的极点判断稳定性的方法。
- 掌握使用状态空间方程判定系统稳定性的方法。

6.1 系统稳定性的定义

6.1.1 稳定性的直观理解

对于稳定性而言,相信各位读者在日常生活中都会有自己的见解,例如,保持收支平衡是一种稳定,保持工作与生活平衡是一种稳定,保持饮食与运动平衡也是一种稳定,稳定就是要保持平衡。如图 6.1.1(a)所示,假设在一条轨道上选取三个位置 A、B 和 C。其中,A 点和 C 点的区别在于,A 点是光滑的轨道而 C 点则带有摩擦。如果时间零点 $t=0$ 时刻,在 A、B、C 这三个位置上分别放置一个小球,它们都是可以保持静止不动的。用数学语言来表示就是 $\left.\frac{\mathrm{d}x_{(t)}}{\mathrm{d}t}\right|_{t=0}=0$,其中,$x_{(t)}$ 是小球的位移,定义向右为正方向,此刻 $x_{(t)}$ 对时间的导数为 0,说明未来它不会随时间变化。根据第 3 章的介绍,A、B 和 C 都是这个小球系统的**平衡点**。

下面考虑当小球偏离了平衡点后发生的情况。如图 6.1.1(b)所示,首先看 A 点,如果小球的初始位置偏离了平衡点 A,它的运动轨迹会是一条正弦曲线,始终围绕 A 点左右循环往复运动,其幅度不会增加也不会减小。其次看 B 点,假设小球的初始位置在 B 点左边一点,释放之后它就会随着时间的增加远离 B 点,如果没有外力的介入,它将无法再回到 B 点。最后看 C 点,它和 A 点类似,但是因为存在着摩擦,能量会有所损耗,所以它的运动幅度会越来越小,最终回到 C 点。

以图 6.1.1(b)为例,可以给稳定性做一个不严谨的定义,对于在轨道上的小球:

(1) 平衡点 A 是临界稳定的。说它稳定,是因为小球在它附近运动时始终有界;说它

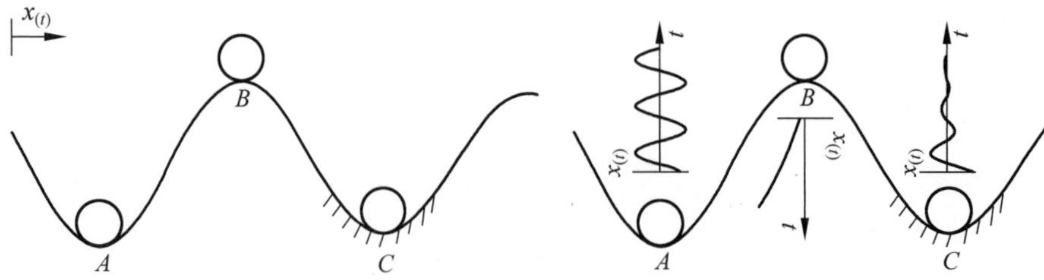

(a) 稳定性举例　　(b) 稳定性分析

图 6.1.1　小球轨道稳定性分析

不稳定，是因为小球一直在运动，而不会停在平衡点 A 上。

(2) 平衡点 B 是不稳定的。一旦小球偏离平衡点 B 后，就不会再回来了。

(3) 平衡点 C 是稳定的，因为小球随着时间的增加最终会回到平衡点。

6.1.2　稳定性的定义

6.1.1 节从直观上解释了稳定性的含义，下面将介绍严谨的数学定义。在 1892 年，俄国数学家亚历山大·李雅普诺夫(Aleksandr Lyapunov)在其博士论文《运动稳定性的一般问题》中提出了稳定性的科学概念。本书将选用这个概念来定义系统的稳定性，它是一个通用的概念，既可以运用在线性系统中，也可以运用到非线性的系统分析中。

首先介绍平衡点的定义，考虑一个**无输入**的状态空间方程表达式，即

$$\frac{\mathrm{d}\boldsymbol{z}_{(t)}}{\mathrm{d}t}=f(\boldsymbol{z}_{(t)}) \tag{6.1.1}$$

式(6.1.1)中的 $f(\boldsymbol{z}_{(t)})$ 可以是线性的，也可以是非线性的，它是一个通用的表达式。其中，$\boldsymbol{z}_{(t)}$ 是系统的状态变量。定义 $\boldsymbol{z}_\mathrm{f}$ 是系统的平衡点，如果在 $t=t_0$ 时刻状态变量的初始值 $\boldsymbol{z}_{(t_0)}=\boldsymbol{z}_\mathrm{f}$，那么

$$\boldsymbol{z}_{(t)}=\boldsymbol{z}_\mathrm{f},\quad \forall t \geqslant t_0 \tag{6.1.2a}$$

其中，$\forall$ 代表"**对于任意，或对所有**"(for all)。式(6.1.2a)说明当系统初始状态处于平衡点时，状态变量将不会随时间发生改变，例如图 6.1.1 中小球在初始状态时处于 A、B、C 三个位置。同时，根据式(6.1.1)，有

$$\begin{aligned}&\boldsymbol{z}_{(t)}=\boldsymbol{z}_\mathrm{f}\\ \Rightarrow &\frac{\mathrm{d}\boldsymbol{z}_{(t)}}{\mathrm{d}t}=0\\ \Rightarrow &f_{(\boldsymbol{z}_\mathrm{f})}=0,\quad \forall t \geqslant t_0\end{aligned} \tag{6.1.2b}$$

在接下来的分析中，我们将假设系统的平衡点在 $\boldsymbol{z}_\mathrm{f}=\boldsymbol{0}$ 位置，或者可以转换到零点位置，这个假设不会影响系统的一般性。下面定义两个重要的稳定性概念。

(1) **李雅普诺夫意义下的稳定性**(Stability in the Sense of Lyapunov)：

如果平衡点 $\boldsymbol{z}_\mathrm{f}=0$ 满足

$$\forall t_0, \forall \varepsilon>0, \exists \delta_{(t_0,\varepsilon)}: \|\boldsymbol{z}_{(t_0)}\|<\delta_{(t_0,\varepsilon)} \Rightarrow \forall t \geqslant t_0,\quad \|\boldsymbol{z}_{(t)}\|<\varepsilon \tag{6.1.3}$$

则它被称为在李雅普诺夫意义下是稳定的。式(6.1.3)中，ε 是一个任意给定的实数，$\exists$ 代表存在，$\|\cdot\|$ 代表欧几里得范数(2 范数)，例如，对于一个 n 维向量 $\boldsymbol{z}_{(t)}=[z_{1_{(t)}},z_{2_{(t)}},\cdots,z_{n_{(t)}}]^\mathrm{T}$，其欧几里得范数 $\|\boldsymbol{z}_{(t)}\|=\sqrt{z_{1_{(t)}}^2+z_{2_{(t)}}^2+\cdots+z_{n_{(t)}}^2}$。

(2) **渐近稳定性**(Asymptotic Stability)：

在李雅普诺夫意义下的稳定性的基础上，如果平衡点 $\boldsymbol{z}_{\mathrm{f}}=0$ 满足

$$\exists\delta_{(t_0)}>0:\|\boldsymbol{z}_{(t_0)}\|<\delta_{(t_0)}\Rightarrow\lim_{t\to\infty}\|\boldsymbol{z}_{(t)}\|=\boldsymbol{z}_{\mathrm{f}}=0 \tag{6.1.4}$$

则被称为渐近稳定。

如果平衡点不符合上面两种条件，则**不稳定**。

上述两个定义单纯从数学的角度比较晦涩难懂。为帮助读者理解，下面以一个二阶系统为例通过其相图来解释。假设一个二阶系统的状态变量为 $\boldsymbol{z}_{(t)}=[z_{1_{(t)}},z_{2_{(t)}}]^{\mathrm{T}}$，将 $z_{1_{(t)}}$ 作为横轴，$z_{2_{(t)}}$ 作为纵轴在平面中表达出来。此时，它的欧几里得范数 $\|\boldsymbol{z}_{(t)}\|=\sqrt{z_{1_{(t)}}^2+z_{2_{(t)}}^2}$ 等于点 $[z_{1_{(t)}},z_{2_{(t)}}]^{\mathrm{T}}$ 到原点的距离。其稳定性定义解释如图 6.1.2 所示的三条轨迹。

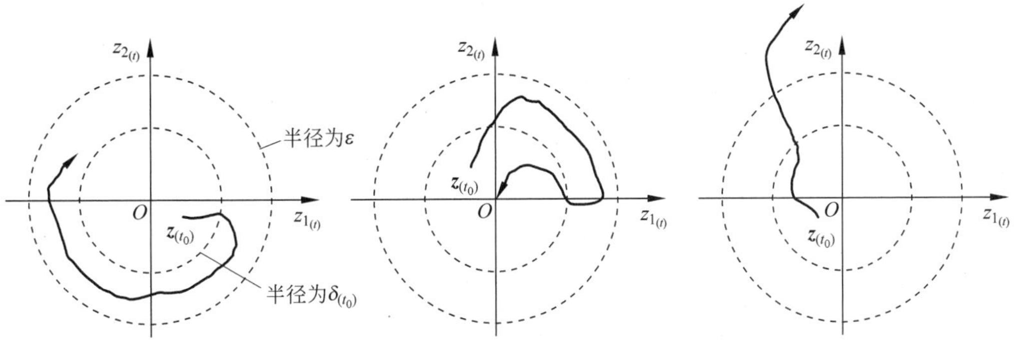

(a) 李雅普诺夫意义下的稳定性　　(b) 渐近稳定性　　(c) 不稳定

图 6.1.2　二阶系统稳定性的图形表达

在图 6.1.2 中，小圆的半径是 $\delta_{(t_0)}$，在稳定性的定义中，系统的初始状态都位于小圆里面，即式(6.1.3)和式(6.1.4)中的 $\|\boldsymbol{z}_{(t_0)}\|<\delta_{(t_0)}$。之后系统的状态变量会随时间发生改变。其中：

在图 6.1.2(a)中，$\boldsymbol{z}_{(t)}$ 的运动轨迹始终在大圆(半径为 ε)内移动，满足式(6.1.3)中的 $\|\boldsymbol{z}_{(t)}\|<\varepsilon$，因此它符合李雅普诺夫意义下的稳定性，这也说明李雅普诺夫意义下的稳定性是"界限"的概念。

在图 6.1.2(b)中，随着时间的增加，状态变量最终收敛于平衡点 $\boldsymbol{z}_{\mathrm{f}}=0\left(\lim\limits_{t\to\infty}\|\boldsymbol{z}_{(t)}\|=0\right)$，根据式(6.1.4)，平衡点是渐近稳定的，它是比李雅普诺夫意义下的稳定性更加严格的一种稳定性。

图 6.1.2(c)的轨迹最终超出了大圆之外，即 $\|\boldsymbol{z}_{(t)}\|>\varepsilon$，所以它是不稳定的。

参数 $\delta_{(t_0)}$ 和 ε 的物理意义可以这样来理解：ε 是一个稳定性的指标，如果状态变量始终在 ε 以内，那么平衡点就符合李雅普诺夫意义下的稳定。$\delta_{(t_0)}$ 则是平衡点稳定的前提条件，或者说是稳定所能承受的最大干扰，也可以理解为收敛域。以图 6.1.1 为例，点 A 是一个李雅普诺夫意义下的稳定点，因为在小的扰动条件下它始终会在 A 点附近的范围内运动。但如果扰动过大，例如把小球放到了 B 点的右边，那它将无法自动回到 A 点附近摆动。

根据上述分析，如果 $\delta_{(t_0)}$ 可以任意选择(选择无限大)，那么就可以推断出平衡点是**全局稳定**(Global Stability)，因为不管系统的初始状态在任何位置，它都可以最终收敛到一个

范围之内(渐近稳定时收敛于0)。反之,如果 $\delta(t_0)$ 的选择是有条件的,则平衡点是**局部稳定**(Local Stability)。

6.1.3 稳定性的研究对象

在分析系统的稳定性时,一定要明确分析的对象。在6.1.2节中,稳定性的定义是针对平衡点的。而一个动态系统的平衡点可能有很多个,例如一个单摆系统,如图6.1.3(a)所示。在没有外力的作用下,这个动态系统有两个平衡点,分别是直上(A 点)和直下(B 点)。其中,垂直向下的 B 点本身是一个渐近稳定的平衡点,当小球小范围偏离 B 点的时候,它会自己摆回来并最终停在 B 点。而 A 点则不同,小球可以稳定地停在 A 点(无速度),但是它一旦偏离 A 点,在没有外力的作用下,就将远离 A 点。因此,如果希望将 A 点也改变为渐近稳定点,就需要引入外力,例如,在单摆的两边各加入一个吹风机。吹风机的风力强度由小球偏离 A 点的距离决定。这样就形成了一个反馈控制系统,其框图如图6.1.3(b)所示。控制器 $C_{(s)}$ 设计的目标就是将 A 点转化成为一个稳定的平衡点。除此之外,我们甚至可以设计出合适的控制器,使得小球稳定在 C 点这样一个倾斜的位置。此时的控制器设计需要达成两个目标:第一,使 C 点成为系统的平衡点;第二,使 C 点成为一个渐近稳定的平衡点。

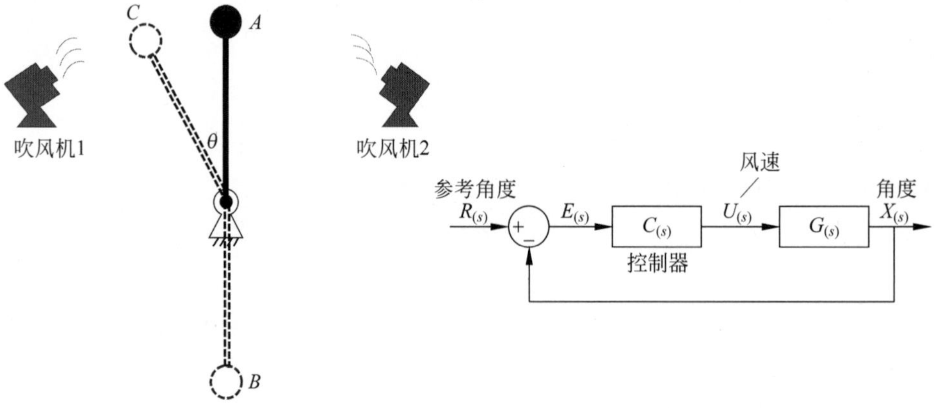

(a) 单摆系统　　(b) 单摆反馈控制框图

图 6.1.3 单摆的平衡性与控制

6.2 稳定性与传递函数

6.1节介绍了稳定性的定义及稳定性的研究对象,本节将探讨稳定性与传递函数的关系。

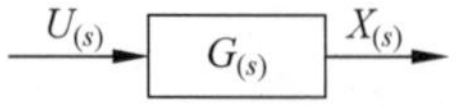

图 6.2.1 动态系统框图

如图6.2.1所示的动态系统,其输入 $U_{(s)}$ 与输出 $X_{(s)}$ 的关系为

$$X_{(s)}=U_{(s)}G_{(s)} \tag{6.2.1}$$

其中,$G_{(s)}$ 为系统的传递函数。

在经典控制理论体系中,会通过分析系统的单位冲激响应来判断稳定性,即令系统的输入 $u_{(t)}=\delta_{(t)}$,这是因为其拉普拉斯变换 $\mathcal{L}[\delta_{(t)}]=1$,不会引入极点/零点,这相当于分析传递函数本身的特性。此时,输出的拉普拉斯变换为

$$X_{(s)}=U_{(s)}G_{(s)}=\mathcal{L}[\delta_{(t)}]G_{(s)}=G_{(s)} \tag{6.2.2a}$$

即传递函数本身。式(6.2.2a)可以写成

$$X_{(s)}=G_{(s)}$$

$$=\frac{(s-s_{z1})(s-s_{z2})\cdots(s-s_{zm})}{((s-s_{p1})(s-s_{p2})\cdots(s-s_{pq}))((s-\sigma_1\pm j\omega_1)(s-\sigma_2\pm j\omega_2)\cdots(s-\sigma_r\pm j\omega_r))}$$

(6.2.2b)

式(6.2.2b)说明传递函数 $G_{(s)}$ 包含 m 个零点，分别是 $s_{z1},s_{z2},\cdots,s_{zm}$。包含 q 个实数根极点，分别是 $s_{p1},s_{p2},\cdots,s_{pq}$。包含 r 对共轭复数根极点，分别是 $\sigma_1\pm j\omega_1,\sigma_2\pm j\omega_2,\cdots,\sigma_r\pm j\omega_r$。对式(6.2.2b)使用分式分解法并进行拉普拉斯逆变换，可得

$$x_{(t)}=\sum_{i=1}^{q}A_i e^{s_{pi}t}+\sum_{k=1}^{r}B_k e^{\sigma_k t}\sin(\omega_k t+\varphi_k) \tag{6.2.3}$$

其中，A_i、B_k 和 φ_k 由初始条件来决定。

通过式(6.2.3)可以得出以下结论：

- 传递函数极点的实数部分(s_{pi} 与 σ_k)将决定系统输出 $x_{(t)}$ 的稳定性。
  - 当所有的 $s_{pi}<0$ 且所有的 $\sigma_k<0$ 时，$x_{(t)}$ 将会随着时间的增加而不断衰减并趋于 0，满足渐近稳定。
  - 如果有任何一个或以上的 s_{pi} 或 σ_k 大于 0，$x_{(t)}$ 将会随着时间的增加而发散。因此系统是不稳定的。
  - 如果存在着 s_{pi} 和 σ_k 等于 0 的情况，$x_{(t)}$ 会随着时间的增加趋于常数或者保持在一个范围内振荡(有界)。这种情况下，系统符合李雅普诺夫意义下的稳定性。
- 如果传递函数极点存在着虚数部分 ω_k，则系统会产生振荡。振荡部分 $\sin(\omega_k t+\varphi_k)$ 在式(6.2.3)中与指数部分相乘，并不会影响系统的稳定性。

以上的结论可以用图 6.2.2 表示，图中"×"代表极点在复平面中的位置。请注意，在经典控制理论中，稳定特指渐近稳定。李雅普诺夫意义下的稳定(即极点在虚轴上的情况)会被称为**临界稳定**或者不稳定。在这样的定义下，从经典控制理论的角度来看，式(6.2.1)所描述的动态系统稳定的条件是：**传递函数的极点均在复平面的左半部分**。

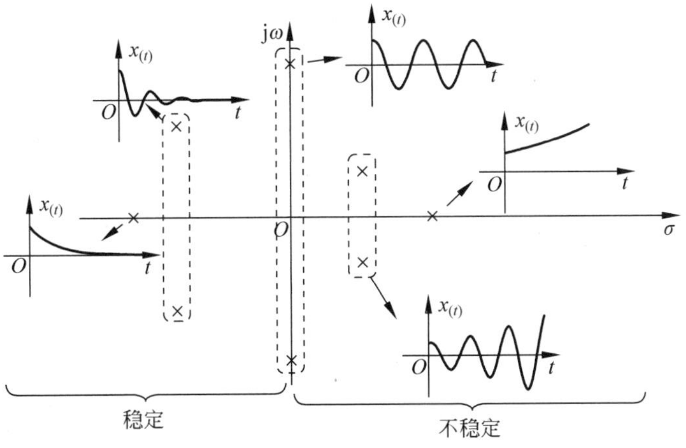

图 6.2.2 传递函数极点在复平面的位置与稳定性的关系

此外，当系统的单位冲激响应满足渐近稳定条件时，针对每一个有界的输入 $u_{(t)}$，系统的输出 $x_{(t)}$ 也都会有界，不会发散到无限大。这种性质被称为**有界输入有界输出稳定**(BIBO Stable，Bounded Input Bounded Output Stable)。如果一个系统不满足 BIBO 稳定，

就意味着一个有限的输入可能会导致无穷幅度的输出，这很有可能会对系统造成破坏性的影响。

> BIBO 稳定严格要求系统单位冲激响应要满足渐近稳定。如果系统的传递函数存在虚轴上的极点(临界稳定)，则不符合 BIBO 稳定，因为有限的输入也有可能令系统产生共振，使得输出的振幅无限大(参考 9.4 节)。

将动态系统稳定性的结论拓展到控制系统中，有助于明确控制器的设计目标，考虑图 6.2.3(a)所示的闭环控制系统，根据 2.3.2 节中所介绍的框图化简方法，得到图 6.2.3(b)，其中参考值 $R_{(s)}$ 与输出 $X_{(s)}$ 之间的关系为

$$X_{(s)}=R_{(s)}\frac{C_{(s)}G_{(s)}}{1+C_{(s)}G_{(s)}}=R_{(s)}G_{\mathrm{cl}_{(s)}} \tag{6.2.4}$$

其中，$G_{\mathrm{cl}_{(s)}}=\dfrac{C_{(s)}G_{(s)}}{1+C_{(s)}G_{(s)}}$代表了闭环传递函数。此时可以将此闭环控制系统考虑为一个新的动态系统，输入是参考值 $R_{(s)}$，输出是 $X_{(s)}$。

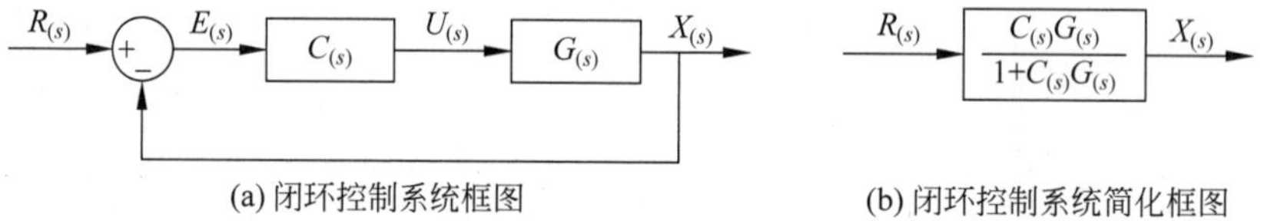

图 6.2.3　闭环控制系统

通过前面的分析，此时控制器设计的首要目标，就是通过设计 $C_{(s)}$ 使得闭环传递函数 $G_{\mathrm{cl}_{(s)}}=\dfrac{C_{(s)}G_{(s)}}{1+C_{(s)}G_{(s)}}$的极点均在复平面的左半部分，因为只有这样才可以保障系统输出 $x_{(t)}$ 的单位冲激响应是渐近稳定的，也就是保障当参考输入 $R_{(s)}$ 有界的时候，输出 $X_{(s)}$ 也始终有界(BIBO 稳定)。只有在稳定的基础上，才有可能进一步地改进算法来调节系统的响应速度与最终的误差。

6.3　稳定性与状态空间方程

6.2 节讨论了经典控制理论中使用传递函数的极点来判断系统稳定性的方法。本节将分析稳定性与状态空间方程的关系。使用状态空间方程描述线性时不变系统的一般表达式为

$$\frac{\mathrm{d}\boldsymbol{z}_{(t)}}{\mathrm{d}t}=\boldsymbol{A}\boldsymbol{z}_{(t)}+\boldsymbol{B}\boldsymbol{u}_{(t)} \tag{6.3.1a}$$

$$\boldsymbol{y}_{(t)}=\boldsymbol{C}\boldsymbol{z}_{(t)}+\boldsymbol{D}\boldsymbol{u}_{(t)} \tag{6.3.1b}$$

其中，$\boldsymbol{z}_{(t)}$ 是状态变量，$\boldsymbol{y}_{(t)}$ 是系统的输出，$\boldsymbol{u}_{(t)}$ 是系统的输入，矩阵 $\boldsymbol{A}$ 是状态矩阵，矩阵 $\boldsymbol{B}$ 是输入矩阵，矩阵 $\boldsymbol{C}$ 是输出矩阵，矩阵 $\boldsymbol{D}$ 是直接传递矩阵。

如式(6.3.1b)所示，系统的输出 $\boldsymbol{y}_{(t)}$ 是状态变量 $\boldsymbol{z}_{(t)}$ 与输入 $\boldsymbol{u}_{(t)}$ 的线性组合，如果系统的状态变量和输入都有界，那么系统的输出也是有界的(符合李雅普诺夫意义下的稳定性)。所以在讨论稳定性的时候，可以直接分析式(6.3.1a)。

首先考虑0输入状态，即 $\boldsymbol{u}_{(t)}=0$。在3.3节中详细分析了状态矩阵 $\boldsymbol{A}$ 的特征值与平衡点类型之间的关系，这一结论可以直接和系统的稳定性结合起来。回顾3.3.3节二维系统相轨迹并对照6.1.2节中稳定性的定义，如果 $\boldsymbol{A}$ 是一个二维矩阵，那么其特征值与稳定性的关系见表6.3.1。

表6.3.1　状态矩阵A的特征值与稳定性

$\lambda_1、\lambda_2=\sigma\pm\omega j$	特征值 λ_1,λ_2 分类与说明		平衡点类型	稳定性分析
特征值为实数 ($\omega=0$)	$\lambda_1\lambda_2>0$ 且 $\lambda_1+\lambda_2<0$	λ_1 和 λ_2 都为负数	稳定节点	渐近稳定
	$\lambda_1\lambda_2<0$	λ_1 和 λ_2 一正一负	鞍点	不稳定
	$\lambda_1\lambda_2>0$ 且 $\lambda_1+\lambda_2>0$	λ_1 和 λ_2 都为正数	不稳定节点	不稳定
特征值为复数 ($\omega\neq0$)	$\lambda_1、\lambda_2=\pm\omega j$	特征值为纯虚数	中心点	李雅普诺夫意义下的稳定
	$\lambda_1、\lambda_2=\sigma\pm\omega j(\sigma>0)$	实部大于0	不稳定焦点	不稳定
	$\lambda_1、\lambda_2=\sigma\pm\omega j(\sigma<0)$	实部小于0	稳定焦点	渐近稳定

上述分析方法可以推广到更高维度的状态矩阵中。对于 n 维向量 $\boldsymbol{z}_{(t)}$，首先令 $\boldsymbol{z}_{(t)}=\boldsymbol{P}\bar{\boldsymbol{z}}_{(t)}$，其中，$\boldsymbol{P}$ 是过渡矩阵，由矩阵 $\boldsymbol{A}$ 的特征向量组成。可得

$$\frac{\mathrm{d}\bar{\boldsymbol{z}}_{(t)}}{\mathrm{d}t}=\begin{bmatrix}\lambda_1 & \cdots & 0\\ \vdots & \ddots & \vdots\\ 0 & \cdots & \lambda_n\end{bmatrix}\bar{\boldsymbol{z}}_{(t)} \tag{6.3.2}$$

其中，λ_i 代表 $\boldsymbol{A}$ 的特征值，由式(6.3.2)可得

$$\begin{cases}\bar{z}_{1_{(t)}}=C_1\mathrm{e}^{\lambda_1 t}\\ \quad\vdots\\ \bar{z}_{n_{(t)}}=C_n\mathrm{e}^{\lambda_n t}\end{cases} \tag{6.3.3}$$

关于式(6.3.2)和式(6.3.3)的详细推导，请参考3.2.2节。原向量 $\boldsymbol{z}_{(t)}$ 是 $\bar{\boldsymbol{z}}_{(t)}$ 的线性组合，所以它的收敛或发散与 $\bar{\boldsymbol{z}}_{(t)}$ 一致。因此，我们可以将二维状态变量平衡点稳定判定方法沿用到更高维度的情况下，得到关于状态空间方程稳定性的两个结论。

考虑零输入系统的状态空间方程为 $\frac{\mathrm{d}\boldsymbol{z}_{(t)}}{\mathrm{d}t}=\boldsymbol{A}\boldsymbol{z}_{(t)}$：

- 如果 $\boldsymbol{A}$ 的特征值的实部都不大于0，它的平衡点将符合李雅普诺夫意义下的稳定性。
- 如果 $\boldsymbol{A}$ 的特征值的实部都小于0，它的平衡点将符合渐近稳定性。

上述结论为系统的控制器设计提供了思路。在闭环控制系统中，输入 $\boldsymbol{u}_{(t)}$ 是状态变量的一个函数，例如 $\boldsymbol{u}_{(t)}=-\boldsymbol{K}\boldsymbol{z}_{(t)}$，其中矩阵 $\boldsymbol{K}$ 是控制矩阵。式(6.3.1a)可以写成

$$\frac{\mathrm{d}\boldsymbol{z}_{(t)}}{\mathrm{d}t}=\boldsymbol{A}\boldsymbol{z}_{(t)}-\boldsymbol{B}\boldsymbol{K}\boldsymbol{z}_{(t)}=(\boldsymbol{A}-\boldsymbol{B}\boldsymbol{K})\boldsymbol{z}_{(t)}=\boldsymbol{A}_{\mathrm{cl}}\boldsymbol{z}_{(t)} \tag{6.3.4}$$

其中，$\boldsymbol{A}_{\mathrm{cl}}=\boldsymbol{A}-\boldsymbol{B}\boldsymbol{K}$，代表闭环控制系统的状态矩阵。根据上述分析，如果希望得到一个渐近稳定的系统，则需要设计合适的控制矩阵 $\boldsymbol{K}$，使得 $\boldsymbol{A}_{\mathrm{cl}}$ 的特征值实部都为负数。

6.4 本章要点总结

- **稳定性的定义**。
  - **李雅普诺夫意义下的稳定性**：随着时间的增加，系统的状态变量始终在平衡点附近移动(有界)。
  - **渐近稳定性**：随着时间的增加，系统的状态变量会最终收敛于平衡点。
- **稳定性与传递函数**。
  - 在研究系统稳定性的时候考虑单位冲激响应，即传递函数本身。
  - 系统稳定的条件是系统的闭环传递函数的极点均在复平面的左半部分(实部小于0)。此时系统满足**有界输入有界输出稳定**。
- **稳定性与状态空间方程**。
  - 状态矩阵的特征值的实部决定了系统的稳定性：
  - 当实部都不大于0时，系统符合李雅普诺夫意义下的稳定性。
  - 当实部都小于0时，系统符合渐近稳定性。

CHAPTER 7 第7章

基于传递函数的控制器设计(1)——比例积分控制

前 6 章详细地介绍了动态系统的数学建模方法、一阶和二阶系统的时域响应,以及系统的稳定性分析,这些内容都是为控制器的设计在打基础。本章与第 8 章将重点分析基于传递函数的控制器设计。**本章的学习目标为:**

- 掌握闭环控制系统的控制器设计流程与思路。
- 理解比例控制算法及其局限性。
- 理解终值定理并掌握如何运用它去分析控制系统的稳态误差。
- 理解积分控制算法及其参数对系统的作用,并了解其局限性。
- 了解如何使用饱和函数处理含约束的系统。

7.1 引子—— 燃烧卡路里

在**例 2.1.1** 中,我们分析了体重变化与热量输入的关系,并建立了体重变化系统的动态微分方程,即

$$7000\frac{\mathrm{d}m_{(t)}}{\mathrm{d}t}+10\alpha m=E_{\mathrm{i}}-E_{\mathrm{a}}-\alpha(6.25h-5a+S) \tag{7.1.1}$$

其中,$m_{(t)}$是体重;α 是劳动强度系数,始终大于零;E_{i} 是热量摄入,来源于饮食;E_{a} 是额外的运动消耗;h 是身高;a 是年龄;S 是一个和性别相关的调整系数,其中,男性:$S=5$;女性:$S=-161$。为进一步简化式(7.1.1),令 $6.25h-5a+S=C$(C 是常数),因为一个人成年之后的身高和性别一般都是不变的,而年龄的变化也比较缓慢。此时式(7.1.1)可以化简为

$$7000\frac{\mathrm{d}m_{(t)}}{\mathrm{d}t}+10\alpha m_{(t)}=E_{\mathrm{i}}-E_{\mathrm{a}}-\alpha C \tag{7.1.2}$$

将式(7.1.2)中人体体重变化考虑为一个动态系统,定义其输入是 $u_{(t)}=E_{\mathrm{i}}-E_{\mathrm{a}}$,它代表了每日的净热量输入(即饮食中的热量摄入减去额外运动的消耗)。系统的输出是体重 $x_{(t)}=m_{(t)}$。此外,引入 $d_{(t)}=-\alpha C$,代表系统的**扰动量**(Disturbance),在本例中是常数。此时式(7.1.2)可以写成

$$7000\frac{\mathrm{d}x_{(t)}}{\mathrm{d}t}+10\alpha x_{(t)}=u_{(t)}+d_{(t)} \tag{7.1.3}$$

对式(7.1.3)等号两边进行拉普拉斯变换,可得

$$7000(sX_{(s)}-x_0)+10\alpha X_{(s)}=U_{(s)}+D_{(s)}$$

$$\Rightarrow(7000s+10\alpha)X_{(s)}=U_{(s)}+D_{(s)}+7000x_0 \quad (7.1.4)$$

其中,$x_0=x_{(0)}$,是输出 $x_{(t)}$ 初始状态时的值,也就是初始体重。调整后可以得到动态系统的传递函数,即

$$G_{(s)}=\frac{X_{(s)}}{U_{(s)}+D_{(s)}+7000x_0}=\frac{1}{7000s+10\alpha} \quad (7.1.5)$$

其对应的系统框图如图 7.1.1 所示。

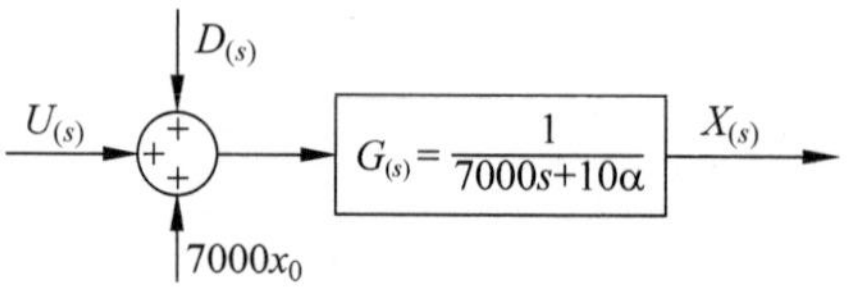

图 7.1.1 体重系统框图

这是一个典型的一阶系统,根据第 4 章的分析,其中 $U_{(s)}$ 和 $D_{(s)}$ 是以阶跃形式作用在系统上,初始状态 $7000x_0$ 则是以冲激方式作用在系统上。通过传递函数极点分析系统的稳定性,令式(7.1.5)分母为 0,得到 $G_{(s)}$ 的特征方程为

$$7000s+10\alpha=0$$

$$\Rightarrow s_p=-\frac{\alpha}{700}<0 \quad (7.1.6)$$

式(7.1.6)说明传递函数的极点在复平面的左半部分,根据第 6 章的分析,系统是渐近稳定的,同时满足 BIBO 稳定。因此,当输入 $U_{(s)}+D_{(s)}+7000x_0$ 有界的时候,输出也一定有界。

选取三个典型大学男生的情况作为案例分析。如表 7.1.1 所示,他们三人的初始体重都是 70kg,身高都是 175cm,年龄都是 20 岁。因为他们都是学生,日常的作息就是上课和学习,并没有大体力劳动,所以劳动强度系数 $\alpha=1.3$。案例 1 和案例 3 中的两位每天都会摄入 2500kCal。这体现了大多数大学生的每日饮食标准:包含 400g 米饭、2 个鸡蛋、3 份炒菜、1 个苹果、1 瓶可乐和 5 个烤串。案例 2 中的同学不吃烤串也不喝可乐,所以他的摄入比其他两个人每天少 400kCal,是 2100kCal。最后,案例 1 和案例 2 都是宅男,他们每天不运动,只有基础消耗。但是案例 3 每天会慢跑 1 小时,额外消耗 500kCal。

表 7.1.1 体重系统案例分析

编号	性别 $S=5$	初始体重 $x_{(0)}$/kg	身高 h/cm	年龄 a	热量摄入 E_i/kCal	劳动强度系数 α	额外热量消耗 E_a/kCal
案例 1	男	70	175	20	2500	1.3	0
案例 2					2100		0
案例 3					2500		500

在上述条件下,他们三个人的体重随时间的变化如图 7.1.2 所示。案例 1 作为一个宅男,他每天吃 2500kCal,没有额外的运动,在初始状态时他的热量摄入大于热量的输出(基础代谢),所以热量会在其体内累加,体重便会从 70kg 开始上升。而随着体重的增加,他的基础代谢在不断地升高,最终有一天达到了热量摄入与支出的平衡,体重达到了稳定的 92.4kg。

再来看案例 2，虽然他也是个宅男，但他与案例 1 不同，他不喝可乐也不吃烤串。所以随着时间的增加，他的体重反而会下降，最后稳定在 61.7kg 左右。我相信在大家身边都有比较胖和比较瘦的宅男，这是因为他们的饮食习惯不同而造成的。最后看案例 3，他的饮食习惯和案例 1 相同，什么都吃，但是他每天会运动 1 小时。随着时间的增加，他的体重最终会稳定在 54kg 左右，这是一个非常适合跑马拉松的体重。

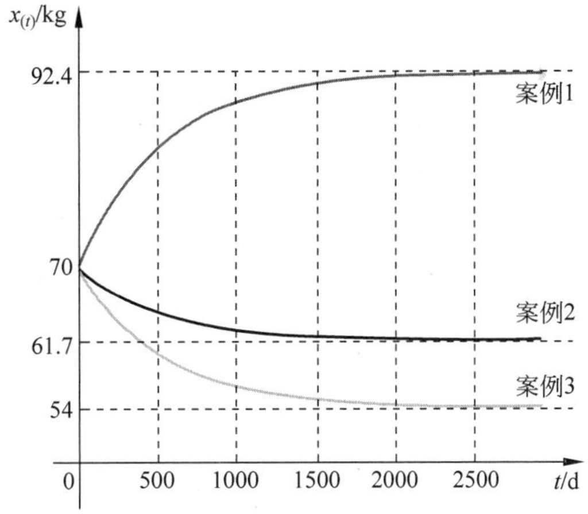

图 7.1.2　案例分析

下面请思考一个问题，案例 1 的宅男在放飞自我一段时间之后想要减肥，想要将体重从 90kg 降到 65kg，他应该如何来调整饮食与运动？如何去建立一个闭环控制系统来解决这个问题，将是我们在下面几节中去深入讨论的话题。

> 需要说明的是，图 7.1.2 中的横轴显示了这是一个长期的过程(2500 天)，所以在这个过程中，年龄实际上发生了变化(增加了 6 年多)，因此基础代谢部分实际上是变化的(这是一个“时变”系统)。但是，这个变化对系统的影响并不是很大，所以为了方便分析，本章内容将忽略年龄变化的影响，仍将系统考虑为“时不变”系统。

请参考代码 7.1：7-1_System_Modeling_Weight_Loss.m。

7.2　比例控制

7.1 节的末尾提出了一个具体的控制问题——如何通过调整饮食和运动帮助案例 1 的同学重新回到健康的体重(从 90kg 降到 65kg)。去解决这个问题，首先需要构建一个闭环反馈控制系统(见图 7.2.1)，引入参考值 $r_{(t)}$，即目标体重，在此例中它是一个常数 $r_{(t)}=r=65\text{kg}$。其所对应的拉普拉斯变换为 $R_{(s)}=\frac{r}{s}$。参考值与输出之间的差距定义为误差 $e_{(t)}=r_{(t)}-x_{(t)}$，其对应的拉普拉斯变换为 $E_{(s)}=R_{(s)}-X_{(s)}$。$C_{(s)}$ 是控制器，包含了我们需要设计的控制算法。误差信号通过控制器之后形成控制量，即原动态系统的输入 $U_{(s)}=E_{(s)}C_{(s)}$。

此时系统输出为

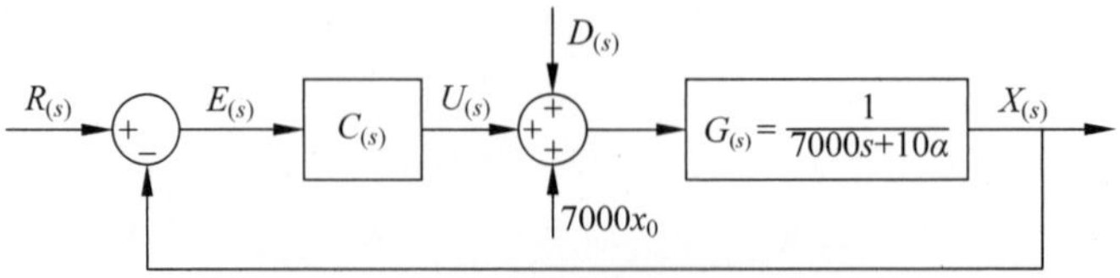

图 7.2.1 体重闭环控制系统框图

$$\begin{aligned}X_{(s)} &= (E_{(s)}C_{(s)} + D_{(s)} + 7000x_0)G_{(s)}\\ &= ((R_{(s)} - X_{(s)})C_{(s)} + D_{(s)} + 7000x_0)G_{(s)}\\ &\Rightarrow X_{(s)} + C_{(s)}X_{(s)}G_{(s)} = R_{(s)}C_{(s)}G_{(s)} + D_{(s)}G_{(s)} + 7000x_0G_{(s)}\\ &\Rightarrow (1 + C_{(s)}G_{(s)})X_{(s)} = R_{(s)}C_{(s)}G_{(s)} + D_{(s)}G_{(s)} + 7000x_0G_{(s)}\end{aligned} \tag{7.2.1}$$

调整后可得

$$X_{(s)} = \frac{C_{(s)}G_{(s)}}{1 + C_{(s)}G_{(s)}}R_{(s)} + \frac{G_{(s)}}{1 + C_{(s)}G_{(s)}}D_{(s)} + \frac{G_{(s)}}{1 + C_{(s)}G_{(s)}}7000x_0 \tag{7.2.2}$$

与开环系统相似,输出由三部分叠加而成,这体现了线性系统的性质。在本例中目标值 $R_{(s)}$ 和扰动 $D_{(s)}$ 以阶跃的形式通过其对应的闭环传递函数 $\frac{C_{(s)}G_{(s)}}{1+C_{(s)}G_{(s)}}$ 和 $\frac{G_{(s)}}{1+C_{(s)}G_{(s)}}$ 作用在系统的输出上,初始状态 $7000x_0$ 则以冲激的形式出现,通过传递函数 $\frac{G_{(s)}}{1+C_{(s)}G_{(s)}}$ 作用在系统的输出上。

人们在控制体重时会很自然地想到一种策略:当体重大于目标值的时候,那就多运动,少吃饭,而且超重得越多,就越要多运动,越要少吃饭;反之亦然。这种简单粗暴的策略被称为**比例控制**(Proportional Controller),即系统的控制量与误差成正比,令

$$u_{(t)} = K_{\mathrm{P}}e_{(t)} \tag{7.2.3a}$$

其中,$K_{\mathrm{P}}>0$,称为**比例增益**(Proportional Gain)。其拉普拉斯变换为

$$U_{(s)} = C_{(s)}E_{(s)} = K_{\mathrm{P}}E_{(s)} \tag{7.2.3b}$$

其中,控制器 $C_{(s)} = K_{\mathrm{P}}$。根据 7.1 节的定义,$d_{(t)} = -\alpha C$,取其拉普拉斯变换可以得到 $D_{(s)} = -\frac{\alpha C}{s}$。又已知 $R_{(s)} = \frac{r}{s}$,$G_{(s)} = \frac{1}{7000s + 10\alpha}$。将以上条件与式(7.2.3b)代入式(7.2.2),可得

$$\begin{aligned}X_{(s)} &= \frac{C_{(s)}G_{(s)}}{1 + C_{(s)}G_{(s)}}R_{(s)} + \frac{G_{(s)}}{1 + C_{(s)}G_{(s)}}D_{(s)} + \frac{G_{(s)}}{1 + C_{(s)}G_{(s)}}7000x_0\\ &= \frac{K_{\mathrm{P}}\frac{1}{7000s + 10\alpha}}{1 + K_{\mathrm{P}}\frac{1}{7000s + 10\alpha}}\frac{r}{s} + \frac{\frac{1}{7000s + 10\alpha}}{1 + K_{\mathrm{P}}\frac{1}{7000s + 10\alpha}}\left(-\frac{\alpha C}{s}\right) + \frac{\frac{1}{7000s + 10\alpha}}{1 + K_{\mathrm{P}}\frac{1}{7000s + 10\alpha}}7000x_0\\ &= \frac{K_{\mathrm{P}}r}{(7000s + 10\alpha + K_{\mathrm{P}})s} + \frac{-\alpha C}{(7000s + 10\alpha + K_{\mathrm{P}})s} + \frac{7000x_0}{7000s + 10\alpha + K_{\mathrm{P}}}\\ &= \frac{K_{\mathrm{P}}r - \alpha C}{(7000s + 10\alpha + K_{\mathrm{P}})s} + \frac{7000x_0}{7000s + 10\alpha + K_{\mathrm{P}}}\end{aligned} \tag{7.2.4}$$

根据式(7.2.4)，$X_{(s)}$有两个极点，分别为 $s_{\mathrm{p}1}=0$ 和 $s_{\mathrm{p}2}=-\dfrac{K_{\mathrm{P}}+10\alpha}{7000}$。对式(7.2.3)进行分式分解，可以得到

$$X_{(s)}=\left(\frac{K_{\mathrm{P}}r-\alpha C}{K_{\mathrm{P}}+10\alpha}\right)\frac{1}{s}-\left(\frac{K_{\mathrm{P}}r-\alpha C}{K_{\mathrm{P}}+10\alpha}\right)\frac{1}{s+\dfrac{K_{\mathrm{P}}+10\alpha}{7000}}+x_0\frac{1}{s+\dfrac{K_{\mathrm{P}}+10\alpha}{7000}} \tag{7.2.5}$$

对式(7.2.5)进行拉普拉斯逆变换，得到

$$\begin{aligned} x_{(t)}=L^{-1}\left[X_{(s)}\right]&=\frac{K_{\mathrm{P}}r-\alpha C}{K_{\mathrm{P}}+10\alpha}\mathrm{e}^{0t}-\frac{K_{\mathrm{P}}r-\alpha C}{K_{\mathrm{P}}+10\alpha}\mathrm{e}^{-\frac{K_{\mathrm{P}}+10\alpha}{7000}t}+x_0\mathrm{e}^{-\frac{K_{\mathrm{P}}+10\alpha}{7000}t} \\ &=\frac{K_{\mathrm{P}}r-\alpha C}{K_{\mathrm{P}}+10\alpha}-\frac{K_{\mathrm{P}}r-\alpha C}{K_{\mathrm{P}}+10\alpha}\mathrm{e}^{-\frac{K_{\mathrm{P}}+10\alpha}{7000}t}+x_0\mathrm{e}^{-\frac{K_{\mathrm{P}}+10\alpha}{7000}t} \end{aligned} \tag{7.2.6}$$

在式(7.2.6)中，输出 $x_{(t)}$ 的稳定性与传递函数的极点 $s_{\mathrm{p}2}=-\dfrac{K_{\mathrm{P}}+10\alpha}{7000}$ 相关。在本例中 $K_{\mathrm{P}}>0$，因此 $s_{\mathrm{p}2}<0$。说明随着时间的增加，$\mathrm{e}^{-\frac{K_{\mathrm{P}}+10\alpha}{7000}t}$ 项将趋向于0。因此可以通过式(7.2.6)得到系统输出的终值，即

$$\begin{aligned} x_{(\infty)}&=\lim_{t\to\infty}x_{(t)} \\ &=\lim_{t\to\infty}\left(\frac{K_{\mathrm{P}}r-\alpha C}{K_{\mathrm{P}}+10\alpha}-\frac{K_{\mathrm{P}}r-\alpha C}{K_{\mathrm{P}}+10\alpha}\mathrm{e}^{-\frac{K_{\mathrm{P}}+10\alpha}{7000}t}+x_0\mathrm{e}^{-\frac{K_{\mathrm{P}}+10\alpha}{7000}t}\right) \\ &=\frac{K_{\mathrm{P}}r-\alpha C}{K_{\mathrm{P}}+10\alpha} \end{aligned} \tag{7.2.7}$$

图7.2.2(a)呈现了在不同 K_{P} 下系统输出 $x_{(t)}$ 随时间变化的仿真结果(其中，初始体重 $x_0=90\mathrm{kg}$，目标体重 $r=65\mathrm{kg}$，其余条件参考表7.1.1案例1)。式(7.2.7)和图7.2.2(a)说明比例增益 K_{P} 越大，系统的终值 $x_{(\infty)}$ 越接近于参考值 r。图7.2.2(b)显示了不同 K_{P} 下的系统控制量 $u_{(t)}$ 随时间的变化。

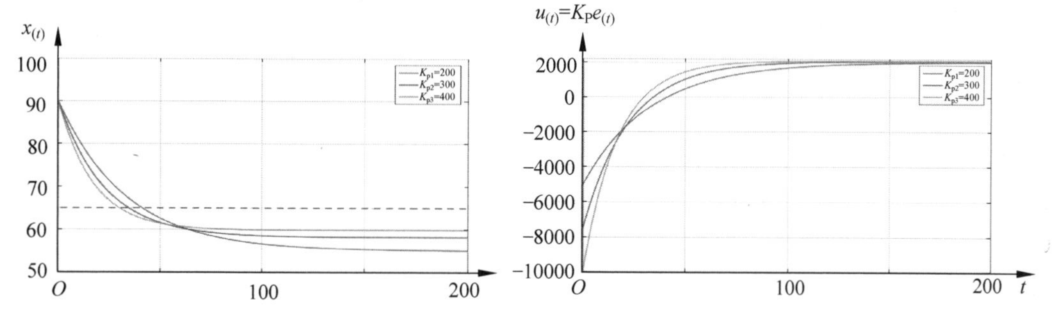

(a) 系统输出 $x_{(t)}$ 随时间的变化　　(b) 系统控制量 $u_{(t)}=K_{\mathrm{P}}e_{(t)}$ 随时间的变化

图7.2.2　不同比例增益情况下系统的输出与控制量随时间的变化

系统误差的终值被称为**稳态误差**(Steady State Error)，根据式(7.2.7)，得到

$$e_{\mathrm{ss}}=e_{(\infty)}=r-x_{(\infty)}=r-\frac{K_{\mathrm{P}}r-\alpha C}{K_{\mathrm{P}}+10\alpha}=\frac{10\alpha r+\alpha C}{K_{\mathrm{P}}+10\alpha} \tag{7.2.8}$$

式(7.2.8)说明 K_P 越大,稳态误差 e_{ss} 就越小,这和图 7.2.2(a)所示现象一致(K_P 越大,输出的终值 $x_{(\infty)}$ 越靠近参考值)。在本例中,只有当 $K_P \to \infty$ 时,$e_{ss}=0$。但是在实际情况中 K_P 不可能无限增大,比如本例中每天的热量摄入和运动都是有限的。这就决定了比例控制的局限性,它无法消除稳态误差。我们需要引入新的手段和方法来解决这个问题。

> 另外,请读者观察图 7.2.2(b),会发现 K_P 越大时控制量输入的变化幅度就越大,这是因为控制量与误差成正比。同时 K_P 越大系统的响应越快。读者可以参考 4.2.3 节中关于一阶系统的时间常数概念进行分析,这里不再赘述。另外需要注意的是,图 7.2.2 显示的只是一个理论结果,在实际情况中并不可行,在 7.4 节中会讨论这一现象。

请参考代码 7.2:7-2_P_Control_Weight_Loss.m。

7.3 比例积分控制器

在 7.2 节的最后讨论了比例控制的局限性,说明只依靠比例控制无法消除稳态误差。本节将引入新的控制手段来解决这一问题。

7.3.1 终值定理

根据式(7.2.6)计算得出系统输出的终值,根据式(7.2.7)得到了稳态误差。请读者重新审视从式(7.2.3)到式(7.2.7)的推导过程,它用到了分式分解法和拉普拉斯逆变换,整个过程比较复杂,尤其是针对高阶的系统,计算量会非常大。为了快速得到系统的稳态值,本节将引入**终值定理**(Final Value Theorem,FVT)。这一定理将时间趋于无穷时的时域表达与复数域之间联系起来。它的定义如下:如果 $\lim\limits_{t\to\infty} x_{(t)}$ 存在,且 $X_{(s)}=\mathcal{L}[x_{(t)}]$,那么

$$\lim_{t\to\infty} x_{(t)}=\lim_{s\to 0} sX_{(s)} \tag{7.3.1}$$

请读者注意使用终值定理的前提条件,那就是要求 $\lim\limits_{t\to\infty} x_{(t)}$ 存在。从控制系统的角度来看,即要求 $x_{(t)}$ 最终稳定在一个值上。

对式(7.2.3)使用终值定理,可以得到系统输出的终值,即

$$\begin{aligned}\lim_{t\to\infty} x_{(t)} &= \lim_{s\to 0} sX_{(s)}=\lim_{s\to 0} s\frac{K_P r-\alpha C+7000x_0 s}{s(7000s+10\alpha+K_P)} \\ &= \lim_{s\to 0}\frac{K_P r-\alpha C+7000x_0 s}{7000s+10\alpha+K_P}=\frac{K_P r-\alpha C}{K_P+10\alpha}\end{aligned} \tag{7.3.2}$$

式(7.3.2)的结果和式(7.2.6)的结果一致,但求解过程要方便很多。更重要的是,这个定理不仅简化了求解的中间步骤,也为我们设计控制器消除稳态误差提供了思路。

7.3.2 积分控制

本节将利用终值定理来辅助设计控制器以消除系统的稳态误差。为了简化分析,我们先将体重控制的案例暂时放一下,从一个一般性例子着手分析。考虑一个零初始条件且不含扰动的一阶系统,其系统框图如图 7.3.1 所示,其中 $a>0$。控制的目标是令系统的输出 $x_{(t)}$ 等于参考值 $r_{(t)}=r$(常数)。

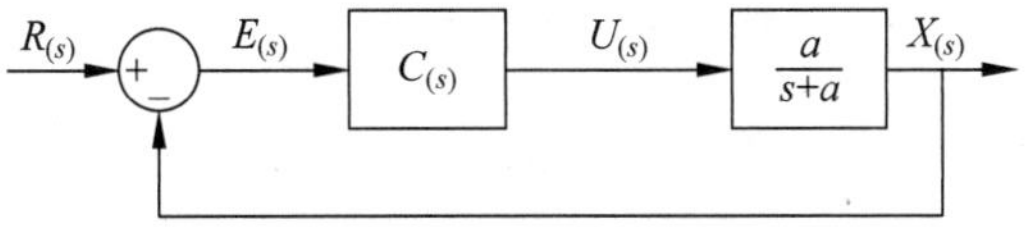

图 7.3.1　一阶闭环控制系统框图

根据图 7.3.1，系统输出 $X_{(s)}$ 可以表达为

$$X_{(s)}=U_{(s)}\frac{a}{s+a}=E_{(s)}C_{(s)}\frac{a}{s+a}=(R_{(s)}-X_{(s)})C_{(s)}\frac{a}{s+a}$$

$$\Rightarrow X_{(s)}=\frac{aR_{(s)}C_{(s)}}{s+a+aC_{(s)}}=\frac{a\frac{r}{s}C_{(s)}}{s+a+aC_{(s)}} \tag{7.3.3}$$

其中，$R_{(s)}=\frac{r}{s}$，是常数参考值的拉普拉斯变换。当使用比例控制器时，$C_{(s)}=K_{\mathrm{P}}$，代入式(7.3.3)可得

$$X_{(s)}=\frac{a\frac{r}{s}K_{\mathrm{P}}}{s+a+aC_{(s)}}=\frac{arK_{\mathrm{P}}}{s(s+a+aK_{\mathrm{P}})} \tag{7.3.4}$$

对式(7.3.4)使用终值定理，可得

$$\begin{aligned}\lim_{t\to\infty}x_{(t)}&=\lim_{s\to 0}sX_{(s)}=\lim_{s\to 0}s\frac{arK_{\mathrm{P}}}{s(s+a+aK_{\mathrm{P}})}\\&=\lim_{s\to 0}\frac{arK_{\mathrm{P}}}{s+a+aK_{\mathrm{P}}}=\frac{arK_{\mathrm{P}}}{a+aK_{\mathrm{P}}}=\frac{rK_{\mathrm{P}}}{1+K_{\mathrm{P}}}\end{aligned} \tag{7.3.5}$$

其稳态误差为

$$e_{\mathrm{ss}}=r-\lim_{t\to\infty}x_{(t)}=r-\frac{rK_{\mathrm{P}}}{1+K_{\mathrm{P}}}=\frac{1}{1+K_{\mathrm{P}}}r \tag{7.3.6}$$

此外，也可以直接根据图 7.3.1 得到误差的拉普拉斯变换为

$$E_{(s)}=R_{(s)}-E_{(s)}C_{(s)}\frac{a}{s+a}$$

$$\Rightarrow E_{(s)}=\frac{(s+a)R_{(s)}}{s+a+aC_{(s)}} \tag{7.3.7}$$

将 $R_{(s)}=\frac{r}{s}$ 和 $C_{(s)}=K_{\mathrm{P}}$ 代入式(7.3.7)，得到

$$E_{(s)}=\frac{(s+a)\frac{r}{s}}{s+a+aK_{\mathrm{P}}}=\frac{(s+a)r}{s(s+a+aK_{\mathrm{P}})} \tag{7.3.8}$$

对式(7.3.8)直接使用终值定理，得到

$$\begin{aligned}e_{\mathrm{ss}}&=\lim_{t\to\infty}e_{(t)}=\lim_{s\to 0}sE_{(s)}=\lim_{s\to 0}s\frac{(s+a)r}{s(s+a+aK_{\mathrm{P}})}\\&=\lim_{s\to 0}\frac{(s+a)r}{s+a+aK_{\mathrm{P}}}=\frac{ar}{a+aK_{\mathrm{P}}}=\frac{1}{1+K_{\mathrm{P}}}r\end{aligned} \tag{7.3.9}$$

式(7.3.9)与式(7.3.6)的结果一致。

式(7.3.9)说明,单纯依靠比例控制无法消除系统的稳态误差。因此需要设计不同的 $C_{(s)}$,将 $R_{(s)}=\frac{r}{s}$ 代入式(7.3.7)并使用终值定理,可得

$$e_{\mathrm{ss}}=\lim_{t\to\infty}e_{(t)}=\lim_{s\to 0}sE_{(s)}=\lim_{s\to 0}s\frac{(s+a)R_{(s)}}{s+a+aC_{(s)}}$$

$$=\lim_{s\to 0}s\frac{(s+a)\frac{r}{s}}{s+a+aK_{\mathrm{P}}}=\lim_{s\to 0}\frac{(s+a)r}{s+a+aC_{(s)}}=\frac{ar}{a+a\lim\limits_{s\to 0}C_{(s)}}$$

$$=\frac{r}{1+\lim\limits_{s\to 0}C_{(s)}} \tag{7.3.10}$$

根据式(7.3.10),如果希望消除稳态误差(即令 $e_{\mathrm{ss}}=0$),则 $\frac{r}{1+\lim\limits_{s\to 0}C_{(s)}}$ 的分母要无穷大,即 $\lim\limits_{s\to 0}C_{(s)}=\infty$。为此,一个很自然的做法就是令 $C_{(s)}=\frac{1}{s}$。在使用中令 $C_{(s)}=\frac{K_{\mathrm{I}}}{s}$,其中,$K_{\mathrm{I}}$ 被称为**积分增益**(Integral Gain),可以根据不同的要求进行调节。此时,系统控制量的拉普拉斯变换为

$$U_{(s)}=C_{(s)}E_{(s)}=\frac{K_{\mathrm{I}}}{s}E_{(s)} \tag{7.3.11a}$$

其对应的时域表达为

$$u_{(t)}=K_{\mathrm{I}}\int_0^t e_{(t)}\,\mathrm{d}t \tag{7.3.11b}$$

以上就是积分控制器的动机与推导过程,使用积分控制可以有效地消除稳态误差。将 $C_{(s)}=\frac{K_{\mathrm{I}}}{s}$ 代入式(7.3.3)中,得到

$$X_{(s)}=\frac{a\ \frac{r}{s}C_{(s)}}{s+a+aC_{(s)}}=\frac{a\ \frac{r}{s}\ \frac{K_{\mathrm{I}}}{s}}{s+a+a\ \frac{K_{\mathrm{I}}}{s}}=\frac{r}{s}\ \frac{aK_{\mathrm{I}}}{s^2+as+aK_{\mathrm{I}}}$$

$$\Rightarrow(s^2+as+aK_{\mathrm{I}})X_{(s)}=\frac{aK_{\mathrm{I}}r}{s} \tag{7.3.12}$$

对式(7.3.12)等号两边进行拉普拉斯逆变换,可得

$$\mathcal{L}^{-1}[(s^2+as+aK_{\mathrm{I}})X_{(s)}]=\mathcal{L}^{-1}\left[\frac{aK_{\mathrm{I}}r}{s}\right]$$

$$\Rightarrow\frac{\mathrm{d}^2x_{(t)}}{\mathrm{d}t^2}+a\ \frac{\mathrm{d}x_{(t)}}{\mathrm{d}t}+aK_{\mathrm{I}}x_{(t)}=aK_{\mathrm{I}}r \tag{7.3.13}$$

式(7.3.13)说明在引入积分控制器之后,原始的一阶系统变成了二阶系统,式(7.3.13)对应了二阶系统的阶跃响应。类比第 5 章中二阶系统的一般形式,得到此二阶系统的阻尼比 ζ 和固有频率 ω_{n} 为

$$\begin{cases}2\zeta\omega_{\mathrm{n}}=a\\ \omega_{\mathrm{n}}^2=aK_{\mathrm{I}}\end{cases}\Rightarrow\begin{cases}\zeta=\dfrac{a}{2\sqrt{aK_{\mathrm{I}}}}\\ \omega_{\mathrm{n}}=\sqrt{aK_{\mathrm{I}}}\end{cases} \tag{7.3.14}$$

> 正如5.4.1节所介绍的，此时的控制器设计就像是在设计一个“看不见”的弹簧质量阻尼系统，通过改变控制参数来调节此系统的固有频率和阻尼比。

例如，将式(7.3.14)代入式(5.4.3)中，可以得到上升时间为

$$T_{\mathrm{r}}=\frac{\pi-\varphi}{\omega_{\mathrm{n}}\sqrt{1-\zeta^2}}=\frac{\pi-\varphi}{\sqrt{aK_{\mathrm{I}}}\sqrt{1-\dfrac{a}{4K_{\mathrm{I}}}}}=\frac{\pi-\varphi}{\sqrt{aK_{\mathrm{I}}-\dfrac{a^2}{4}}} \tag{7.3.15a}$$

式(7.3.15a)说明 K_{I} 的增加将导致 T_{r} 的下降，加快系统的响应速度。将式(7.3.14)代入式(5.4.7)中，得到最大超调量为

$$M_{\mathrm{p}}=\mathrm{e}^{\frac{-\zeta\pi}{\sqrt{1-\zeta^2}}}=\mathrm{e}^{\frac{-\frac{a}{2\sqrt{aK_{\mathrm{I}}}}\pi}{\sqrt{1-\frac{a}{4K_{\mathrm{I}}}}}}=\mathrm{e}^{\frac{-a\pi}{\sqrt{4aK_{\mathrm{I}}-a^2}}} \tag{7.3.15b}$$

式(7.3.15b)说明随着 K_{I} 的增加，超调量 M_{p} 也将增加。图7.3.2表示了不同的 K_{I} 对系统输出的影响(在此实验中选取 $G_{(s)}=\dfrac{1}{s+1}$，参考值 $r_{(t)}=1$)，可见积分控制很好地消除了稳态误差。

> 同时，图7.3.2与式(7.3.15)的结果说明了积分控制器设计中调参时的矛盾：在使用积分控制时，提高积分增益 K_{I} 可以加快系统的响应速度，但与此同时，超调量也会增加。

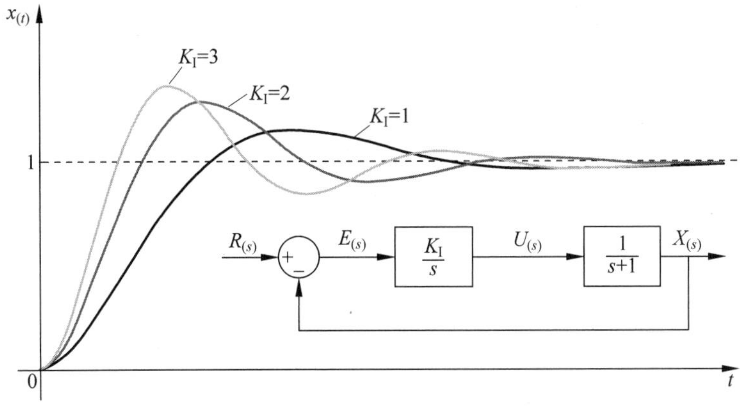

图7.3.2　积分增益对系统输出的影响

请参考代码7.3：7-3_PI_Control.m。

7.3.3　直流增益与稳态响应

在例4.2.1中引入了直流增益(DC Gain)的概念，本节通过两个例子进一步分析这一概念。直流增益是稳态条件下系统输出与直流输入之间的比值，对于图7.3.1的典型单位

反馈系统，其闭环传递函数为 $G_{\mathrm{cl}_{(s)}}$，输入为 $R_{(s)}$，输出即为 $X_{(s)}=R_{(s)}G_{\mathrm{cl}_{(s)}}$。当闭环系统稳定时，其稳态输出可以利用终值定理求得，即：

$$\lim_{t\to\infty} x_{(t)}=\lim_{s\to 0} sX_{(s)}=\lim_{s\to 0} sR_{(s)}G_{\mathrm{cl}_{(s)}} \tag{7.3.16a}$$

当输入为“直流”(常数)时，$r_{(t)}=r$，其拉普拉斯变换为 $R_{(s)}=\frac{r}{s}$，代入上式可得

$$\lim_{s\to 0} sR_{(s)}G_{\mathrm{cl}_{(s)}}=\lim_{s\to 0} s\,\frac{r}{s}G_{\mathrm{cl}_{(s)}}=rG_{\mathrm{cl}_{(0)}} \tag{7.3.16b}$$

其直流增益为

$$\text{DC gain}=\frac{\lim\limits_{t\to\infty} x_{(t)}}{r}=\frac{rG_{\mathrm{cl}_{(0)}}}{r}=G_{\mathrm{cl}_{(0)}} \tag{7.3.17}$$

式(7.3.17)说明对于稳定的闭环系统，求其直流增益，可以直接将 $s=0$ 代入闭环传递函数即可，这为分析稳定系统响应带来了便利。

例 7.3.1 分析图 7.3.1 系统直流增益，其中 $C_{(s)}=K_{\mathrm{P}}$，即比例控制。

首先分析闭环系统的稳定性，当 $C_{(s)}=K_{\mathrm{P}}$ 时，闭环传递函数为

$$G_{\mathrm{cl}_{(s)}}=\frac{C_{(s)}G_{(s)}}{1+C_{(s)}G_{(s)}}=\frac{K_{\mathrm{P}}G_{(s)}}{1+K_{\mathrm{P}}G_{(s)}}=\frac{K_{\mathrm{P}}\frac{a}{s+a}}{1+K_{\mathrm{P}}\frac{a}{s+a}}=\frac{K_{\mathrm{P}}a}{s+(K_{\mathrm{P}}+1)a} \tag{7.3.18a}$$

其极点为 $s_{\mathrm{p}}=-(K_{\mathrm{P}}+1)a$。已知 $a>0$，因此当比例增益 $K_{\mathrm{P}}>0$ 时 $s_{\mathrm{p}}<0$，系统是稳定的。使用式(7.3.17)可求得其直流增益为

$$\text{DC gain}=G_{\mathrm{cl}_{(0)}}=\frac{K_{\mathrm{P}}a}{0+(K_{\mathrm{P}}+1)a}=\frac{K_{\mathrm{P}}}{K_{\mathrm{P}}+1}<1 \tag{7.3.18b}$$

比例小于 1 说明系统的稳态输出始终小于参考目标值，同时也说明比例控制系统将无法消除稳态误差。

例 7.3.2 分析图 7.3.1 系统直流增益，其中 $C_{(s)}=\frac{K_{\mathrm{I}}}{s}$，即积分控制。

分析闭环系统的稳定性，当 $C_{(s)}=\frac{K_{\mathrm{I}}}{s}$时，闭环传递函数为

$$G_{\mathrm{cl}_{(s)}}=\frac{C_{(s)}G_{(s)}}{1+C_{(s)}G_{(s)}}=\frac{\frac{K_{\mathrm{I}}}{s}G_{(s)}}{1+\frac{K_{\mathrm{I}}}{s}G_{(s)}}=\frac{\frac{K_{\mathrm{I}}}{s}\,\frac{a}{s+a}}{1+\frac{K_{\mathrm{I}}}{s}\,\frac{a}{s+a}}=\frac{K_{\mathrm{I}}a}{s(s+a)+K_{\mathrm{I}}a}=\frac{K_{\mathrm{I}}a}{s^2+as+K_{\mathrm{I}}a} \tag{7.3.19a}$$

其极点为 $s_{\mathrm{p}}=\frac{-a\pm\sqrt{a^2-4K_{\mathrm{I}}a}}{2}$。已知 $a>0$，因此当积分增益 $K_{\mathrm{I}}>0$ 时，$\sqrt{a^2-4K_{\mathrm{I}}a}<a$，所以 $s_{\mathrm{p}}<0$，系统是稳定的。使用式(7.3.17)可求得其直流增益为

$$\text{DC gain}=G_{\mathrm{cl}_{(0)}}=\frac{K_{\mathrm{I}}a}{0+a\times 0+K_{\mathrm{I}}a}=\frac{K_{\mathrm{I}}a}{K_{\mathrm{I}}a}=1 \tag{7.3.19b}$$

闭环系统的稳态输出与参考目标输入之比为1,因此使用了积分控制器后,系统不存在稳态误差。

上述两个例子从直流增益的角度入手分析了比例控制和积分控制对稳态误差的影响,其结论与7.3.2节一致。

7.3.4 比例积分控制

7.3.2节说明,使用积分控制可以消除一阶系统的稳态误差。现在使用积分控制来调节体重,将 $C_{(s)}=\frac{K_I}{s}$ 代入图7.2.1中,得到新的系统框图,如图7.3.3所示。

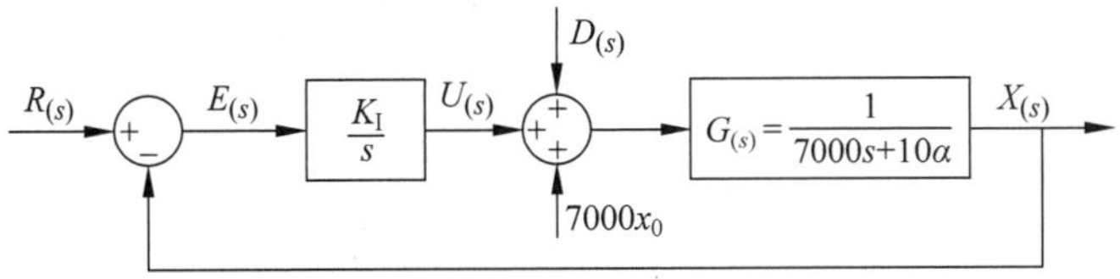

图7.3.3　体重系统积分控制框图

当选择 $K_I=1$ 时,系统输出 $x_{(t)}$ 随时间的变化如图7.3.4所示。

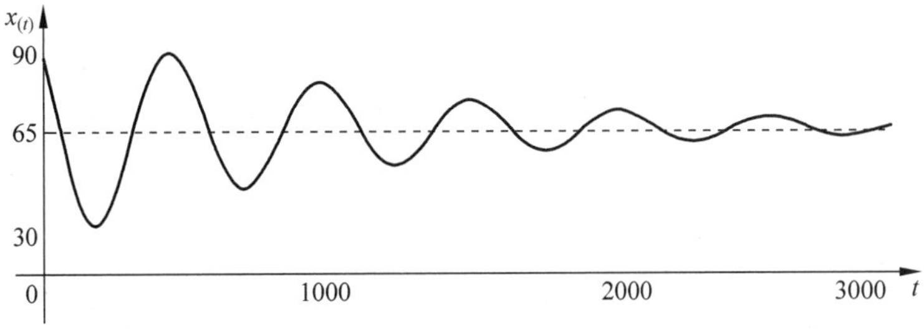

图7.3.4　积分控制器下系统的输出随时间的变化

图7.3.4说明,在积分控制器的帮助下(正如我们所设计的),系统的输出最终会收敛于参考值 $r=65$kg,即使系统存在着扰动,积分控制器依然成功地消除了稳态误差。比较图7.3.4和图7.2.2(a),会发现两个显著的区别。**第一**,使用积分控制器后,系统的输出存在振动和超调量。这是因为积分控制器的引入使得原来的一阶系统变成了二阶系统。**第二**,在观察横轴时可以发现,积分控制下的系统响应速度要远远慢于比例控制。从直观上理解,积分控制需要误差的累加,而累加则需要时间,因此反应相对"迟钝"。

综上所述,比例控制可以使系统快速地响应,而积分控制可以消除稳态误差,如果将二者结合起来,便可以兼顾两种控制器的优点,即**比例积分控制**。这是在工业界中应用最为广泛的控制方法。其控制器的拉普拉斯变换为 $C_{(s)}=K_P+\frac{K_I}{s}$,系统的控制量可以写成

$$U_{(s)}=K_PE_{(s)}+\frac{K_I}{s}E_{(s)} \tag{7.3.20a}$$

其对应的时域表达为

$$u_{(t)}=K_Pe_{(t)}+K_I\int_0^t e_{(t)}\mathrm{d}t \tag{7.3.20b}$$

在使用比例积分控制器后,体重控制的系统框图如图7.3.5所示。

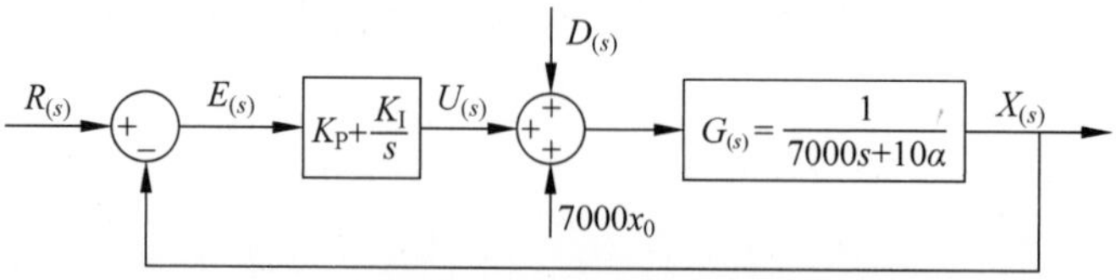

图 7.3.5　体重系统比例积分控制器闭环框图

选取 $K_P=200$，$K_I=1$ 时，系统输出 $x_{(t)}$ 随时间的变化如图 7.3.6(a)所示，控制量 $u_{(t)}$ 随时间的变化如图 7.3.6(b)所示。可以发现，比例积分控制很好地将系统稳定在参考值上。而且相较于积分控制，其响应速度有了很大的改善。读者可以自己搭建这样的一个系统并调整不同的比例积分增益(K_P 和 K_I)，观察系统的响应。

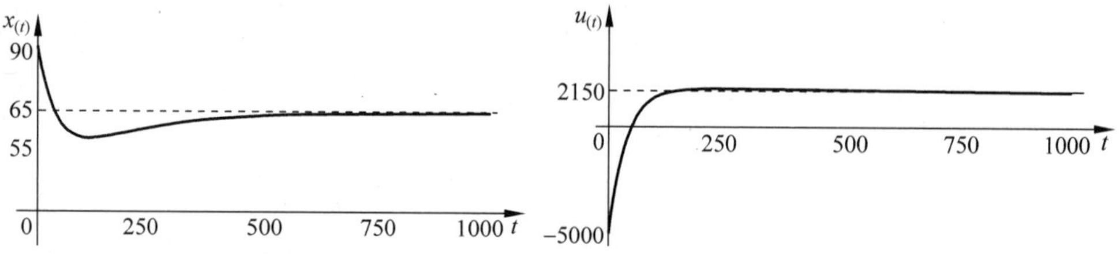

(a) 系统输出$x_{(t)}$随时间的变化　(b) 系统控制量$u_{(t)}=K_Pe_{(t)}+K_I\int_0^t e_{(t)}dt$随时间的变化

图 7.3.6　比例积分控制下系统的输出与控制量随时间的变化

请参考代码 7.4：7-4_PI_Control_Weight_Loss. m。

7.4　含有限制条件的控制器设计

很遗憾，前面几节推导出的控制器在现实生活中都无法实现，以最后的比例积分控制器为例：根据图 7.3.6(b)，在初始条件下，控制量高达 $u_{(t)}=-5000$kCal。请读者回想一下控制量 $u_{(t)}$ 的物理意义，它是原体重动态系统的输入，在 7.1 节中定义 $u_{(t)}=E_i-E_a$。它代表了净热量输入(食物热量摄入减去额外运动消耗)。因此 −5000kCal 就意味着要不吃不喝的同时慢跑至少 10 小时。这当然不是一个长久的方法，如果真有人这样做的话，恐怕连一天都坚持不了。

在实际工程应用中，控制量在很多情况下都是有限制条件(约束)的，例如，自动巡航系统中的发动机转速和扭矩，空调系统中的最大出风量等，它们都有工作上限。体重控制系统的限制是每日的净热量输入应当在一个人可以承受的范围内。处理这类带约束的问题有很多方法，这里介绍一个最简单的方式，在图 7.3.5 的框图中加入一个**饱和函数**(Saturation Function)来限制 $U_{(s)}$ 幅度，如图 7.4.1 所示。

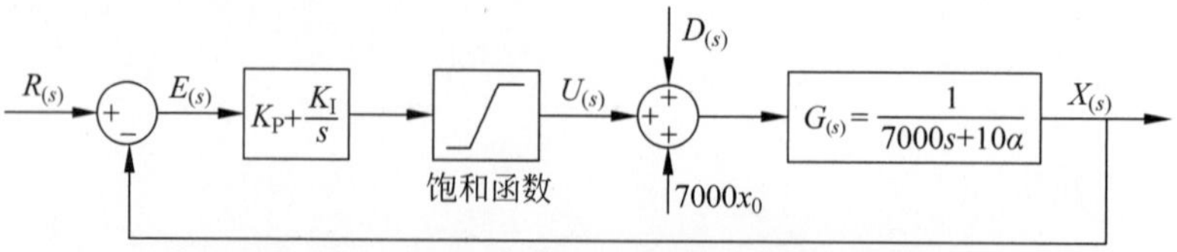

图 7.4.1　含有限制的比例积分控制系统框图

饱和函数的定义为

$$u_{(t)}=\begin{cases}u_{\max}, & u_{(t)}>u_{\max}\\ u_{(t)}, & u_{\max}\geqslant u_{(t)}\geqslant u_{\min}\\ u_{\min}, & u_{(t)}<u_{\min}\end{cases}\tag{7.4.1}$$

使用中根据具体情况设置输入的最大值 $u_{\max}$ 和最小值 $u_{\min}$。请注意，增加的饱和函数为系统带来了非线性，我们将无法使用线性系统的规则分析系统。这将令系统的分析变得更加复杂，在仿真测试中也无法直接使用传递函数的方式得到系统结果，需要重新从求解微分方程的角度入手分析，请读者参考随书附带代码进行学习。

在本例中，即使在减肥的状态下，一个二十几岁的男生也要保证每天最低 1800kCal 的饮食摄入量，同时他可以保证每天健身 1.5 小时，消耗约 800kCal。这样的运动饮食已经属于比较极限的情况，需要强大的毅力才有可能坚持。如此算下来，每日净热量输入的最低值 $u_{\min}=E_{\mathrm{i}}-E_{\mathrm{a}}=1000$kCal。而他每天可以吃 5000kCal 且不运动，所以 $u_{\max}=5000$kCal。将上面的限制条件代入之后，得到新的系统的输出 $x_{(t)}$ 与输入 $u_{(t)}$ 随时间的变化，如图 7.4.2 所示。在加入饱和函数后，在开始的很长一段时间里，每日的净热量输入都维持在最低值 $u_{\min}=1000$kCal，直到体重降到目标值以下再开始慢慢恢复饮食，直到平衡在 65kg。比较图 7.4.2(a)和图 7.3.6(a)，会发现加了饱和函数之后体重下降的速率明显减慢了，这也从侧面说明了减重是一个长期的工作，不可能一蹴而就，需要长久的坚持与毅力。而当成功之后，后面的维持就相对简单了，在本例中，当达到目标体重之后，只需要将净摄入控制在 2150kCal(例如，摄入 2500kCal，然后再通过运动消耗 350kCal)就可以维持了。

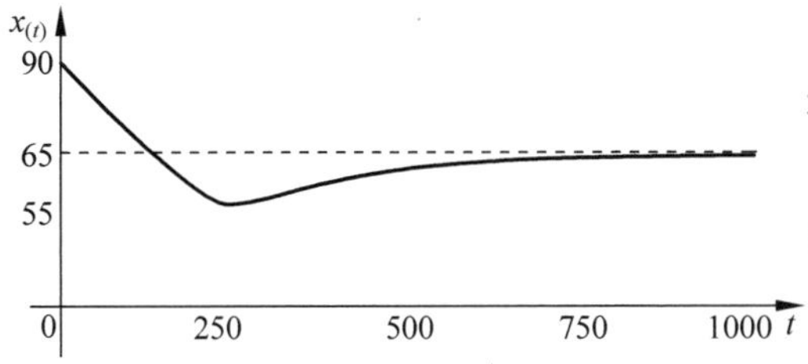

(a) 系统输出$x_{(t)}$随时间的变化

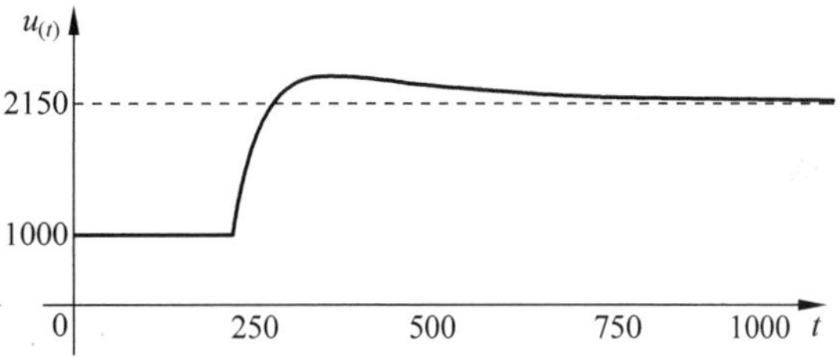

(b) 系统控制量$u_{(t)}$随时间的变化

图 7.4.2　含有限制的比例积分控制系统的输出与控制量随时间的变化

> 需要注意的是，体重的控制是一门非常综合的科学，体重除了与脂肪相关之外，还要考虑肌肉比例、身体的健康状态、睡眠质量、心情因素等。并且每日的饮食除了热量之外，也要考虑脂肪、碳水化合物、蛋白质等其他的营养元素。体重的变化也不是一个简单的线性方程，它因人而异，和遗传基因也息息相关。本章的例子只是简单地考虑了热量与脂肪燃烧的变化，不过这个模型虽然不够精确，但仍然为我们平时的饮食运动提供了粗略的指导意见，各位读者可以根据自己的情况建立动态模型并进行分析，作为日常体重管理的辅助工具。

请参考代码 7.5：7-5_PI_Control_Weight_Loss_with_Limit.m。

7.5 本章要点总结

- **比例控制**。
  - 系统的输入与误差成正比，即 $u_{(t)}=K_{\mathrm{P}}e_{(t)}$。
  - 比例控制简单易行，系统响应速度快，但是无法消除稳态误差。
- **终值定理**。
  - 如果 $\lim\limits_{t\to\infty}x_{(t)}$ 存在，那么 $\lim\limits_{t\to\infty}x_{(t)}=\lim\limits_{s\to 0}sX_{(s)}$。
- **积分控制**。
  - 系统的输入与误差的积分成正比，即 $u_{(t)}=K_{\mathrm{I}}\int_0^t e_{(t)}\mathrm{d}t$。
  - 积分控制可以改善稳态误差，但是会引入振动且响应迟缓。
- **直流增益**。
  稳定的闭环系统直流增益为：DC gain$=G_{\mathrm{cl}_{(0)}}$。
- **比例积分控制**。
  - 将比例控制与积分控制相结合，$u_{(t)}=K_{\mathrm{P}}e_{(t)}+K_{\mathrm{I}}\int_0^t e_{(t)}\mathrm{d}t$。
  - 既可以改善稳态误差，又可以改善积分控制的响应速度。
- **含有限制条件的控制器设计**。
  - 某些控制系统存在物理限制，可以使用一个饱和函数来限制系统的输入幅度。

基于传递函数的控制器设计(2)——根轨迹法

本章将继续讨论基于传递函数的控制器设计，将引入一个新的图解的方法——**根轨迹法**(Root Locus)。根轨迹法中的“根”指的是闭环控制系统特征方程的根，即闭环传递函数的极点。“轨迹”则是指极点在复平面中位置的变化规律。在本章开始之前我想说明的是，现在手绘根轨迹的技巧和方法已经不那么重要了，因为使用计算机软件只需要一两行代码就可以得到系统的根轨迹。所以，目前学习这部分内容不应该死记硬背一些手绘根轨迹的技巧，而是应将重点放在理解根变化规律背后的逻辑，以此为基础来指导控制器的设计。**本章的学习目标为：**

- 熟悉根轨迹的研究方法和研究目标。
- 了解手绘根轨迹的基本规则。
- 掌握根轨迹的几何性质。
- 掌握使用根轨迹法设计控制器/补偿器的流程。
- 理解比例微分控制，超前补偿器与滞后补偿器的工作原理和性质。

8.1 根轨迹的研究目标与方法

图 8.1.1(a)所示的是一个标准的单位反馈闭环控制系统框图。其中含有一个增益 K，系统的开环传递函数是 $G_{(s)}$，其对应的简化后的闭环控制系统框图如图 8.1.1(b)所示(这是一个比例控制系统)，闭环传递函数是 $G_{\mathrm{cl}_{(s)}}=\dfrac{KG_{(s)}}{1+KG_{(s)}}$。**根轨迹**(Root Locus)研究的是当比例增益 K 从 0 到 $+\infty$ 变化的时候，闭环控制系统传递函数特征方程的根(闭环传递函数 $G_{\mathrm{cl}_{(s)}}=\dfrac{KG_{(s)}}{1+KG_{(s)}}$ 的极点，即 $1+KG_{(s)}=0$ 时的 s 值)在复平面中位置的变化规律。

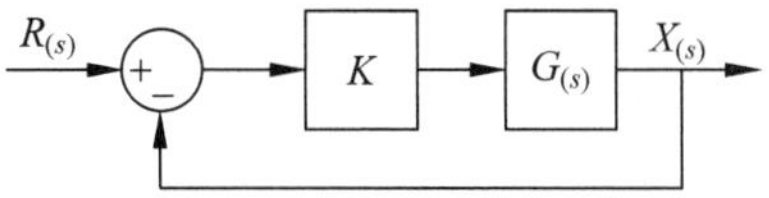

(a) 单位反馈闭环控制系统框图

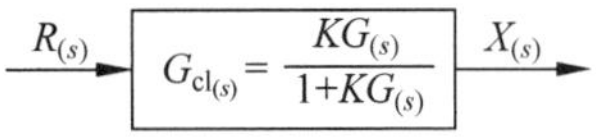

(b) 简化后的闭环控制系统框图

图 8.1.1 根轨迹研究对象：单位反馈闭环控制系统

根轨迹研究的目标是闭环传递函数 $G_{cl_{(s)}}$ 极点的变化规律，而它的研究方法则是通过分析系统的开环传递函数 $G_{(s)}$ 实现的。因此在使用根轨迹分析系统的时候，首先需要找到闭环传递函数分母部分为 $1+KG_{(s)}$ 中的 $G_{(s)}$ 后再进行处理。

请看下面的两个例子。

例 8.1.1 已知系统的闭环传递函数 $G_{cl_{(s)}}=\dfrac{Ks}{s^3+3s^2+Ks+1}$，将其转化为单位反馈形式并求其开环传递函数 $G_{(s)}$。

解：单位反馈系统闭环传递函数的标准形式为

$$G_{cl_{(s)}}=\frac{KG_{(s)}}{1+KG_{(s)}} \tag{8.1.1a}$$

将 $G_{cl_{(s)}}=\dfrac{Ks}{s^3+3s^2+Ks+1}$ 代入式(8.1.1a)，可得

$$\frac{Ks}{s^3+3s^2+Ks+1}=\frac{KG_{(s)}}{1+KG_{(s)}}$$

$$\Rightarrow Ks(1+KG_{(s)})=(s^3+3s^2+Ks+1)KG_{(s)}$$

$$\Rightarrow Ks=(s^3+3s^2+1)KG_{(s)}$$

$$\Rightarrow G_{(s)}=\frac{s}{s^3+3s^2+1} \tag{8.1.1b}$$

若要研究 $G_{cl_{(s)}}=\dfrac{Ks}{s^3+3s^2+Ks+1}$ 的极点随 K 的变化，就要从 $G_{(s)}=\dfrac{s}{s^3+3s^2+1}$ 入手分析。系统的简化框图与单位反馈闭环控制系统框图如图 8.1.2 所示。

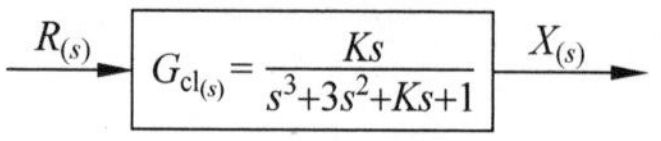

(a) 闭环控制系统简化框图

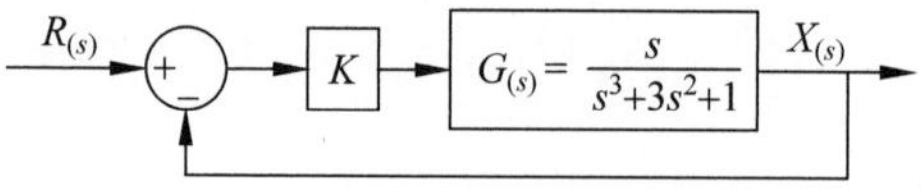

(b) 单位反馈闭环控制系统框图

图 8.1.2 例 8.1.1 图示

例 8.1.2 应如何分析如图 8.1.3 所示的非单位反馈闭环控制系统的根轨迹？

解：根据传递函数的代数性质，可得

$$X_{(s)}=(R_{(s)}-H_{(s)}X_{(s)})KG_{(s)}$$

$$\Rightarrow(1+H_{(s)}KG_{(s)})X_{(s)}=R_{(s)}KG_{(s)}$$

$$\Rightarrow X_{(s)}=\frac{R_{(s)}KG_{(s)}}{1+H_{(s)}KG_{(s)}} \tag{8.1.2}$$

其闭环传递函数分母部分为 $1+H_{(s)}KG_{(s)}$，因此需要通过 $G_{(s)}H_{(s)}$ 进行根轨迹分析。

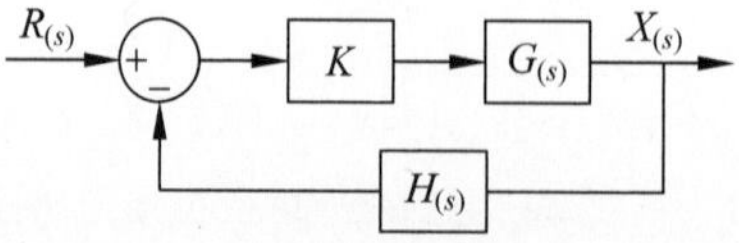

图 8.1.3 非单位反馈闭环控制系统框图

8.2　根轨迹绘制的基本规则

8.1节介绍了根轨迹的研究目标与研究方法，即通过分析开环传递函数 $G_{(s)}$ 来分析闭环传递函数 $G_{\mathrm{cl}_{(s)}}$ 特征方程的根(极点)随增益 K 的变化规律。开环传递函数 $G_{(s)}$ 可以写成

$$G_{(s)}=\frac{N_{(s)}}{D_{(s)}}=\frac{(s-s_{\mathrm{z1}})(s-s_{\mathrm{z2}})\cdots(s-s_{zm})}{(s-s_{\mathrm{p1}})(s-s_{\mathrm{p2}})\cdots(s-s_{\mathrm{p}n})} \tag{8.2.1}$$

其中，$D_{(s)}$ 和 $N_{(s)}$ 表示开环传递函数 $G_{(s)}$ 的分母和分子多项式。$s_{\mathrm{z1}},s_{\mathrm{z2}},\cdots,s_{zm}$ 表示 $G_{(s)}$ 共含有 m 个零点，在复平面中用"O"来表示。$s_{\mathrm{p1}},s_{\mathrm{p2}},\cdots,s_{\mathrm{p}n}$ 表示 $G_{(s)}$ 共含有 n 个极点，极点在复平面中用"×"来表示。

下面介绍根轨迹的6个基本规则，为帮助读者理解，每一个规则都配有一个例子。

规则1：如果 $n>m$，根轨迹在复平面上共有 n 条分支。如果 $m>n$，根轨迹在复平面上共有 m 条分支。

例8.2.1　系统开环传递函数 $G_{(s)}=\dfrac{s+2}{s^3+3s^2+1}$，判断其根轨迹分支数。

解：$G_{(s)}$ 的分母是三阶的，有 $n=3$ 个极点。分子是一阶的，有 $m=1$ 个零点。因此 $n>m$，根据规则1，根轨迹共有 $n=3$ 条分支。

规则2：当 $n=m$ 时，随着 K 从0增加到 $+\infty$，根轨迹从开环传递函数 $G_{(s)}$ 的极点向零点移动。

求闭环传递函数 $G_{\mathrm{cl}_{(s)}}$ 特征方程的根，令 $1+KG_{(s)}=0$，代入 $G_{(s)}=\dfrac{N_{(s)}}{D_{(s)}}$，得到

$$1+K\frac{N_{(s)}}{D_{(s)}}=0$$

$$\Rightarrow D_{(s)}+KN_{(s)}=0 \tag{8.2.2}$$

观察式(8.2.2)，当 $K=0$ 时，$D_{(s)}=0$，此时的 s 值是 $G_{(s)}$ 的极点。而当 $K\to+\infty$ 时，$N_{(s)}\to 0$，此时的 s 值是 $G_{(s)}$ 的零点。所以当 K 从0增加到 $+\infty$ 时，闭环传递函数的根轨迹将从 $G_{(s)}$ 的极点向 $G_{(s)}$ 的零点移动。

例8.2.2　系统开环传递函数 $G_{(s)}=\dfrac{s+1}{s+2}$，绘制闭环传递函数 $G_{\mathrm{cl}_{(s)}}$ 的根轨迹。

解：$G_{(s)}$ 的分母和分子多项式都是一阶的，有 $n=1$ 个极点 $s_{\mathrm{p1}}=-2$ 和 $m=1$ 个零点 $s_{\mathrm{z1}}=-1$。根据规则1，根轨迹只有 $n=1$ 条分支。根据规则2，根轨迹如图8.2.1所示，随着 K 的增加，从极点 $s_{\mathrm{p1}}=-2$ 向零点 $s_{\mathrm{z1}}=-1$ 移动。

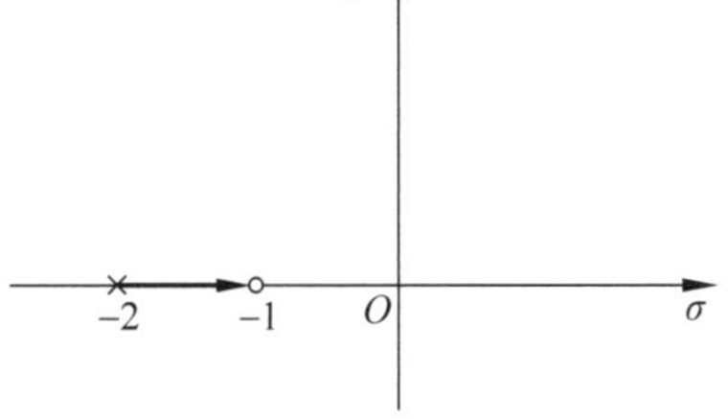

图8.2.1　例8.2.2的根轨迹

规则3：实轴上的根轨迹位于从右向左数第奇数个极点/零点的左边。

例8.2.3　系统开环传递函数 $G_{(s)}=\dfrac{(s+2)(s+4)}{(s+1)(s+3)}$，绘制闭环传递函数 $G_{\mathrm{cl}_{(s)}}$ 的根轨迹。

解：$G_{(s)}$ 有 $n=2$ 个极点，分别是 $s_{\mathrm{p1}}=-1$ 和 $s_{\mathrm{p2}}=-3$。有 $m=2$ 个零点，分别是 $s_{\mathrm{z1}}=-2$ 和 $s_{\mathrm{z2}}=-4$。根据规则 1，根轨迹有 $n=2$ 条分支。根据规则 2，根轨迹应该从 $G_{(s)}$ 的极点移动到 $G_{(s)}$ 的零点。此时的问题是根轨迹应该如何移动，是从 s_{p1} 到 s_{z1} 还是从 s_{p1} 到 s_{z2}？这就需要使用规则 3。

首先将开环传递函数 $G_{(s)}$ 的极点和零点都标在复平面上，并且从右向左将它们编号，如图 8.2.2(a)所示。右数第一个极点 $s_{\mathrm{p1}}=-1$ 是奇数点，根据规则 3，根轨迹存在于它左边的实轴上，根据规则 2，其指向零点 $s_{\mathrm{z1}}=-2$。

零点 $s_{\mathrm{z1}}=-2$ 是在实轴上的从右边数的第二个点，是偶数点，根据规则 3，它左边的实轴上没有根轨迹。同理，从右数第三个点 $s_{\mathrm{p2}}=-3$ 的左边实轴上也存在一条根轨迹。综上所述，其根轨迹如图 8.2.2(b)所示。

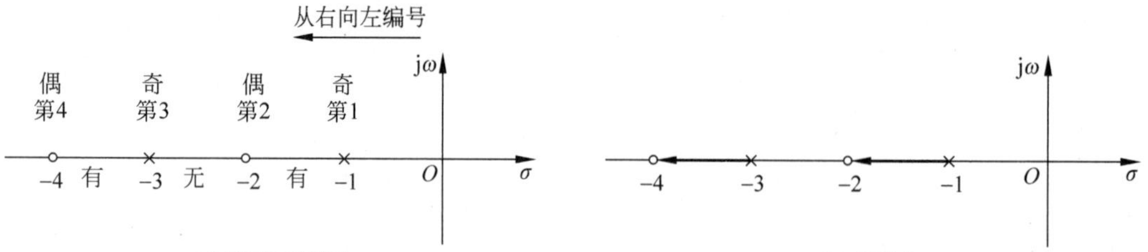

(a) 规则3示意图　　(b) 根轨迹

图 8.2.2　例 8.2.3 的说明与根轨迹

规则 4：若复数根存在，则一定是共轭的，所以根轨迹相对于实轴对称。

例 8.2.4　系统开环传递函数 $G_{(s)}=\dfrac{s^2+4}{s^2+2s+2}$，绘制闭环传递函数 $G_{\mathrm{cl}_{(s)}}$ 的根轨迹。

解：$G_{(s)}$ 有 $n=2$ 个极点 $s_{\mathrm{p1}}=-1+\mathrm{j}$ 和 $s_{\mathrm{p2}}=-1-\mathrm{j}$。有 $m=2$ 个零点 $s_{\mathrm{z1}}=2\mathrm{j}$ 和 $s_{\mathrm{z2}}=-2\mathrm{j}$。根据规则 1、规则 2 和规则 4，根轨迹有 $n=2$ 条对称于实轴的分支，其运行轨迹从极点指向零点，如图 8.2.3 所示。

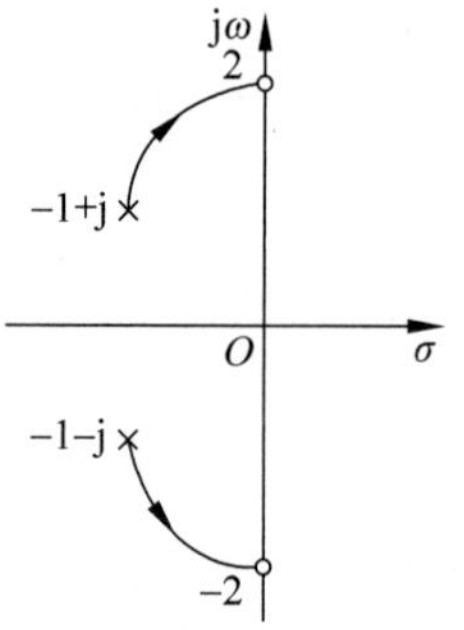

图 8.2.3　例 8.2.4 的根轨迹

规则 5：如果 $n>m$，则有 $(n-m)$ 条分支从极点指向无穷。如果 $n<m$，则有 $(m-n)$ 条分支从无穷指向零点。

例 8.2.5a　系统开环传递函数 $G_{(s)}=\dfrac{s+2}{(s+1)(s+3)}$，绘制闭环传递函数 $G_{\mathrm{cl}_{(s)}}$ 的根轨迹。

解：$G_{(s)}$ 有 $n=2$ 个极点 $s_{\mathrm{p1}}=-1$ 和 $s_{\mathrm{p2}}=-3$。有 $m=1$ 个零点 $s_{\mathrm{z1}}=-2$。根据规则 1，根轨迹有 $n=2$ 条分支。根据规则 2 和规则 3，其中的一条分支从极点 $s_{\mathrm{p1}}=-1$ 指向零点 $s_{\mathrm{z1}}=-2$。因为 $G_{(s)}$ 的极点数多于零点数，即 $n>m$，根据规则 5，将会有 $n-m=1$ 条根轨迹的分支从 $s_{\mathrm{p2}}=-3$ 指向无穷。$s_{\mathrm{p2}}=-3$ 是从右边数在实轴上的第三个极点/零点（奇数点），根据规则 3，根轨迹一定在其左边的实轴上，因此这一条分支将从极点 $s_{\mathrm{p2}}=-3$ 指向负无穷。其根轨迹如图 8.2.4(a)所示。

例 8.2.5b　系统开环传递函数 $G_{(s)}=s+2$，绘制闭环传递函数 $G_{\mathrm{cl}_{(s)}}$ 的根轨迹。

解：$G_{(s)}$ 没有极点，$n=0$。只有 $m=1$ 个零点 $s_{\mathrm{z1}}=-2$。根据规则 5，有一条根轨迹从

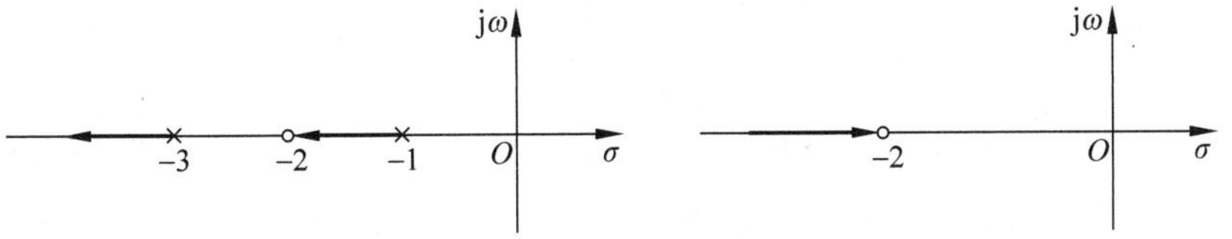

(a) 例8.2.5a的根轨迹　　(b) 例8.2.5b的根轨迹

图 8.2.4　例 8.2.5 的根轨迹

无穷指向零点。根据规则 3,根轨迹在零点 $s_{z1}=-2$ 的左边实轴上。综上所述,其根轨迹如图 8.2.4(b)所示。

规则 6:根轨迹沿着渐近线移动,渐近线与实轴的交点为

$$\sigma_a=\frac{\sum s_{pn}-\sum s_{zm}}{n-m} \tag{8.2.3a}$$

渐近线与实轴的夹角为

$$\theta=\frac{2q+1}{n-m}\pi,\quad q=\begin{cases}0,1,\cdots,n-m-1, & n>m\\ 0,1,\cdots,m-n-1, & n<m\end{cases} \tag{8.2.3b}$$

例 8.2.6　系统开环传递函数 $G_{(s)}=\dfrac{1}{(s+1)(s+2)}$,绘制闭环传递函数 $G_{cl_{(s)}}$ 的根轨迹。

解:$G_{(s)}$ 有 $n=2$ 个极点 $s_{p1}=-1$ 和 $s_{p2}=-2$,$m=0$ 个零点。根据规则 5,将有 $n-m=2$ 条根轨迹分支从 $G_{(s)}$ 的两个极点分别指向无穷。根据规则 3,根轨迹在实轴上存在于这两个极点之间。这意味着两条根轨迹分支将分别从两个极点出发,沿着实轴相向而行,汇聚后沿着一定的渐近线向无穷移动,通过规则 6,可以得到渐近线的信息,渐近线与实轴的交点为

$$\sigma_a=\frac{\sum s_{pn}-\sum s_{zm}}{n-m}=\frac{-1-2-0}{2-0}=-1.5 \tag{8.2.4a}$$

渐近线与实轴的夹角为

$$\theta=\frac{2q+1}{2-0}\pi,\quad q=0,1$$

$$\Rightarrow\begin{cases}\theta_1=\dfrac{1}{2}\pi\\ \theta_2=\dfrac{3}{2}\pi=-\dfrac{1}{2}\pi\end{cases} \tag{8.2.4b}$$

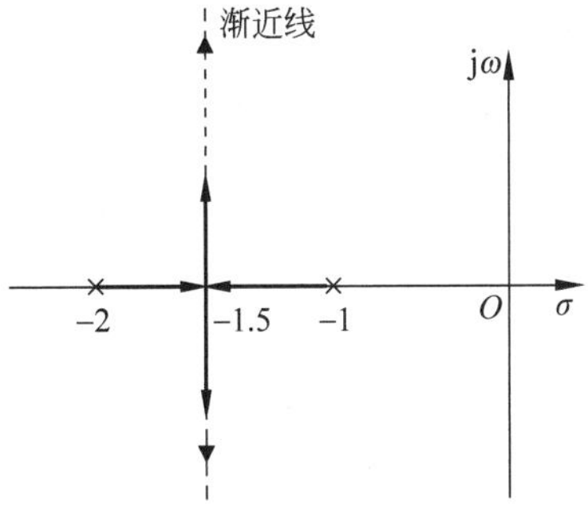

图 8.2.5　例 8.2.6 的根轨迹

根据式(8.2.4a)和式(8.2.4b),得到渐近线的位置与方向,如图 8.2.5 所示。其根轨迹将沿着渐近线指向无穷。

最后,使用上述 6 个规则分析一个综合的例子。

例 8.2.7　系统开环传递函数 $G_{(s)}=\dfrac{s+1}{s(s+2)(s+3)(s+4)}$,绘制闭环传递函数 $G_{cl_{(s)}}$ 的根轨迹。

解:$G_{(s)}$ 有 $n=4$ 个极点 $s_{p1}=0$,$s_{p2}=-2$,$s_{p3}=-3$ 和 $s_{p4}=-4$。有 $m=1$ 个零点 $s_{z1}=-1$。根据规则 1,根轨迹一共有 $n=4$ 条分支。

首先将所有极点/零点标注在复平面上并从右向左编号，如图 8.2.6 所示。根据规则 2 和规则 3，$s_{p1}=0$ 与 $s_{z1}=-1$ 之间有一条根轨迹，并且由极点 $s_{p1}=0$ 指向 $s_{z1}=-1$。$s_{p2}=-2$ 与 $s_{p3}=-3$ 之间的实轴上也存在根轨迹。另外，在 $s_{p4}=-4$ 的左边实轴上也存在一条根轨迹。

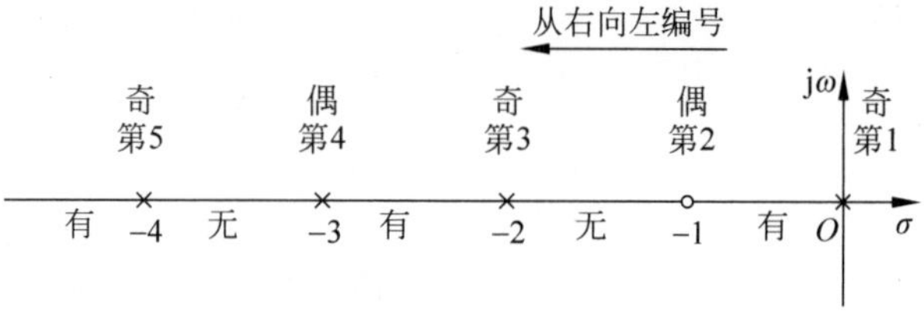

图 8.2.6 例 8.2.7 的极点/零点分布与根轨迹分布

根据规则 5，将有 $n-m=3$ 条根轨迹指向无穷。利用规则 6 计算其渐近线，可得渐近线与实轴的交点为

$$\sigma_a=\frac{\sum s_{pn}-\sum s_{zm}}{n-m}=\frac{0-2-3-4-(-1)}{4-1}=-\frac{8}{3} \tag{8.2.5a}$$

渐近线与实轴的夹角为

$$\theta=\frac{2q+1}{4-1}\pi, \quad q=0,1,2$$

$$\Rightarrow\begin{cases}\theta_1=\dfrac{1}{3}\pi\\ \theta_2=\pi\\ \theta_3=\dfrac{5}{3}\pi=-\dfrac{1}{3}\pi\end{cases} \tag{8.2.5b}$$

其中，与实轴夹角为 $\theta_2=\pi$ 的渐近线是从 $s_{p4}=-4$ 沿着实轴指向负无穷的根轨迹分支。而另外两条渐近线与实轴的交点在 $\sigma_a=-\dfrac{8}{3}$，夹角 $\theta_1=\dfrac{1}{3}\pi$，夹角 $\theta_3=-\dfrac{1}{3}\pi$。这意味着将有两条根轨迹分支从 $s_{p2}=-2$ 和 $s_{p3}=-3$ 出发，沿着实轴相向而行，汇聚后再沿着渐近线移动，指向无穷。其根轨迹及渐近线如图 8.2.7 所示。

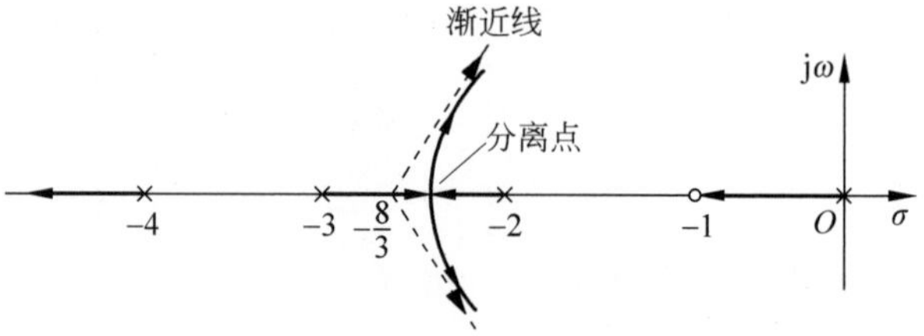

图 8.2.7 例 8.2.7 的根轨迹

根据规则 4，从 s_{p2} 和 s_{p3} 出发的两条根轨迹分支汇聚后将同时离开实轴。离开实轴的这个点称为**分离点**(Breakaway Point)。通过下面的例子介绍分离点的计算方法。

例 8.2.8 使用根轨迹的方法验证二阶系统(如图 8.2.8 所示)中的阻尼比 ζ 对系统的作用(其中，$\omega_n>0$)。

解：将图 8.2.8 中的动态系统传递函数考虑为一个控制系统的闭环传递函数，并令

$K=\zeta$，得到

$$G_{\mathrm{cl}_{(s)}}=\frac{2K\omega_{\mathrm{n}}s}{s^2+2K\omega_{\mathrm{n}}s+\omega_{\mathrm{n}}^2} \tag{8.2.6}$$

为分析其根轨迹，需要找到 $G_{\mathrm{cl}_{(s)}}$ 所对应的开环系统传递函数，根据例 8.1.1，将闭环传递函数标准形式 $G_{\mathrm{cl}_{(s)}}=\dfrac{KG_{(s)}}{1+KG_{(s)}}$代入式(8.2.6)，得到

$$\frac{KG_{(s)}}{1+KG_{(s)}}=\frac{2K\omega_{\mathrm{n}}s}{s^2+2K\omega_{\mathrm{n}}s+\omega_{\mathrm{n}}^2}$$

$$\Rightarrow 2K\omega_{\mathrm{n}}s(1+KG_{(s)})=(s^2+2K\omega_{\mathrm{n}}s+\omega_{\mathrm{n}}^2)KG_{(s)}$$

$$\Rightarrow 2K\omega_{\mathrm{n}}s=(s^2+\omega_{\mathrm{n}}^2)KG_{(s)}$$

$$\Rightarrow G_{(s)}=\frac{2\omega_{\mathrm{n}}s}{s^2+\omega_{\mathrm{n}}^2} \tag{8.2.7}$$

其对应的单位反馈闭环控制系统框图如图 8.2.9 所示。

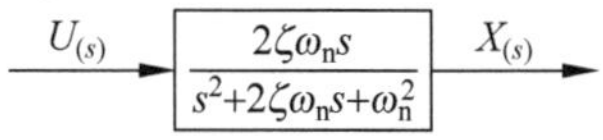

图 8.2.8　二阶系统框图

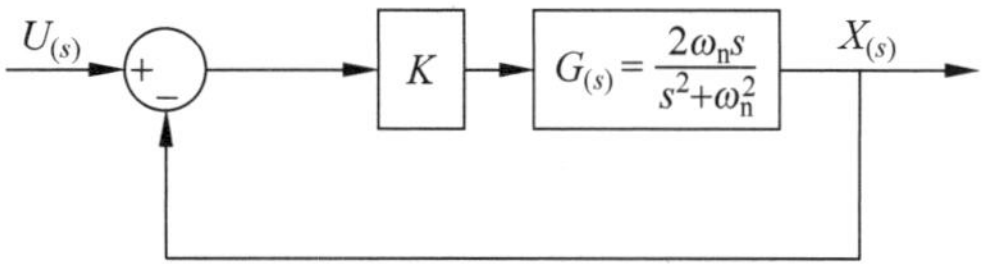

图 8.2.9　二阶系统转化单位反馈闭环控制系统框图

分析其根轨迹，$G_{(s)}$ 有 $n=2$ 个极点 $s_{\mathrm{p1}}=\mathrm{j}\omega_{\mathrm{n}}$ 和 $s_{\mathrm{p2}}=-\mathrm{j}\omega_{\mathrm{n}}$，有 $m=1$ 个零点 $s_{\mathrm{z1}}=0$。根据规则 1，根轨迹共有 $n=2$ 条分支。根据规则 2 和规则 5，将有 $n-m=1$ 条根轨迹分支从极点指向零点，另一条从极点指向无穷。根据规则 3，零点 $s_{\mathrm{p2}}=-\mathrm{j}\omega_{\mathrm{n}}$ 的左边实轴上存在根轨迹。根据规则 4，根轨迹关于实轴对称。综上所述，它的根轨迹如图 8.2.10 所示，两条分支分别从两个极点开始，呈对称形状向实轴移动，汇聚在实轴上某一点之后一条指向零点，另一条指向负无穷。下面来分析计算**汇合点**(Break-in Point)**的位置**。

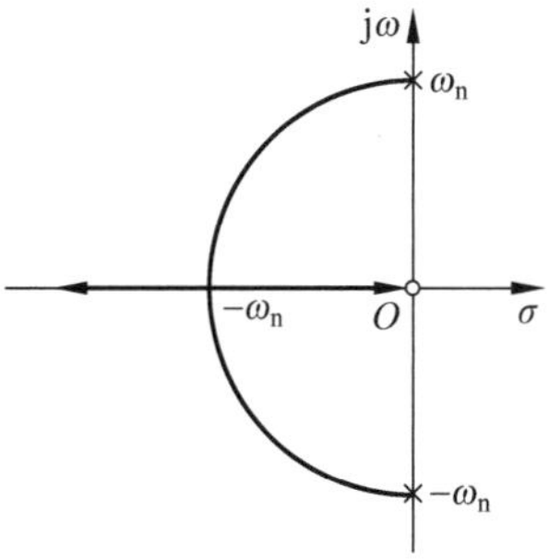

图 8.2.10　开环传递函数为 $G_{(s)}=\dfrac{2\omega_{\mathrm{n}}s}{s^2+\omega_{\mathrm{n}}^2}$ 的根轨

根据式(8.2.6)，当闭环传递函数分母为 0 时，可得

$$s^2+2K\omega_{\mathrm{n}}s+\omega_{\mathrm{n}}^2=0$$

$$\Rightarrow K=-\frac{s^2+\omega_{\mathrm{n}}^2}{2\omega_{\mathrm{n}}s} \tag{8.2.8}$$

在式(8.2.8)中,可以认为 K 是以 s 为自变量的函数,其中,$s=\sigma+\mathrm{j}\omega$ 是一个复数。当 s 位于实轴时($\mathrm{j}\omega=0$),K 就是以 σ 为自变量的一个函数。式(8.2.8)可以写成

$$K_{(\sigma)}=-\frac{\sigma^2+\omega_n^2}{2\omega_n\sigma} \tag{8.2.9}$$

求 $K_{(\sigma)}$ 的极值,令

$$\frac{\mathrm{d}K_{(\sigma)}}{\mathrm{d}\sigma}=0 \tag{8.2.10}$$

满足式(8.2.10)的 σ 就是汇合点,这是因为此时 σ 代表了 s 在实轴上的极限位置。将式(8.2.9)代入式(8.2.10),可得

$$\frac{\mathrm{d}\left(-\dfrac{\sigma^2+\omega_n^2}{2\omega_n\sigma}\right)}{\mathrm{d}\sigma}=0$$

$$\Rightarrow\frac{2\sigma(2\omega_n\sigma)-(\sigma^2+\omega_n^2)2\omega_n}{(-2\omega_n\sigma)^2}=0$$

$$\Rightarrow\sigma=\pm\omega_n \tag{8.2.11a}$$

根据图 8.2.10,汇合点在虚轴的左边,所以取 $\sigma=-\omega_n$。将其代入式(8.2.9),可得

$$K_{(\sigma=-\omega_n)}=-\frac{(-\omega_n)^2+\omega_n^2}{2\omega_n(-\omega_n)}=1 \tag{8.2.11b}$$

式(8.2.11b)说明实轴上的汇合点位置在 $\sigma=-\omega_n$ 上,此时 $K=1$。根据前面的定义,K 就是二阶系统的阻尼比,即 $K=\zeta$。如图 8.2.10 所示,当 $K=\zeta=0$ 时,闭环传递函数有两个纯虚数根,对应无阻尼二阶系统。当 $1>K=\zeta>0$ 时,闭环传递函数有两个共轭的复数根,对应于欠阻尼系统。当 $K=1$ 时,对应于临界阻尼系统。当 $K=\zeta>1$ 时,闭环传递函数有两个实根,对应于过阻尼系统。

> 通过上述例子,我们将二阶系统的时域响应(第 5 章)、系统稳定性分析(第 6 章)及本章的根轨迹分析结合起来,请读者将上述分析与图 6.2.2 及图 5.3.4 进行比较思考。

分离点的计算方法和分析与汇合点一样,故不再赘述。值得注意的是,在分析分离/汇合点时,关注的重点应该放在 K 的取值上,即 K 等于多少的时候闭环传递函数的极点会进入(离开)实轴。当闭环传递函数的极点存在共轭复数根的时候,系统将会产生振动。在掌握了分离/汇合点的信息后,就可以调节增益避免或利用系统的振动。

请参考代码 8.1: 8-1_Root_Locus_Example.m。

8.3 根轨迹的几何性质

本节将讨论根轨迹的几何性质,首先来复习复数的三种表达形式。

(1) 代数形式: $z=\sigma+\mathrm{j}\omega$,其中,$\mathrm{j}=\sqrt{-1}$,是虚数单位; σ 是复数的实部; ω 是复数的虚部。

(2) 向量形式(如图 8.3.1 所示): 通过复数的复角、φ(相位)和模 M(绝对值)来表达。

根据三角形的几何关系，其中 $\varphi=\angle z=\arctan\dfrac{\omega}{\sigma}$，$M=|z|=\sqrt{\sigma^2+\omega^2}$，$\varphi$ 以逆时针方向为正。

(3) 指数形式：由图 8.3.1 的几何关系可得 $\sigma=M\cos\varphi$，$\omega=M\sin\varphi$。所以 $z=\sigma+\mathrm{j}\omega=M\cos\varphi+\mathrm{j}M\sin\varphi=M(\cos\varphi+\mathrm{j}\sin\varphi)$。根据**欧拉公式**(Euler's Formula)：$\cos\varphi+\mathrm{j}\sin\varphi=\mathrm{e}^{\mathrm{j}\varphi}$，可得 $z=M\mathrm{e}^{\mathrm{j}\varphi}$。

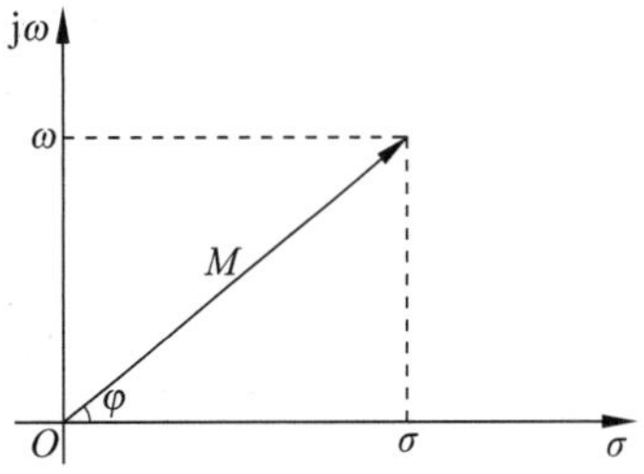

图 8.3.1　复数的三种表达形式

根据上述定义，两个复数 $z_1=\sigma_1+\mathrm{j}\omega_1=M_1\mathrm{e}^{\mathrm{j}\varphi_1}$ 和 $z_2=\sigma_2+\mathrm{j}\omega_2=M_2\mathrm{e}^{\mathrm{j}\varphi_2}$ 相乘得到

$$z_1z_2=M_1\mathrm{e}^{\mathrm{j}\varphi_1}M_2\mathrm{e}^{\mathrm{j}\varphi_2}=M_1M_2\mathrm{e}^{\mathrm{j}(\varphi_1+\varphi_2)} \tag{8.3.1a}$$

它们的比值为

$$\frac{z_1}{z_2}=\frac{M_1\mathrm{e}^{\mathrm{j}\varphi_1}}{M_2\mathrm{e}^{\mathrm{j}\varphi_2}}=\frac{M_1}{M_2}\mathrm{e}^{\mathrm{j}(\varphi_1-\varphi_2)} \tag{8.3.1b}$$

根据式(8.3.1a)、式(8.3.1b)，当 $s=\sigma+\mathrm{j}\omega$ 时，传递函数 $G_{(s)}=\dfrac{N_{(s)}}{D_{(s)}}=\dfrac{(s-s_{z1})(s-s_{z2})\cdots(s-s_{zm})}{(s-s_{p1})(s-s_{p2})\cdots(s-s_{pn})}$ 的模为

$$M=|G_{(s=\sigma+\mathrm{j}\omega)}|=\left.\frac{\prod \text{零点到 } s \text{ 的距离}}{\prod \text{极点到 } s \text{ 的距离}}\right|_{s=\sigma+\mathrm{j}\omega} \tag{8.3.2a}$$

复角为

$$\varphi=\angle G_{(s=\sigma+\mathrm{j}\omega)}=\left.\left(\sum \text{零点到 } s \text{ 的夹角}-\sum \text{极点到 } s \text{ 的夹角}\right)\right|_{s=\sigma+\mathrm{j}\omega} \tag{8.3.2b}$$

为了进一步理解式(8.3.2a)、式(8.3.2b)，请参考以下例子。

例 8.3.1　求当 $s=-1+\sqrt{3}\mathrm{j}$ 时传递函数 $G_{(s)}=\dfrac{s+2}{s(s+1)}$ 的值。

解：方法一，直接将 $s=-1+\sqrt{3}\mathrm{j}$ 代入 $G_{(s)}=\dfrac{s+2}{s(s+1)}$，可得

$$G_{(s=-1+\sqrt{3}\mathrm{j})}=\frac{-1+\sqrt{3}\mathrm{j}+2}{(-1+\sqrt{3}\mathrm{j})(-1+\sqrt{3}\mathrm{j}+1)}=-\frac{1}{2}-\frac{\sqrt{3}}{6}\mathrm{j} \tag{8.3.3a}$$

它在复平面上的表达如图 8.3.2(a)所示，其模为

$$M=|G_{(s)}|=\sqrt{\left(-\frac{1}{2}\right)^2+\left(-\frac{\sqrt{3}}{6}\right)^2}=\frac{\sqrt{3}}{3} \tag{8.3.3b}$$

复角为

$$\varphi=\arctan\frac{\left(\frac{\sqrt{3}}{6}\right)}{\left(\frac{1}{2}\right)}-\pi=-\frac{5}{6}\pi \tag{8.3.3c}$$

将其写成指数形式为

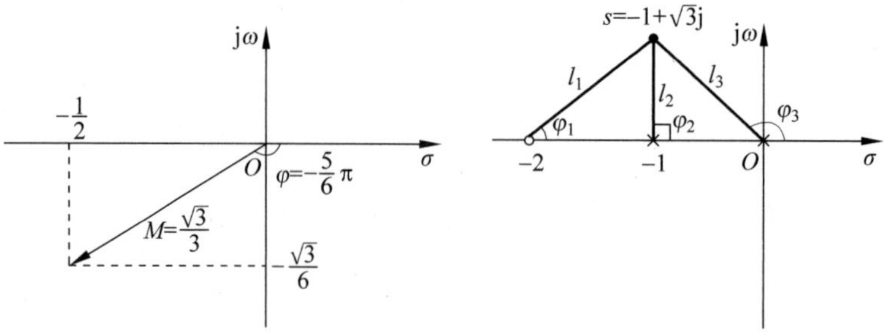

(a) $G_{(s)}=-\frac{1}{2}-\frac{\sqrt{3}}{6}\mathrm{j}$的复平面表达　　(b) 几何方法求解

图 8.3.2　例 8.3.1 图示

$$G_{(s=-1+\sqrt{3}\mathrm{j})}=M\mathrm{e}^{\mathrm{j}\varphi}=\frac{\sqrt{3}}{3}\mathrm{e}^{-\frac{5}{6}\pi\mathrm{j}} \tag{8.3.3d}$$

方法二，使用几何方法和式(8.3.2a)、式(8.3.2b)，首先将 $G_{(s)}=\frac{s+2}{s(s+1)}$的极点 $s_{\mathrm{p}1}=0$，$s_{\mathrm{p}2}=-1$ 和零点 $s_{\mathrm{z}1}=-2$ 及 $s=-1+\sqrt{3}\mathrm{j}$ 标记在图 8.3.2(b)中，之后将极点/零点与 $s=-1+\sqrt{3}\mathrm{j}$ 连接起来。根据几何关系，可得 $l_1=2$，$l_2=\sqrt{3}$，$l_3=2$，$\varphi_1=\frac{\pi}{3}$，$\varphi_2=\frac{\pi}{2}$，$\varphi_3=\frac{2\pi}{3}$。代入式(8.3.2a)、式(8.3.2b)，可得

$$M=|G_{(s=-1+\sqrt{3}\mathrm{j})}|=\left.\frac{\prod \text{零点到 } s \text{ 的距离}}{\prod \text{极点到 } s \text{ 的距离}}\right|_{s=-1+\sqrt{3}\mathrm{j}}=\frac{l_1}{l_2 l_3}=\frac{2}{\sqrt{3}\times 2}=\frac{\sqrt{3}}{3} \tag{8.3.4a}$$

$$\begin{aligned}\varphi=\angle G_{(s=-1+\sqrt{3}\mathrm{j})}&=\left.\left(\sum \text{零点到 } s \text{ 的夹角}-\sum \text{极点到 } s \text{ 的夹角}\right)\right|_{s=\sigma+\mathrm{j}\omega}\\&=\varphi_1-\varphi_2-\varphi_3=\frac{\pi}{3}-\frac{\pi}{2}-\frac{2\pi}{3}=-\frac{5}{6}\pi\end{aligned} \tag{8.3.4b}$$

将其写成指数形式，与式(8.3.3d)所得结果一致。

以上性质可以用来判断给定值 $s=\sigma+\mathrm{j}\omega$ 是否为 $G_{\mathrm{cl}_{(s)}}$ 的根(极点)，这对增益调节及控制器的设计非常重要。令闭环传递函数 $G_{\mathrm{cl}_{(s)}}=\frac{KG_{(s)}}{1+KG_{(s)}}$的分母等于 0，可以得到它的特征方程的根(极点)，即

$$\begin{aligned}&1+KG_{(s)}=0\\ \Rightarrow &KG_{(s)}=-1\end{aligned} \tag{8.3.5}$$

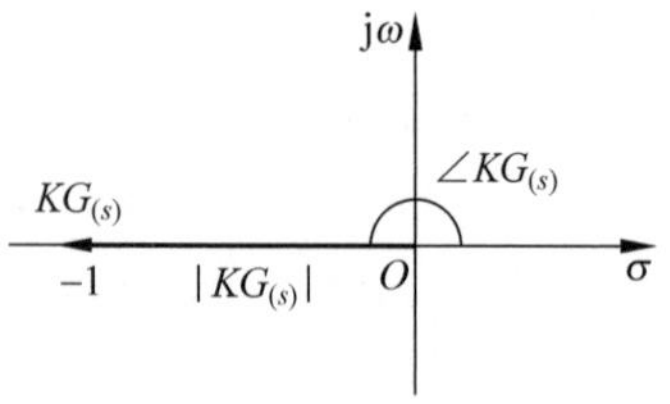

图 8.3.3　$KG_{(s)}=-1$ 复平面表达

$KG_{(s)}$ 在复平面上的表达如图 8.3.3 所示。根据图示的几何关系，可得

$$|KG_{(s)}|=1 \tag{8.3.6a}$$

$$\angle KG_{(s)}=-(2q+1)\pi,\quad q=\pm 0,\pm 1,\pm 2,\cdots \tag{8.3.6b}$$

因为增益 K 是一个常数，因此不会改变复数 $KG_{(s)}$ 的复角，因此式(8.3.6b)可以写成

$$\angle G_{(s)}=-(2q+1)\pi,\quad q=\pm 0,\pm 1,\pm 2,\cdots \tag{8.3.7}$$

式(8.3.7)将被用来判断给定值 $s=\sigma+\mathrm{j}\omega$ 是否在 $G_{\mathrm{cl}_{(s)}}$ 的轨迹上，请看下面的例子。

例 8.3.2　系统开环传递函数 $G_{(s)}=\dfrac{1}{(s+1)(s+3)}$，利用根轨迹的几何性质判断 $s_1=-2-\mathrm{j}$ 和 $s_2=-3+2\sqrt{3}\mathrm{j}$ 是否在闭环传递函数 $G_{\mathrm{cl}_{(s)}}$ 的根轨迹上。

解：首先将 $G_{(s)}$ 的极点 $s_{\mathrm{p1}}=-1, s_{\mathrm{p2}}=-3$ 以及给定点 $s_1=-2-\mathrm{j}$ 和 $s_2=-3+2\sqrt{3}\mathrm{j}$ 标记在图 8.3.4 中，之后将极点与给定点连接起来。

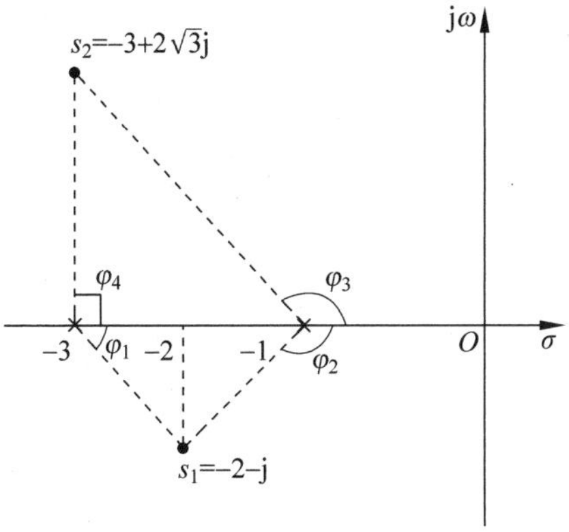

图 8.3.4　例 8.3.2 图示

如图 8.3.4 所示，根据几何性质可得 $\varphi_1=-\dfrac{\pi}{4}, \varphi_2=-\dfrac{3\pi}{4}, \varphi_3=\dfrac{2\pi}{3}, \varphi_4=\dfrac{\pi}{2}$。

判断 $s_1=-2-\mathrm{j}$ 点，代入式(8.3.4b)，得到

$$\angle G_{(s_1=-2-\mathrm{j})}=\left(\sum 零点到\ s_1\ 的夹角-\sum 极点到\ s_1\ 的夹角\right)\bigg|_{s_1=-2-\mathrm{j}}$$

$$=0-(\varphi_1+\varphi_2)=\frac{\pi}{4}+\frac{3\pi}{4}=\pi \tag{8.3.8}$$

满足式(8.3.7)，因此 $s_1=-2-\mathrm{j}$ 在 $G_{\mathrm{cl}_{(s)}}$ 的根轨迹上。

判断 $s_2=-3+2\sqrt{3}\mathrm{j}$ 点，代入式(8.3.4b)，得到

$$\angle G_{(s_2=-3+2\sqrt{3}\mathrm{j})}=\left(\sum 零点到\ s_2\ 的夹角-\sum 极点到\ s_2\ 的夹角\right)\bigg|_{s_2=-3+2\sqrt{3}\mathrm{j}}$$

$$=0-(\varphi_3+\varphi_4)=-\left(\frac{2\pi}{3}+\frac{\pi}{2}\right)=-\frac{7}{6}\pi \tag{8.3.9}$$

不满足式(8.3.7)，因此 $s_2=-3+2\sqrt{3}\mathrm{j}$ 不在 $G_{\mathrm{cl}_{(s)}}$ 的根轨迹上。这意味着无论增益 K 如何调节，$G_{\mathrm{cl}_{(s)}}$ 的极点都无法位于 s_2 上。但我们可以设计控制器改变 $G_{\mathrm{cl}_{(s)}}$ 的根轨迹，使它包含给定的 s_2，请看 8.4 节分析。

8.4　基于根轨迹的控制器设计

本节将利用根轨迹的几何性质设计控制器[在根轨迹理论中称为**补偿器**(Compensator)]，通过增加开环传递函数 $G_{(s)}$ 的零点/极点来改变闭环传递函数 $G_{\mathrm{cl}_{(s)}}$ 的根轨迹，从而改变系统的动态响应。

8.4.1 比例微分控制

将例 8.3.2 中所描述的系统表达为单位反馈控制系统的标准形式，如图 8.4.1 所示，它同时也是一个比例控制系统。

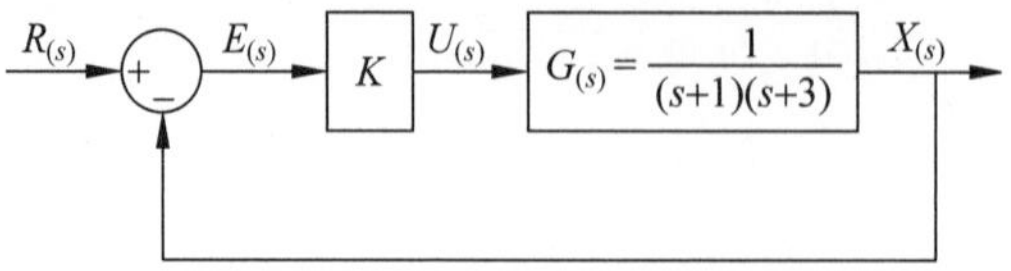

图 8.4.1 比例控制的系统框图

绘制闭环传递函数 $G_{\mathrm{cl}_{(s)}}$ 的根轨迹，$G_{(s)}=\dfrac{1}{(s+1)(s+3)}$ 有 $n=2$ 个极点，分别是 $s_{\mathrm{p1}}=-1$ 和 $s_{\mathrm{p2}}=-3$，有 $m=0$ 个零点。根据规则 5，根轨迹有 $n-m=2$ 条分支指向无穷。根据规则 6，其渐近线与实轴的交点为

$$\sigma_{\mathrm{a}}=\frac{\sum s_{\mathrm{p}n}-\sum s_{zm}}{n-m}=\frac{-1-3}{2-0}=-2 \tag{8.4.1a}$$

夹角为

$$\theta=\frac{2q+1}{n-m}\pi=\frac{2q+1}{2-0}\pi,\quad q=0,1$$

$$\Rightarrow\begin{cases}\theta_1=\dfrac{1}{2}\pi\\[2ex]\theta_2=\dfrac{3}{2}\pi=-\dfrac{1}{2}\pi\end{cases} \tag{8.4.1b}$$

其根轨迹如图 8.4.2(a)所示，如例 8.3.2 所分析的，$s=-2-\mathrm{j}$ 在其根轨迹上。

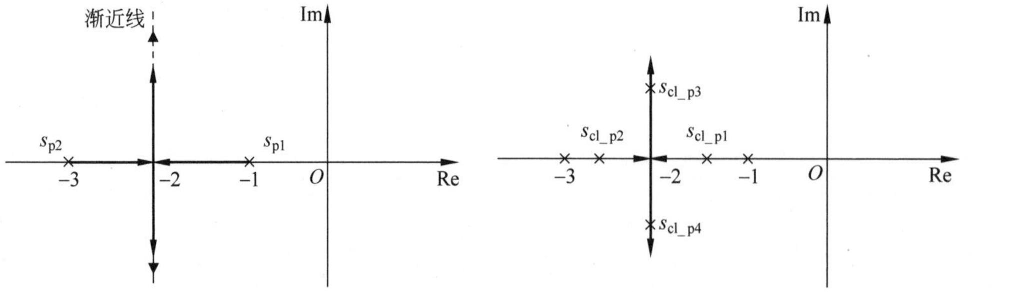

(a) $G_{(s)}=\dfrac{1}{(s+1)(s+3)}$的根轨迹　　(b) 闭环传递函数极点

图 8.4.2 系统的根轨迹及闭环传递函数极点分布

进一步分析系统的时间响应，当增益 K 比较小的时候，闭环传递函数有两个小于零的实数极点。例如，当 $K=0.5$ 时，闭环传递函数所对应的两个实数根为 $s_{\mathrm{cl\_p1}}=-1.29$ 和 $s_{\mathrm{cl\_p2}}=-2.71$［如图 8.4.2(b)所示，可以通过 $1+KG_{(s)}=0$ 求解］。当单位阶跃 $\left(r_{(t)}=1，拉普拉斯变换为 R_{(s)}=\dfrac{1}{s}\right)$ 作用在系统上时，其输出 $x_{(t)}$ 为

$$x_{(t)}=C_0+C_1\mathrm{e}^{s_{\mathrm{cl\_p1}}t}+C_2\mathrm{e}^{s_{\mathrm{cl\_p1}}t}=C_0+C_1\mathrm{e}^{-1.29t}+C_2\mathrm{e}^{-2.71t} \tag{8.4.2}$$

其中，C_1 和 C_2 是两个常数，读者可以自行计算(参考第 5 章)，然而这里我们并不需要 C_1 和 C_2 的精确数据就可以分析系统。式(8.4.2)由三部分相加而成，其中，C_0 是一个常数，来自参考输入 $R_{(s)}=\frac{1}{s}$，而另外两项都会随着时间的增加趋于 0。同时，因为 $|s_{\mathrm{cl\_p1}}|<|s_{\mathrm{cl\_p2}}|$，所以 $C_1\mathrm{e}^{-1.29t}$ 的收敛速度要慢于 $C_2\mathrm{e}^{-2.71t}$。因此，它们相加后的结果 $x_{(t)}$ 的收敛速度是由 $C_1\mathrm{e}^{-1.29t}$ 决定的，所以 $s_{\mathrm{cl\_p1}}=-1.29$ 称为**主导极点**(Dominant Pole)，主导极点更靠近虚轴。

随着 K 的增加，$G_{\mathrm{cl}_{(s)}}$ 的根轨迹将离开实轴向无穷移动。当 $K=2$ 时，$G_{\mathrm{cl}_{(s)}}$ 的两个极点分别为 $s_{\mathrm{cl\_p3}}=-2+\mathrm{j}$ 和 $s_{\mathrm{cl\_p4}}=-2-\mathrm{j}$，如图 8.4.2(b)所示。此时若对其施加一个单位阶跃$\left(r_{(t)}=1，即\ R_{(s)}=\frac{1}{s}\right)$，系统的输出为

$$x_{(t)}=C_0+C_3\mathrm{e}^{-2t}\sin(\omega t+\varphi) \tag{8.4.3}$$

C_3 和 φ 的计算留给读者自己完成(参考第 5 章)。

式(8.4.2)和式(8.4.3)说明输出 $x_{(t)}$ 的收敛速度与闭环传递函数极点的实部相关(这一结论在第 4 章至第 6 章中反复出现过)。根据图 8.4.2，无论如何增大 K 值，$G_{\mathrm{cl}_{(s)}}$ 极点的实部最小值 $\sigma_{\min}=-2$，这意味着系统最快沿着 e^{-2t} 这条渐近线收敛。因此，若要改变系统的响应速度，就需要改变其根轨迹。这可以通过串联控制器/补偿器来实现。若可以将闭环传递函数的极点置于 $s=\sigma\pm\mathrm{j}\omega=-3\pm2\sqrt{3}\mathrm{j}$ 上，那么系统的响应就会沿着渐近线 e^{-3t} 收敛。根据规则 4，根轨迹相对于实轴对称，因此只需要分析 $s=\sigma+\mathrm{j}\omega=-3+2\sqrt{3}\mathrm{j}$ 这一个点。在例 8.3.2 中，我们利用根轨迹的几何性质证明了 $s=-3+2\sqrt{3}\mathrm{j}$ 不在 $G_{\mathrm{cl}_{(s)}}$ 的根轨迹上，因为

$$\begin{aligned}\angle G_{(s=-3+2\sqrt{3}\mathrm{j})}&=\left(\sum 零点到\ s_1\ 的夹角-\sum 极点到\ s_1\ 的夹角\right)\Bigg|_{s=-3+2\sqrt{3}\mathrm{j}}\\&=-\left(\frac{2\pi}{3}+\frac{\pi}{2}\right)=-\frac{7}{6}\pi\end{aligned} \tag{8.4.4}$$

不满足式(8.3.7)。若要满足式(8.3.7)，需要在式(8.4.4)中补充 $+\frac{1}{6}\pi$，最简单的做法是为开环传递函数 $G_{(s)}$ 增加一个零点，令其到 $s=-3+2\sqrt{3}\mathrm{j}$ 的夹角为 $\frac{1}{6}\pi$。根据几何关系可以求得此零点位置为 $s_{\mathrm{z1}}=-9$，如图 8.4.3 所示。此时，$\angle G_{(s=-3+2\sqrt{3}\mathrm{j})}=\frac{1}{6}\pi-\left(\frac{2\pi}{3}+\frac{\pi}{2}\right)=-\pi$，满足式(8.3.7)。

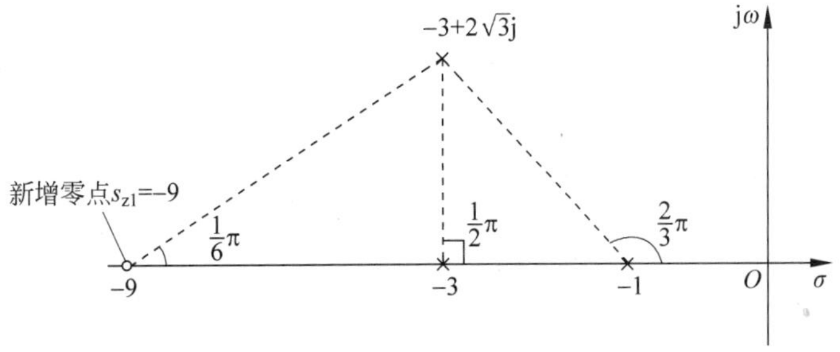

图 8.4.3　增加一个零点 $s_{\mathrm{z1}}=-9$ 使得 $s=-3+2\sqrt{3}\mathrm{j}$ 在 $G_{\mathrm{cl}_{(s)}}$ 的根轨迹上

此新增加的控制器对应的传递函数为 $C_{(s)}=s+9$，它被串联在原控制系统中，如图 8.4.4 所示。

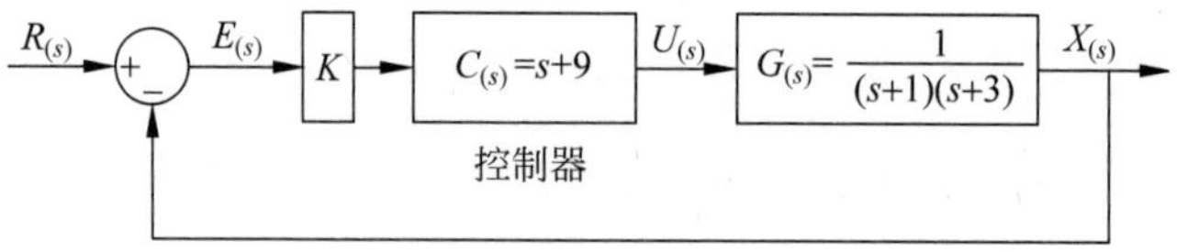

图 8.4.4 加入控制器 $C_{(s)}$ 后的系统框图

此时，控制量 $U_{(s)}$ 为

$$U_{(s)}=E_{(s)}KC_{(s)}=K(sE_{(s)}+9E_{(s)}) \tag{8.4.5a}$$

所对应的时域表达为

$$u_{(t)}=K\left(\frac{\mathrm{d}e_{(t)}}{\mathrm{d}t}+9e_{(t)}\right) \tag{8.4.5b}$$

式(8.4.5b)描述了一个**比例微分**(Proportional Derivative，PD)控制器。

加入控制器后，控制系统的开环传递函数为 $C_{(s)}G_{(s)}$。闭环传递函数 $G_{\mathrm{cl}_{(s)}}=\frac{KC_{(s)}G_{(s)}}{1+KC_{(s)}G_{(s)}}$ 的根轨迹如图 8.4.5 所示。正如我们所设计的，根轨迹过目标点 $s=-3\pm2\sqrt{3}\mathrm{j}$。同时，图 8.4.5 说明随着 K 的增加，$G_{\mathrm{cl}_{(s)}}$ 的极点会继续向左移动，其收敛速度仍有提高的空间。

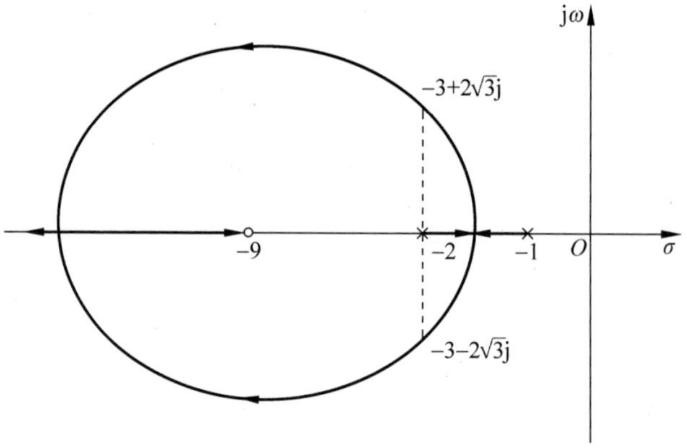

图 8.4.5 加入控制器 $C_{(s)}$ 后的闭环传递函数根轨迹

8.4.2 超前补偿器

使用 PD 控制可以提高系统的响应速度，从物理意义角度考虑，微分项与误差的变化率 $\frac{\mathrm{d}e_{(t)}}{\mathrm{d}t}$ 成正比，因此可以"预测"误差的变化趋势并提前做出反应。需要说明的是，PD 控制具有两个明显的缺陷：第一，PD 控制器需要额外的能量来源，无法通过被动元件实现；第二，PD 控制器会放大高频噪声。以上两点的详细说明参考 9.5 节。

引入**超前补偿器**(Lead Compensator)可以避免 PD 控制的缺陷，其表达为

$$C_{(s)}=\frac{s-s_{\mathrm{zc}}}{s-s_{\mathrm{pc}}} \tag{8.4.6}$$

其中，$s_{pc}<s_{zc}<0$。超前补偿器的设计思路是同时为系统增加一个极点和一个零点，且零点的位置比极点更加靠近虚轴。针对8.4.1节的例子，新增的这一对极点/零点如图8.4.6所示，只需要保障 $\varphi_z-\varphi_p=\frac{1}{6}\pi$，便可以满足式(8.3.7)中 $\varphi_z-\left(\varphi_p+\frac{2\pi}{3}+\frac{\pi}{2}\right)=-\pi$ 的条件。加入超前补偿器后的系统框图如图8.4.7(a)所示。

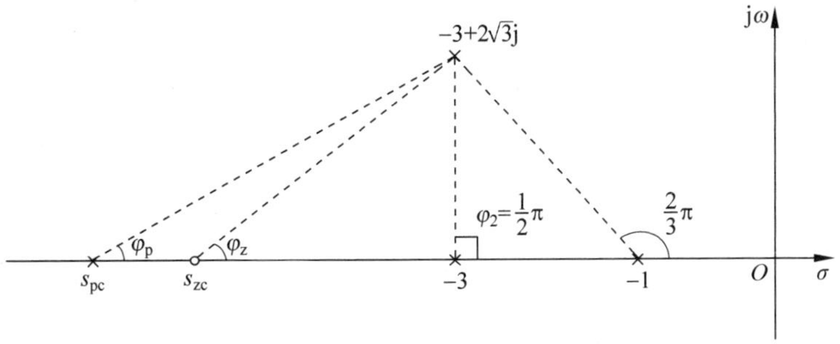

图8.4.6　超前补偿器的设计思路

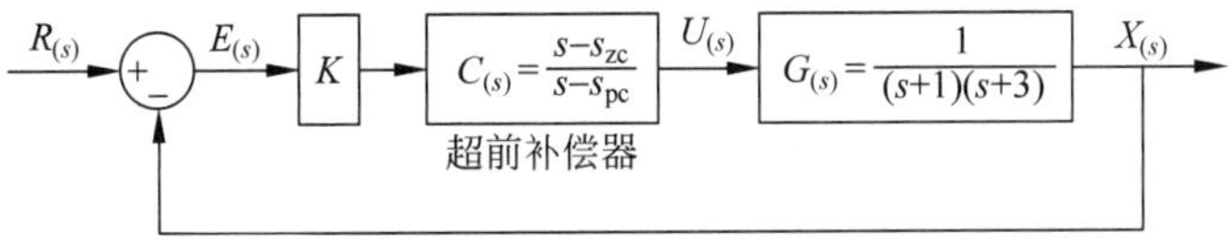

(a) 超前补偿器控制系统框图

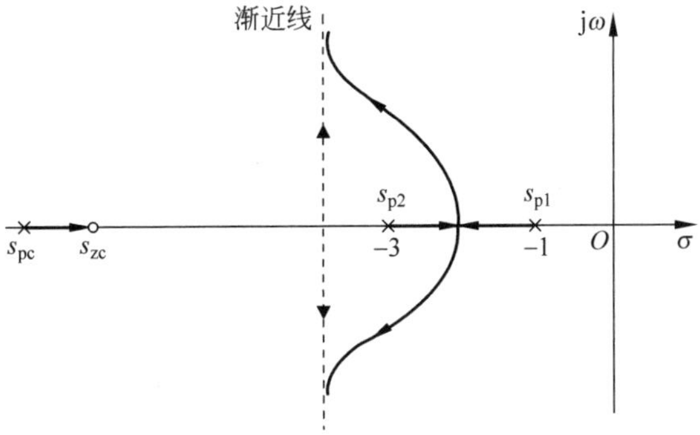

(b) 加入超前补偿器后的根轨迹

图8.4.7　超前补偿器框图和根轨迹

根据图8.4.6，在使用超前补偿器后，闭环传递函数的根轨迹必然存在着一条分支从新增加的极点 s_{pc} 指向零点 s_{zc}，而另外两条根轨迹将从原开环传递函数极点 $s_{p1}=-1$ 和 $s_{p2}=-3$ 出发，在实轴相会并沿着渐近线指向无穷。其渐近线与实轴的交点为

$$\sigma_a=\frac{\sum s_{pn}-\sum s_{zm}}{n-m}=\frac{-1-3+s_{pc}-s_{zc}}{3-1}=-2+\frac{s_{pc}-s_{zc}}{2}<-2 \qquad (8.4.7a)$$

夹角为

$$\theta=\frac{2q+1}{n-m}\pi=\frac{2q+1}{3-1}\pi,\quad q=0,1$$

$$\Rightarrow\begin{cases}\theta_1=\dfrac{1}{2}\pi\\ \theta_2=\dfrac{3}{2}\pi=-\dfrac{1}{2}\pi\end{cases}\tag{8.4.7b}$$

其根轨迹如图 8.4.7(b)所示。

比较图 8.4.7(b)和图 8.4.2(a)，可以发现渐近线与实轴的交点在超前补偿器的作用下被“拉向远离虚轴的方向”，因此提高了系统的响应速度。

请参考代码 8.2：8-2_Lead_Compensator. m。

8.4.3 滞后补偿器

一个含有补偿器的反馈闭环控制系统标准形式如图 8.4.8 所示。其误差 $E_{(s)}$ 可以表达为

$$E_{(s)}=R_{(s)}-X_{(s)}=R_{(s)}-E_{(s)}C_{(s)}KG_{(s)}$$

$$\Rightarrow E_{(s)}=\frac{R_{(s)}}{1+C_{(s)}KG_{(s)}}\tag{8.4.8}$$

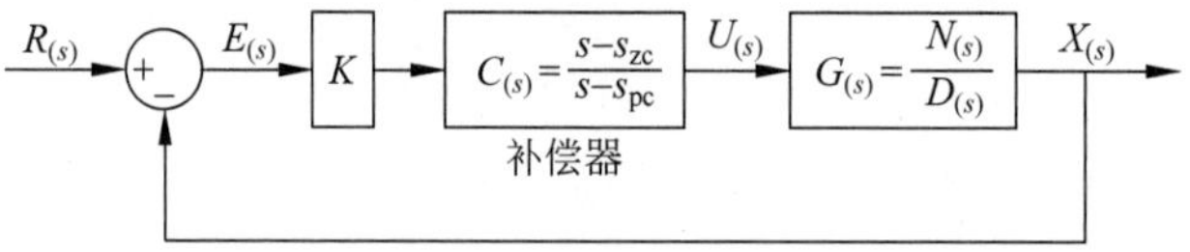

图 8.4.8 含有补偿器的反馈闭环控制系统

在参考值 $r_{(t)}=1\left(\text{单位阶跃，其拉普拉斯变换为 } R_{(s)}=\dfrac{1}{s}\right)$的作用下，将 $C_{(s)}=\dfrac{s-s_{zc}}{s-s_{pc}}$ 和 $G_{(s)}=\dfrac{N_{(s)}}{D_{(s)}}$代入式(8.4.8)，可得

$$E_{(s)}=\frac{\dfrac{1}{s}}{1+\dfrac{s-s_{zc}}{s-s_{pc}}K\dfrac{N_{(s)}}{D_{(s)}}}\tag{8.4.9}$$

对式(8.4.9)使用终值定理，得到

$$\begin{aligned}e_{ss}&=\lim_{t\to\infty}e_{(t)}=\lim_{s\to0}sE_{(s)}=\lim_{s\to0}s\frac{\dfrac{1}{s}}{1+\dfrac{s-s_{zc}}{s-s_{pc}}K\dfrac{N_{(s)}}{D_{(s)}}}\\&=\lim_{s\to0}\frac{1}{1+\dfrac{s-s_{zc}}{s-s_{pc}}K\dfrac{N_{(s)}}{D_{(s)}}}=\frac{1}{1+\dfrac{-s_{zc}}{-s_{pc}}K\dfrac{N_{(0)}}{D_{(0)}}}\\&=\frac{D_{(0)}}{D_{(0)}+KN_{(0)}\dfrac{s_{zc}}{s_{pc}}}\end{aligned}\tag{8.4.10}$$

式(8.4.10)说明$\frac{s_{zc}}{s_{pc}}$越大，e_{ss}就越小。因此设计补偿器$C_{(s)}$中的$s_{zc}<s_{pc}<0$，便可以达到缩小稳态误差e_{ss}的目标。此时，补偿器的极点s_{pc}在复平面上的位置比零点s_{zc}更靠近虚轴，这与8.4.2节介绍的超前补偿器相反，称为**滞后补偿器**(Lag Compensator)(在9.5.2节将说明超前和滞后的命名原因)。

> 分析式(8.4.10)，可发现当$\frac{s_{zc}}{s_{pc}}=\infty$时，$e_{ss}=0$。此时，$s_{pc}=0\Rightarrow C_{(s)}=\frac{s-s_{zc}}{s}=1-\frac{s_{zc}}{s}$，这便是7.3节中所介绍的比例积分控制器。

考虑控制系统的开环传递函数为$G_{(s)}=\frac{1}{(s+1)(s+3)}$，在不使用补偿器的情况下(即$C_{(s)}=1$时)，计算$K=2$时图8.4.8所示系统的稳态误差(请读者自行计算)，可得

$$e_{ss}=\frac{1}{1+KG_{(0)}}=\frac{1}{1+2\times\frac{1}{3}}=0.6 \tag{8.4.11}$$

若要缩小e_{ss}，可以为系统串联一个滞后补偿器$C_{(s)}=\frac{s-s_{zc}}{s-s_{pc}}$。当$K=2$时，将$G_{(s)}=\frac{1}{(s+1)(s+3)}$代入式(8.4.10)，可得

$$e_{ss}=\frac{D_{(0)}}{D_{(0)}+KN_{(0)}\frac{s_{zc}}{s_{pc}}}=\frac{(0+1)(0+3)}{(0+1)(0+3)+K\frac{s_{zc}}{s_{pc}}}=\frac{3}{3+2\frac{s_{zc}}{s_{pc}}} \tag{8.4.12}$$

当选择$\frac{s_{zc}}{s_{pc}}=5$时，系统的稳态误差将缩小到$e_{ss}=\frac{3}{13}=0.23$。此时可以有不同的选择，例如，$C_{1_{(s)}}=\frac{s+5}{s+1}$，此时$\begin{cases}s_{zc}=-5\\s_{pc}=-1\end{cases}$；或者$C_{2_{(s)}}=\frac{s+0.5}{s+0.1}$，此时$\begin{cases}s_{zc}=-0.5\\s_{pc}=-0.1\end{cases}$。根据式(8.4.12)，这两种选择都可以将稳态误差缩小到0.23。它们各自所对应的控制系统框图与根轨迹如图8.4.9所示。在实践中，一般会选择$C_{2_{(s)}}=\frac{s+0.5}{s+0.1}$，虽然这两个补偿器新增加的极点与零点都是相差了5倍，但是$C_{2_{(s)}}$中的极点/原点距离虚轴更近。对比图8.4.9(b)与图8.4.2，可以发现它和原系统的根轨迹图非常相似(仅仅增加了一条从$s_{pc}=-0.1$指向$s_{zc}=-0.5$的分支)。而使用了$C_{1_{(s)}}=\frac{s+5}{s+1}$后，根轨迹形状发生了较大的改变。

图8.4.10显示了在单位阶跃输入作用下，不使用补偿器、使用补偿器$C_{1_{(s)}}$及使用补偿器$C_{2_{(s)}}$下的系统输出$x_{(t)}$随时间的变化。当使用滞后补偿器($C_{1_{(s)}}$或$C_{2_{(s)}}$)之后，系统输出$x_{(t)}$的稳态误差从0.6下降至0.23。同时可以看出，使用$C_{2_{(s)}}=\frac{s+0.5}{s+0.1}$的系统输出在开始阶段的表现与原系统保持一致。之后补偿器会“慢慢”地修正稳态误差。而使用了$C_{1_{(s)}}=\frac{s+5}{s+1}$的系统输出则有完全不同的表现。

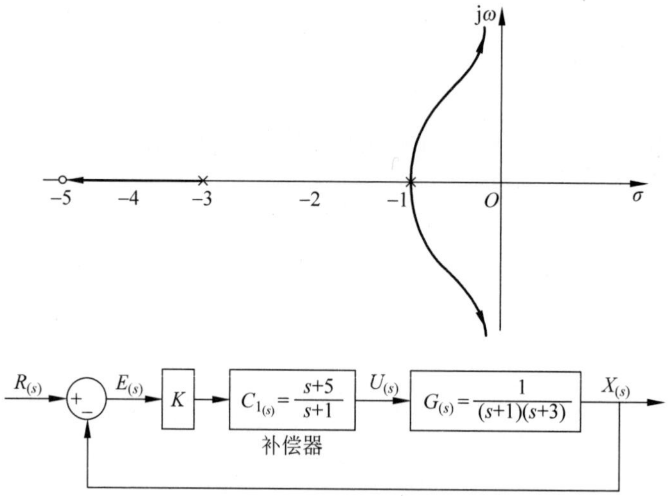

(a) 增加补偿器$C_{1(s)}=\frac{s+5}{s+1}$后的系统框图与根轨迹

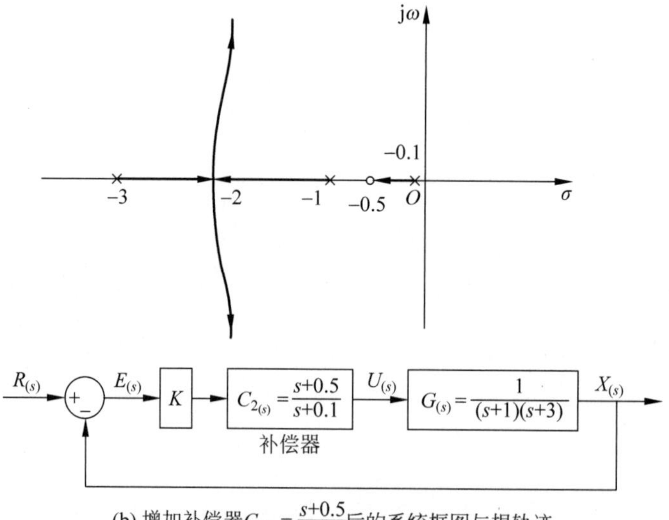

(b) 增加补偿器$C_{2(s)}=\frac{s+0.5}{s+0.1}$后的系统框图与根轨迹

图 8.4.9 不同滞后补偿器框图及其所对应的根轨迹

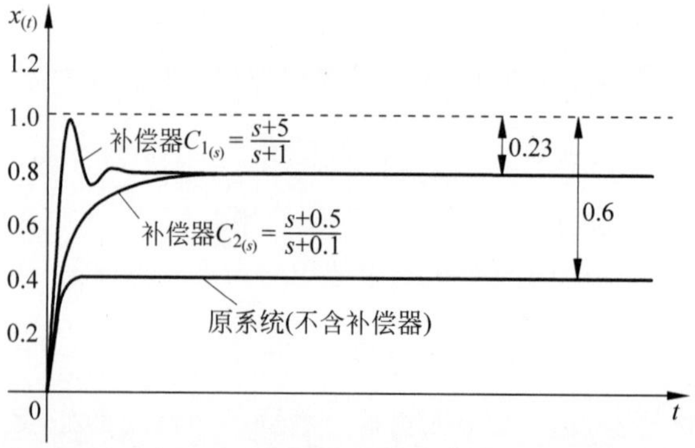

图 8.4.10 不同滞后补偿器所对应的系统输出

请参考代码 8.3：8-3_Lag_Compensator.m。

8.5　比例积分微分控制器

本书的 7.3 节介绍了比例积分(PI)控制器，8.4.1 节介绍了比例微分(PD)控制。将它们二者结合在一起就形成了控制领域中著名的**比例积分微分**(PID)控制器。PID 控制器是非常符合人类直觉的控制方法。它的发现来自对水手掌舵的观察，人们发现水手在控制船舶时不只是依赖目前的误差，也会考虑过去的误差以及误差的变化趋势。相信各位读者在生活中会不自觉地使用到这种控制方法来做事情。如图 8.5.1 所示，在浴缸中放洗澡水的时候，通过控制一个旋钮来控制出水口的温度，从而控制浴缸里面水的温度。

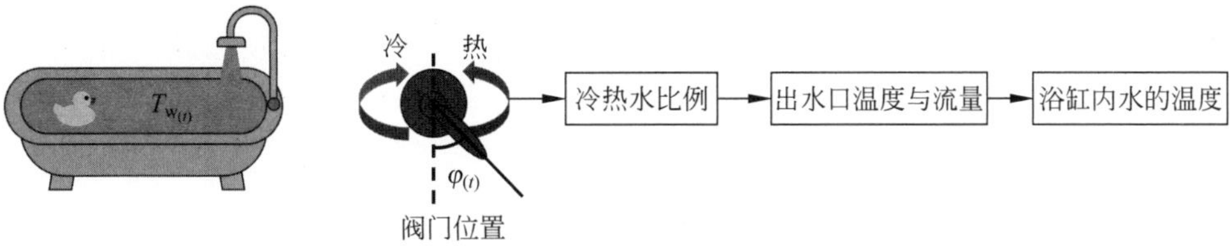

图 8.5.1　PID 控制举例——浴缸水温控制

控制系统的控制量是旋钮的角度 $u_{(t)}=\varphi_{(t)}$，系统的输出为浴缸中的水温 $x_{(t)}=T_{w_{(t)}}$。控制的目标则是把水温稳定到一个舒服的温度，即参考值 $r_{(t)}$。参考值减去实际水温得到误差 $e_{(t)}$，$e_{(t)}=r_{(t)}-x_{(t)}$。图 8.5.1 说明控制量与输出之间存在着很多的中间过程，包含了复杂的物理变化：旋钮改变阀门的位置，从而改变冷热水的比例，而冷热水的比例决定了出水口的温度与流量，新注入浴缸的水与浴缸内已有的水混合之后才是最终的输出。如果对这一过程进行数学建模，就要包含动力学和热力学的模型。请读者思考一下自己在洗澡的时候，是否考虑过这些中间过程？我相信是没有的，相反，我们会通过一种直观的控制方式来完成水温的调节，即

$$u_{(t)}=u_{P_{(t)}}+u_{I_{(t)}}+u_{D_{(t)}}=K_Pe_{(t)}+K_I\int e_{(t)}\mathrm{d}t+K_D\frac{\mathrm{d}e_{(t)}}{\mathrm{d}t} \tag{8.5.1}$$

式(8.5.1)意味着，在调节旋钮控制水温的时候会综合考虑“当前”的误差(比例控制 $u_{P_{(t)}}=K_Pe_{(t)}$)、“过去”误差的积累$\left(\text{积分控制 } u_{I_{(t)}}=K_I\int e_{(t)}\mathrm{d}t\right)$，以及“未来”误差的变化趋势$\left(\text{微分控制 } u_{D_{(t)}}=K_D\frac{\mathrm{d}e_{(t)}}{\mathrm{d}t}\right)$。在 7.3.3 节中，我们详细分析了比例积分控制如何降低甚至消除系统的稳态误差，在 8.4.1 节中则论证了使用比例微分控制可以提高系统的响应速度。因此，式(8.5.1)所示的 PID 控制器兼具两者的优点，既可以提高系统的响应速度，也可以消除稳态误差。更为关键的是，即使不清楚动态系统的内部结构以及输入和输出的关系(例如上述的例子中，没有人清楚地知道旋钮与水温的关系)，大部分情况下，我们依然可以使用 PID 控制器达到满意的结果。

式(8.5.1)所对应的拉普拉斯变换为

$$U_{(s)}=\left(K_P+K_I\frac{1}{s}+K_Ds\right)E_{(s)} \tag{8.5.2}$$

其控制框图如图 8.5.2 所示，其中虚线框内即为 PID 控制器，可以表达为

$$C_{(s)}=K_{\mathrm{P}}+K_{\mathrm{I}}\frac{1}{s}+K_{\mathrm{D}}s \tag{8.5.3}$$

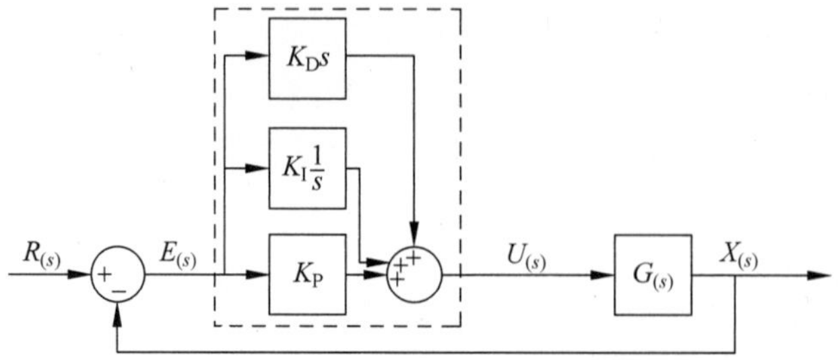

图 8.5.2　并联型 PID 控制器框图

式(8.5.1)以及图 8.5.2 所表达的 PID 控制器中的比例项，积分项和微分项是并联的，因此也称为并联型 PID 控制器。与之对应的为标准型 PID 控制，式(8.5.1)可以写成

$$\begin{aligned}u_{(t)}&=K_{\mathrm{P}}e_{(t)}+K_{\mathrm{I}}\int e_{(t)}\mathrm{d}t+K_{\mathrm{D}}\frac{\mathrm{d}e_{(t)}}{\mathrm{d}t}\\&=K_{\mathrm{P}}\left(e_{(t)}+\frac{1}{\tau_{\mathrm{I}}}\int e_{(t)}\mathrm{d}t+\tau_{\mathrm{D}}\frac{\mathrm{d}e_{(t)}}{\mathrm{d}t}\right)\end{aligned} \tag{8.5.4}$$

其中，$\tau_{\mathrm{I}}=\frac{K_{\mathrm{P}}}{K_{\mathrm{I}}}$称为**积分时间**(Integral Time)，$\tau_{\mathrm{D}}=\frac{K_{\mathrm{D}}}{K_{\mathrm{P}}}$称为**微分时间**(Derivative Time)，这两项体现了 PID 控制器当中的积分项，微分项与比例项之间的关系。

通过图 8.5.3 进一步理解这两项"时间"的具体含义。首先分析积分时间，考虑一个比例积分控制系统，控制量为

$$u_{(t)}=K_{\mathrm{P}}\left(e_{(t)}+\frac{1}{\tau_{\mathrm{I}}}\int e_{(t)}\mathrm{d}t\right) \tag{8.5.5}$$

如图 8.5.3(a)所示，假设误差从 0 开始，在 t_0 时刻突然跳至一个固定值 e。这样的误差将导致控制器的比例项产生即时响应 $K_{\mathrm{P}}e$。积分项的响应则从零开始逐渐累加，根据式(8.5.5)，当 $e_{(t)}$ 为常数($e_{(t)}=e$)时，控制器中的积分项为$\frac{K_{\mathrm{P}}}{\tau_{\mathrm{I}}}e\int_{t_0}^{t}\mathrm{d}t=\frac{K_{\mathrm{P}}}{\tau_{\mathrm{I}}}e_{(t-t_0)}$。当 $t=t_0+\tau_{\mathrm{I}}$ 时，积分项为$\frac{K_{\mathrm{P}}}{\tau_{\mathrm{I}}}e_{(t_0+\tau_{\mathrm{I}}-t_0)}=\frac{K_{\mathrm{P}}}{\tau_{\mathrm{I}}}e\tau_{\mathrm{I}}=K_{\mathrm{P}}e$，与控制器中的比例项相等。因此，在常数误差情况下，积分项追上比例项所需要的时间就是积分时间 τ_{I}，积分时间较长的比例积分控制器中的比例部分权重较大。

同理，分析微分时间，考虑一个比例微分控制器：

$$u_{(t)}=K_{\mathrm{P}}\left(e_{(t)}+\tau_{\mathrm{D}}\frac{\mathrm{d}e_{(t)}}{\mathrm{d}t}\right) \tag{8.5.6}$$

如图 8.5.3(b)所示，假设误差 $e_{(t)}$ 从 0 开始，在 t_0 时刻起以固定速率增加(在图中显示为斜率为$\frac{\mathrm{d}e_{(t)}}{\mathrm{d}t}$且保持不变的一条直线)，此时控制器的微分项将为固定值，即 $K_{\mathrm{P}}\tau_{\mathrm{D}}\frac{\mathrm{d}e_{(t)}}{\mathrm{d}t}$。而比例项则将从零开始增加，在经过 τ_{D} 时间后，误差变为$\frac{\mathrm{d}e_{(t)}}{\mathrm{d}t}\tau_{\mathrm{D}}$，比例项则达到 $K_{\mathrm{P}}\frac{\mathrm{d}e_{(t)}}{\mathrm{d}t}\tau_{\mathrm{D}}$，在微分时间结束时追赶上微分项。因此微分时间较长的比例微分控制器中微分部分的权重较大。

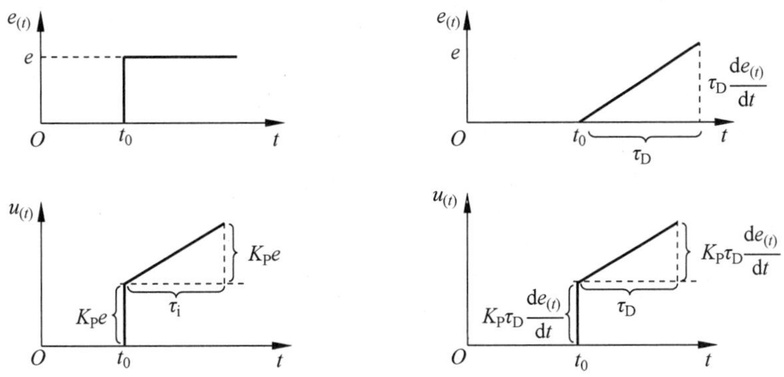

(a) 积分时间效应　　(b) 微分时间效应

图 8.5.3　理解标准 PID 控制器中的两个"时间"

> 以上两个时间都体现了"追赶"的含义，值得注意的是，积分时间是指积分项追赶比例项所用的时间。微分时间则是指比例项追赶微分项所用的时间。这也和比例、积分、微分的物理意义相契合。"过去(积分)"在追赶"现在(比例)"，而"现在(比例)"在追赶"未来(微分)"。

对式(8.5.4)两边做拉普拉斯变换，可得到标准型 PID 的传递函数形式：

$$U_{(s)}=K_{\mathrm{P}}\left(1+\frac{1}{\tau_{\mathrm{I}}s}+\tau_{\mathrm{D}}s\right)E_{(s)} \tag{8.5.7}$$

其控制框图如图 8.5.4 所示，其中虚线框内即为标准型 PID 控制器，可以表达为

$$C_{(s)}=K_{\mathrm{P}}\left(1+\frac{1}{\tau_{\mathrm{I}}s}+\tau_{\mathrm{D}}s\right) \tag{8.5.8}$$

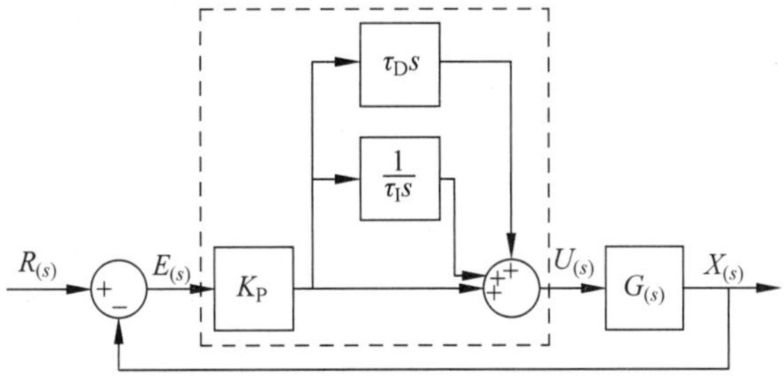

图 8.5.4　标准型 PID 控制器框图

比较图 8.5.4 与图 8.5.2 可以发现，并联型 PID 控制器易于理解，比例、积分、微分项都有独立的增益，可以单独调节，因此调节过程比较灵活与方便。而标准型 PID 控制器只有一个增益 K_{P}，这意味着在确定了积分时间与微分时间之后，可以方便地通过调节一个参数来调节系统的瞬态响应。同时，标准型 PID 也可以更好地对闭环系统根轨迹以及频率响应(参考第 9 章)进行分析。这种紧凑的设计被广泛用于工业与商业软件当中。

8.6　本章要点总结

- **根轨迹的研究对象预定义。**
  - 根轨迹的应用与研究要满足图 8.1.1 中的单位反馈闭环控制系统图标准形式。

  - 根轨迹的研究方法是通过研究**开环传递函数** $G_{(s)}$ 的极点和零点来判断**闭环传递函数** $G_{\text{cl}_{(s)}}$ 特征方程根(极点)随增益 K 的变化趋势。
- **根轨迹绘制的基本规则**。
  - 根轨迹有 6 个基本规则:
    - **规则 1**,如果 $n>m$,则根轨迹在复平面上共有 n 条分支;如果 $m>n$,则根轨迹在复平面上共有 m 条分支。
    - **规则 2**,当 $n=m$ 时,随着 K 从 0 增加到正无穷,根轨迹从 $G_{(s)}$ 的极点向零点移动。
    - **规则 3**,实轴上的根轨迹存在于从右向左数第奇数个极点/零点的左边。
    - **规则 4**,若复数根存在,则一定是共轭的,所以根轨迹是相对于实轴对称的。这一点可以参考第 6 章。
    - **规则 5**,如果 $n>m$,则有 $(n-m)$ 条分支从极点指向无穷;如果 $n<m$,则有 $(m-n)$ 条分支从无穷指向零点。
    - **规则 6**,根轨迹沿着渐近线移动,渐近线与实轴的交点为 $\sigma_{\text{a}}=\dfrac{\sum s_{pn}-\sum s_{zm}}{n-m}$;

      渐近线 与实轴的夹角为 $\theta=\dfrac{2q+1}{n-m}\pi,q=\begin{cases}0,1,\cdots,n-m-1, & n>m\\0,1,\cdots,m-n-1, & n<m\end{cases}$。
- **根轨迹的几何性质**。
  - 在根轨迹上的点,需要满足:
    - $|KG_{(s)}|=1$。
    - $\angle G_{(s)}=-(2q+1)\pi,q=\pm0,\pm1,\pm2,\cdots$
- **补偿器设计**。
  - 超前补偿器:$C_{(s)}=\dfrac{s-s_{\text{zc}}}{s-s_{\text{pc}}}(s_{\text{pc}}<s_{\text{zc}}<0)$,可以提高系统的响应速度。
  - 滞后补偿器:$C_{(s)}=\dfrac{s-s_{\text{zc}}}{s-s_{\text{pc}}}(s_{\text{zc}}<s_{\text{pc}}<0)$,可以改善系统的稳态误差。
- **比例积分微分控制器**。
  - 时域表达。

    ① 并联型 PID 控制:$u_{(t)}=K_{\text{P}}e_{(t)}+K_{\text{I}}\int e_{(t)}\text{d}t+K_{\text{D}}\dfrac{\text{d}e_{(t)}}{\text{d}t}$。

    ② 标准型 PID 控制:$u_{(t)}=K_{\text{P}}\left(e_{(t)}+\dfrac{1}{\tau_{\text{I}}}\int e_{(t)}\text{d}t+\tau_{\text{D}}\dfrac{\text{d}e_{(t)}}{\text{d}t}\right)$。
  - 控制器的传递函数表达形式。

    ① 并联型 PID 控制:$C_{(s)}=K_{\text{P}}+K_{\text{I}}\dfrac{1}{s}+K_{\text{D}}s$。

    ② 标准型 PID 控制:$C_{(s)}=K_{\text{P}}\left(1+\dfrac{1}{\tau_{\text{I}}s}+\tau_{\text{D}}s\right)$。
  - 兼具比例微分控制与比例积分控制的优点,直观的控制方法。
  - 并联型 PID 控制器易于理解,调节方式灵活。标准型 PID 控制器应用简单广泛,便于调节。

CHAPTER 9 第9章

频率响应与分析

本章将讨论频率响应,它通过线性时不变系统对正弦输入的稳态响应来分析系统性能。其结论被广泛地应用在控制理论和信号处理中。本章将详细推导系统频率响应的特性,分析典型系统的频率响应并讨论其应用。**本章的学习目标为**:

- 掌握线性时不变系统的频率响应推导过程和结论。
- 掌握一阶系统与二阶系统的频率响应特性。
- 理解伯德图的含义。
- 掌握典型系统的伯德图。
- 理解使用伯德图与频率响应特性设计滤波器与控制器的基本原理。
- 理解 Nyquist 图及其稳定性判据。
- 掌握裕度概念以及利用裕度分析设计控制器的方法。

9.1 引子——百万调音师

在阅读本节的时候,读者可以打开自己计算机上或手机上的音乐播放器,选一首喜欢的曲子作为背景音乐。同时你可以在播放器的设置中打开"均衡器"(Equalizer)这一选项,如图 9.1.1 所示。通过它可以调节音乐中不同声部的振幅。一般会有几个默认的选项,如古典、摇滚、流行、民谣等,当然也可以手动调节以满足不同播音设备的要求。图 9.1.1 中横坐标部分所显示的 32,64,125,…代表频率,单位是 Hz;纵坐标代表强度(振幅)。通过调节均衡器,可以达到"低音沉、中音准、高音甜"的通透音响效果。

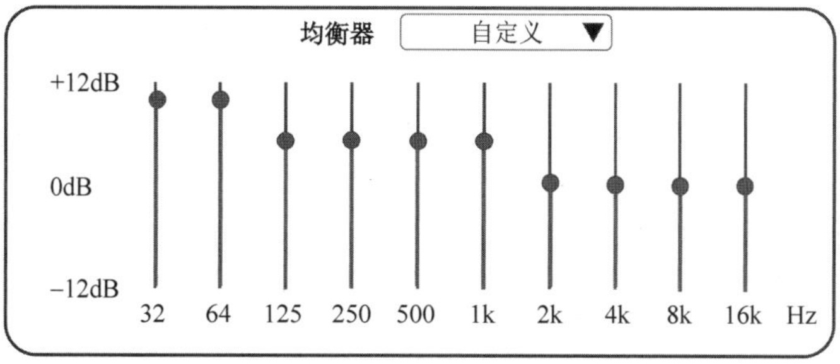

图 9.1.1 音频均衡器举例

有兴趣的读者如果去了解一下现代电影配乐团队中的人员配置,就会发现电影配乐是工业化的产物。调音师和录音师都是由"工程师"来承担的。一首作品可以成功,除了台前的作曲家、演奏家、歌唱家之外，背后也有大量的技术人员通过科学技术来保障音乐最终呈现出的品质。

音乐的本质是传播媒介的振动，不同频率叠加在一起便产生了美妙的乐章。例如，鼓声会集中在低频部分（32～125Hz），人声在 500～2000Hz。一些乐器、高音和清晰的对白则出现在更高的频率上。本章将从控制理论的角度入手，探讨均衡器背后的数学原理，并以此为例讲解系统的频率响应。

9.2 频率特性推导

如图 9.2.1 所示，当正弦输入 $u_{(t)}$ 通过一个线性时不变系统之后，在稳定的状态下，系统的输出 $x_{(t)}$ 也是正弦函数。而且 $x_{(t)}$ 的频率与 $u_{(t)}$ 相同，但是振幅和相位发生了改变。下面将详细推导这一性质，并求解振幅与相位的变化规律。

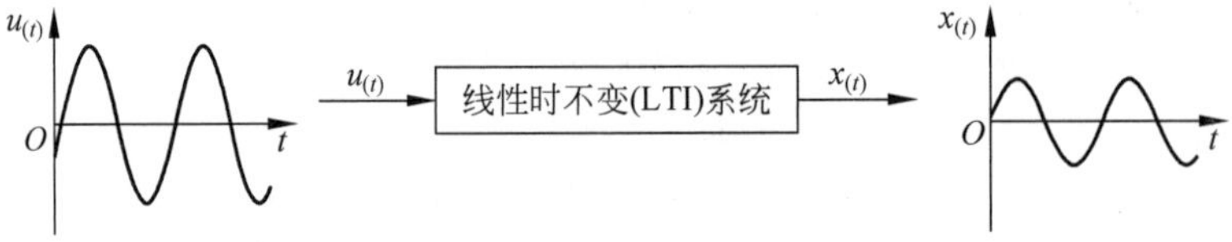

图 9.2.1　正弦信号通过线性时不变系统

首先从正弦输入的一般形式入手，它可以表达为

$$u_{(t)}=A\sin(\omega_i t)+B\cos(\omega_i t) \tag{9.2.1}$$

其中，ω_i 是输入频率（下标 i 代表 Input），A 和 B 是两个常数。如果将 A 和 B 作为三角形的两个直角边，可以得到图 9.2.2 中的几何关系，定义输入相位为

$$\varphi_i=\arctan\frac{B}{A} \tag{9.2.2a}$$

输入振幅为

$$M_i=\sqrt{A^2+B^2} \tag{9.2.2b}$$

调整式(9.2.1)，可得

$$\begin{aligned}u_{(t)}&=\sqrt{A^2+B^2}\left(\frac{A}{\sqrt{A^2+B^2}}\sin(\omega_i t)+\frac{B}{\sqrt{A^2+B^2}}\cos(\omega_i t)\right)\\&=\sqrt{A^2+B^2}\,(\cos\varphi_i\sin(\omega_i t)+\sin\varphi_i\cos(\omega_i t))\\&=M_i\sin(\omega_i t+\varphi_i)\end{aligned} \tag{9.2.3}$$

式(9.2.3)中，正弦输入的振幅为 M_i，频率为 ω_i，相位为 φ_i。考虑将其施加到一个线性时不变系统 $G_{(s)}$ 中，如图 9.2.3 所示。

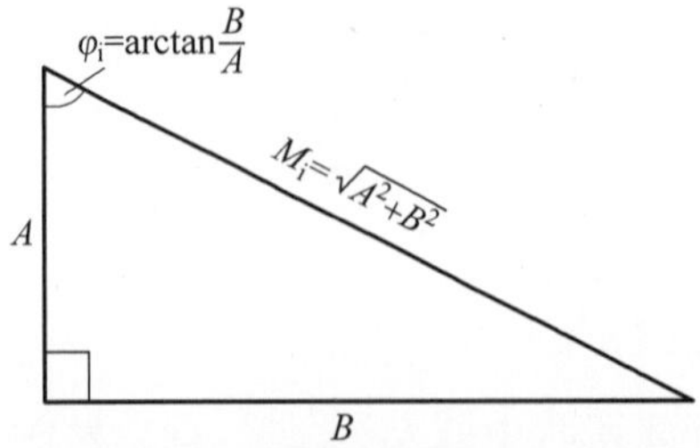

图 9.2.2　正弦函数输入的几何表达

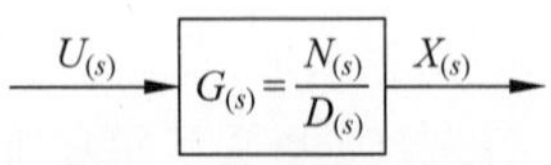

图 9.2.3　频率响应框图

根据式(9.2.1)，正弦输入的拉普拉斯变换 $U_{(s)}$ 为

$$U_{(s)}=\mathcal{L}[u_{(t)}]=\mathcal{L}[A\sin(\omega_i t)+B\cos(\omega_i t)]$$
$$=\mathcal{L}[A\sin(\omega_i t)]+\mathcal{L}[B\cos(\omega_i t)]$$
$$=\frac{A\omega_i}{s^2+\omega_i^2}+\frac{Bs}{s^2+\omega_i^2}=\frac{A\omega_i+Bs}{s^2+\omega_i^2}=\frac{A\omega_i+Bs}{(s+j\omega_i)(s-j\omega_i)} \tag{9.2.4}$$

传递函数 $G_{(s)}$ 可以表达为

$$G_{(s)}=\frac{N_{(s)}}{D_{(s)}}=\frac{(s-s_{z1})(s-s_{z2})\cdots(s-s_{zm})}{(s-s_{p1})(s-s_{p2})\cdots(s-s_{pn})},\quad n>m \tag{9.2.5}$$

其中，$N_{(s)}$ 和 $D_{(s)}$ 代表传递函数 $G_{(s)}$ 的分子和分母多项式。$s_{z1},s_{z2},\cdots,s_{zm}$ 说明传递函数共含有 m 个零点；$s_{p1},s_{p2},\cdots,s_{pn}$ 表示传递函数共含有 n 个极点。此时系统的输出为

$$X_{(s)}=U_{(s)}G_{(s)}=\frac{A\omega_i+Bs}{(s+j\omega_i)(s-j\omega_i)}\frac{N_{(s)}}{D_{(s)}} \tag{9.2.6a}$$

对其使用分式分解法可得

$$X_{(s)}=\frac{A\omega_i+Bs}{(s+j\omega_i)(s-j\omega_i)}\frac{N_{(s)}}{D_{(s)}}$$
$$=\frac{A\omega_i+Bs}{(s+j\omega_i)(s-j\omega_i)}\frac{N_{(s)}}{(s-s_{p1})(s-s_{p2})\cdots(s-s_{pn})}$$
$$=\frac{K_1}{s+j\omega_i}+\frac{K_2}{s-j\omega_i}+\frac{C_1}{s-s_{p1}}+\frac{C_2}{s-s_{p2}}+\cdots+\frac{C_n}{s-s_{pn}} \tag{9.2.6b}$$

对式(9.2.6b)进行拉普拉斯逆变换，可得

$$x_{(t)}=\mathcal{L}^{-1}[X_{(s)}]=\mathcal{L}^{-1}\left[\frac{K_1}{s+j\omega_i}+\frac{K_2}{s-j\omega_i}+\frac{C_1}{s-s_{p1}}+\frac{C_2}{s-s_{p2}}+\cdots+\frac{C_n}{s-s_{pn}}\right]$$
$$=K_1e^{-j\omega_i t}+K_2e^{j\omega_i t}+C_1e^{s_{p1}t}+C_2e^{s_{p2}t}+\cdots+C_ne^{s_{pn}t} \tag{9.2.7}$$

根据前面几章的分析，当传递函数 $G_{(s)}$ 的极点 $s_{p1},s_{p2},\cdots,s_{pn}$ 的实部都小于 0 时，$C_1e^{s_{p1}t},C_2e^{s_{p2}t},\cdots,C_ne^{s_{pn}t}$ 会随着时间 t 的增加而趋于 0。也只有在这种情况下，系统的频率响应分析才有意义，否则系统的输出将无穷大。此时，系统的稳态输出为

$$x_{ss_{(t)}}=K_1e^{-j\omega_i t}+K_2e^{j\omega_i t} \tag{9.2.8}$$

下面求 K_1 和 K_2。根据式(9.2.6b)，得到

$$\begin{aligned}(A\omega_i+Bs)N_{(s)}=&K_1(s-j\omega_i)D_{(s)}+K_2(s+j\omega_i)D_{(s)}+\\&C_1(s+j\omega_i)(s-j\omega_i)(s-s_{p2})\cdots(s-s_{pn})+\\&C_2(s+j\omega_i)(s-j\omega_i)(s-s_{p1})(s-s_{p3})\cdots(s-s_{pn})+\cdots+\\&C_n(s-j\omega_i)(s+j\omega_i)(s-s_{p1})\cdots(s-s_{pn-1})\end{aligned} \tag{9.2.9}$$

将 $s=-j\omega_i$ 代入式(9.2.9)，得到

$$(A\omega_i+B(-j\omega_i))N_{(-j\omega_i)}=K_1(-j\omega_i-j\omega_i)D_{(-j\omega_i)}$$
$$\Rightarrow K_1=\frac{A\omega_i+B(-j\omega_i)}{-2j\omega_i}\frac{N_{(-j\omega_i)}}{D_{(-j\omega_i)}}=\frac{B+Aj}{2}G_{(-j\omega_i)} \tag{9.2.10}$$

将 $s=j\omega_i$ 代入式(9.2.9)，得到

$$(A\omega_i + B(j\omega_i))N_{(j\omega_i)} = K_2(j\omega_i + j\omega_i)D_{(j\omega_i)}$$

$$\Rightarrow K_2 = \frac{A\omega_i + B(j\omega_i)}{2j\omega_i}\frac{N_{(j\omega_i)}}{D_{(j\omega_i)}} = \frac{B - Aj}{2}G_{(j\omega_i)} \tag{9.2.11}$$

其中，$G_{(j\omega_i)}$是一个复数，可以写成指数形式，即

$$G_{(j\omega_i)} = |G_{(j\omega_i)}| e^{j\angle G_{(j\omega_i)}} \tag{9.2.12}$$

> 传递函数 $G_{(s)}$ 是输出与输入的拉普拉斯变换的比值。当 $s = j\omega_i$ 的时候，拉普拉斯变换变成了傅里叶变换。实信号函数的傅里叶变换属于**埃尔米特函数**（Hermitian Function），符合共轭对称（有兴趣的读者可以参考附录 B）。

根据上述结论，$G_{(-j\omega_i)}$与$G_{(j\omega_i)}$共轭，$G_{(j\omega_i)}$和$G_{(-j\omega_i)}$的示意图如图 9.2.4 所示，它们的模相同，相位相反，得到

$$G_{(-j\omega_i)} = |G_{(-j\omega_i)}| e^{j\angle G_{(-j\omega_i)}} = |G_{(j\omega_i)}| e^{-j\angle G_{(j\omega_i)}} \tag{9.2.13a}$$

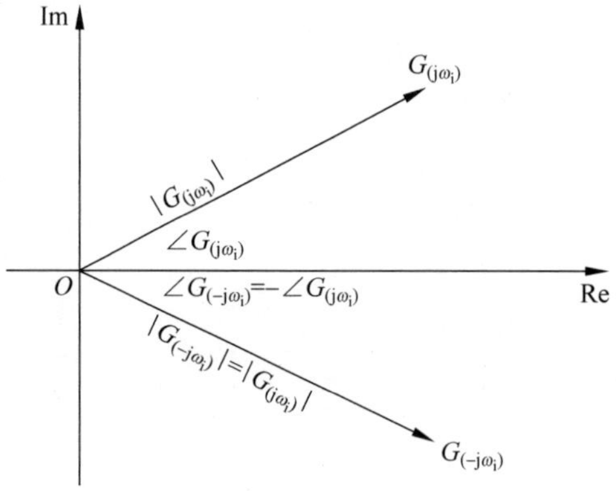

图 9.2.4　$G_{(j\omega_i)}$和$G_{(-j\omega_i)}$的示意图

将式(9.2.12)和式(9.2.13a)分别代入式(9.2.10)和式(9.2.11)，可得

$$K_1 = \frac{B + Aj}{2}G_{(-j\omega_i)} = \frac{B + Aj}{2}|G_{(j\omega_i)}| e^{-j\angle G_{(j\omega_i)}} \tag{9.2.13b}$$

$$K_2 = \frac{B - Aj}{2}G_{(j\omega_i)} = \frac{B - Aj}{2}|G_{(j\omega_i)}| e^{j\angle G_{(j\omega_i)}} \tag{9.2.13c}$$

将式(9.2.13b)和式(9.2.13c)代入式(9.2.8)，得到

$$\begin{aligned} x_{ss_{(t)}} &= K_1 e^{-j\omega_i t} + K_2 e^{j\omega_i t} \\ &= \frac{B + Aj}{2}|G_{(j\omega_i)}| e^{-j\angle G_{(j\omega_i)}} e^{-j\omega_i t} + \frac{B - Aj}{2}|G_{(j\omega_i)}| e^{j\angle G_{(j\omega_i)}} e^{j\omega_i t} \\ &= \frac{B + Aj}{2}|G_{(j\omega_i)}| e^{j(-\angle G_{(j\omega_i)} - \omega_i t)} + \frac{B - Aj}{2}|G_{(j\omega_i)}| e^{j(\angle G_{(j\omega_i)} + \omega_i t)} \\ &= \frac{1}{2}|G_{(j\omega_i)}| \left[(B + Aj)e^{j(-\angle G_{(j\omega_i)} - \omega_i t)} + (B - Aj)e^{j(\angle G_{(j\omega_i)} + \omega_i t)}\right] \end{aligned} \tag{9.2.14}$$

根据欧拉公式 $\cos\varphi + j\sin\varphi = e^{j\varphi}$，可得

$$e^{j(-\angle G_{(j\omega_i)}-\omega_i t)} = \cos(-\angle G_{(j\omega_i)}-\omega_i t)+j\sin(-\angle G_{(j\omega_i)}-\omega_i t)$$
$$=\cos(\angle G_{(j\omega_i)}+\omega_i t)-j\sin(\angle G_{(j\omega_i)}+\omega_i t) \quad (9.2.15a)$$
$$e^{j(\angle G_{(j\omega_i)}+\omega_i t)} = \cos(\angle G_{(j\omega_i)}+\omega_i t)+j\sin(\angle G_{(j\omega_i)}+\omega_i t) \quad (9.2.15b)$$

将式(9.2.15a)和式(9.2.15b)代入式(9.2.14)，整理后可得

$$x_{ss_{(t)}}=\frac{1}{2}\mid G_{(j\omega_i)}\mid[2B\cos(\angle G_{(j\omega_i)}+\omega_i t)+2A\sin(\angle G_{(j\omega_i)}+\omega_i t)]$$
$$=\mid G_{(j\omega_i)}\mid\sqrt{A^2+B^2}\left[\frac{B}{\sqrt{A^2+B^2}}\cos(\angle G_{(j\omega_i)}+\omega_i t)+\frac{A}{\sqrt{A^2+B^2}}\sin(\angle G_{(j\omega_i)}+\omega_i t)\right] \quad (9.2.16)$$

将式(9.2.3)代入式(9.2.16)，可得

$$x_{ss_{(t)}}=\mid G_{(j\omega_i)}\mid M_i\sin(\angle G_{(j\omega_i)}+\omega_i t+\varphi_i) \quad (9.2.17)$$

定义稳态输出为

$$x_{ss_{(t)}}=M_o\sin(\omega_i t+\varphi_o)$$

其中，

$$\frac{M_o}{M_i}=\mid G_{(j\omega_i)}\mid,\quad \varphi_o=\angle G_{(j\omega_i)}+\varphi_i \quad (9.2.18)$$

M_o、φ_o 分别代表输出(下标 o 为 Output)的振幅与相位。对比式(9.2.18)和式(9.2.3)，会发现在经过了上面一系列复杂的运算后得出了一个简单的**结论**：

> 当正弦输入 $u_{(t)}=M_i\sin(\omega_i t+\varphi_i)$ 通过线性时不变系统 $G_{(s)}$ 后，输出的稳态值 $x_{ss_{(t)}}$ 与输入保持同样的频率 ω_i，但振幅变化了 $|G_{(j\omega_i)}|$ 倍(振幅响应)，相位移动了 $\angle G_{(j\omega_i)}$(相位响应)。这是系统频率响应中最重要的结论。特别地，当输入频率为 $\omega_i=0$ 时，振幅响应为 $|G_{(0)}|=G_{(0)}$。这正对应了7.3.3节中DC gain(直流增益)的计算方法。因此“直流”增益可以理解为频率响应在“直流”输入下的一种特殊情况。$\omega_i\neq 0$ 时的振幅响应可以对应地理解为“交流”增益。

以积分器为例，其框图如图9.2.5(a)所示，传递函数为 $G_{(s)}=\frac{1}{s}$，可得

$$G_{(j\omega_i)}=\frac{1}{j\omega_i}=-\frac{1}{\omega_i}j \quad (9.2.19)$$

$G_{(j\omega_i)}$ 在复平面中的表达如图9.2.5(b)所示。根据图形可以得到 $|G_{(j\omega_i)}|=\frac{1}{\omega_i}$，$\angle G_{(j\omega_i)}=-\frac{\pi}{2}$。使用式(9.2.18)，当输入 $u_{(t)}=M_i\sin(\omega_i t+\varphi_i)$ 时，系统的稳态输出为

$$x_{ss_{(t)}}=\frac{1}{\omega_i}M_i\sin\left(\omega_i t+\varphi_i-\frac{\pi}{2}\right) \quad (9.2.20)$$

式(9.2.20)表明，输入 $u_{(t)}$ 通过积分器之后振幅缩小到原来的 $\frac{1}{\omega_i}$，且输入的频率越高，输出的振幅就越小，所以从信号处理的角度来看，积分器是**低通滤波器**(Low Pass Filter)。

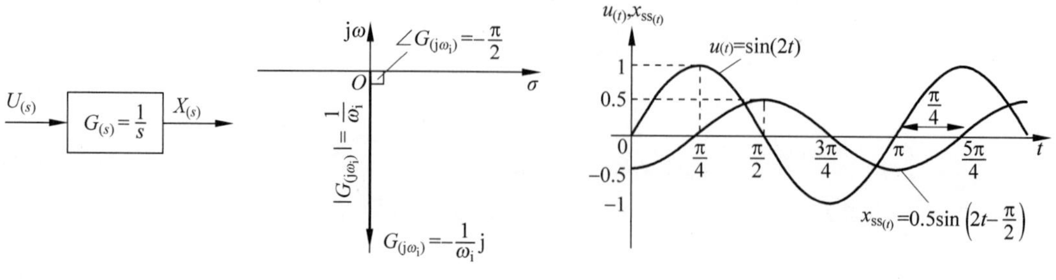

(a) 积分器框图　(b) $G(j\omega)$的复平面表达　(c) 输入与输出的时间响应

图 9.2.5　积分器频率响应

其相位则有$-\frac{\pi}{2}$的偏移。例如系统输入为$u_{(t)}=\sin(2t)$，根据式(9.2.20)，可以得到稳态输出为

$$x_{ss_{(t)}}=0.5\sin\left(2t-\frac{\pi}{2}\right) \tag{9.2.21}$$

输出与输入的图形如图 9.2.5(c)所示。同样，也可以通过对$u_{(t)}$进行积分来验证，得到

$$\int\sin(2t)\mathrm{d}t=-0.5\cos(2t)=0.5\sin\left(2t-\frac{\pi}{2}\right) \tag{9.2.22}$$

它与式(9.2.21)得出的结果一致。

9.3　一阶系统的频率响应

如图 9.3.1(a)所示，一阶系统的传递函数为$G_{(s)}=\frac{a}{s+a}$，其中，$a>0$时系统稳定。

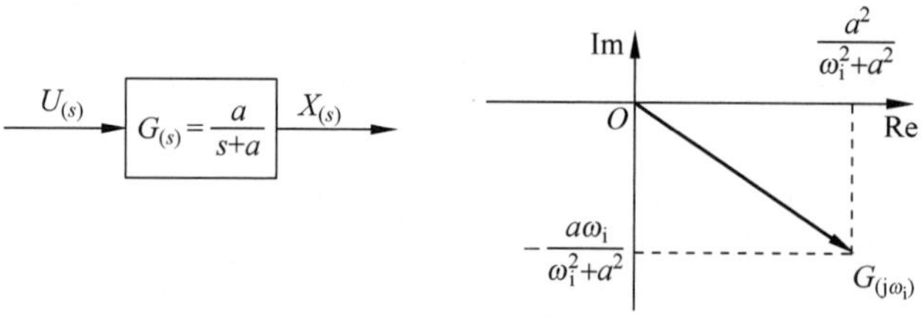

(a) 一阶系统框图　(b) 一阶系统$G_{(j\omega_i)}$的复平面表达

图 9.3.1　一阶系统框图和其$G_{(j\omega_i)}$的复平面表达

为分析其频率响应，先计算$G_{(j\omega_i)}$，得到

$$G_{(j\omega_i)}=\frac{a}{j\omega_i+a}=\frac{a(a-j\omega_i)}{(j\omega_i+a)(a-j\omega_i)}=\frac{a^2-aj\omega_i}{\omega_i^2+a^2}=\frac{a^2}{\omega_i^2+a^2}-\frac{a\omega_i}{\omega_i^2+a^2}j \tag{9.3.1}$$

在式(9.3.1)中，$G_{(j\omega_i)}$的实部部分为$\frac{a^2}{\omega_i^2+a^2}$，虚部部分为$-\frac{a\omega_i}{\omega_i^2+a^2}$。其在复平面中的表达如图 9.3.1(b)所示。根据三角几何关系，可得

$$|G_{(j\omega_i)}|=\sqrt{\left(\frac{a^2}{\omega_i^2+a^2}\right)^2+\left(-\frac{a\omega_i}{\omega_i^2+a^2}\right)^2}=\sqrt{\frac{a^2}{\omega_i^2+a^2}}=\sqrt{\frac{1}{\left(\frac{\omega_i}{a}\right)^2+1}} \tag{9.3.2a}$$

$$\angle G_{(\mathrm{j}\omega_{\mathrm{i}})}=\arctan\frac{-\dfrac{a\omega_{\mathrm{i}}}{\omega_{\mathrm{i}}^{2}+a^{2}}}{\dfrac{a^{2}}{\omega_{\mathrm{i}}^{2}+a^{2}}}=-\arctan\frac{\omega_{\mathrm{i}}}{a} \tag{9.3.2b}$$

分析式(9.3.2a)，可得：

(1) 当 $\omega_{\mathrm{i}}=0$ 时，$|G_{(\mathrm{j}0)}|=\sqrt{\dfrac{1}{\left(\dfrac{0}{a}\right)^{2}+1}}=1$。

(2) 随着 ω_{i} 的增加，$|G_{(\mathrm{j}\omega_{\mathrm{i}})}|$会不断地降低。

(3) 当 $\omega_{\mathrm{i}}=a$ 时，$|G_{(\mathrm{j}a)}|=\sqrt{\dfrac{1}{\left(\dfrac{a}{a}\right)^{2}+1}}=\sqrt{\dfrac{1}{1+1}}\approx 0.707$。

(4) 当 $\omega_{\mathrm{i}}\to\infty$时，$\dfrac{\omega_{\mathrm{i}}}{a}\to\infty$，此时 $\lim\limits_{\omega_{\mathrm{i}}\to\infty}|G_{(\mathrm{j}\omega_{\mathrm{i}})}|=\lim\limits_{\omega_{\mathrm{i}}\to\infty}\sqrt{\dfrac{1}{\left(\dfrac{\omega_{\mathrm{i}}}{a}\right)^{2}+1}}=0$。

同理，分析式(9.3.2b)，可得：

(1) 当 $\omega_{\mathrm{i}}=0$ 时，$\angle G_{(\mathrm{j}0)}=-\arctan\dfrac{0}{a}=0$。

(2) 随着 ω_{i} 的增加，$\angle G_{(\mathrm{j}\omega_{\mathrm{i}})}$会不断地降低。

(3) 当 $\omega_{\mathrm{i}}=a$ 时，$\angle G_{(\mathrm{j}\omega_{\mathrm{i}})}=-\arctan\dfrac{\omega_{\mathrm{i}}}{a}=-\dfrac{\pi}{4}$。

(4) 当 $\omega_{\mathrm{i}}\to\infty$，$\dfrac{\omega_{\mathrm{i}}}{a}\to\infty$时，$\angle G_{(\mathrm{j}\omega_{\mathrm{i}})}=\lim\limits_{\omega_{\mathrm{i}}\to\infty}\left(-\arctan\dfrac{\omega_{\mathrm{i}}}{a}\right)=-\dfrac{\pi}{2}$。

根据上述分析，当 $G_{(s)}=\dfrac{a}{s+a}$时，$|G_{(\mathrm{j}\omega_{\mathrm{i}})}|$和$\angle G_{(\mathrm{j}\omega_{\mathrm{i}})}$随 ω_{i} 的变化示意图如图 9.3.2 所示。

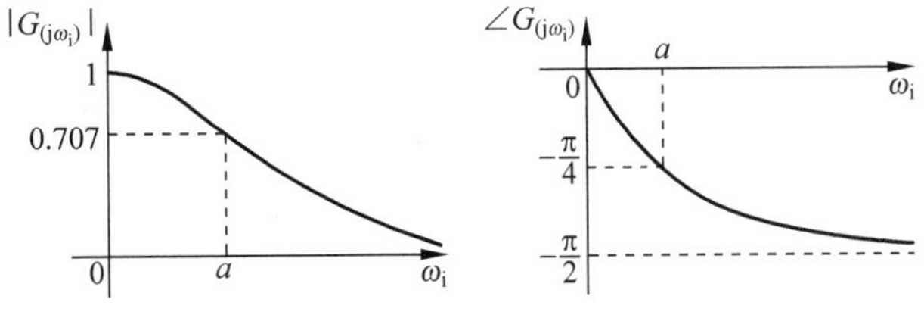

(a) $|G_{(\mathrm{j}\omega_{\mathrm{i}})}|$随$\omega_{\mathrm{i}}$的变化　(b) $\angle G_{(\mathrm{j}\omega_{\mathrm{i}})}$随$\omega_{\mathrm{i}}$的变化

图 9.3.2　$G_{(s)}=\dfrac{a}{s+a}$的频率响应

从信号处理的角度来分析，观察图 9.3.2(a)可以发现，$G_{(s)}=\dfrac{a}{s+a}$是一个**低通滤波器**。其中，a 被称为**截止频率**(Cut-off Frequency)。当输入信号频率 $\omega_{\mathrm{i}}<a$ 时，振幅大部分会被保留下来；而当 $\omega_{\mathrm{i}}>a$ 时，振幅就会被缩小，而且 ω_{i} 越大，输出的振幅就越小。正是因为这个性质，在实际应用中，一阶系统常常被用来降噪。一般情况下，噪声信号与信息信号相比

多为高频率、小振幅的信号。如图 9.3.3 所示,有效信号是频率 $\omega_i=1$ 的正弦信号 $\sin t$。在使用传感器采集数据的时候,同时还采集到了高频噪声,因此得到的输入信号就有很多"毛刺"。将其输入到一个低通滤波器 $G_{(s)}=\frac{a}{s+a}=\frac{1}{s+1}$之后,原始的正弦信号被保留下来,大部分的高频噪声则被过滤掉了,因此得到了一条光滑的曲线。另外,因为 $G_{(s)}$ 的截止频率 $a=1$,所以当输入频率为 $\omega_i=1$ 时,输出的振幅约为原来的 0.707 倍,$|G_{(j\omega_i)}|\approx 0.707$。

在信号处理学科中,$G_{(s)}=\frac{1}{s+1}$被称为一阶**巴特沃思滤波器**(Butterworth Filter)。有兴趣的读者可以参考相关资料。

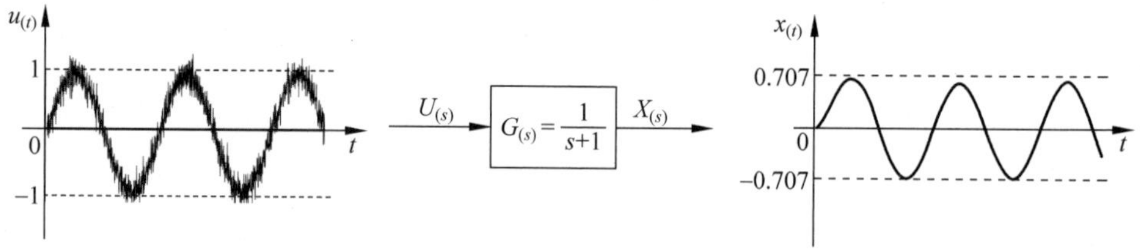

图 9.3.3 通过一阶系统处理信号过滤高频噪声

下面请读者回忆前面几个章节中出现过的一阶系统的例子:第 2 章所介绍的电阻电容电路,第 4 章中介绍的密室内体温变化的问题以及第 7 章中的体重变化的例子。它们都是一阶系统,都存在低通滤波器的特性。以体重系统为例,一个人在短时间内的暴饮暴食,或者大量的运动并不会及时地体现在体重的变化上,而是需要一段时间的延迟才会有反应。体温变化也是如此,如果将室内的空调迅速反复地打开、关上,再打开、再关上。这种高速且剧烈的输入变化并不会体现在室内人体体温的变化上。如果去归纳上述例子的共同点,会发现一阶系统都包含一个"容器",在电路系统中是电容,在体温变化系统中是密室内的大量导热介质(空气),在体重变化系统中则是人体自身所堆积的脂肪。

从直观的角度来理解,这些"容器"提供了缓冲,给系统的响应带来了延迟,从而抵消了输入的高速变化带来的影响。当把这个理论运用到日常生活中时,可以得出以下结论:

我们需要不断地积累经验,充实自己,不然就会随波逐流,会对外界环境的变化非常敏感,反应剧烈而不得章法。只有通过不断地积累,曾经沧海,才能在变幻莫测的横流当中处变不惊。

本节的最后请读者思考,如果一个传递函数 $G_{(s)}$,它的振幅变化为

$$|G_{(j\omega_i)}|=\sqrt{\frac{1}{\left(\frac{a}{\omega_i}\right)^2+1}} \tag{9.3.3}$$

使用同样的方法分析,可以得出其所对应的是一个**高通滤波器**(High Pass Filter),读者可以自己倒推出它的传递函数,这里直接给出结果:$G_{(s)}=\frac{s}{s+a}$,其中 $a>0$。

9.4　二阶系统的频率响应

本节将分析二阶系统的频率响应。如图 9.4.1 所示，二阶系统的传递函数 $G_{(s)}=\dfrac{\omega_n^2}{s^2+2\zeta\omega_n s+\omega_n^2}$，其中，$\omega_n$ 是其固有频率，ζ 是阻尼比。

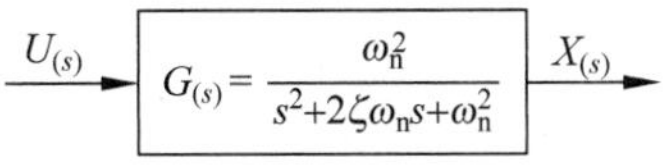

图 9.4.1　二阶系统框图

为分析其频率响应，先计算 $G_{(j\omega_i)}$，得到

$$G_{(j\omega_i)}=\frac{\omega_n^2}{(j\omega_i)^2+2\zeta\omega_n(j\omega_i)+\omega_n^2}=\frac{1}{-\dfrac{\omega_i^2}{\omega_n^2}+2\zeta\dfrac{\omega_i}{\omega_n}j+1} \tag{9.4.1}$$

为简化运算，令 $\dfrac{\omega_i}{\omega_n}=\Omega$，可得

$$\begin{aligned}G_{(j\omega_i)}&=\frac{1}{-\Omega^2+2\zeta\Omega j+1}=\frac{-\Omega^2-2\zeta\Omega j+1}{(-\Omega^2+2\zeta\Omega j+1)(-\Omega^2-2\zeta\Omega j+1)}=\frac{1-\Omega^2-2\zeta\Omega j}{(1-\Omega^2)^2+4\zeta^2\Omega^2}\\&=\frac{1-\Omega^2}{(1-\Omega^2)^2+4\zeta^2\Omega^2}-\frac{2\zeta\Omega}{(1-\Omega^2)^2+4\zeta^2\Omega^2}j\end{aligned} \tag{9.4.2}$$

它的实部部分为 $\dfrac{1-\Omega^2}{(1-\Omega^2)^2+4\zeta^2\Omega^2}$，虚部部分为 $-\dfrac{2\zeta\Omega}{(1-\Omega^2)^2+4\zeta^2\Omega^2}$。可得

$$|G_{(j\omega_i)}|=\sqrt{\left(\frac{1-\Omega^2}{(1-\Omega^2)^2+4\zeta^2\Omega^2}\right)^2+\left(-\frac{2\zeta\Omega}{(1-\Omega^2)^2+4\zeta^2\Omega^2}\right)^2}=\sqrt{\frac{1}{(1-\Omega^2)^2+4\zeta^2\Omega^2}} \tag{9.4.3a}$$

$$\angle G_{(j\omega_i)}=\arctan\frac{-\dfrac{2\zeta\Omega}{(1-\Omega^2)^2+4\zeta^2\Omega^2}}{\dfrac{1-\Omega^2}{(1-\Omega^2)^2+4\zeta^2\Omega^2}}=-\arctan\frac{2\zeta\Omega}{1-\Omega^2} \tag{9.4.3b}$$

分析式(9.4.3a)可以发现：

(1) 当 $\omega_i=0$ 时，$\Omega=0$，$|G_{(j0)}|=\sqrt{\dfrac{1}{(1-0)^2+4\zeta^2\times 0}}=1$。

(2) 当 $\omega_i=\omega_n$ 时，$\Omega=1$，$|G_{(j\omega_n)}|=\sqrt{\dfrac{1}{(1-1^2)^2+4\zeta^2}}=\dfrac{1}{2\zeta}$。在这种情况下，如果 $\zeta<0.5$，$|G_{(j\omega_n)}|>1$，输出的振幅就会被加强；如果 $\zeta>0.5$，$|G_{(j\omega_n)}|<1$，输出的振幅则会被减弱。当 $\zeta=0$ 时(无阻尼系统)，$|G_{(j\omega_n)}|\to\infty$。

(3) 当 $\omega_i\to\infty$ 时，$\Omega\to\infty$，此时 $\lim\limits_{\omega_i\to\infty}|G_{(j\omega_i)}|=\lim\limits_{\Omega\to\infty}\sqrt{\dfrac{1}{(1-\Omega^2)^2+4\zeta^2\Omega^2}}=0$。

根据上面三点可以判断出,ζ 在某些条件下,当输入频率 ω_i 从 0 到∞变化时,输出的振幅 $|G_{(j\omega_i)}|$ 会呈现先增后减的趋势。求 $|G_{(j\omega_i)}|$ 的极值,令式(9.4.3a)的分母部分对 Ω 求导等于 0,得到

$$\frac{\mathrm{d}((1-\Omega^2)^2+4\zeta^2\Omega^2)}{\mathrm{d}\Omega}=0$$

$$\Rightarrow 2(1-\Omega^2)(-2\Omega)+8\zeta^2\Omega=0$$

$$\Rightarrow -1+\Omega^2+2\zeta^2=0$$

$$\Rightarrow \Omega=\pm\sqrt{1-2\zeta^2} \tag{9.4.4}$$

因为 $\Omega>0$,所以取 $\Omega=\sqrt{1-2\zeta^2}=\frac{\omega_i}{\omega_n}$。同时因为 Ω 为正实数,所以只有在阻尼比 $\zeta<\sqrt{0.5}$ 时,式(9.4.4)才有意义,$|G_{(j\omega_i)}|$ 才会表现出先增后减的性质。定义 $|G_{(j\omega_i)}|$ 最大值时的输入频率为 $\omega_R=\omega_n\sqrt{1-2\zeta^2}$,称为**共振频率**(Resonant Frequency)(此时 $\Omega=\frac{\omega_i}{\omega_n}=\sqrt{1-2\zeta^2}$)。同时可以发现,当阻尼比 ζ 很小的时候,共振频率约等于系统的固有频率,即 $\omega_R\approx\omega_n$。

不同阻尼比条件下的二阶系统频率响应如图 9.4.2 所示(目前请读者主要关注图形的示意,暂时忽略横轴与纵轴的单位),可见,如果阻尼比 ζ 较小,当外界输入的频率 ω_i 在共振频率 ω_R 附近时,系统输出会表现出强烈的振幅响应,这个现象称为**共振**。

> 从系统稳定性的角度考虑,当 $\zeta=0$ 时,二阶系统的传递函数为 $G_{(s)}=\frac{\omega_n^2}{s^2+\omega_n^2}$,它的极点在虚轴上,$s_p=\pm j\omega_n$。根据第 6 章的分析,该动态系统符合临界稳定但不满足 BIBO 稳定,此时一个有界的正弦输入,例如 $u_{(t)}=\sin(\omega_n t)$,也会导致其振幅响应 $|G_{(j\omega_n)}|\to\infty$。

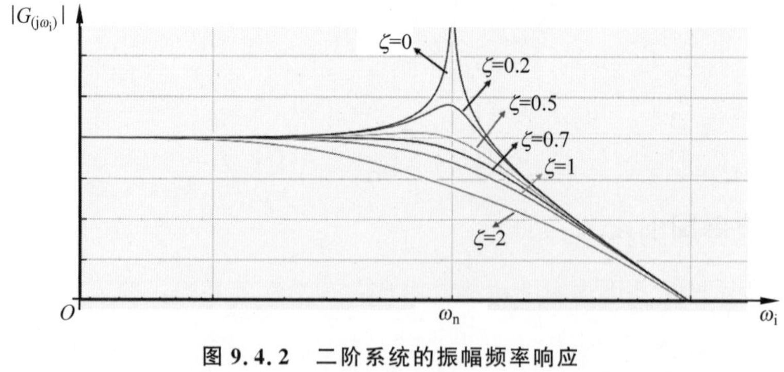

图 9.4.2 二阶系统的振幅频率响应

日常生活中会经常见到共振现象,例如,小提琴就是通过共振的箱体放大琴弦本身振动的音量。曾经位于美国华盛顿州的塔科马海峡大桥也是因为结构共振的缺陷,在建成 4 个月之后就被并不剧烈的风吹垮了。再如我们日常乘坐公交车的时候,总会在某些时刻、某些位置感受到强烈的振动,这是因为发动机的振动与车体本身结构固有频率在某一时刻非常相似。

如果把上述分析类比到生活中,可以得出一个结论:

> 劝人说话,感同身受是很难的一件事情,有的人会被物质刺激,有的人会被颜值刺激,有的人会被精神刺激,有的人则是佛系。要找到对方的"固有频率",并使用近似的"输入频率"与之交流,才可能产生共鸣。这就是为什么和有的人在一起会感觉非常舒服,和另一些人就会比较尴尬。这都是内心中的频率在起作用。

请注意,我写上面这段话以及 9.3 节中的类比的目的,是希望以通俗易懂的语言加深读者对频率响应知识的理解,而不是试图用数学的方法来解释心理学或者哲学的问题。虽然这样的做法现在非常流行,但在我看来,这样的尝试很容易掉进"披着科学外衣的伪科学"的陷阱中。例如针对 9.3 节一阶系统的频率响应,使用同样的论据,换一种说法,就能得到截然相反的论点:

> 过去的经验会成为你的包袱,所以总是跟不上时代的变化,需要做的是抛开这些包袱,解放思想,这样就可以在瞬息万变的环境中追风逐电,披荆斩棘。

相信读者也已经发现,上面的论证采用了迷惑性的技巧,即使用一个科学的或者数学的原理"有选择性"地从某个角度去解释社会学的、心理学的或者是哲学的论点,让这个论点"看上去"有了科学的支撑。但是这种论证往往是禁不起仔细推敲的。所以希望读者再次看到类似观点的时候要多一些思考,这也是本书一直强调的思辨精神。而且在我看来,其实不管选择哪条路都没有错,但是,我们要对自己的选择负责。

关于二阶系统的相位 $\angle G_{(j\omega_i)}$ 随输入频率 ω_i 的变化,读者可以自行推导,这里不再赘述。

9.5 伯德图

本节将介绍一种最为广泛应用的频率响应绘图方法——**伯德图**(Bode Plot)。它是对数频率特性曲线,是以发明人荷兰裔美国工程师 Hendrik Wade Bode 命名的。因为它的一些优秀的性质,在实际中应用非常广泛。当今,使用计算机软件只需要几行代码就可以快速准确地绘制伯德图,因此在本书中,重点将放在理解伯德图背后的含义及其应用上。

9.5.1 伯德图的含义与性质

图 9.5.1 所示的伯德图由上下两部分组成:上半部分是输出的振幅响应 $|G_{(j\omega_i)}|$ 随输入频率 ω_i 的变化,称为**幅频图**(Magnitude Plot),下半部分是输出的相位响应 $\angle G_{(j\omega_i)}$ 随输入频率 ω_i 的变化,称为**相频图**(Phase Plot)。

理解伯德图的含义,第一步是明确其横纵坐标轴的单位和意义。首先分析幅频图,其纵轴坐标是 $20\log|G_{(j\omega_i)}|$,单位是 dB,即**分贝**(Decibel)。各位读者对这个单位应该不陌生,在生活中分贝被用来描述噪声。例如,60dB 是日常交流的声音强度,80dB 是闹市区的声音强度,二者之间差了 20dB,而它们的功率相差了 100 倍。分贝最开始出现时被用来描述电话线路信号的丢失。Decibel 这个单词中的"deci"代表 1/10,"bel"指的是 Alexander Bell——那位拥有电话专利的科学家。

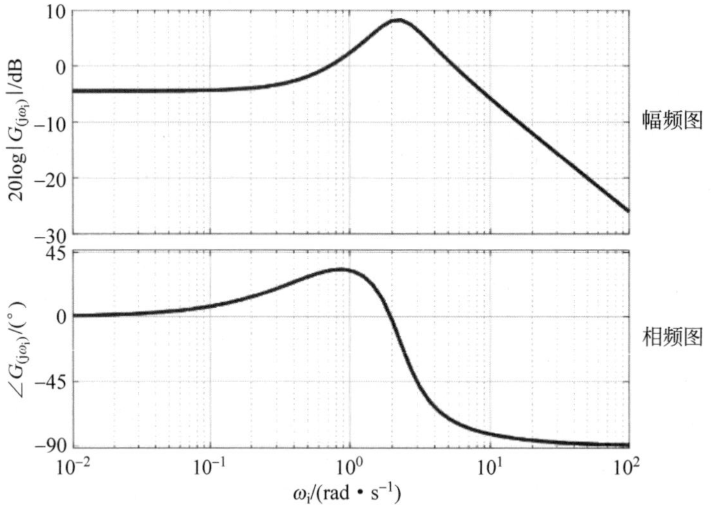

图 9.5.1 伯德图示例

分贝体现的是能量比值的概念,其定义为

$$L_{dB}=10\log\frac{P_m}{P_r} \tag{9.5.1}$$

其中,log 是以 10 为底的对数运算,P_m 是**测量功率**(Measurement Power),P_r 是**参考功率**(Reference Power)。L_{dB} 代表测量功率与参考功率的比值取对数再乘以 10,单位是 dB。例如,当 $P_m=P_r$ 时(测量功率等于参考功率),其结果为 $L_{dB}=10\log1=0$dB。式(9.5.1)中取对数可以将很大的数量级用较小的数位表达,从而达到简化记录的效果。例如,测量功率是参考功率的$\frac{P_m}{P_r}=2.5\times10^{12}$ 倍,当使用式(9.5.1)时得到 $10\log2.5\times10^{12}\approx124$dB。另外,在图 9.5.1 中,幅频图的纵轴是 $20\log|G_{(j\omega_i)}|$,而在式(9.5.1)中分贝的定义是 $10\log\frac{P_m}{P_r}$,这是因为在频率响应中分析的是输出振幅 M_o 与输入振幅 M_i 之间的比值$\frac{M_o}{M_i}$,而在式(9.5.1)中考虑的是功率之间的比值,而功率与振幅的平方成比例。因此使用振幅比时,式(9.5.1)变成

$$L_{dB}=10\log\frac{P_m}{P_r}=10\log\left(\frac{M_o}{M_i}\right)^2=20\log\frac{M_o}{M_i}=20\log|G_{(j\omega_i)}| \tag{9.5.2}$$

式(9.5.2)解释了伯德图中纵轴的由来,当 $M_o=M_i$ 时,输出与输入的振幅相同,在伯德图中就是 0dB。当 $M_o=10M_i$ 时,输出振幅是输入振幅的 10 倍,幅频图就显示 20dB。而当 $M_o=0.1M_i$ 时,幅频图则显示 −20dB。幅频图的横轴是输入频率 ω_i,按照对数来分度(10 倍分度)。

相较于幅频图,相频图就很容易理解,它的横轴与幅频图是一样的,纵轴以度为单位。

伯德图的一个重要性质来自对数的运算法则,即

$$20\log MN=20\log M+20\log N \tag{9.5.3}$$

这个性质可以很好地运用在串联系统(控制或者滤波)中,如图 9.5.2 所示。其输入与输出的关系为

图 9.5.2　串联系统

$$\frac{X_{(s)}}{U_{(s)}}=G_{1_{(s)}}G_{2_{(s)}} \tag{9.5.4}$$

分析其频率响应，需要将 $s=\mathrm{j}\omega_{\mathrm{i}}$ 代入 $G_{1_{(s)}}G_{2_{(s)}}$，根据复数的性质，可得

$$|G_{1_{(\mathrm{j}\omega_\mathrm{i})}}G_{2_{(\mathrm{j}\omega_\mathrm{i})}}|=|G_{1_{(\mathrm{j}\omega_\mathrm{i})}}||G_{2_{(\mathrm{j}\omega_\mathrm{i})}}| \tag{9.5.5}$$

在经过对数运算之后，式(9.5.5)可以写成

$$20\log|G_{1_{(\mathrm{j}\omega_\mathrm{i})}}G_{2_{(\mathrm{j}\omega_\mathrm{i})}}|=20\log|G_{1_{(\mathrm{j}\omega_\mathrm{i})}}|+20\log|G_{2_{(\mathrm{j}\omega_\mathrm{i})}}| \tag{9.5.6a}$$

相位为

$$\angle G_{1_{(\mathrm{j}\omega_\mathrm{i})}}G_{2_{(\mathrm{j}\omega_\mathrm{i})}}=\angle G_{1_{(\mathrm{j}\omega_\mathrm{i})}}+\angle G_{1_{(\mathrm{j}\omega_\mathrm{i})}} \tag{9.5.6b}$$

式(9.5.6a)、式(9.5.6b)说明串联系统的伯德图等于其子系统伯德图的叠加。因此，如果我们掌握了一些典型系统的伯德图，就可以分析复杂的串联系统了。同时，它也为滤波器的设计提供了思路。

9.5.2　典型系统的频率响应

本节将讨论典型系统的频率响应及其伯德图，在掌握这些典型系统的频率响应后，可以将它们串联组合以分析复杂的系统。

例 9.5.1　对于一阶系统 $G_{(s)}=\dfrac{a}{s+a}=\dfrac{1}{\frac{1}{a}s+1}$，$a>0$，参考式(9.3.2)，得到其频率响应，其中，$|G_{(\mathrm{j}\omega_\mathrm{i})}|=\sqrt{\dfrac{1}{\left(\frac{\omega_\mathrm{i}}{a}\right)^2+1}}$，$\angle G_{(\mathrm{j}\omega_\mathrm{i})}=-\arctan\dfrac{\omega_\mathrm{i}}{a}$。可得：

(1) 当 $\omega_\mathrm{i}=0$ 时，$|G_{(\mathrm{j}0)}|=\sqrt{\dfrac{1}{\left(\frac{0}{a}\right)^2+1}}=1\Rightarrow 20\log|G_{(\mathrm{j}0)}|=0\mathrm{dB}$，$\angle G_{(\mathrm{j}0)}=0°$；

(2) 当 $\omega_\mathrm{i}=a$ 时，$|G_{(\mathrm{j}a)}|=\sqrt{\dfrac{1}{1+1}}=0.707\Rightarrow 20\log|G_{(\mathrm{j}a)}|=-3\mathrm{dB}$，$\angle G_{(\mathrm{j}a)}=-45°$；

(3) 当 $\omega_\mathrm{i}\gg a$ 时，$|G_{(\mathrm{j}\omega_\mathrm{i})}|=\dfrac{1}{\omega_\mathrm{i}}\Rightarrow 20\log|G_{(\mathrm{j}\omega_\mathrm{i})}|=-20\log\omega_\mathrm{i}\mathrm{dB}$；$\angle G_{(\mathrm{j}\omega_\mathrm{i})}=-90°$，这说明一阶系统在高频区域频率响应的斜率是 $-20\mathrm{dB/dec}$，其中，dec 代表十倍(decade)。输入频率 ω_i 每增加十倍，伯德图中幅频曲线就会下降 20dB。在相频图中则是 $-90°$。

根据上述三点，可以得到一阶系统伯德图的**渐近线**。其幅频响应由两条渐近线组成，在低频段($\omega_\mathrm{i}<a$)是从 0 开始的一条直线，在高频段($\omega_\mathrm{i}>a$)则是斜率为 $-20\mathrm{dB/dec}$ 的直线。同时幅频响应会经过(a，-3dB)点。相频图也是两条渐近线，分别是 0° 和 $-90°$。同时相频图经过(a，$-45°$)点，其伯德图曲线与渐近线如图 9.5.3 所示。

例 9.5.2　标准型 PID 控制器，$C_{(s)}=K\left(1+\dfrac{1}{\tau_\mathrm{I}s}+\tau_\mathrm{D}s\right)=K+\dfrac{K}{\tau_\mathrm{I}s}+K\tau_\mathrm{D}s$。

本例首先分析 PID 控制器中的几个子集：比例控制(P)、积分控制(I)、比例积分控制以

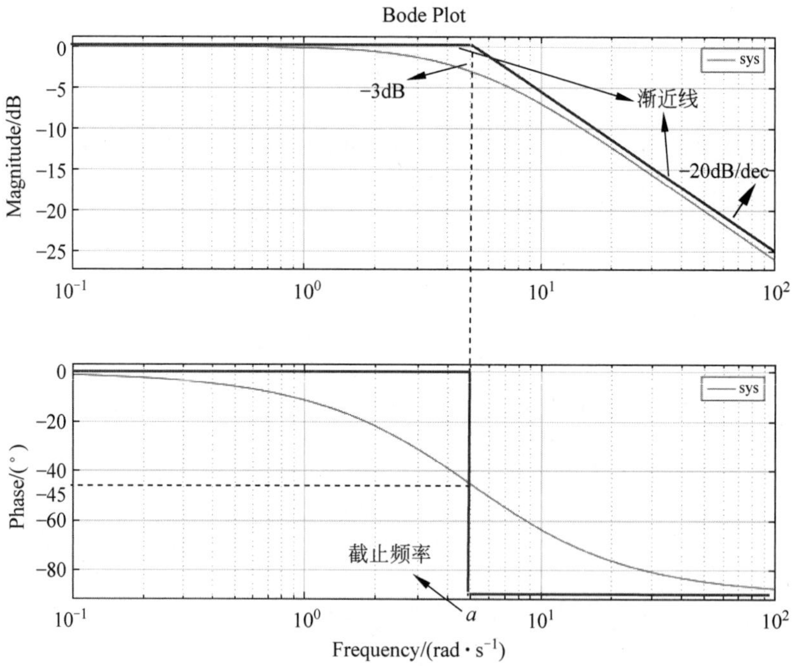

图 9.5.3 $G_{(s)}=\dfrac{1}{\frac{1}{a}s+1}$的伯德图及其渐近线($a=5$)

及比例微分控制。

例 9.5.2(a) 比例控制,积分项与微分项为 0,即 $C_{(s)}=K$。

其幅频图是 $20\log|C_{(j\omega_i)}|=20\log K$,当 $K>1$ 时为正,当 $K<1$ 时为负。相频图 $\angle C_{(j\omega_i)}=0°$。因此比例控制只会放大(缩小)振幅,而不会引起延迟。其伯德图如图 9.5.4 所示。

由于伯德图的叠加性能,后续分析只需分析单位增益 $K=1$,即 $C_{(s)}=1+\dfrac{1}{\tau_I s}+\tau_D s$ 的情况,不同的增益只会拉升会降低其幅频图,而不会改变其形状。

例 9.5.2(b) 积分控制器,比例项与微分项为 0,即 $C_{(s)}=\dfrac{1}{\tau_I s}$。

当 $C_{(s)}=\dfrac{1}{\tau_I s}$时,计算其频率响应,代入 $s=j\omega_i$,可得$|C_{(j\omega_i)}|=\dfrac{1}{\tau_I\omega_i}$,$\angle C_{(j\omega_i)}=-\dfrac{\pi}{2}=-90°$。因此

$$20\log|C_{(j\omega_i)}|=20\log\frac{1}{\tau_I\omega_i}=-20\log\tau_I\omega_i\,\text{dB} \tag{9.5.7}$$

式(9.5.7)说明积分控制器的幅频图的斜率为-20dB/dec。当输入频率 $\omega_i=\dfrac{1}{\tau_I}$时,$20\log|C_{(j\omega_i)}|=-20\log\tau_I\dfrac{1}{\tau_I}=-20\log 1=0$dB。同时,它的相位$\angle C_{(j\omega_i)}$始终为$-90°$。伯德图如图 9.5.5 所示,当输入频率 $\omega_i<\dfrac{1}{\tau_I}$时,$20\log|C_{(j\omega_i)}|>0$,即$|C_{(j\omega_i)}|>1$,所以 $M_o=$

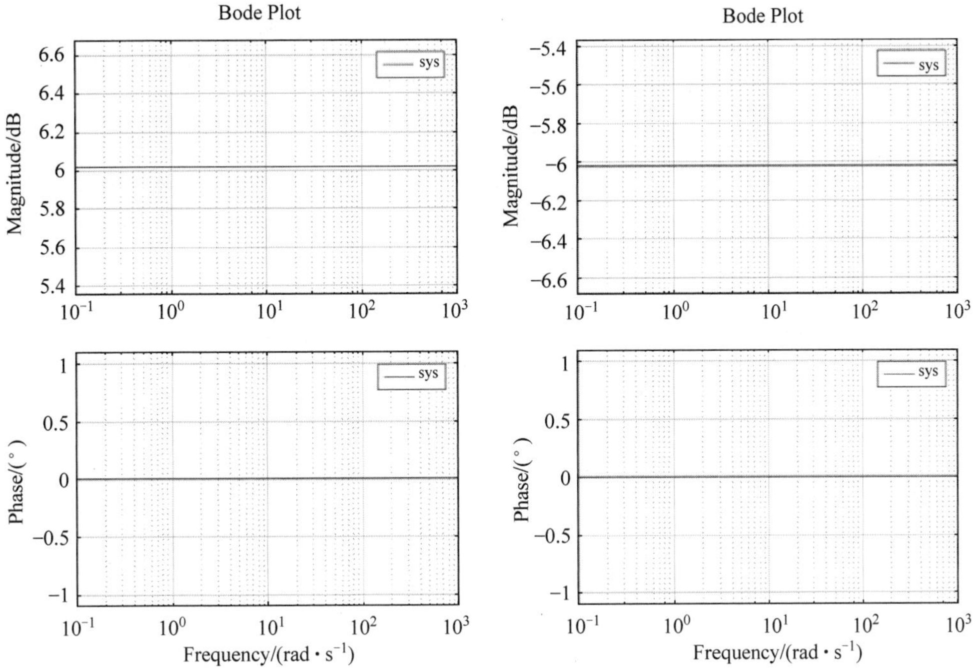

(a) K=2　　(b) K=0.5

图 9.5.4　比例控制器伯德图

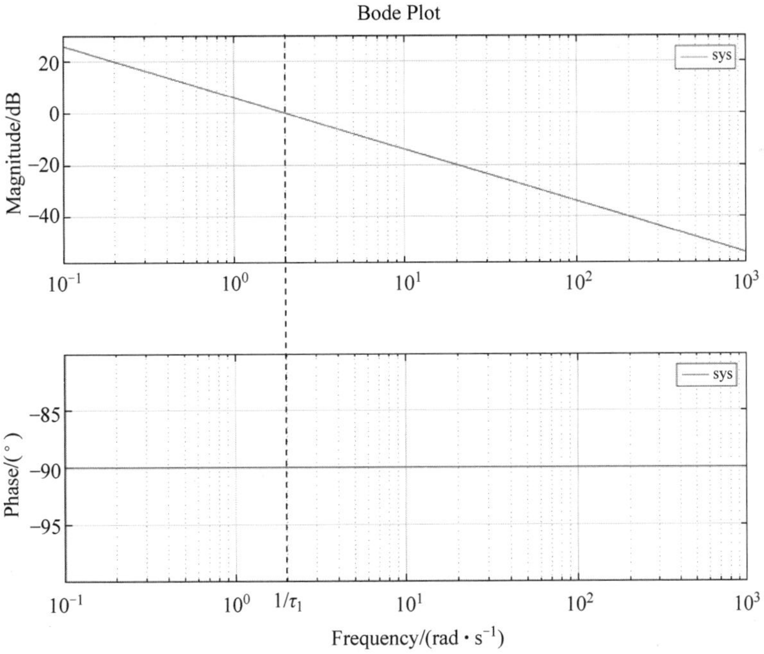

图 9.5.5　$C_{(s)}=\dfrac{K}{\tau_1 s}$的伯德图($K=1,\tau_1=0.5$)

$|C_{(j\omega_i)}|M_i>M_i$，输出的振幅大于输入的振幅，同时输入的频率越低，输出的振幅就越大；反之亦然。从能量的角度考虑，当输入频率较低时，输出振幅的增加需要额外的能量来源。

所以积分器无法通过被动元器件实现,需要额外供能。

例 9.5.2(c) 比例积分控制器,$C_{(s)}=1+\frac{1}{\tau_I s}$。

将 $s=\mathrm{j}\omega_i$ 代入 $C_{(s)}$,可得 $C_{(\mathrm{j}\omega_i)}=1+\frac{1}{\tau_I \mathrm{j}\omega_i}=1-\frac{1}{\tau_I\omega_i}\mathrm{j}$。其中,$|C_{(\mathrm{j}\omega_i)}|=\sqrt{1+\left(\frac{1}{\tau_I\omega_i}\right)^2}$,$\angle C_{(\mathrm{j}\omega_i)}=-\arctan\frac{1}{\tau_I\omega_i}$。可得:

(1) 在低频区,当 $\omega_i\ll\frac{1}{\tau_I}$时,$|C_{(\mathrm{j}\omega_i)}|=\sqrt{1+\left(\frac{1}{\tau_I\omega_i}\right)^2}\to\sqrt{\left(\frac{1}{\tau_I\omega_i}\right)^2}=\frac{1}{\tau_I\omega_i}$,其表达与积分控制器一致,因此其幅频曲线的斜率为$-20\mathrm{dB/dec}$。$\angle C_{(\mathrm{j}\omega_i)}=-90°$。

(2) 当 $\omega_i=\frac{1}{\tau_I}$时,$|C_{(\mathrm{j}\omega_i)}|=\sqrt{1+1}=1.41\Rightarrow 20\log|C_{(\mathrm{j}\omega_i)}|=3\mathrm{dB}$,$\angle C_{(\mathrm{j}\omega_i)}=-45°$;

(3) 当 $\omega_i\gg\frac{1}{\tau_I}$时,$|C_{(\mathrm{j}\omega_i)}|=1\Rightarrow 20\log|C_{(\mathrm{j}\omega_i)}|=0\mathrm{dB}$;$\angle C_{(\mathrm{j}\omega_i)}=0°$。

其渐近线以及伯德图如图 9.5.6 所示。

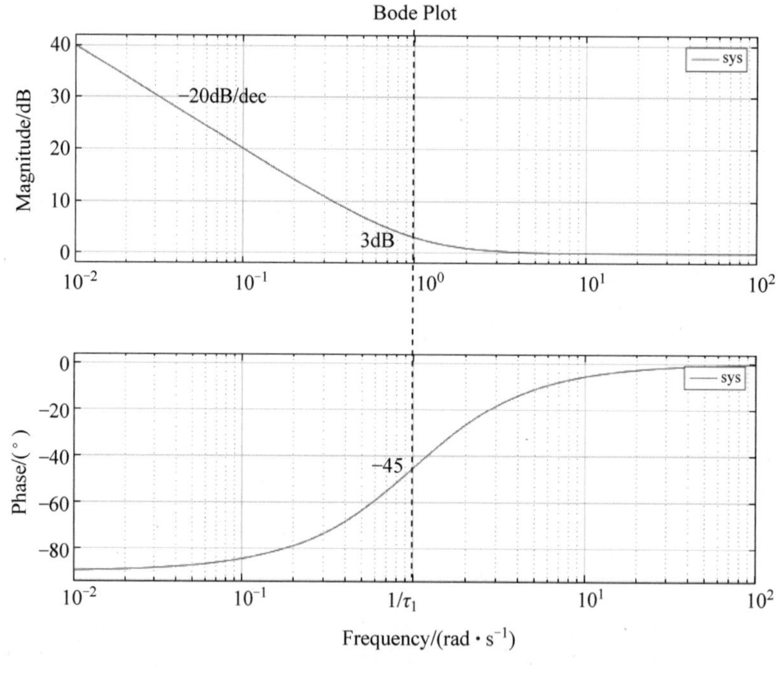

图 9.5.6 $C_{(s)}=1+\frac{1}{\tau_I s}$的伯德图($\tau_I=1$)

例 9.5.2(d) 比例微分控制器,$C_{(s)}=1+\tau_D s$。

比例微分控制器的伯德图如图 9.5.7 所示,读者可以按照前面几例的方法分析它的渐近线在不同频率段上的斜率。它描述了一个高通滤波器,当输入频率 $\omega_i>\frac{1}{\tau_D}$时输出振幅会被放大,而且输入的频率越高,输出的振幅就越大。同时,其相位响应也随着输入频率的增加而提升。从能量的角度分析,当使用比例微分控制器的时候需要额外的能量来源。同时,比例微分控制器对高频噪声会非常敏感(放大高频噪声),这解释了 8.4.2 节中所描述的比例微分控制器的两个缺陷。

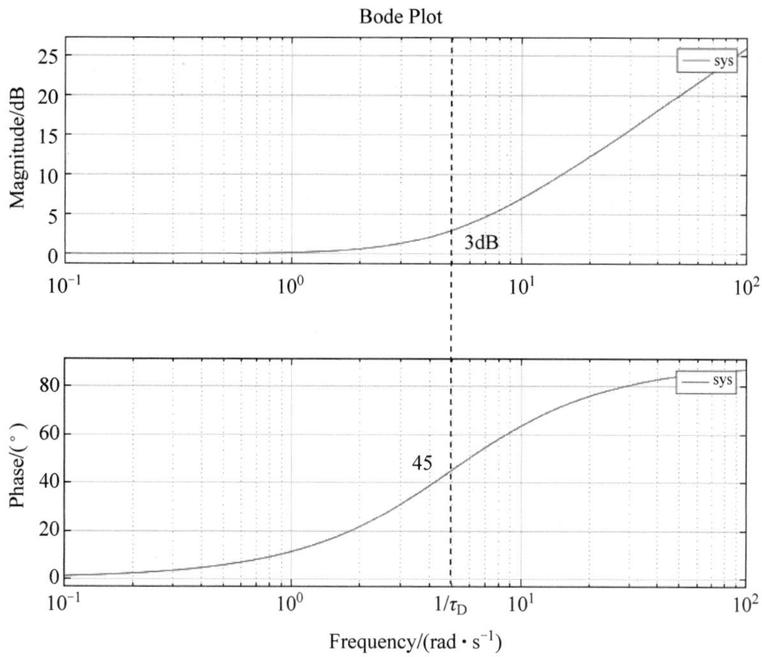

图 9.5.7 $C_{(s)}=1+\tau_D s$ 的伯德图($\tau_D=0.2$)

需要说明的是,在实际应用中,放大高频噪声通常是不可接受的,因为在反馈控制中,系统的输入多为传感器信号,大多传感器都会受到周围环境的影响,不可避免地存在高频噪声。放大这些噪声可能引入未知的风险并且会干扰系统的正常运行。因此,在实际控制系统中很少直接采用简单的 PD 控制器,大多的工业模块或商业软件都会对 PD 控制器进行处理,即增加一个一阶滤波器来减小高频噪声的影响。

增加滤波器后的 PD 控制器传递函数可以表示为

$$C_{(s)}=1+\frac{\tau_D s}{1+\frac{\tau_D}{N}s} \tag{9.5.8a}$$

其中,N 称为**一阶滤波器除数**(First-order Derivative Filter Divisor)。对其进行处理可得

$$C_{(s)}=1+\frac{\tau_D s}{1+\frac{\tau_D}{N}s}=\frac{1+\frac{\tau_D}{N}s+\tau_D s}{1+\frac{\tau_D}{N}s}=\frac{1+\left(\frac{\tau_D}{N}+\tau_D\right)s}{1+\frac{\tau_D}{N}s}=\frac{1+\left(\frac{1}{N}+1\right)\tau_D s}{1+\frac{\tau_D}{N}s}$$

$$=\frac{1+\left(\frac{1+N}{N}\right)\tau_D s}{1+\frac{\tau_D}{N}s} \tag{9.5.8b}$$

$C_{(s)}$有一个极点$s_p=-\dfrac{N}{\tau_D}$和一个零点$s_z=-\dfrac{N}{(1+N)\tau_D}$，可以发现$s_z$比$s_p$更靠近原点。根据第8章的介绍，式(9.8.5a)所表达的实际上是一个超前补偿器。我们通过下面的例子分析其频率响应和伯德图。

例 9.5.3 对超前补偿器$C_{(s)}=\dfrac{s+1}{s+10}$绘制其伯德图，可以直接将$s=\mathrm{j}\omega_i$代入$C_{(s)}$后进行分析。另一方面，可以利用伯德图和复数运算的性质，将其分解成几个典型的串联的子系统，各自分析之后叠加在一起。$C_{(s)}$可以分解为

$$C_{(s)}=\frac{s+1}{s+10}=\frac{s+1}{10\left(\frac{1}{10}s+1\right)}=\left(\frac{1}{10}\right)(s+1)\left(\frac{1}{\frac{1}{10}s+1}\right)=C_{1_{(s)}}C_{2_{(s)}}C_{3_{(s)}} \tag{9.5.9}$$

其中，$C_{1_{(s)}}=\dfrac{1}{10}$是比例控制系统。$C_{2_{(s)}}=s+1$是比例微分系统。$C_{3_{(s)}}=\left(\dfrac{1}{\frac{1}{10}s+1}\right)$是一阶系统。在前面几例中分析过上述三个子系统的伯德图，它们各自对应的渐近线如图9.5.8上半部分所示。根据伯德图的性质，将子系统的渐近线叠加在一起就形成了$C_{(s)}$频率响应的伯德图渐近线，见图9.5.8下半部分。以幅频图为例，它在低频区幅值响应为-20dB，这是由比例部分$C_{1_{(s)}}=\dfrac{1}{10}$带来的。当频率$1<\omega_i<10$时，比例微分系统$C_{2_{(s)}}=s+1$将伯德图沿着20dB/dec的斜率拉升。直到$\omega_i>10$，一阶系统引入了$-20$dB/dec的斜率下降。这两个系统相互作用，使得幅值响应维持在当前位置，不再变化20dB/dec$-$20dB/dec$=$0dB/dec。系统实际伯德图曲线参考图9.5.9。

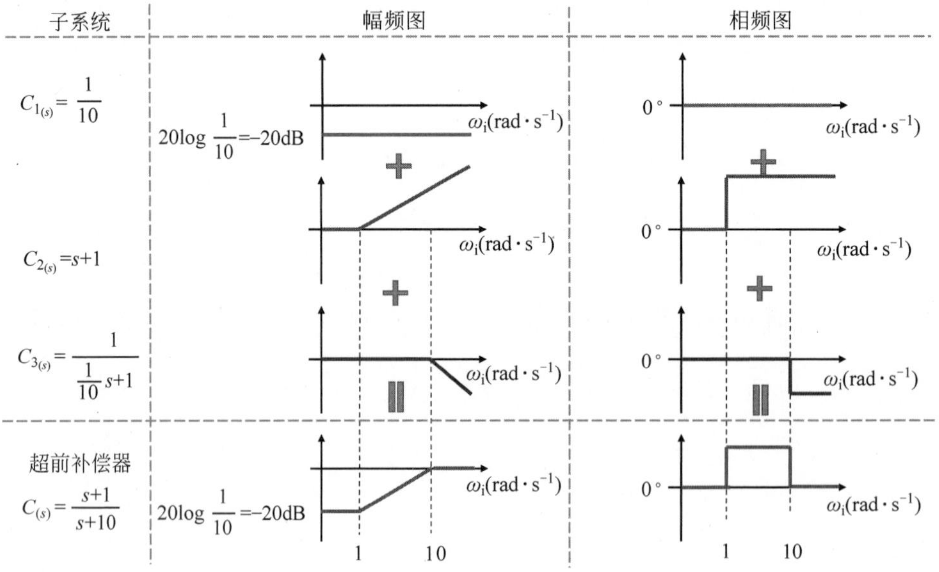

图 9.5.8 $C_{(s)}=\dfrac{s+1}{s+10}$伯德图渐近线叠加示意图

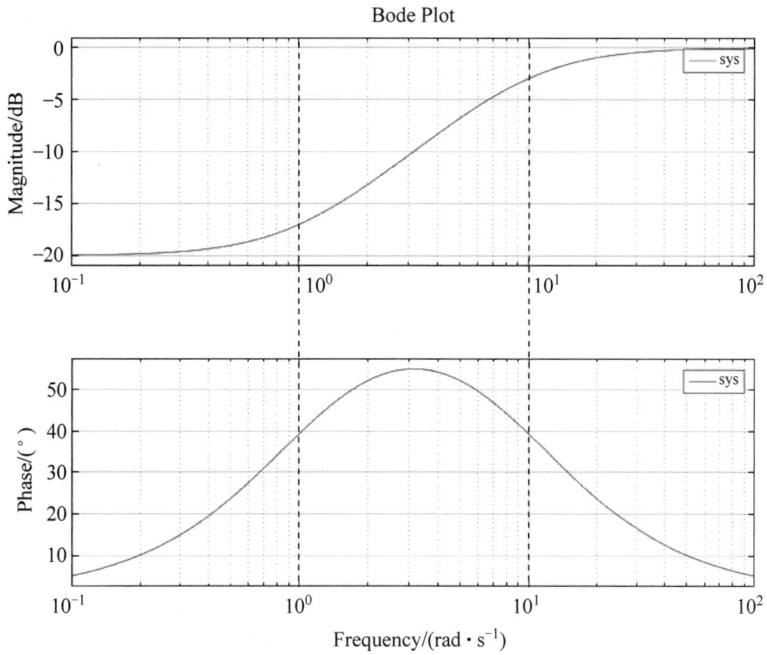

图 9.5.9　$C_{(s)}=\dfrac{s+1}{s+10}$伯德图

比较图 9.5.9 和图 9.5.7 可知超前补偿器与比例微分系统不同，它并不会放大高频信号，这是因为极点的加入平滑了高频部分的幅频曲线，同时它不需要额外的能量来源。另外，通过其相频图中可知相位响应为正，因此命名为超前补偿器。

例 9.5.4　对于滞后补偿器 $C_{(s)}=\dfrac{0.1s+1}{s+1}$，使用**例 9.5.3** 的方法进行分析，$C_{(s)}=\dfrac{0.1s+1}{s+1}=(0.1s+1)\left(\dfrac{1}{s+1}\right)$，是一个比例微分控制器和一阶滤波器的叠加。其伯德图如图 9.5.10 所示，相位滞后，所以命名为滞后补偿器。与此同时，比较图 9.5.10 和图 9.5.6 可以发现，滞后补偿器与比例积分器相比，滞后补偿器平滑了低频部分的幅频曲线，因此不需要额外的能量来源。

例 9.5.5　比例积分微分控制器 $C_{(s)}=1+\dfrac{1}{\tau_{\mathrm{I}}s}+\tau_{\mathrm{D}}s$，在实际应用中，一般会选择 $\tau_{\mathrm{I}}>\tau_{\mathrm{D}}$，其伯德图如图 9.5.11 所示。

同样，它存在这放大高频噪声的问题，因此在实际情况中更多使用的 PI 控制器。如果使用 PID 控制器，往往也会为其微分项增加一个低通滤波器，即 $C_{(s)}=K\left(1+\dfrac{1}{\tau_{\mathrm{I}}s}+\dfrac{\tau_{\mathrm{D}}s}{1+\dfrac{\tau_{\mathrm{D}}}{N}s}\right)$，也可以理解为 PI 控制器与超前补偿器的组合。

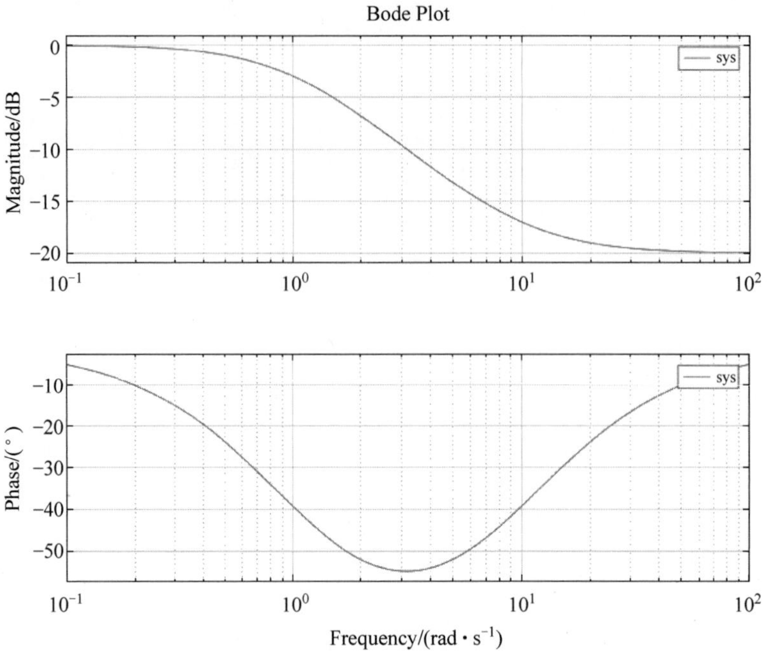

图 9.5.10 $C_{(s)}=\dfrac{0.1s+1}{s+1}$ **伯德图**

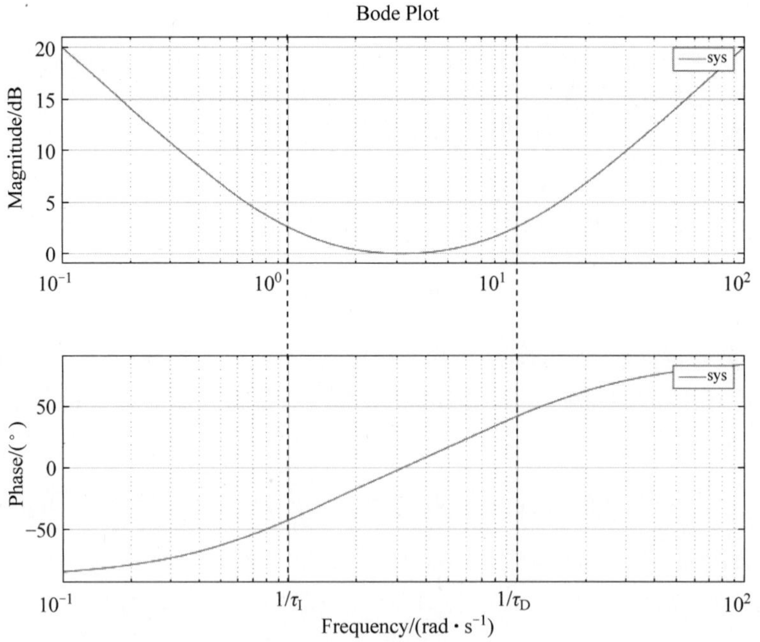

图 9.5.11 $C_{(s)}=1+\dfrac{1}{\tau_I s}+\tau_D s$ **伯德图**（$\tau_I=1,\tau_D=0.1$）

掌握典型系统的频率响应有助我们理解控制器的特性。其中积分器和滞后补偿器的相位响应都滞后于输入，正因为如此，使用这两种控制器会关注“过去”时的积累，因此有助

于消除系统的稳态误差。而比例微分控制器和超前补偿器则相反，它们的相位响应都要比输入提前，使用这两种控制器会提前做出预测，提高系统的响应速度。请读者对照第7章和第8章内容分析思考。

请参考代码9.1：9-1_BodePlot_Examples.m。

9.5.3　调音台的设计

通过以上几个小节的介绍，我们掌握了几种典型系统的伯德图及其伯德图在串联系统中的使用方法。读者可以使用同样的方法分析其他的系统，例如，二阶系统或者更高阶的系统，并结合绘图软件进行对比学习，加深理解。同时，也可以在学习信号处理相关课程时对比本章内容。

当我们将例9.5.5逆向使用时，便可以设计本章开始时提出的调音台的问题。将图9.1.1抽象成一个伯德图之后再将其分解成几个部分，选择合适的截止频率，就可以得到一系列的传递函数，如图9.5.12所示，将这些传递函数相乘就可以得到所需要的调音器了。值得注意的是，9.5.2节中所举例子都是一阶的，其最大的伯德图斜率为±20dB/dec，在调音台设计中往往需要更大的斜率，因此需要更高阶的传递函数（滤波器）。读者不妨自己动手做一下这个滤波器，并使用软件进行测试。

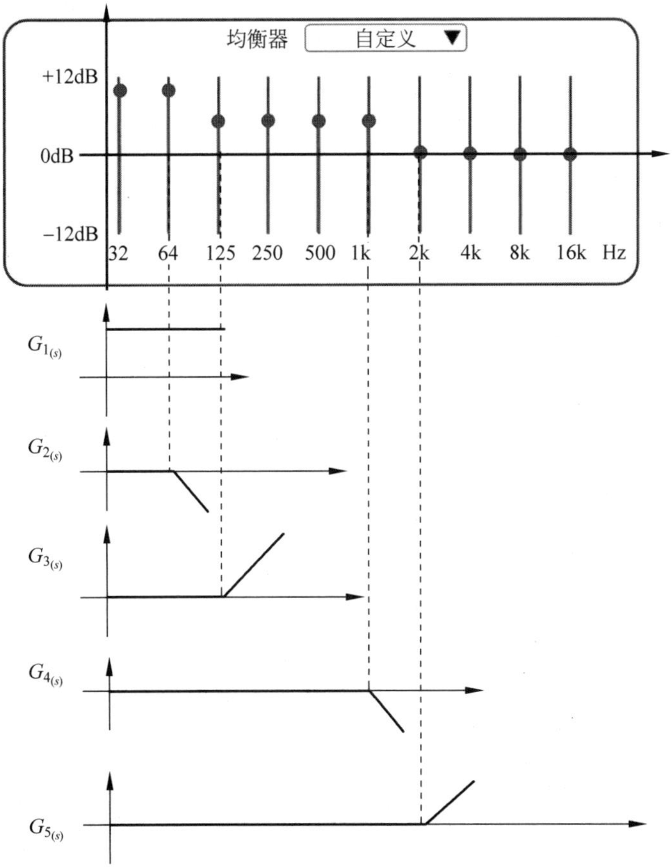

图9.5.12　调音台生成示意图

9.6 使用开环系统伯德图设计控制器

在前面几节,我们详细介绍了频率响应的基本概念。通过频率响应方法,可以更好地理解和调整系统的动态行为,以满足特定的控制要求。本节将重点讨论频率响应在控制器设计中的应用。首先介绍灵敏度传递函数和补偿灵敏度传递函数,其次分析开环系统传递函数对闭环系统性能的影响,最后通过实际案例展示频率响应方法在控制器设计中的应用。

9.6.1 灵敏度传递函数

考虑一个带有噪声和扰动的单位反馈控制系统,如图 9.6.1 所示,其中动态系统的传递函数为 $G_{(s)}$,控制器的传递函数为 $C_{(s)}$,扰动 $D_{(s)}$ 直接作用在系统输出上,噪声 $N_{(s)}$ 是传感器在测量系统输出过程中产生的。

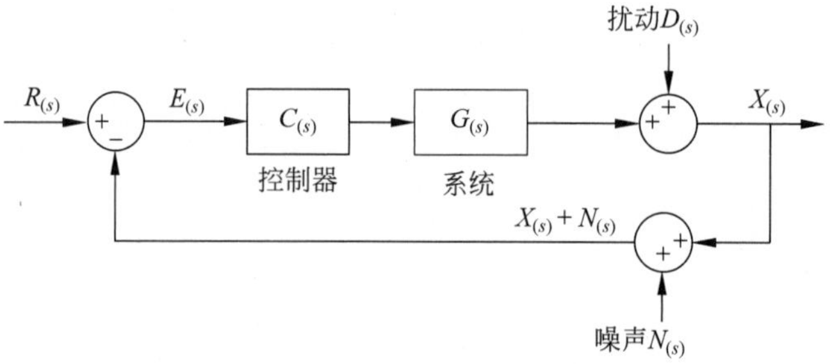

图 9.6.1 含有扰动和噪声的反馈控制系统

化简这个系统,可得

$$(R_{(s)}-X_{(s)}-N_{(s)})C_{(s)}G_{(s)}+D_{(s)}=X_{(s)} \tag{9.6.1}$$

调整可得

$$R_{(s)}C_{(s)}G_{(s)}-N_{(s)}C_{(s)}G_{(s)}+D_{(s)}=(1+C_{(s)}G_{(s)})X_{(s)} \Rightarrow$$

$$\frac{C_{(s)}G_{(s)}}{1+C_{(s)}G_{(s)}}R_{(s)}-\frac{C_{(s)}G_{(s)}}{1+C_{(s)}G_{(s)}}N_{(s)}+\frac{1}{1+C_{(s)}G_{(s)}}D_{(s)}=X_{(s)} \tag{9.6.2}$$

定义**灵敏度**(Sensitivity)传递函数:

$$S_{(s)}=\frac{1}{1+C_{(s)}G_{(s)}} \tag{9.6.3a}$$

它代表了输出对扰动 $D_{(s)}$ 的敏感程度。定义**补偿灵敏度**(Complementary Sensitivity)传递函数:

$$T_{(s)}=\frac{C_{(s)}G_{(s)}}{1+C_{(s)}G_{(s)}} \tag{9.6.3b}$$

将式(9.6.3a)、式(9.6.3b)代入式(9.6.2),可得

$$T_{(s)}R_{(s)}-T_{(s)}N_{(s)}+S_{(s)}D_{(s)}=X_{(s)} \tag{9.6.4}$$

式(9.6.4)说明输出 $X_{(s)}$ 由三部分线性叠加组成,因此,在系统稳定的情况下,当系统参考输入 $R_{(s)}$ 的频率为 ω_R,振幅为 M_R;噪声 $N_{(s)}$ 频率为 ω_N,振幅为 M_N。当扰动 $D_{(s)}$ 频率为 ω_D 时,振幅为 M_D。系统的输出振幅响应为

$$|T_{(j\omega_R)}|M_R-|T_{(j\omega_N)}|M_N+|S_{(j\omega_D)}|M_D=|X_{(j\omega)}| \tag{9.6.5}$$

观察式(9.6.5)，可以发现补偿灵敏度传递函数 $T_{(s)}$ 决定参考输入以及噪声对输出的影响，灵敏度传递函数 $S_{(s)}$ 则决定扰动对输出的影响。

> 一个性能良好的控制器设计要令闭环系统满足以下三点要求：
> (1) 系统输出 $X_{(s)}$ 尽量靠近参考输入(目标值)$R_{(s)}$ ⇒ 振幅响应 $|T_{(j\omega_R)}|$ 尽量接近1。
> (2) 降低测量噪声对输出的影响 ⇒ 振幅响应 $|T_{(j\omega_N)}|$ 尽量接近0。
> (3) 有效地抑制系统扰动对输出的影响 ⇒ 振幅响应 $|S_{(j\omega_D)}|$ 尽量接近0。

一般情况下，参考输入 $R_{(s)}$ 的频率 ω_R 通常位于低频区域。举例来说，在温度控制系统中，参考输入往往是期望的目标温度值，通常是一个固定的数值。而在机器人运动控制系统中，参考输入可能是期望的轨迹或路径，这种期望也需要较长的时间来实现。与此相反，测量噪声 $N_{(s)}$ 的频率 ω_N 则通常出现在高频区域。例如，在温度传感器中，由于电磁干扰或传感器本身的误差，温度测量值可能会出现随机的微小波动。又比如在速度测量中，由于机械部件的震动或传感器的误差，速度测量值可能会出现快速的涨落。在这样的考虑下，$T_{(s)}$ 的设计目标即为设计一个低通滤波器，旨在滤除高频噪声并保留低频参考信号的稳定部分，以确保系统能够稳定地跟踪期望值。

回顾式(9.6.3a)、式(9.6.3b)，当输入频率为 ω_i 时，$T_{(s)}$ 与 $S_{(s)}$ 的频率响应分别为

$$T_{(j\omega_i)} = \frac{C_{(j\omega_i)} G_{(j\omega_i)}}{1 + C_{(j\omega_i)} G_{(j\omega_i)}} \tag{9.6.6a}$$

$$S_{(j\omega_i)} = \frac{1}{1 + C_{(j\omega_i)} G_{(j\omega_i)}} \tag{9.6.6b}$$

设复数 $C_{(j\omega_i)} G_{(j\omega_i)} = a + bj$，式(9.6.6a)、式(9.6.6b)可以写成

$$T_{(j\omega_i)} = \frac{a + bj}{1 + a + bj} \tag{9.6.7a}$$

$$S_{(j\omega_i)} = \frac{1}{1 + a + bj} \tag{9.6.7b}$$

其对应的模为

$$|T_{(j\omega_i)}| = \frac{\sqrt{a^2 + b^2}}{\sqrt{(1+a)^2 + b^2}} \leqslant 1 \tag{9.6.8a}$$

$$|S_{(j\omega_i)}| = \frac{1}{\sqrt{(1+a)^2 + b^2}} \leqslant 1 \tag{9.6.8b}$$

同时可得

$$|T_{(j\omega_i)}|^2 = \left(\frac{\sqrt{a^2 + b^2}}{\sqrt{(1+a)^2 + b^2}}\right)^2 = \frac{a^2 + b^2}{(1+a)^2 + b^2} \tag{9.6.9a}$$

$$|S_{(j\omega_i)}|^2 = \left(\frac{1}{\sqrt{(1+a)^2 + b^2}}\right)^2 = \frac{1}{(1+a)^2 + b^2} \tag{9.6.9b}$$

式(9.6.8a)、式(9.6.8b)和式(9.6.9a)、式(9.6.9b)意味着在相同的输入频率 ω_i 下，$T_{(j\omega_i)}$ 和 $S_{(j\omega_i)}$ 的振幅响应是互补的。也正因为此，如果噪声频率与扰动频率相等($\omega_N = \omega_D$)，那么我

们将无法同时降低噪声(使$|T_{(j\omega_N)}|$很小)和抑制扰动(使$|S_{(j\omega_D)}|$很小)。根据式(9.6.9a)、式(9.6.9b),这两个振幅响应如果一个很小,那么另一个一定接近1。然而,幸运的是,与噪声不同,扰动往往源自系统外部的环境变化或逐渐演变的外部条件,因此变化较为缓慢,这些因素不会瞬间改变系统的状态,而是在较长时间尺度上产生影响。例如,在第7章的体重模型中,基础代谢作为扰动长期作用在系统上,不会轻易改变。所以一般情况下,当$T_{(s)}$的设计满足低通滤波器时,$S_{(s)}$自然会成为一个高通滤波器,可以有效抑制低频扰动带来的影响。

9.6.2 开环系统传递函数对闭环系统的影响

在9.6.1节中,我们分析得到了$T_{(s)}$、$S_{(s)}$对与噪声、扰动、参考输入的影响以及设计它们的基本原则。但需要注意的是,在实际应用中,我们设计的目标并不直接是$T_{(s)}$或$S_{(s)}$,而是控制器$C_{(s)}$。与根轨迹的思路类似,我们可以直接通过式(9.6.3a)、式(9.6.3b)进行分析,以了解开环系统$C_{(s)}G_{(s)}$如何影响$T_{(s)}$和$S_{(s)}$,并进一步如何影响闭环系统的响应。

首先分析补偿灵敏度传递函数,当$s=j\omega$时,$T_{(j\omega)}=\dfrac{C_{(j\omega)}G_{(j\omega)}}{1+C_{(j\omega)}G_{(j\omega)}}$,可推断出,当$|C_{(j\omega)}G_{(j\omega)}|\gg 1$时,

$$|T_{(j\omega)}|=\frac{|C_{(j\omega)}G_{(j\omega)}|}{1+|C_{(j\omega)}G_{(j\omega)}|}=1 \tag{9.6.10a}$$

当$|C_{(j\omega)}G_{(j\omega)}|\ll 1$时,

$$|T_{(j\omega)}|=\frac{|C_{(j\omega)}G_{(j\omega)}|}{1+|C_{(j\omega)}G_{(j\omega)}|}=|C_{(j\omega)}G_{(j\omega)}|\ll 1 \tag{9.6.10b}$$

根据9.6.1节的分析,设计目标是令$T_{(s)}$具有低通滤波器的性质。因此根据式(9.6.10a)、式(9.6.10b),在设计控制器$C_{(s)}$时需要令其在低频区满足$|C_{(j\omega)}G_{(j\omega)}|\gg 1$,在高频区满足$|C_{(j\omega)}G_{(j\omega)}|\ll 1$。

考查灵敏度传递函数$S_{(s)}=\dfrac{1}{1+C_{(s)}G_{(s)}}$,当$s=j\omega$时,可得当$|C_{(j\omega)}G_{(j\omega)}|\gg 1$时,

$$|S_{(j\omega)}|=\frac{1}{1+|C_{(j\omega)}G_{(j\omega)}|}=0 \tag{9.6.11a}$$

当$|C_{(j\omega)}G_{(j\omega)}|\ll 1$时,

$$|S_{(j\omega)}|=\frac{1}{1+|C_{(j\omega)}G_{(j\omega)}|}=1 \tag{9.6.11b}$$

在前面的分析中提到扰动通常也是低频率的,因此在设计控制器$C_{(s)}$时需要令其在低频区$|C_{(j\omega)}G_{(j\omega)}|\gg 1$,在高频区$|C_{(j\omega)}G_{(j\omega)}|\ll 1$。这与补偿灵敏度传递函数的设计思路一致。

综上所述,一个良好的开环系统$C_{(s)}G_{(s)}$在低频区的振幅响应要足够大,在高频区的振幅响应则要足够小。使用伯德图可以方便直观地完成这一设计任务。在具体操作中,首先可以绘制出动态系统传递函数$G_{(s)}$的伯德图。然后,根据伯德图的叠加原理,设计控制器$C_{(s)}$以实现期望的开环频率响应特性。

9.6.3 案例分析

本节通过分析一个具体案例讨论基于伯德图以及频率响应的控制器设计。考虑

图 9.6.1 的单位反馈系统，其中系统的传递函数为 $G_{(s)}=\dfrac{5}{s+5}$，是一个一阶系统。参考输入为常数值 $r_{(t)}=1$（分析系统对常数的追踪效果，即分析闭环系统的单位阶跃响应），假设扰动振幅为 0.5，变化缓慢，频率为 $\omega_{\mathrm{D}}=0.1\mathrm{rad/s}$，即 $d_{(t)}=0.5\sin(0.1t)$。噪声振幅为 0.2，为高频率噪声，频率为 $\omega_{\mathrm{N}}=100\mathrm{rad/s}$，即 $n_{(t)}=0.2\sin(100t)$。扰动和噪声随时间的变化如图 9.6.2 所示。

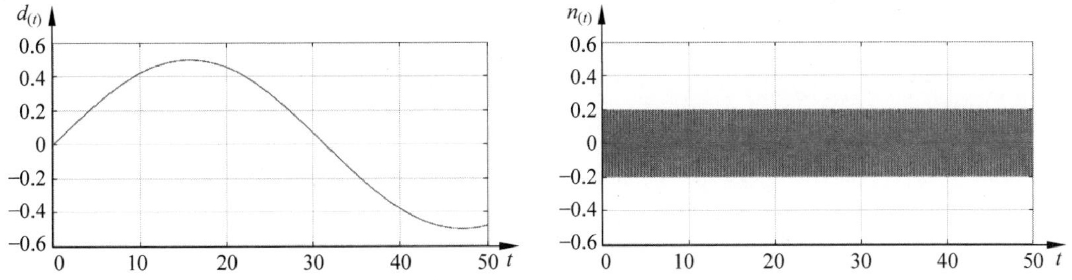

(a) $d_{(t)}=0.5(\sin 0.1t)$　　(b) $n_{(t)}=0.2(\sin 100t)$

图 9.6.2　扰动与噪声随时间变化图

使用伯德图设计控制器 $C_{(s)}$，首先绘制动态系统传递函数 $G_{(s)}$ 的伯德图幅频图，如图 9.6.3(a)所示。观察可以发现在低频区振幅为 0dB，高频区的振幅响应则很小。根据 9.6.2 节的分析，在 $C_{(s)}=1$ 的情况下（不使用额外的控制器），闭环系统具备良好的降低噪声的特性。当噪声 $\omega_{\mathrm{N}}=100\mathrm{rad/s}$ 时，其频率响应为 −26dB，此时 $|C_{(\omega_{\mathrm{N}})}G_{(\omega_{\mathrm{N}})}|=0.05$，根据式(9.6.10a)，$|T_{(0)}|=0.047$，这意味着只有不到 5% 的噪声振幅被传递到了系统输出上。但它对于低频参考目标值的追踪以及对于扰动的抑制效果并不好，当参考输入为常数时（$\omega_{\mathrm{R}}=0\mathrm{rad/s}$），其幅频响应为 0dB，这意味着开环系统振幅响应 $|C_{(0)}G_{(0)}|=1$，根据式(9.6.10a)，$|T_{(0)}|=0.5$，所以闭环系统稳态输出值只是参考目标的一半。

同时可以发现，扰动 $\omega_{\mathrm{D}}=0.1\mathrm{rad/s}$ 对应的开环系统振幅响应也是 0dB，根据式(9.6.11a)，$|S_{(\mathrm{j}\omega)}|=0.5$，因此扰动振幅的一半会体现在系统的输出中。图 9.6.3(b)显示了控制器 $C_{(s)}=1$ 时闭环系统输出随时间的变化，可以发现，高频噪声并没有体现在输出上，但是其稳态误差较大，且受扰动影响波动大。

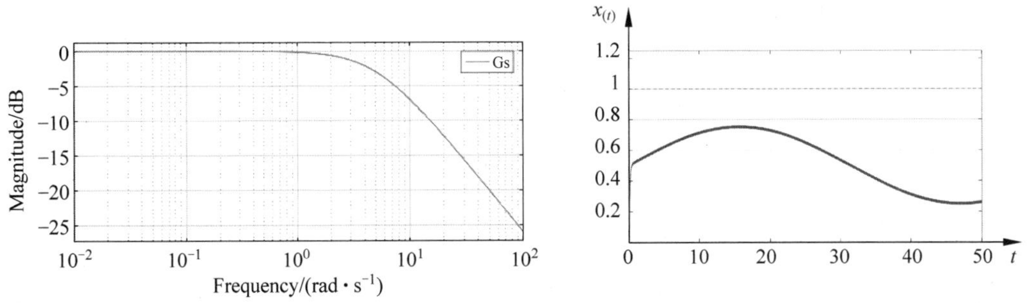

(a) $C_{(s)}G_{(s)}=\dfrac{5}{s+5}$ 伯德图幅频图　　(b) 控制器 $C_{(s)}=1$ 时闭环系统响应

图 9.6.3　开环系统的伯德图幅频图和闭环系统的单位阶跃响应

为了更好地抑制扰动和提高系统对参考输入的追踪能力，我们需要提高开环传递函数 $C_{(s)}G_{(s)}$ 在低频区的振幅响应。一个最简单的办法是使用比例控制器，比如令 $C_{(s)}=K_{\mathrm{P}}=5$。基于伯德图的叠加原理，在使用了比例控制器后，$C_{(s)}G_{(s)}$ 的伯德图振幅响应比 $G_{(s)}$ 整体向上被拉高了 $20\log 5=13.97\mathrm{dB}$(在所有维度上，见图 9.6.4(b))。叠加后的伯德图如图 9.6.4(c)所示，闭环系统单位阶跃响应如图 9.6.5 所示。可以发现，由于开环系统在低频区的振幅响应增加，系统的稳态误差减小，追踪能力提升，同时对于扰动的抑制能力也增强了。但是，由于比例控制器整体拉升了振幅响应，相对应的高频噪声也被放大。

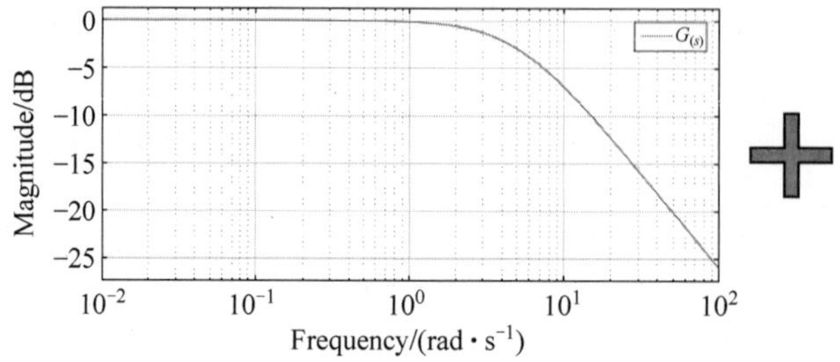

(a) $G_{(s)}=\dfrac{5}{s+5}$ 伯德图幅频图

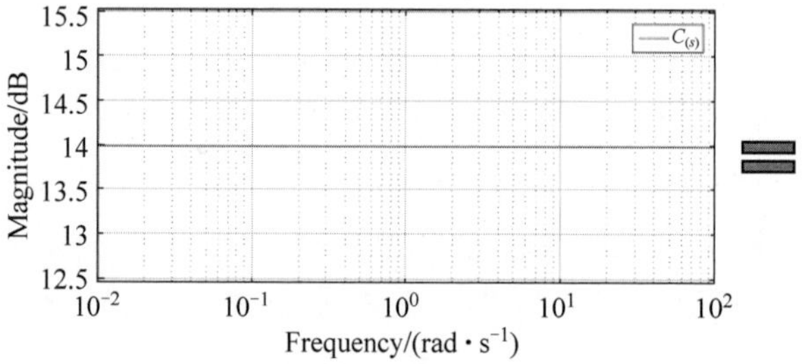

(b) $C_{(s)}=K_{\mathrm{P}}=5$ 伯德图幅频图

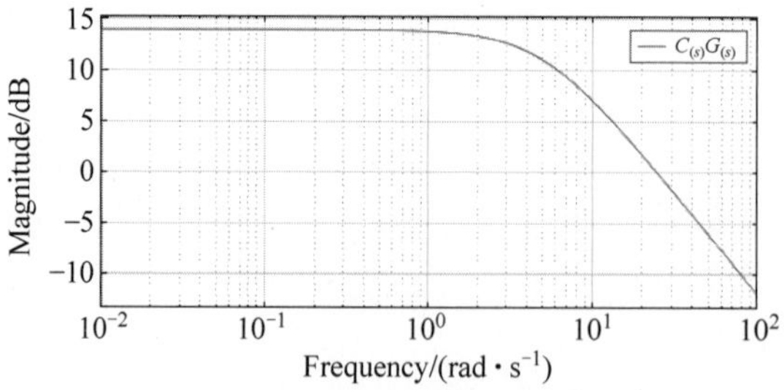

(c) $C_{(s)}G_{(s)}$ 伯德图幅频图

图 9.6.4　使用比例控制 $C_{(s)}=K_{\mathrm{P}}=5$

由式(9.6.10a)可知，若要消除单位阶跃响应的稳态误差，开环传递函数 $C_{(s)}G_{(s)}$ 在 $\omega_{\mathrm{R}}=0$ 时的振幅响应该为无穷大，而通过比例控制永远无法达到这一目标。因此，我们需要设计一个可以大幅提升低频振幅响应且同时保持原一阶系统高频振幅响应的控制器 $C_{(s)}$。在这样的思路下，一个理想的控制器伯德图振幅响应该如图 9.6.6(b)所示，它只提升低频区的振幅响应，而不会改变高频区的振幅响应。这正是**例 9.5.2(c)**中所介绍的比例积分控制器

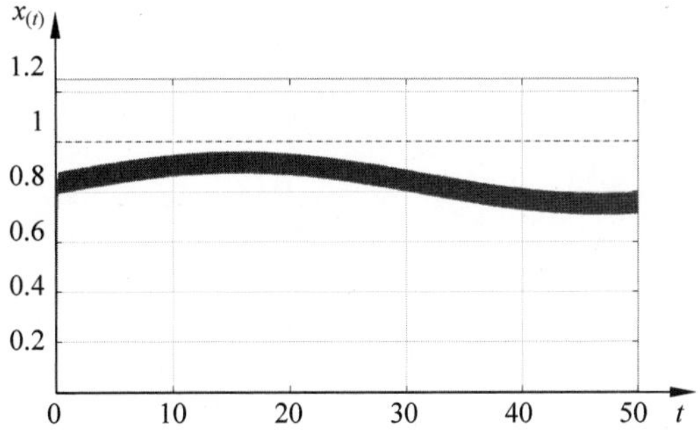

图 9.6.5　$C_{(s)}=K_P=5$ 时闭环系统的单位阶跃响应

的伯德图，令 $C_{(s)}=1+\frac{1}{\tau_I s}=1+\frac{1}{s}$。使用控制器后开环传递函数 $C_{(s)}G_{(s)}$ 的伯德图如图 9.6.6(c)所示，正符合了低频区振幅响应高，高频区振幅响应低的要求。其闭环系统的响应如图 9.6.7 所示。可以看到使用了比例积分控制器后，系统有效地抑制了扰动，成功地

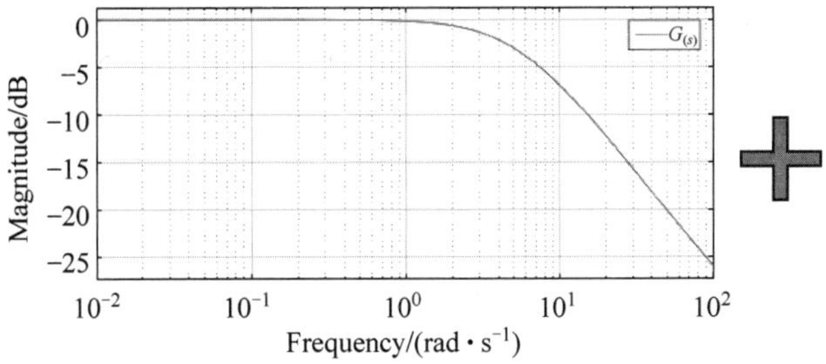

(a) $G_{(s)}=\frac{5}{s+5}$ 伯德图幅频图

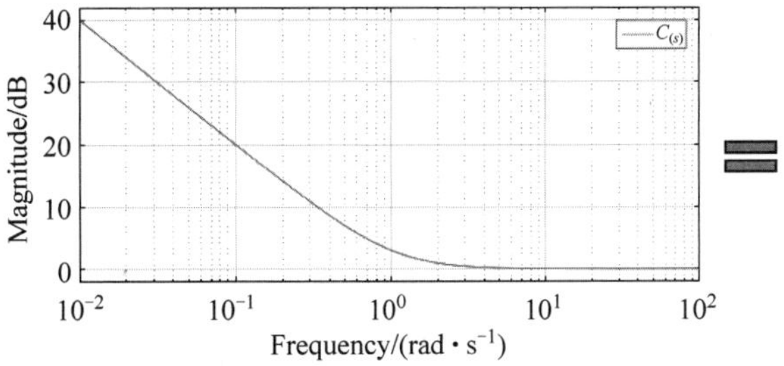

(b) $C_{(s)}=1+\frac{1}{s}$ 伯德图幅频图

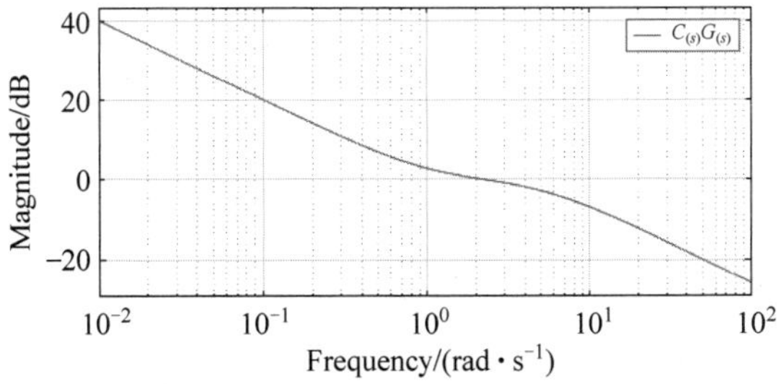

(c) $C_{(s)}G_{(s)}$伯德图幅频图

图 9.6.6　使用比例积分控制 $C_{(s)}=1+\frac{1}{\tau_I s}$

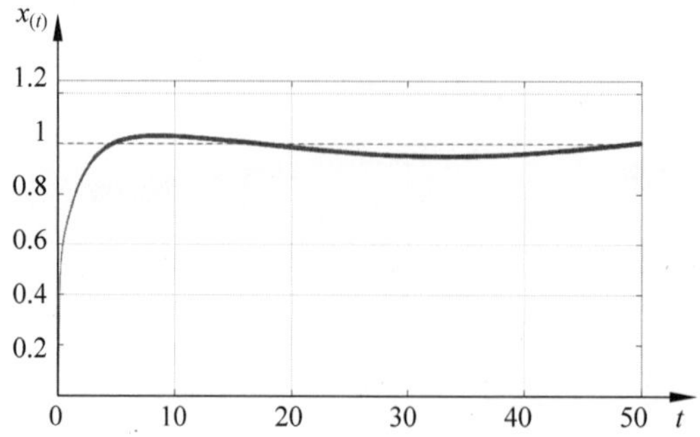

图 9.6.7 $C_{(s)}=1+\frac{1}{\tau_I s}$时闭环系统的单位阶跃响应

追踪了系统输入,同时降低了噪声的影响。请各位读者结合随书所附代码进行研究分析,尝试调整 K_P 与 τ_I 的取值,观察开环系统的传递函数伯德图,以及其对参考、扰动和噪声的影响。

> 如果将图 9.6.6(b)替换为积分控制也可以很好地满足本例中的要求。但是单纯的积分控制会引入$-90°$的相位延迟,这可能会为系统的稳定性带来隐患,具体分析请参考9.8.3 节。

请参考代码 9.2：9-2_BodePlot_Controller_Design.m。

9.7 Nyquist 图与稳定性判据

当涉及频率响应和控制系统分析时,伯德图无疑是一个不可或缺的工具,但它并不是唯一的选择。在控制理论中,Nyquist 图是另一个用于分析系统频率响应和稳定性的强大且优秀的工具。它提供了一种直观的方法来可视化系统的频率响应以及参数对系统稳定性的影响。它是由瑞士工程师和数学家 Harry Nyquist 提出的,被广泛用于控制系统设计和分析中。

与伯德图不同,Nyquist 图将系统的频率响应表示为复平面上的轨迹。这使得我们可以直接观察系统在频域中的响应特性,并从中推断出系统的稳定性。

9.7.1 开环传递函数与闭环传递函数极点、零点间的关系

与根轨迹类似,Nyquist 稳定性判据也是通过开环系统分析闭环系统。它将闭环系统的稳定性与开环系统的频率响应和开环极点在复平面的位置关联起来。我们首先分析图 9.7.1 形式的单位反馈闭环控制系统。

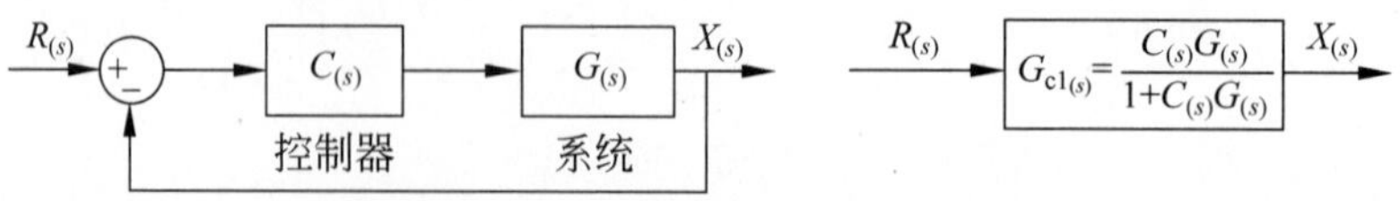

图 9.7.1 单位反馈闭环控制系统

详细分析动态系统 $G_{(s)}$ 与控制器 $C_{(s)}$ 传递函数的分母与分子部分,定义：

$$G_{(s)}=\frac{N_{G_{(s)}}}{D_{G_{(s)}}} \tag{9.7.1a}$$

$$C_{(s)}=\frac{N_{C_{(s)}}}{D_{C_{(s)}}} \tag{9.7.1b}$$

可以得到开环系统的传递函数为

$$C_{(s)}G_{(s)}=\frac{N_{C_{(s)}}}{D_{C_{(s)}}}\frac{N_{G_{(s)}}}{D_{G_{(s)}}}=\frac{N_{C_{(s)}}N_{G_{(s)}}}{D_{C_{(s)}}D_{G_{(s)}}} \tag{9.7.2a}$$

闭环系统的传递函数为

$$G_{\mathrm{cl}_{(s)}}=\frac{C_{(s)}G_{(s)}}{1+C_{(s)}G_{(s)}}=\frac{\dfrac{N_{C_{(s)}}N_{G_{(s)}}}{D_{C_{(s)}}D_{G_{(s)}}}}{1+\dfrac{N_{C_{(s)}}N_{G_{(s)}}}{D_{C_{(s)}}D_{G_{(s)}}}}=\frac{N_{C_{(s)}}N_{G_{(s)}}}{D_{C_{(s)}}D_{G_{(s)}}+N_{C_{(s)}}N_{G_{(s)}}} \tag{9.7.2b}$$

此外，$G_{\mathrm{cl}_{(s)}}$ 的分母部分为

$$1+C_{(s)}G_{(s)}=1+\frac{N_{C_{(s)}}N_{G_{(s)}}}{D_{C_{(s)}}D_{G_{(s)}}}=\frac{D_{C_{(s)}}D_{G_{(s)}}+N_{C_{(s)}}N_{G_{(s)}}}{D_{C_{(s)}}D_{G_{(s)}}} \tag{9.7.2c}$$

观察式(9.7.2a)、式(9.7.2b)、式(9.7.2c)，可以发现以下两点重要的关系：

(1) $C_{(s)}G_{(s)}$ 的分母部分与 $1+C_{(s)}G_{(s)}$ 的分母部分相同，都是 $D_{C_{(s)}}D_{G_{(s)}}$。由此可以推断出 $C_{(s)}G_{(s)}$ 的极点与 $1+C_{(s)}G_{(s)}$ 的极点相同。

(2) $G_{\mathrm{cl}_{(s)}}$ 的分母部分与 $1+C_{(s)}G_{(s)}$ 的分子部分相同，都是 $D_{C_{(s)}}D_{G_{(s)}}+N_{C_{(s)}}N_{G_{(s)}}$。可以推断出 $G_{\mathrm{cl}_{(s)}}$ 的极点与 $1+C_{(s)}G_{(s)}$ 的零点相同。

如图 9.7.2 所示，通过 $1+C_{(s)}G_{(s)}$，可以将开环传递函数 $C_{(s)}G_{(s)}$ 与闭环传递函数 $G_{\mathrm{cl}_{(s)}}$ 的极点、零点联系起来。这是一个重要的关系，将有助于下面的推导。

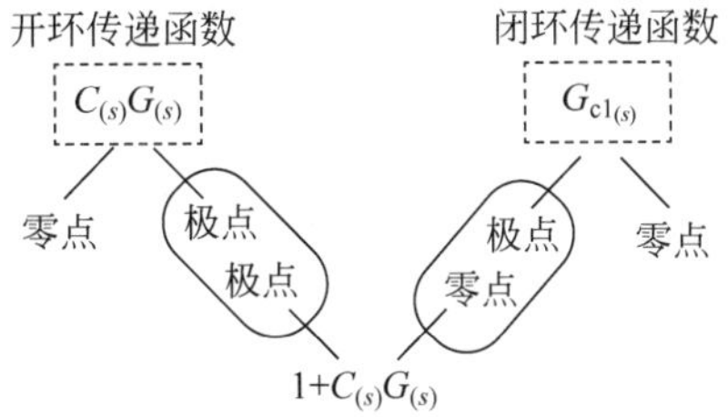

图 9.7.2 $C_{(s)}G_{(s)}$、$1+C_{(s)}G_{(s)}$ 与 $G_{\mathrm{cl}_{(s)}}$ 的零点和极点之间的关系

9.7.2 复平面映射与柯西辐角原理

本节将讨论复平面上的映射，复平面的映射是指将一个复平面上的点(复数)映射到另一个复平面上的点(复数)。这种映射通常由一个复函数来描述，假如在 s 平面有一个复数 $s=a+b\mathrm{j}$，通过复函数 $F_{(s)}$ 映射后可以得到新的在 $F_{(s)}$ 平面上的复数。请看下面三个例子。

例 9.7.1 考查三个 s 平面上的点通过复函数 $F_{(s)}=s+2$ 的映射，其中，

$$s_1=-2+\mathrm{j} \tag{9.7.3a}$$

$$s_2=\mathrm{j} \tag{9.7.3b}$$

$$s_3=0 \tag{9.7.3c}$$

将 s_1、s_2 和 s_3 代入 $F_{(s)}$，可得

$$F_{(s_1)}=-2+\mathrm{j}+2=\mathrm{j}=s_1' \tag{9.7.4a}$$

$$F_{(s_2)}=\mathrm{j}+2=s_2' \tag{9.7.4b}$$

$$F_{(s_3)}=0+2=2 \tag{9.7.4c}$$

如果将复函数 $F_{(s)}=s+2$ 考虑为一个传递函数，那么这个传递函数只有一个零点 $s_z=-2$。将它在 s 平面中绘出，如图 9.7.3(a)所示"∘"。绘制 s_1、s_2 和 s_3 并通过 s_z 向它们连线，可以得到它们的模 v_1、v_2、v_3 以及辐角 φ_1、φ_2 和 φ_3（$\varphi_3=0$，故未在图中显示）。此外，将式(9.7.4a)、式(9.7.4b)、式(9.7.4c)中通过 $F_{(s)}=s+2$ 的映射后得到的点 s_1'、s_2'和 s_3'绘制在图 9.7.3(b)，即 $F_{(s)}$ 平面上，并通过原点(0,0)向它们连线，得到相应的模 v_1'、v_2'、v_3'以及辐角 φ_1'、φ_2'和 φ_3'。可以发现，$\begin{cases}v_1'=v_1\\v_2'=v_2\\v_3'=v_3\end{cases}$且$\begin{cases}\varphi_1'=\varphi_1\\\varphi_2'=\varphi_2\\\varphi_3'=\varphi_3\end{cases}$。

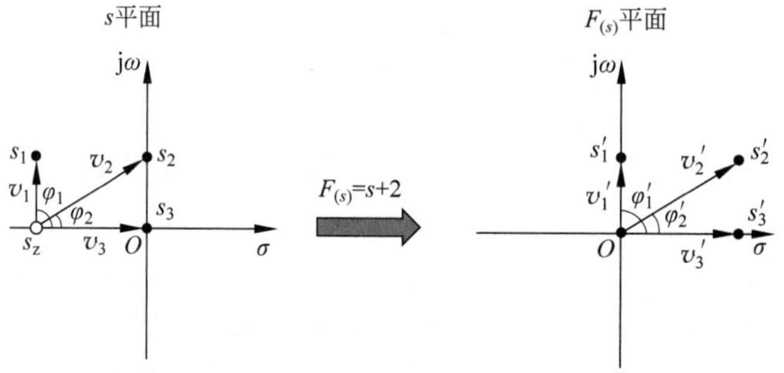

(a) 复数点与零点连线　　(b) 映射后复数点与原点连线

图 9.7.3　复平面映射举例

进一步分析，在 s 平面上绘制一条曲线 A 将零点 s_z 包围起来，这条曲线沿着**顺时针**的方向经过了 s_1、s_2 和 s_3 这三个点，如图 9.7.4(a)所示。将曲线 A 上的每一个点都通过 $F_{(s)}=s+2$ 的映射后，会在 $F_{(s)}$ 平面上得到一条**顺时针**的闭合曲线 A'（顺序经过点 s_1'、s_2'和 s_3'时也沿**顺时针**方向）。A'曲线一定会包围 $F_{(s)}$ 平面的原点。相反，如果曲线 A 不包围零点 s_z，那么通过映射得到的曲线 A'也一定不包围原点。这非常容易验证，如在图 9.7.5(a)中，如果曲线 A 在零点的右侧，那么零点与任何位于曲线 A 上的点之间的夹角都会在

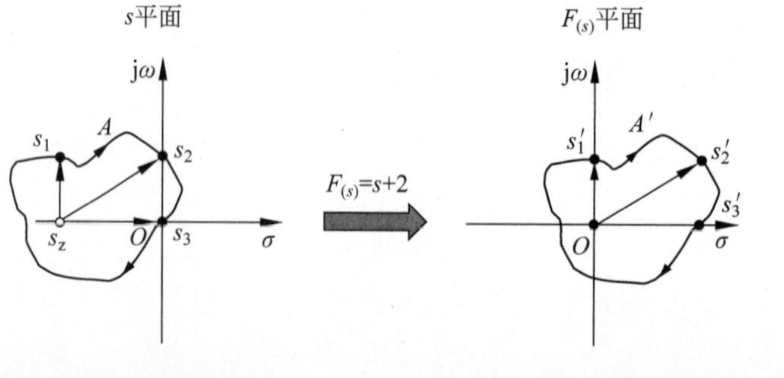

(a) 顺时针闭合曲线包围零点　　(b) 映射后的顺时针闭合曲线包围原点

图 9.7.4　曲线通过 $F_{(s)}=s+2$ 的映射——包围零点情况

$-90°\sim90°$，因此映射后，原点到 A' 曲线上任意一点之间的夹角也会在 $-90°\sim90°$，所以在 $F_{(s)}$ 平面上曲线 A' 必然不会包围 $F_{(s)}$ 平面的原点。

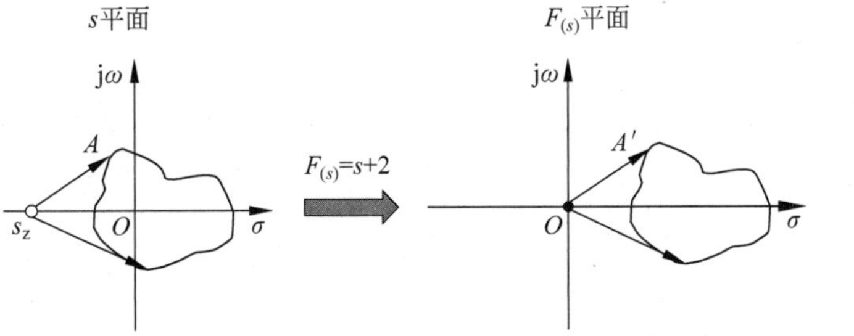

(a) 顺时针闭合曲线不包围零点　　(b) 映射后的顺时针闭合曲线不包围原点

图 9.7.5　曲线通过 $F_{(s)}=s+2$ 的映射——不包围零点情况

例 9.7.2　考查式(9.7.3a)、式(9.7.3b)、式(9.7.3c)中的三个点通过复函数 $F_{(s)}=\dfrac{1}{s+2}$ 的映射，将 s_1、s_2 和 s_3 代入 $F_{(s)}$ 可得：

$$F_{(s_1)}=\frac{1}{-2+j+2}=-j=s_1' \tag{9.7.5a}$$

$$F_{(s_2)}=\frac{1}{j+2}=\frac{j-2}{(j+2)(j-2)}=\frac{j-2}{-5}=\frac{2}{5}-\frac{j}{5}=s_2' \tag{9.7.5b}$$

$$F_{(s_3)}=\frac{1}{0+2}=\frac{1}{2} \tag{9.7.5c}$$

如果将复函数 $F_{(s)}=\dfrac{1}{s+2}$ 考虑为传递函数，那么这个传递函数只有一个极点 $s_p=-2$。将它在 s 平面中绘出，如图 9.7.6(a)所示"×"。绘制 s_1、s_2 和 s_3 并通过 s_p 向它们连线，可以得到它们的模 v_1、v_2、v_3 以及辐角 φ_1、φ_2 和 φ_3。我们将通过 $F_{(s)}=s+2$ 的映射后得到的点 s_1'、s_2' 和 s_3' 绘制在图 9.7.6(b)，即 $F_{(s)}$ 平面上，并连接它们到原点(0,0)，得到模 v_1'、v_2'、v_3' 以及辐角 φ_1'、φ_2' 和 φ_3'。可以发现，$\begin{cases}v_1'=\dfrac{1}{v_1}\\ v_2'=\dfrac{1}{v_2}\\ v_3'=\dfrac{1}{v_3}\end{cases}$ 且 $\begin{cases}\varphi_1'=-\varphi_1\\ \varphi_2'=-\varphi_2\\ \varphi_3'=-\varphi_3\end{cases}$。

进一步分析，在 s 平面上绘制一条包围了极点 s_p 的曲线 A，这条曲线沿着**顺时针**的方向经过了 s_1、s_2 和 s_3 三个点，如图 9.7.7(a)所示。将曲线 A 上的每一个点都通过 $F_{(s)}=\dfrac{1}{s+2}$ 的映射后，会在 $F_{(s)}$ 平面上得到一条**逆时针**的闭合曲线 A'（顺序经过点 s_1'、s_2' 和 s_3' 时是**逆时针**的），A' 一定会包围 $F_{(s)}$ 平面的原点。相反，如果曲线 A 不包括极点 s_p，那么通过映射得到的曲线 A' 也一定不包围原点（各位读者可以参考**例 9.7.1** 进行验证）。这里请注意，与**例 9.7.1** 相反，一条**顺时针**包围极点的曲线通过映射后得到的闭合曲线将**逆时针**包围原点。

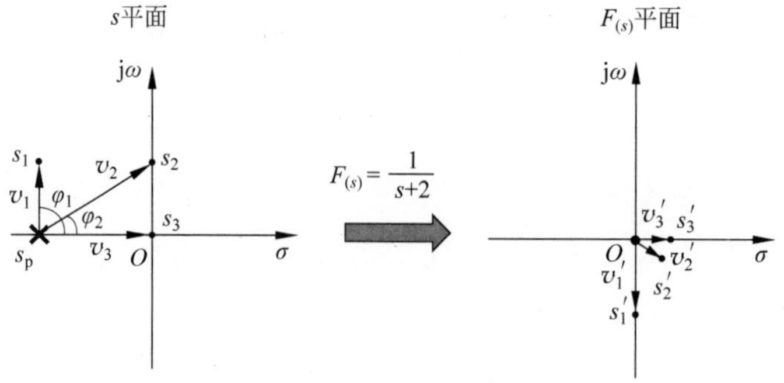

(a) 复数点与极点连线 (b) 映射后复数点与原点连线

图 9.7.6 复平面映射举例

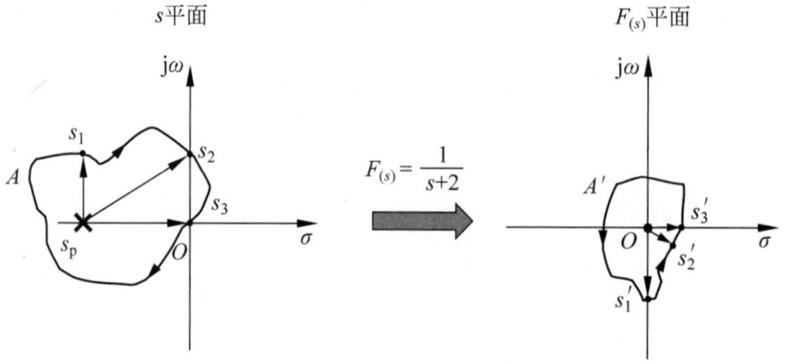

(a) 顺时针闭合曲线包围极点 (b) 映射后的逆时针闭合曲线包围原点

图 9.7.7 曲线通过 $F_{(s)}=s+2$ 的映射——包围极点情况

例 9.7.3 函数 $F_{(s)}=\frac{s+2}{s+3}$有一个极点 $s_p=-3$ 和一个零点 $s_z=-2$。如图 9.7.8(a)所示,假设在 s 平面上顺时针绘制一条包围这两个点的 A 曲线,其通过 $F_{(s)}$ 映射将如图 9.7.8(b)所示,必然不包围原点。

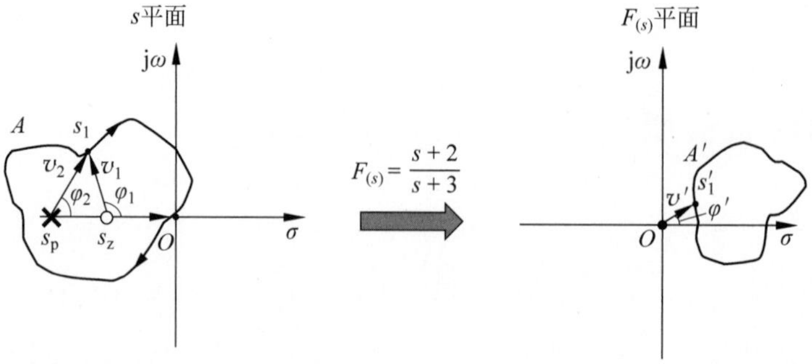

(a) 顺时针闭合曲线包围一个极点和一个零点 (b) 映射后的闭合曲线不包围原点

图 9.7.8 曲线通过 $F_{(s)}=\frac{s+2}{s+3}$的映射

分析 A 曲线上的一个点 s_1,如图 9.7.8(a),根据复数的运算法则(参考 8.3 节),s_1 通过 $F_{(s)}$ 映射后的点 s_1'的模是 $v'=\frac{v_1}{v_2}$,相位则是 $\varphi'=\varphi_1-\varphi_2$。在这个例子中,$\varphi_1$ 是极点 s_p、

零点 s_z 与 A 曲线上的任意一点构成的三角形的外角。因此$(\varphi_1-\varphi_2)=\angle s_p s_1 s_z$，$s_1$ 在 A 曲线上移动时，$(\varphi_1-\varphi_2)$一定在$-90°\sim90°$。所以映射之后的点一定在原点右侧，映射的曲线 A'也一定不包围原点。

根据以上三个例子，可以得出以下结论：

在 s 平面上沿**顺时针**绘制一条闭合曲线 A，并假设 A'曲线是 A 曲线通过 $F_{(s)}$ 映射后在 $F_{(s)}$ 平面上的结果。A 曲线每包围一个 $F_{(s)}$ 的零点，A'曲线将**顺时针**绕过 $F_{(s)}$ 平面上的原点一圈。A 曲线每包围一个 $F_{(s)}$ 的极点，A'曲线将**逆时针**绕过 $F_{(s)}$ 平面上的原点一圈。如果 A 曲线内包围的 $F_{(s)}$ 的极点数量与零点数量相同，则 A'曲线不会包围 $F_{(s)}$ 平面上的原点。这种关系是**柯西辐角原理**(Cauchy's Argument Principle)在控制理论中的重要应用。

例 9.7.4　在 s 平面上沿顺时针画一条闭合曲线 A，通过 $F_{(s)}$ 映射后在 $F_{(s)}$ 平面上的结果如图 9.7.9 所示。试分析 A 曲线内包围的极点和零点个数。

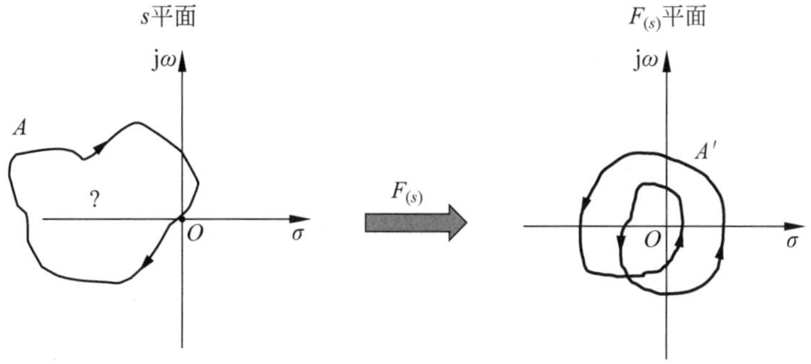

图 9.7.9　曲线在 $F_{(s)}$ 平面上映射案例分析

根据图 9.7.9，映射后的 A'曲线绕着 $F_{(s)}$ 平面上的原点逆时针两圈，因此可以断定在 s 平面上的 A 曲线中包围的 $F_{(s)}$ 的极点个数一定比零点个数多两个。但要注意的是，根据映射后曲线绕原点圈数，我们只能够判断原曲线中包围的极点个数与零点个数之间的差值，而无法判断具体个数。比如本例中 A 曲线内可能有两个 $F_{(s)}$ 的极点，没有零点。也可能包围着三个 $F_{(s)}$ 的极点和一个零点。

9.7.3　Nyquist 稳定性判据

9.7.2 节详细分析了复平面映射的性质，本节将以此为基础推导 Nyquist 稳定性判据。考虑图 9.7.1 中的单位反馈系统。

试想在 s 平面上从原点出发开始绘制一条曲线，首先沿着虚轴向上直到$+\infty$，之后**顺时针**画一个半径 $R\to\infty$的半圆，扫过整个右半平面一直到达虚轴上的$-\infty$位置，最后沿着虚轴向上回到原点。这样画出的顺时针方向的 A 曲线，被称为 Nyquist **围道**(Contour)，它包围了 s 平面的整个右半平面，如图 9.7.10 中阴影部分所示。

之后我们将这条 Nyquist 围道通过 $F_{(s)}=1+C_{(s)}G_{(s)}$ 映射到 $F_{(s)}$ 平面，得到 A'曲线，也就是 **Nyquist 图**(Plot)。根据 9.7.2 节的分析，可以得到以下公式：

$$P-Z=N \tag{9.7.6}$$

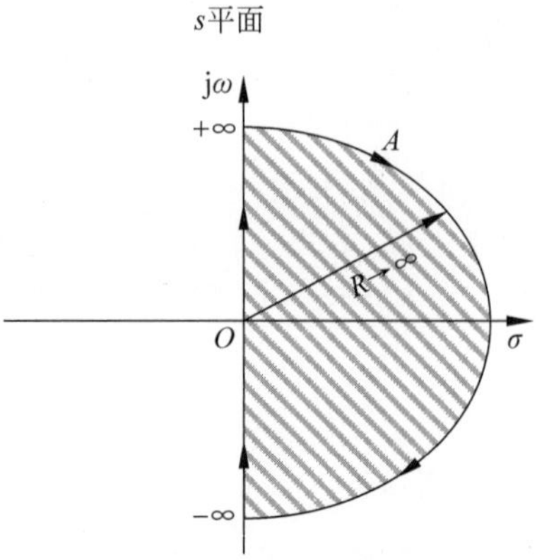

图 9.7.10 Nyquist 围道

其中，

P：A 曲线中所包围的 $F_{(s)}=1+C_{(s)}G_{(s)}$ 的**极点**个数。

Z：A 曲线中所包围的 $F_{(s)}=1+C_{(s)}G_{(s)}$ 的**零点**个数。

N：A 曲线通过 $F_{(s)}=1+C_{(s)}G_{(s)}$ 映射后得到的 A' 曲线在 $F_{(s)}$ 平面中**逆时针**绕原点的圈数。

进一步分析，根据图 9.7.2，$F_{(s)}=1+C_{(s)}G_{(s)}$ 的**极点**就是开环传递函数 $C_{(s)}G_{(s)}$ 的**极点**。$F_{(s)}=1+C_{(s)}G_{(s)}$ 的**零点**就是闭环传递函数 $G_{\mathrm{cl}_{(s)}}$ 的**极点**。因此在式(9.7.6)中，

P：A 曲线中所包围的开环传递函数 $C_{(s)}G_{(s)}$ 的**极点**个数。

Z：A 曲线中所包围的闭环传递函数 $G_{\mathrm{cl}_{(s)}}$ 的**极点**个数。

N：A 曲线通过 $F_{(s)}=1+C_{(s)}G_{(s)}$ 映射后得到的 A' 曲线在 $F_{(s)}$ 平面中**逆时针**绕原点的圈数。

如果将映射函数由 $F_{(s)}=1+C_{(s)}G_{(s)}$ 替换为开环传递函数 $C_{(s)}G_{(s)}$，映射结果 Nyquist 曲线(A'曲线)将整体向左平移一个单位。这样在式(9.7.6)中，

> P：A 曲线中所包围的开环传递函数 $C_{(s)}G_{(s)}$ 的**极点**个数。
>
> Z：A 曲线中所包围的闭环传递函数 $G_{\mathrm{cl}_{(s)}}$ 的**极点**个数。
>
> N：A 曲线通过开环传递函数 $C_{(s)}G_{(s)}$ 映射后得到的 A' 曲线在 $F_{(s)}$ 平面中**逆时针**绕(−1,0)点的圈数。

根据图 9.7.2 和式(9.7.2)，使用 $F_{(s)}=1+C_{(s)}G_{(s)}$，我们将开环传递函数与闭环传递函数关联起来，为后续分析带来了便利。

根据第 6 章的分析，如果闭环系统稳定，那么其闭环传递函数 $G_{\mathrm{cl}_{(s)}}$ 一定不存在位于复平面右半平面的极点，也就意味着式(9.7.6)中 $Z=0$。代入式(9.7.6)得到 **Nyquist 稳定性判据**(Nyquist Stability Criterion)：

$$P=N \tag{9.7.7}$$

其中，

P：A 曲线中(即复平面右半平面内)所包围的开环传递函数 $C_{(s)}G_{(s)}$ 的**极点**个数。

N：A 曲线通过开环传递函数 $C_{(s)}G_{(s)}$ 映射后得到的 A' 曲线**逆时针**绕(−1,0)点的

圈数。

利用 Nyquist 稳定性判据，我们可以通过分析开环传递函数 $C_{(s)}G_{(s)}$ 在复平面右半平面的极点个数以及开环传递函数 $C_{(s)}G_{(s)}$ 的 Nyquist 图就可以判断闭环系统是否稳定。这个方法类似于根轨迹法，从开环系统的信息进行分析，得出有关闭环系统的稳定性信息。

例 9.7.5　如图 9.7.11(a)所示系统，其开环传递函数的 Nyquist 曲线如图 9.7.11(b)所示，分析闭环系统的稳定性。

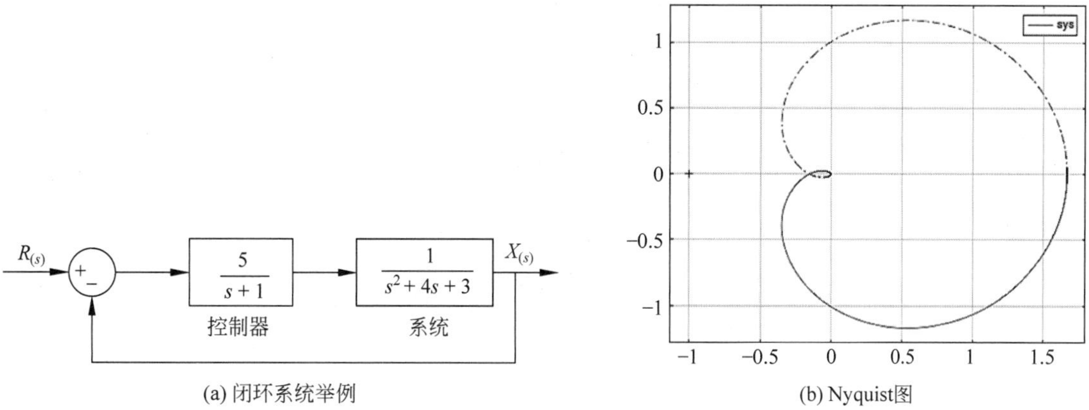

图 9.7.11　Nyquist 稳定性判据案例

首先分析系统的开环传递函数 $C_{(s)}G_{(s)}=\frac{5}{s+1}\frac{1}{s^2+4s+3}=\frac{5}{(s+1)(s+1)(s+3)}$，它包含三个极点 −1、−1 和 −3。三个极点都不在复平面的右半部分，对应式(9.7.7)，得到 $P=0$。观察图 9.7.11(b)中的 Nyquist 曲线，发现其并不环绕(−1,0)点，因此 $N=0=P$。可以判断出闭环系统是稳定的。

例 9.7.5 说明如果系统的开环传递函数是稳定的(即 $C_{(s)}G_{(s)}$ 在复平面右半平面没有极点)，闭环系统稳定的条件是开环系统的 Nyquist 图不绕过(−1,0)点，即 $N=0$。这个结论实际上是 Nyquist 稳定性判据的一个特例，但它也是 Nyquist 稳定性判据的最广泛的应用情况，对于理解和分析控制系统的稳定性非常有用，尤其在设计控制器时可以作为一个重要的指导原则。

9.7.4　正虚轴 jω 的映射

审视图 9.7.10 中的 Nyquist 围道，进一步分析这条包围复平面右半部分的闭环曲线 A。它包含了两个部分，如图 9.7.12(a)所示，❶在虚轴上，❷则包含了整个平面。我们首先来分析❷。

在本书第 2 章中提到，现实中系统的传递函数都是真分数。对于严格真分数情况，系统的开环传递函数 $C_{(s)}G_{(s)}$ 分母阶数高于分子阶数，即极点比零点多。比如图 9.7.12(b)所示案例，$C_{(s)}G_{(s)}$ 有两个极点与一个零点。曲线❷上的任意一点可以表示为 $R\mathrm{e}^{\mathrm{j}\theta}$，其中 $R\to\infty$。将这一点对 $C_{(s)}G_{(s)}$ 的极点和零点做连线，其长度都是无限远的，也都可以认为是 R。因此❷上任意一点通过 $C_{(s)}G_{(s)}$ 映射后的模都是 $\frac{R}{RR}=\frac{1}{R}\bigg|_{R\to\infty}=0$。所以对于严格真分数，

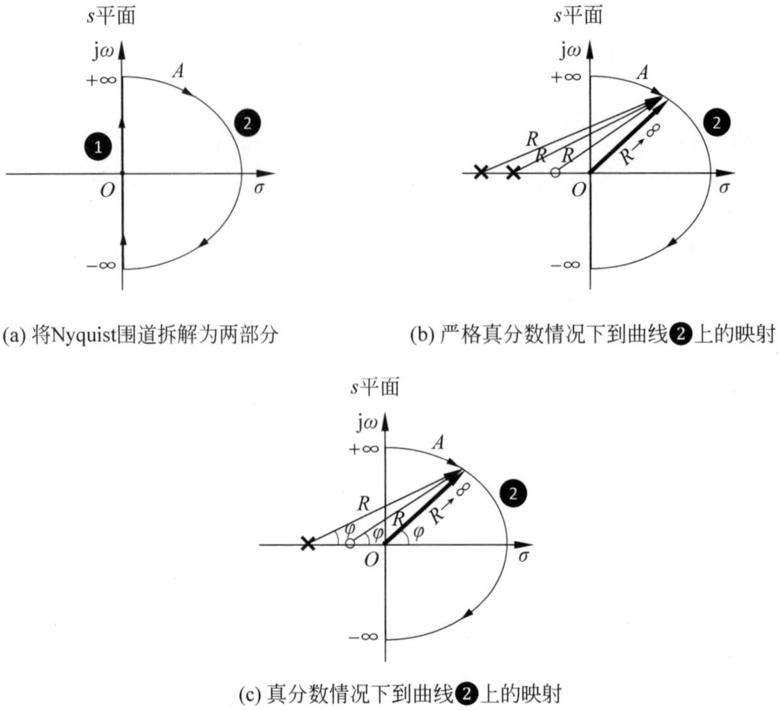

(a) 将Nyquist围道拆解为两部分　(b) 严格真分数情况下到曲线❷上的映射

(c) 真分数情况下到曲线❷上的映射

图 9.7.12　Nyquist 围道解析

所有曲线❷上的点通过 $C_{(s)}G_{(s)}$ 的映射后都将是(0,0)点。

对于真分数情况，系统的开环传递函数 $C_{(s)}G_{(s)}$ 分母阶数等于分子阶数，即极点与零点一样多，如图 9.7.12(c)所示。曲线❷上的任意一点对 $C_{(s)}G_{(s)}$ 的极点和零点做连线，其长度都是无限远的，因此映射后的点的模是 $\left|\frac{R}{R}\right|=1$。同时，这两条连线都指向无限远，因此它们是平行的，角度相等，所以❷上任意一点通过 $C_{(s)}G_{(s)}$ 映射后的角度为 $\varphi-\varphi=0$。因此对于真分数，所有曲线❷上的点通过 $C_{(s)}G_{(s)}$ 的映射后都将是(1,0)点。

> 基于以上的结论，对闭环曲线 A 的研究重点就可以放在虚轴，即❶，此时的映射即为 $C_{(s)}G_{(s)}|_{s=\pm j\omega}$。同时，$C_{(j\omega)}G_{(j\omega)}$ 和 $C_{(-j\omega)}G_{(-j\omega)}$ 共轭，它们的模相同，角度相反，关于实轴对称。因此我们只需要绘制沿着虚轴上升的这部分曲线的映射就可以了，分析它就是分析 $C_{(j\omega)}G_{(j\omega)}$ 的表现，其中 $\omega\in(0,\infty)$。这个表达与 9.2 节得出的频率响应结论一致，也就是分析开环系统的频率响应。这也是将 Nyquist 分析归入频率响应的原因。

在这样的设定下，只需观察开环传递函数的频率响应 $C_{(j\omega)}G_{(j\omega)}$ 在复平面上的曲线(正虚轴 jω 通过 $C_{(s)}G_{(s)}$ 映射而成的 Nyquist 图)，即可判断闭环系统的稳定性。稳定性判据可以定义为

$$P=N \tag{9.7.8}$$

其中，

P：复平面右半边所包括的开环传递函数 $C_{(s)}G_{(s)}$ 的**极点**个数。

N：开环系统的频率响应($C_{(j\omega)}G_{(j\omega)}$，$\omega \in (0,\infty)$)在复平面上从(−1,0)点左侧穿过实轴的次数。

重新分析图 9.7.11(b)，其中实线部分是开环系统的频率响应 $C_{(j\omega)}G_{(j\omega)}$ 在复平面中形成的曲线，虚线部分是与其共轭的部分 $C_{(-j\omega)}G_{(-j\omega)}$。因为 $C_{(s)}G_{(s)}$ 是一个严格真分数传递函数，所以其 Nyquist 图通过(0,0)点。图中实线与虚线构成完整的 Nyquist 图，可以通过分析其绕(−1,0)点的次数判断稳定性。而根据本节的分析，我们只需要分析一半的图形(即实线部分)即可。对于这一系统，其开环传递函数在复平面右半平面不包围极点，同时其频率响应 $C_{(j\omega)}G_{(j\omega)}$ 曲线与实轴的交点在(−1,0)的右侧，得到 $P=N=0$，闭环系统是稳定的。

9.8 增益裕度和相位裕度

本节将探讨稳定**裕度**(Margin)。裕度就是其字面上的意思，指留有一定余地的程度。简单来说，裕度分析就是要看系统有多稳定，有多强的抗扰性。通过裕度分析，我们可以更好地了解系统的稳定性，并有针对性地进行参数调整，以满足设计要求并提高系统的性能。对于如图 9.8.1(a)所示的单位反馈系统，在理想情况下，我们可以通过设计控制器 $C_{(s)}$，使闭环系统稳定。而在现实生活中，如图 9.8.1(b)所示，系统参数可能会随着环境的变化而发生变化，进而导致开环系统增益的变化。同时，在某些情况下，我们需要增大开环系统的增益以加快响应速度。另一方面，系统可能存在延迟(这有可能是信号传输过程中的延迟，也可能是数据处理造成的延迟，比如对会有噪声的信号做低通滤波处理)。这就要求在系统设计的时候将这些可能存在的不确定性考虑在内，在设计系统时要考虑"一定的余地"，也就是设计合适的裕度。

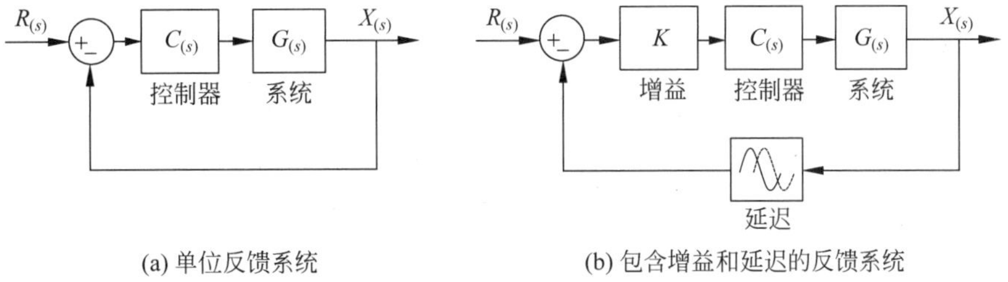

图 9.8.1 闭环系统分析

裕度分析分为两个主要方面：**增益裕度**(Gain Margin)和**相位裕度**(Phase Margin)，它们是衡量系统稳定性的重要指标。增益裕度是指系统的开环增益在闭环系统变得不稳定之前还能增加多少。相位裕度是指系统的相位在系统变得不稳定之前还能延迟多少。

9.8.1 Nyquist 图上的裕度分析

本节将讨论 Nyquist 图上的裕度分析，首先需要说明的是，我们在做裕度分析时，对象是稳定系统，因为只有这样才能分析它有多稳定。因此，在本节的分析中，我们考虑开环传递函数 $C_{(s)}G_{(s)}$ 所有的极点都在复平面的左半平面(根据第 8 章的根轨迹分析，闭环传递函数的根轨迹将从开环传递函数的极点出发指向零点或者无穷，如果开环传递函数有非负极点，那么闭环系统也将不稳定，没有分析其裕度的意义)。在这一前提下，式(9.7.8)可以写成

$$P = N = 0 \tag{9.8.1}$$

即闭环系统稳定的条件为开环系统的频率响应($C_{(j\omega)}G_{(j\omega)}, \omega \in (0,\infty)$)在复平面中与实轴的交点在(−1,0)点的右侧。

如图 9.8.2(a)所示,图中的虚线是半径为 1 的单位圆,开环系统的频率响应 $C_{(j\omega)}G_{(j\omega)}$ 曲线与实轴交点在(−1,0)点的右侧,根据式(9.8.1),闭环系统是稳定的。当系统存在增益 K 时,其开环传递函数为 $KC_{(s)}G_{(s)}$,其频率响应的振幅为 $|KC_{(j\omega)}G_{(j\omega)}|$,其图像即为 $C_{(j\omega)}G_{(j\omega)}$ 的 K 倍,如图 9.8.2(b)所示;图 9.8.2(a)所示曲线在扩大了 K 倍之后,与实轴的交点变动到了(−1,0)点的左侧,所以闭环系统不再稳定。另一方面,如果系统存在延迟,则其开环系统的频率响应 $C_{(j\omega)}G_{(j\omega)}$ 从图上看即为绕顺时针旋转,如图 9.8.2(c)所示,图 9.8.2(a)所示曲线在绕顺时针旋转后,与实轴的交点变动到了(−1,0)点的左侧,系统也将不再稳定。

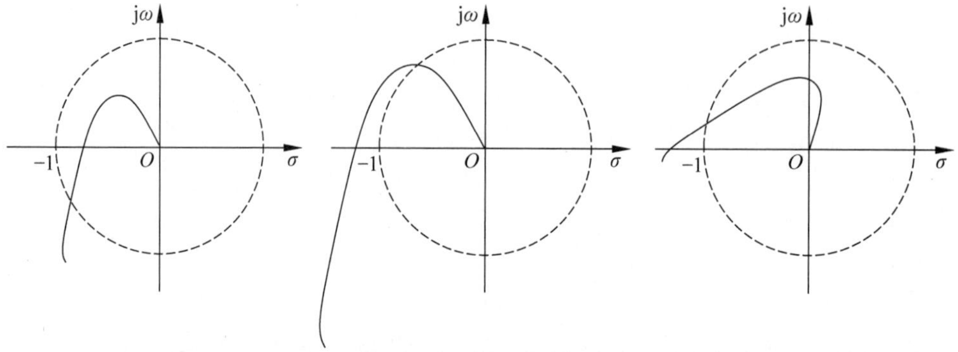

图 9.8.2 Nyquist 图稳定性分析

考虑如图 9.8.1(b)所示系统,假设增益 $K=1$ 且无延迟时,它的开环传递函数频率响应图如图 9.8.3 所示,它与实轴的交点在(−1,0)点右侧,因此闭环系统是稳定的。定义开环系统频率响应图 $C_{(j\omega)}G_{(j\omega)}$ 与实轴的交点为 $-\dfrac{1}{a}$,那么当其增益 K 增加 a 倍以上时,曲线会被扩大 a 倍以上,与实轴的交点将位于(−1,0)点的左边,闭环系统将不再稳定,所以 a 倍就是保证系统稳定时可以扩大的最大增益倍数。使用对数表达形式得到增益裕度的定义 $G_M = 20\log a$,增益裕度的单位是 dB。

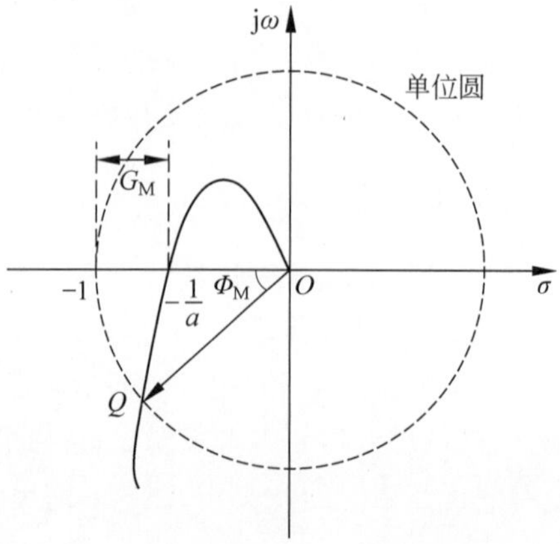

图 9.8.3 裕度定义——频率响应图

定义开环传递函数频率响应图与单位圆的交点为 Q，从 Q 点到原点 O 做连线，QO 与实轴的夹角即为相位裕度 Φ_M，逆时针为正。当系统存在延迟时，$C_{(j\omega)}G_{(j\omega)}$ 曲线会沿着原点顺时针旋转，如果旋转角度小于相位裕度 Φ_M，曲线与实轴的交点仍在(−1,0)点右侧，则闭环系统依然稳定，反之则不稳定。因此相位裕度 Φ_M 就是保证系统稳定时可以接受的最大延迟。

9.8.2 伯德图上的裕度分析

在使用 Nyquist 图分析闭环系统的稳定性时，反复提到复平面上(−1,0)这一重要位置。这一位置的振幅响应为 1，取其对数表达为 20log1＝0dB，角度是−180°(当然，这一角度也可以是 180°。但按照惯例，控制系统会选择−180°作为参考值)。这样的表达很自然地会和伯德图联系在一起。如图 9.8.4 所示，定义幅频图与 0dB 的交点处的频率为**增益穿越频率** ω_{gc}，其中下标 gc 代表 gain crossover。相频图与−180°交点处的频率定义为**相位穿越频率** ω_{pc}，其中下标 pc 代表 phase crossover。

将图 9.8.3 中的 G_M 和 Φ_M 绘制在伯德图上，其中增益裕度 G_M 是幅频曲线在相位穿越频率时与 0dB 之间的距离，在伯德图中，乘法运算将转化为加法运算，当增益增加时，幅频图将整体向上移动(如图 9.8.4(b)中的虚线所示)，随着幅频图向上移动，G_M 逐渐减小，直至系统不再稳定。同理，相位裕度 Φ_M 是相频图在增益穿越频率时与−180°之间的距离。如果系统存在延迟，那么相频图将整体下移，如图 9.8.4(c)所示，延迟超过 Φ_M 后，系统将不再稳定。

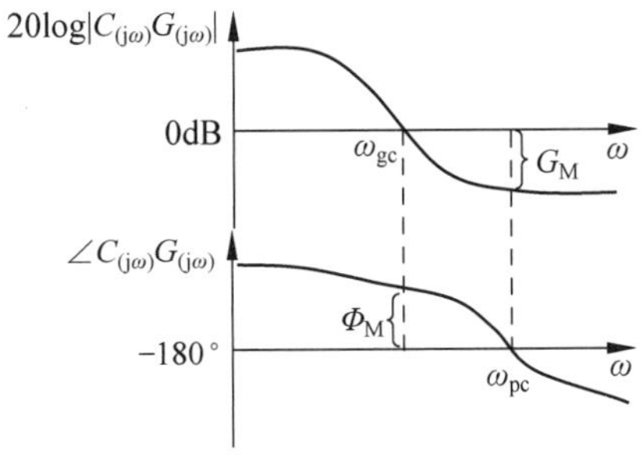

(a) 定义 G_M 和 Φ_M

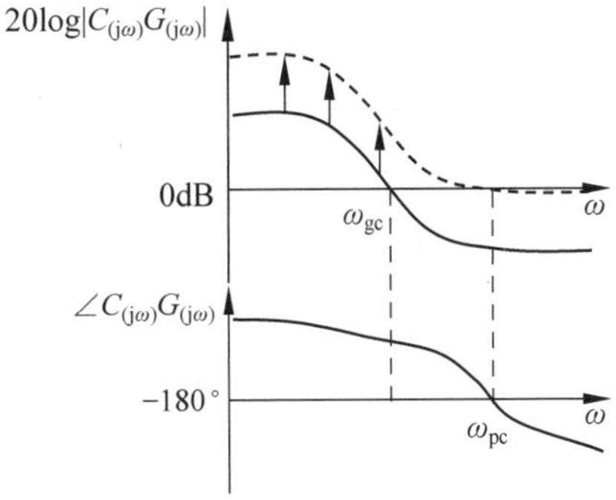

(b) 增大开环增益使系统不稳定

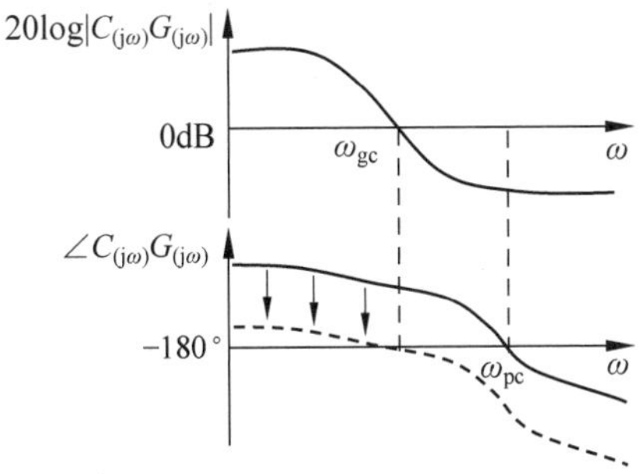

(c) 增加延迟使系统不稳定

图 9.8.4　裕度定义——伯德图

得益于伯德图的叠加性质,将幅频图和相频图上的关键参数绘制在伯德图上,可以更直观地展现系统的稳定性特征。这种方法有助于工程师快速评估系统的稳定性和性能,并且可以为系统设计提供思路。一般来说,在系统设计时,增益裕度应该大于 6dB,相位裕度不小于 45°。

9.8.3 裕度设计与系统表现

本节将通过案例分析裕度与系统响应之间的关系,讨论裕度设计对系统表现的影响。

例 9.8.1 考虑图 9.8.5(b)中的欠阻尼质量弹簧阻尼系统。系统的固有频率 $\omega_n=1$,阻尼比 $\zeta=0.8$。使用闭环反馈系统控制质量块的位移,为了消除稳态误差,使用积分控制器 $C_{(s)}=\dfrac{K_P}{\tau_I s}$控制系统,闭环系统框图如图 9.8.5(a)所示。分析该控制系统比例增益 $K_P=1$,积分时间 $\tau_I=1$ 时的增益裕度 G_M 和相位裕度 Φ_M。

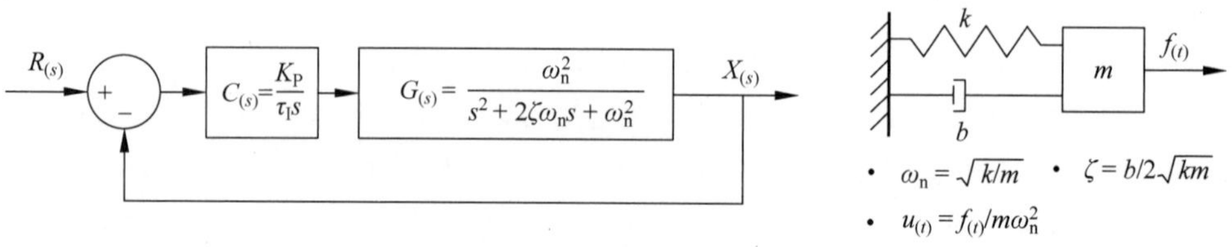

(a) 控制系统框图　　(b) 动态系统

图 9.8.5 使用积分控制弹簧阻尼系统质量块位置

解:当 $K_P=1,\tau_I=1$ 时,将 $\omega_n=1,\zeta=0.8$ 代入,可得系统开环传递函数 $C_{(s)}G_{(s)}=\dfrac{1}{s(s^2+1.6s+1)}$,求解控制系统的裕度,将 $s=\mathrm{j}\omega$ 代入 $C_{(s)}G_{(s)}$,得到

$$C_{(\mathrm{j}\omega)}G_{(\mathrm{j}\omega)}=\frac{1}{\mathrm{j}\omega(-\omega^2+1.6\mathrm{j}\omega+1)}=\frac{1}{-1.6\omega^2+\mathrm{j}\omega(1-\omega^2)} \tag{9.8.2}$$

当相位角为$\angle C_{(\mathrm{j}\omega)}G_{(\mathrm{j}\omega)}=-180°$时,$C_{(\mathrm{j}\omega)}G_{(\mathrm{j}\omega)}$ 的虚部为 0。即

$$1-\omega^2=0\Rightarrow\omega_{pc}=1\mathrm{rad/s} \tag{9.8.3}$$

得到相位穿越频率 $\omega_{pc}=1\mathrm{rad/s}$。此时的振幅响应为

$$|C_{(\mathrm{j}\omega_{pc})}G_{(\mathrm{j}\omega_{pc})}|=\left|\frac{1}{-1.6\omega_{pc}^2+\mathrm{j}\omega_{pc}(1-\omega_{pc}^2)}\right|=\left|\frac{1}{-1.6}\right|=0.625 \tag{9.8.4}$$

说明在系统稳定的情况下,增益 K_I 还可以扩大$\dfrac{1}{0.625}=1.6$ 倍。可得增益裕度为

$$G_M=20\log1.6=4.08\mathrm{dB} \tag{9.8.5}$$

求相位裕度时,首先要找到增益穿越频率 ω_{gc},当振幅响应为 0dB 时,$|C_{(\mathrm{j}\omega)}G_{(\mathrm{j}\omega)}|=1$,可得

$$|C_{(\mathrm{j}\omega)}G_{(\mathrm{j}\omega)}|=\left|\frac{1}{\mathrm{j}\omega(-\omega^2+1.6\mathrm{j}\omega+1)}\right|=1\Rightarrow\omega_{gc}=0.77\mathrm{rad/s} \tag{9.8.6}$$

此时,

$$\angle C_{(\mathrm{j}\omega_{gc})}G_{(\mathrm{j}\omega_{gc})}=-161.8°\Rightarrow\Phi_M=-161.8°-(-180°)=18.2° \tag{9.8.7}$$

以上的求解旨在为读者梳理裕度的求解思路并进一步理解裕度的含义,在实际应用中,请使

用软件直接求解，或者使用 Nyquist 图或伯德图进行分析。系统的 Nyquist 图和伯德图如图 9.8.6 所示，通过图像可以快速地找到和观察裕度。

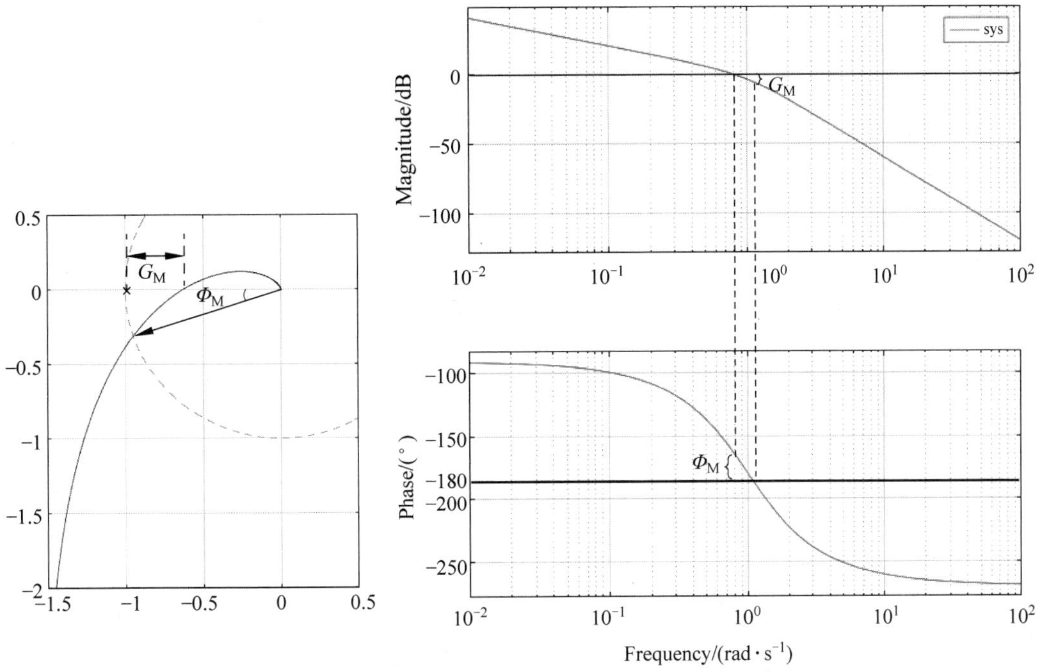

图 9.8.6 $C_{(s)}G_{(s)}=\dfrac{1}{s(s^2+1.6s+1)}$ **的 Nyquist 图和伯德图**

在**例 9.8.1** 中使用了积分控制之后，虽然闭环系统稳定且可以消除稳态误差，但是其增益裕度与相位裕度都很小，这样的系统稳定性比较差，外部环境稍有变化就有可能导致系统不再稳定。请看下面的案例。

例 9.8.2 针对**例 9.8.1** 中的系统，考虑以下两个场景并分析闭环系统的稳定性。

- 场景一，随着周围环境的变化，弹簧的阻尼比 ζ 突然缩小，变为 $\zeta=0.4$。
- 场景二，在二阶系统保持不变的情况下，为消除位移传感器产生的高频噪声，在反馈环节增加一个用于降噪的低通滤波器 $H_{(s)}=\dfrac{1}{s+1}$。

解：在场景一中，由于阻尼系数降低，同样的外力将使得质量块有更大的速度和位移，可以将其理解为系统增益的增加，因此它将和增益裕度相关。在使用同样的积分控制器之后的系统开环传递函数变成 $C_{(s)}G_{(s)}=\dfrac{1}{s(s^2+0.8s+1)}$，其对应的 Nyquist 图如图 9.8.7(a)所示。可以看到，在图中频率响应曲线与实轴的交点在(−1,0)点的左边，闭环系统将不再稳定。

在场景二中，低通滤波器 $H_{(s)}=\dfrac{1}{s+1}$ 将为系统带来延迟。开环传递函数变成 $C_{(s)}G_{(s)}H_{(s)}=\dfrac{1}{s(s^2+1.6s+1)(s+1)}$，其 Nyquist 图如图 9.8.7(b)所示，系统也将不再稳

定。读者可以参考随书附带的代码进行学习。对比图 9.8.7 与图 9.8.6 可以发现增益与延迟对 Nyquist 图的影响。

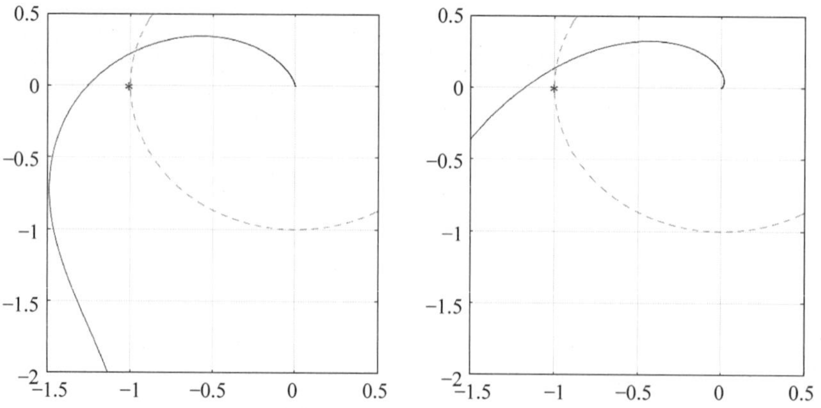

(a) $C_{(s)}G_{(s)}=\dfrac{1}{s(s^2+0.8s+1)}$　　(b) $C_{(s)}G_{(s)}=\dfrac{1}{s(s^2+1.6s+1)(s+1)}$

图 9.8.7　例 9.8.2 两种情况下的 Nyquist 图

对以上两个例子进行深入分析,在**例 9.8.1** 中,如果不考虑积分控制器 $C_{(s)}$,二阶系统 $G_{(s)}=\dfrac{1}{s^2+1.6s+1}$ 自身是非常稳定的,其 Nyquist 图和伯德图见图 9.8.8。从伯德图中可以看到,它的相频图始终大于$-180°$,不存在相位穿越频率,因此它的增益裕度是无穷大的,这一点也可以从 Nyquist 图中得到验证,无论曲线如何放大,它与实轴的交点都不会在$(-1,0)$点左边。同时可以发现其相位裕度为 180°,这意味着在不改变增益的前提下,任何延迟系统都无法令闭环系统不稳定。

增加积分控制器 $C_{(s)}=\dfrac{1}{s}$ 可以抵消稳态误差,但观察积分器的伯德图(见图 9.8.8(c))会发现它拉升了原系统在低频区的幅频图,将令其低频部分幅频图更加陡峭。更加关键的是,积分器带来的延迟将开环系统的相位降低了$-90°$,因此它就从十分稳定(见图 9.8.8(a)和图 9.8.8(b))变得非常脆弱(见图 9.8.6)。

根据前面的分析,在设计控制器时,结合 9.6.2 节的内容,为了抵消稳态误差,我们需要保留积分器为低频区带来的高增益,同时,我们希望新的控制器不要引入过多的延迟,尤其在高频区,这样就可以在不过多影响裕度的前提下减少稳态误差。PI 控制器很好地满足了这一要求。如图 9.8.9 所示,当选择控制器 $C_{(s)}=K_{\mathrm{P}}\left(1+\dfrac{1}{\tau_{\mathrm{I}}s}\right)=1+\dfrac{1}{s}$ 时,开环传递函数 $C_{(s)}G_{(s)}=\dfrac{1+\dfrac{1}{s}}{(s^2+1.6s+1)}$ 的 Nyquist 图和伯德图如图 9.8.10 所示,与图 9.8.6 相比,它的相位裕度有了显著的提升。同时,根据伯德图,可以看到其相频图始终大于$-180°$,不存在相位穿越频率,因此该系统的增益裕度为无穷大。

当使用了这种控制器之后,如果系统遇到**例 9.8.2** 同样的场景(ζ 突然缩小为 0.4 以及使用低通滤波器),其 Nyquist 图如图 9.8.11 所示。可以看到系统仍然是稳定的。因此使用 PI 控制器的系统更加稳定,可以更好地适应外部环境的变化。

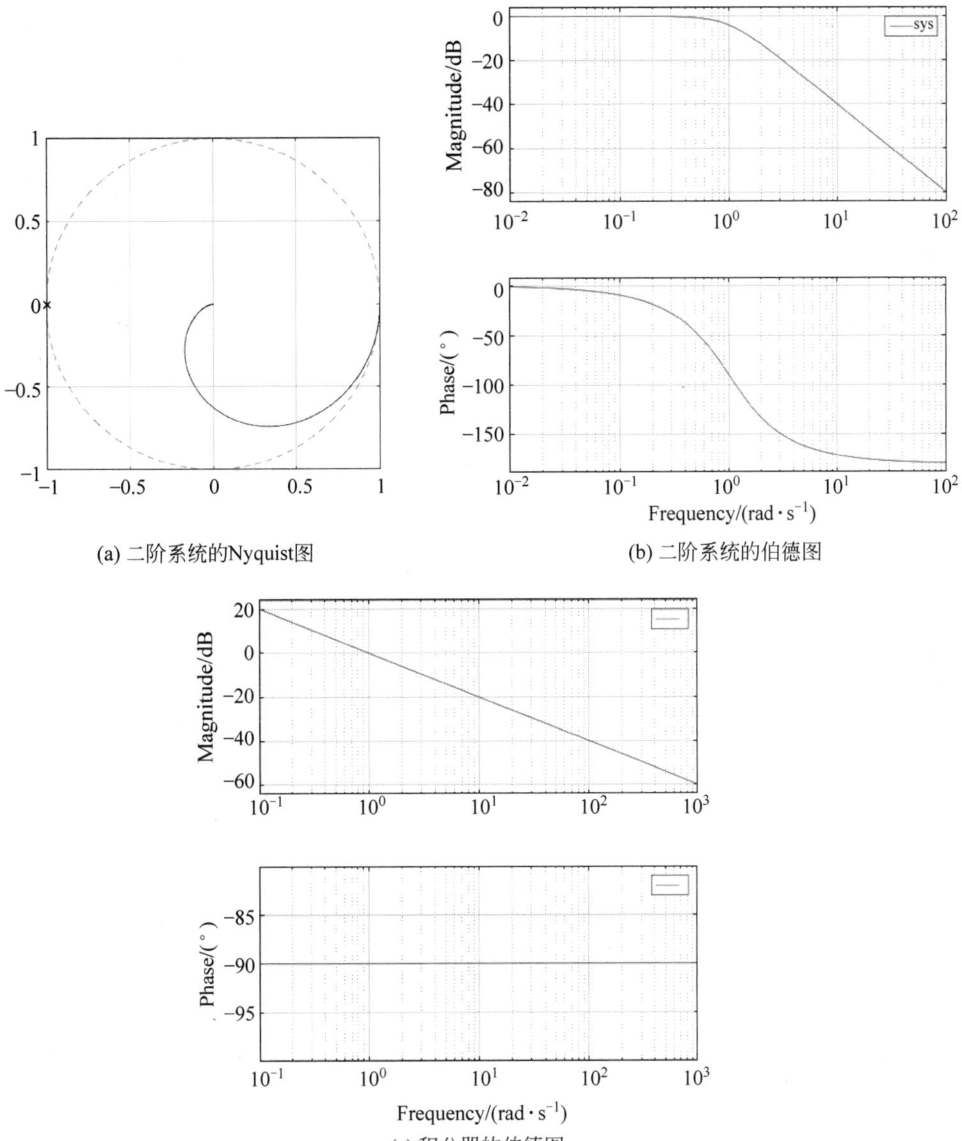

(a) 二阶系统的Nyquist图　　(b) 二阶系统的伯德图

(c) 积分器的伯德图

图 9.8.8　二阶系统的 Nyquist 图和伯德图以及积分器的伯德图

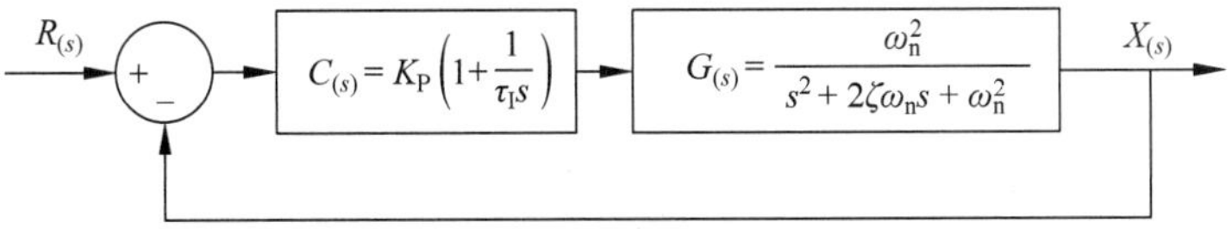

图 9.8.9　PI 控制器反馈闭环系统

同时,裕度分析也与系统的瞬态响应相关。如果裕度较小,则意味着闭环系统在不稳定的边缘,因此其瞬态响应就会表现为更大的超调量和更长的稳定时间。图 9.8.12 展示了使用积分控制和比例积分控制后系统的单位阶跃响应,可以看到,比例积分控制可以显著提升系统瞬态响应性能。

请参考代码 9.3：9-3_GM_PM_Controller_Design.m。

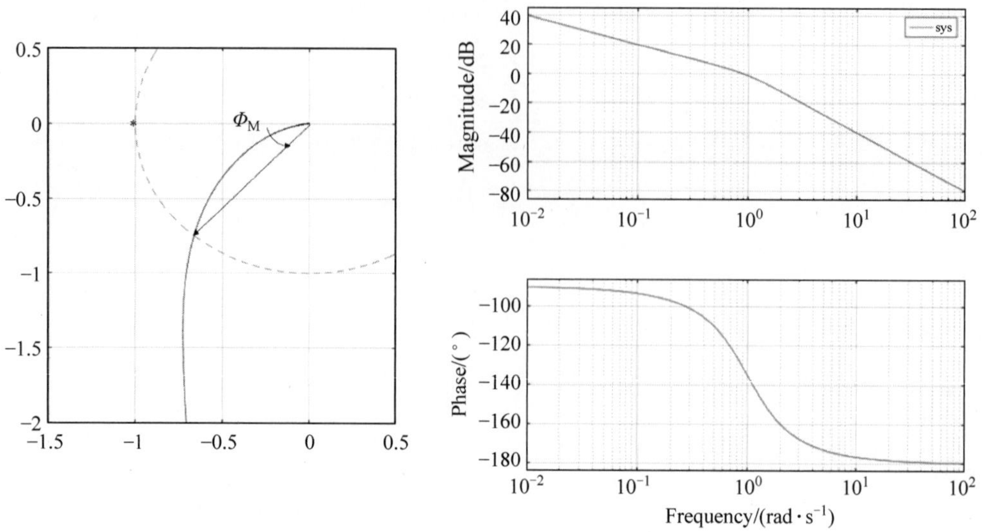

图 9.8.10 $C_{(s)}G_{(s)}=\dfrac{1+\dfrac{1}{s}}{s^2+1.6s+1}$ **的 Nyquist 图和伯德图**

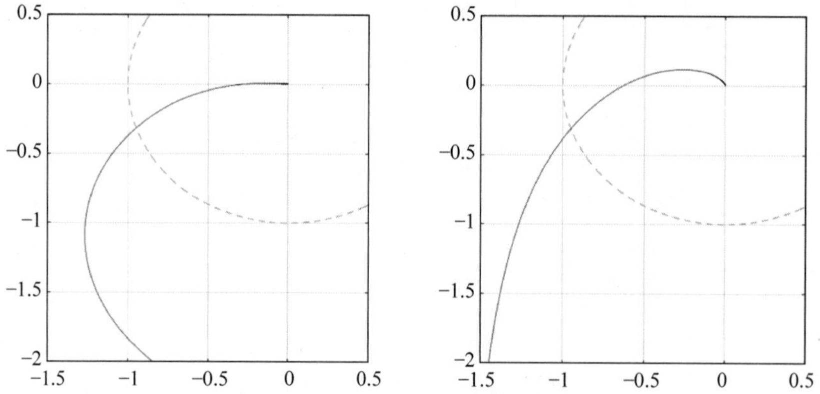

(a) $C_{(s)}G_{(s)}=\dfrac{1+\dfrac{1}{s}}{s^2+0.8s+1}$

(b) $C_{(s)}G_{(s)}=\dfrac{1+\dfrac{1}{s}}{(s^2+1.6s+1)(s+1)}$

图 9.8.11 PI 控制器闭环系统在例 9.8.2 两种情况下的 Nyquist 图

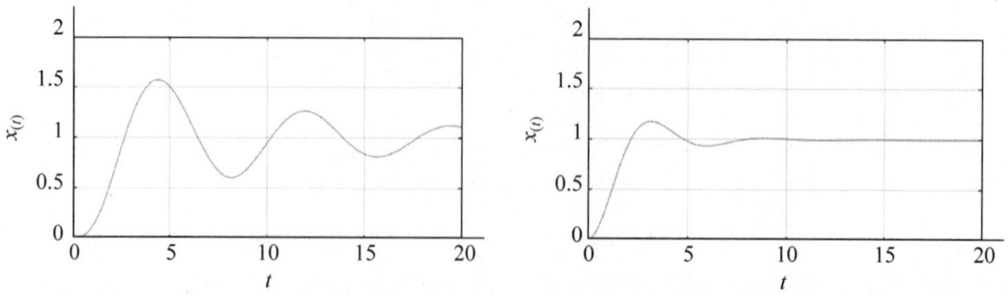

(a) 使用积分控制$C_{(s)}G_{(s)}=\dfrac{1}{s(s^2+1.6s+1)}$

(b) 使用比例积分控制$C_{(s)}G_{(s)}=\dfrac{1+\dfrac{1}{s}}{s^2+1.6s+1}$

图 9.8.12 闭环系统的单位阶跃响应

9.8.4 幅值裕度与根轨迹

最后,我们可以将第 8 章根轨迹内容与幅值裕度结合起来分析。系统的开环传递函数 $G_{(s)} = \dfrac{1}{s^2 + 1.6s + 1}$ 的根轨迹如图 9.8.13(a)所示,它有两个共轭的复数极点 $s_p = 0.8 \pm 0.6j$,闭环传递函数的根随着增益变大将从开环极点出发指向无穷。由于开环极点始终在复平面的左半平面,且根轨迹渐近线角度为 $\pm\dfrac{\pi}{2}$,因此闭环系统始终稳定,增大增益只会增大振荡,不会影响其稳定性。

在引入积分控制器 $C_{(s)} = \dfrac{1}{s}$ 后,开环系统增加了一个位于原点的极点,$C_{(s)}G_{(s)}$ 的根轨迹如图 9.8.13(b)所示。可以看到,引入新的极点后,根轨迹的渐近线角度发生了改变,因为它有三个极点,根据式(8.2.3b),根轨迹渐近线的角度为 $\pm\dfrac{\pi}{3}$ 和 π。三条根轨迹从开环传递函数的极点出发,沿着渐近线指向无穷,因此随着增益的增加,系统将变得不再稳定。

使用比例积分控制器 $C_{(s)} = 1 + \dfrac{1}{s}$,开环系统的根轨迹如图 9.8.13(c)所示。$C_{(s)} = 1 + \dfrac{1}{s} = \dfrac{s+1}{s}$,它为开环传递函数带来了一个位于原点的极点和一个位于 $(-1, 0)$ 的零点。因为它增加了一对零点和极点,所以它增加了一条从极点指向零点的根轨迹。同时,根据式(8.2.3b),根轨迹渐近线的角度依然是 $\pm\dfrac{\pi}{2}$。因此无论如何增大增益,系统都将稳定。

$$(a)\ C_{(s)}G_{(s)} = \frac{1}{s^2+1.6s+1} \qquad (b)\ C_{(s)}G_{(s)} = \frac{1}{s(s^2+1.6s+1)} \qquad (c)\ C_{(s)}G_{(s)} = \frac{1+\frac{1}{s}}{s^2+1.6s+1}$$

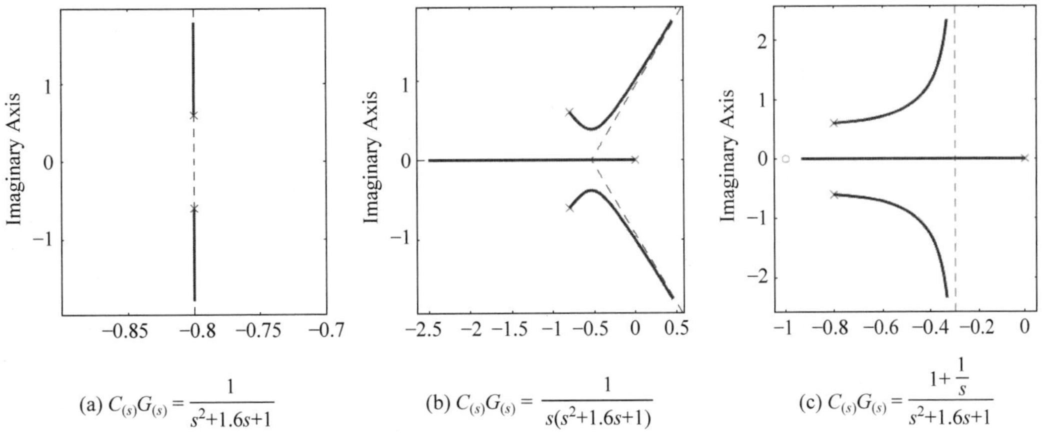

图 9.8.13 不同控制器下的根轨迹

各位读者可以将本节内容与 9.6.3 节的控制器设计思路以及第 7 章、第 8 章、第 9.6 节的内容结合起来分析思考,会发现通过不同的角度,都可以将控制器的设计引入比例积分控制,这是一个包含多个优点的控制器,也是现在工业中使用最广泛的控制器。

请参考代码 9.4:9-4_Rlocus_GM.m。

9.9 本章要点总结

- **线性时不变系统的频率响应**。
  - 当一个正弦信号通过线性时不变系统后，在**稳定**状态下，系统的输出和输入的信号频率相同，但振幅和相位发生了变化。
  - 稳态输出为 $x_{ss_{(t)}}=M_o\sin(\omega_i t+\varphi_o)$，其中，$\frac{M_o}{M_i}=|G_{(j\omega_i)}|$，$\varphi_o=\angle G_{(j\omega_i)}+\varphi_i$。
  - 研究线性时不变系统的频率响应需要从 $G_{(j\omega_i)}$ 入手，寻找它的振幅响应 $|G_{(j\omega_i)}|$ 与相位响应 $\angle G_{(j\omega_i)}$。
- **一阶系统的频率响应**。
  - 一阶系统从信号处理的角度看是一个低通滤波器，输入频率越高，输出振幅越小，反之亦然。
  - 一阶系统可以用来消除高频信号噪声。
  - 一阶系统含有“容器”(积分)性质，系统输出对输入有延迟响应。
- **二阶系统的频率响应**。
  - 二阶系统的阻尼比会影响系统的频率响应，阻尼比越大，频率响应越迟缓。
  - 当输入频率接近系统固有频率的时候，会产生共振现象，输出的振幅会被增强。
- **伯德图**。
  - 伯德图是一种对数频率特性曲线，具有良好的性质。
  - 一个复杂系统可以拆解为多个子系统进行分析，并将频率响应的结果叠加。
  - 使用伯德图可以设计滤波器。
- **基于频率响应的控制器设计**。
  - 灵敏度传递函数：$S_{(s)}=\frac{1}{1+C_{(s)}G_{(s)}}$。
  - 补偿灵敏度传递函数：$T_{(s)}=\frac{C_{(s)}G_{(s)}}{1+C_{(s)}G_{(s)}}$。
  - 设计思路：设计控制器 $C_{(s)}$，影响开环传递函数 $C_{(s)}G_{(s)}$，从而影响 $T_{(s)}$。$T_{(s)}$ 的设计目标为低通滤波器。
  - 设计要求：系统开环传递函数 $C_{(s)}G_{(s)}$ 在低频区的振幅响应要足够大，在高频区的振幅响应要足够小。
- **Nyquist 稳定性分析**。
  - 通过分析开环传递函数的频率响应与极点位置推导出闭环系统的稳定性。
  - 在开环系统稳定时，闭环系统稳定的条件是其开环系统的频率响应图与实轴的交点位于复平面(−1,0)点的右侧。
- **裕度分析**。
  - 增益裕度：系统的开环增益在闭环系统变得不稳定之前还能增加多少。
  - 相位裕度：系统的相位角在系统变得不稳定之前还能延迟多少。
  - 使用伯德图可以方便地分析系统的裕度并以此为基础改进控制器的设计。

CHAPTER 10 第10章

基于状态空间方程的控制器及观测器的设计与应用

本章将从状态空间方程的角度设计控制器，从一个案例入手，深入地讨论状态反馈控制器的设计思路和方法，包含极点配置、最优化控制、轨迹追踪以及线性观测器的设计与应用。

本章的学习目标为：

- 掌握系统能控性的概念和判断系统能控性的方法。
- 掌握线性状态反馈控制器的设计思路与设计流程。
- 了解最优化控制器的设计思路与目标。
- 掌握轨迹追踪控制器的设计思路与设计流程。
- 掌握系统能观测性的概念和判断系统能观测性的方法。
- 掌握线性观测器的设计思路与方法。
- 掌握线性观测器和控制器结合设计的思路与方法。

10.1 引子——指尖上的平衡

10.1.1 问题的提出与数学建模

请读者观察图 10.1.1(a)所示的指尖平衡案例，这也是倒立摆的简化模型。在一根长度为 d 的连杆顶端固定一个质量为 m 的小球(连杆的质量忽略不计)。连杆的另一端与手指接触，为简化分析，只考虑小球在二维平面(x_1，x_2)上的运动。连杆与垂直方向的夹角为 $\phi_{(t)}$，顺时针方向为正方向。手指的移动方向固定沿图中 x_1 轴，位移为 $\xi_{(t)}$，向右为正。忽略摩擦力，手指对连杆的作用力为 F 并沿着连杆方向指向小球。通过移动手指，连杆与垂直方向的角度 $\phi_{(t)}$ 会发生改变。控制的目标是通过手指的运动使连杆小球与垂直方向的角度 $\phi_{(t)}$ 沿着图 10.1.1(b)所示的目标轨迹 $\phi_{\mathrm{d}_{(t)}}$(下标 d 代表 Desired，目标值)移动。

为解决这个问题，首先要建立此动态系统的数学模型。对连杆小球进行受力分析可以得到在 x_1 方向，根据牛顿第二定律：

$$m\frac{\mathrm{d}^2 x_{1_{(t)}}}{\mathrm{d}t^2}=F_{x_1} \tag{10.1.1}$$

其中，$x_{1_{(t)}}$ 是小球沿 x_1 方向的位移，它由手指的位移加上小球的位移组成，即

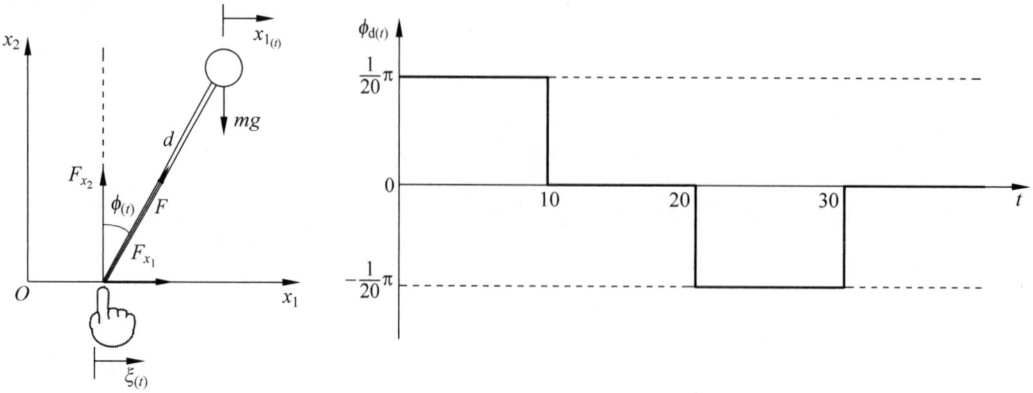

(a) 示意图与受力分析图　　(b) 目标轨迹$\phi_{d(t)}$随时间的变化

图 10.1.1　指尖平衡案例

$$x_{1_{(t)}}=\xi_{(t)}+d\sin\phi_{(t)} \tag{10.1.2}$$

式(10.1.2)中存在非线性项$d\sin\phi_{(t)}$，在本书中讨论的是线性时不变系统，因此需要将它线性化。当连杆靠近垂直位置时，$\sin\phi_{(t)}\approx\phi_{(t)}$(关于非线性系统线性化的方法，请参考附录A)。将其代入式(10.1.2)，并对等号两边取时间的二次微分，可得

$$\frac{d^2x_{1_{(t)}}}{dt^2}=\frac{d^2\xi_{(t)}}{dt^2}+d\frac{d^2\phi_{(t)}}{dt^2} \tag{10.1.3}$$

将式(10.1.3)代入式(10.1.1)，得到

$$m\frac{d^2\xi_{(t)}}{dt^2}+md\frac{d^2\phi_{(t)}}{dt^2}=F_{x_1} \tag{10.1.4}$$

式(10.1.4)等号右边的F_{x_1}是手指对连杆力F在x_1方向的分力，因此$F_{x_1}=F\sin\phi_{(t)}$，当$\phi_{(t)}$靠近垂直位置时，$\sin\phi_{(t)}\approx\phi_{(t)}$，即$F_{x_1}=F\phi_{(t)}$，代入式(10.1.4)，得到$x_1$方向的微分方程为

$$m\frac{d^2\xi_{(t)}}{dt^2}+md\frac{d^2\phi_{(t)}}{dt^2}=F\phi_{(t)} \tag{10.1.5}$$

在x_2方向，根据牛顿第二定律：

$$m\frac{d^2x_{2_{(t)}}}{dt^2}=F_{x_2}-mg=F\cos\phi_{(t)}-mg \tag{10.1.6}$$

其中，小球在x_2方向的位移为$x_{2_{(t)}}=d\cos\phi_{(t)}-d$，当$\phi_{(t)}$很小时，$\cos\phi_{(t)}\approx1$，$x_{2_{(t)}}=d-d=0$。可得$0=F-mg$，将$mg=F$代入式(10.1.5)，整理后得到连杆小球关于角度$\phi_{(t)}$的动态微分方程，即

$$\frac{d^2\phi_{(t)}}{dt^2}-\frac{g}{d}\phi_{(t)}=-\frac{1}{d}\frac{d^2\xi_{(t)}}{dt^2} \tag{10.1.7}$$

10.1.2　PID 控制方案

将式(10.1.7)考虑为一个动态系统，定义其输入$u_{(t)}=-\frac{1}{d}\frac{d^2\xi_{(t)}}{dt^2}$，其中，$\frac{d^2\xi_{(t)}}{dt^2}$的物理

意义是手指沿 x_1 方向的加速度，乘以 $-\dfrac{1}{d}$ 的意义是将其单位化。系统的输出则定义为连杆的角度 $y_{(t)}=\phi_{(t)}$。式(10.1.7)可以写成

$$\frac{\mathrm{d}^2 y_{(t)}}{\mathrm{d}t^2}-\frac{g}{d}y_{(t)}=u_{(t)} \tag{10.1.8}$$

将式(10.1.8)等号两边进行拉普拉斯变换，考虑零初始状态，得到动态系统的传递函数为

$$\left(s^2-\frac{g}{d}\right)Y_{(s)}=U_{(s)}$$

$$\Rightarrow G_{(s)}=\frac{Y_{(s)}}{U_{(s)}}=\frac{1}{s^2-\dfrac{g}{d}} \tag{10.1.9}$$

在此基础上设计控制方案，使用第 8 章所介绍的根轨迹设计方法，首先建立一个单位反馈闭环控制系统，如图 10.1.2(a)所示，其根轨迹如图 10.1.2(b)所示。闭环传递函数的极点随着 K 的增加将沿着实轴相向移动，在虚轴汇合后指向无穷，成为两个共轭的纯虚数。这意味着无论增益 K 如何增大，都无法使系统稳定。因此，若为保障系统稳定，则需要在复平面虚轴左边增加零点，使得根轨迹的渐近线向左边移动。同时，系统也需要增加极点以消除系统的稳态误差，因此可以使用 PID 控制器，如图 10.1.2(c)所示。

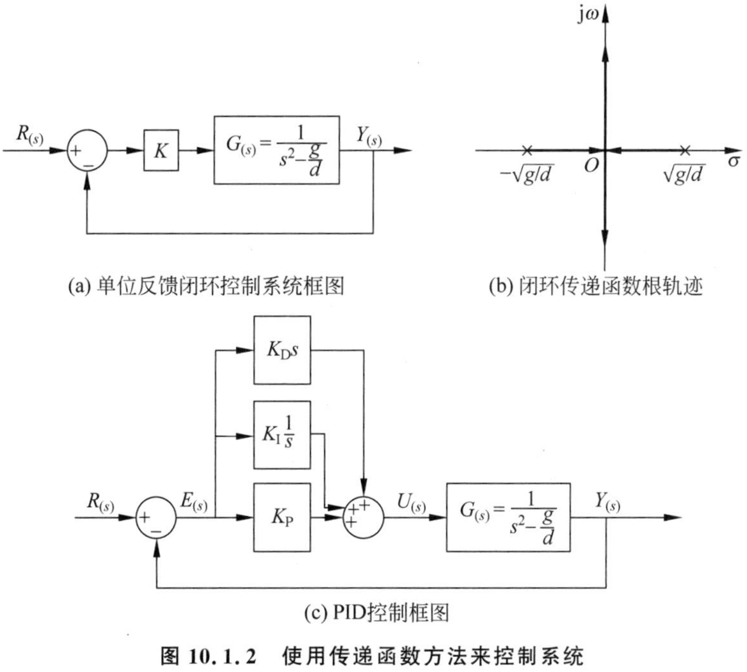

(a) 单位反馈闭环控制系统框图　　(b) 闭环传递函数根轨迹

(c) PID控制框图

图 10.1.2　使用传递函数方法来控制系统

> 有兴趣的读者可以尝试使用模拟软件搭建此系统并调节 PID 控制器的参数来分析系统的表现。你会发现参数的调节过程非常困难，很难得到满意的系统表现。这是因为开环传递函数 $G_{(s)}$ 本身含有一个正数极点 $\sqrt{g/d}$，这就决定了无论如何去增加极点/零点，闭环传递函数的根轨迹总会有一条分支从 s_{p1} 出发向着零点或者无穷移动。这意味着需要足

够大的增益 K 才能使其移动到复平面的左半部分，而过高的增益会带来强烈的振荡和过高的超调量。并且当增益过大的时候，系统的控制量 $u_{(t)}$ 也会变得很大，造成不必要的能量损耗。

上述问题体现了 PID 控制器的局限性，观察图 10.1.2(c)可知，控制量 $U_{(s)}$ 是误差 $E_{(s)}$ 的函数，而误差 $E_{(s)}=Y_{(s)}-R_{(s)}$。这说明在设计控制器时只考虑了系统的输出 $Y_{(s)}$，虽然足够简单，但是并没有提供全部的系统状态信息，因此灵活性不够。本章后面的内容将讨论使用状态空间方程设计控制器的方法，它可以有效提高控制器设计的灵活性，改善系统表现。

10.1.3 状态空间方程建模

根据第 3 章的介绍，可以将式(10.1.7)的微分方程写成状态空间方程，首先选取两个状态变量 $z_{1_{(t)}}$ 和 $z_{2_{(t)}}$，令

$$z_{1_{(t)}}=\phi_{(t)} \tag{10.1.10}$$

$$z_{2_{(t)}}=\frac{\mathrm{d}z_{1_{(t)}}}{\mathrm{d}t}=\frac{\mathrm{d}\phi_{(t)}}{\mathrm{d}t} \tag{10.1.11}$$

取 $z_{2_{(t)}}$ 对时间的导数，并将 $u_{(t)}=-\frac{1}{d}\frac{\mathrm{d}^2\xi_{(t)}}{\mathrm{d}t^2}$ 和式(10.1.7)代入，可得

$$\frac{\mathrm{d}z_{2_{(t)}}}{\mathrm{d}t}=\frac{\mathrm{d}^2\phi_{(t)}}{\mathrm{d}t^2}=\frac{g}{d}\phi_{(t)}+u_{(t)} \tag{10.1.12}$$

把式(10.1.10)和式(10.1.12)写成一个紧凑的矩阵表达形式，可得

$$\frac{\mathrm{d}\boldsymbol{z}_{(t)}}{\mathrm{d}t}=\boldsymbol{A}\boldsymbol{z}_{(t)}+\boldsymbol{B}\boldsymbol{u}_{(t)},\quad 其中,\boldsymbol{A}=\begin{bmatrix}0 & 1\\ \frac{g}{d} & 0\end{bmatrix},\boldsymbol{B}=\begin{bmatrix}0\\1\end{bmatrix} \tag{10.1.13}$$

其中 $\boldsymbol{u}_{(t)}=[u_{(t)}]$。系统的输出 $y_{(t)}=\phi_{(t)}$ 也可以写成矩阵形式，即

$$\boldsymbol{y}_{(t)}=\boldsymbol{C}\begin{bmatrix}z_{1_{(t)}}\\ z_{2_{(t)}}\end{bmatrix}+\boldsymbol{D}\boldsymbol{u}_{(t)},\quad 其中,\boldsymbol{C}=[1\quad 0],\boldsymbol{D}=[0] \tag{10.1.14}$$

式(10.1.13)和式(10.1.14)构成了动态系统的状态空间方程。图 10.1.3 使用框图描述了一个标准的状态空间方程表达式。我们将以此为基础来设计控制器。

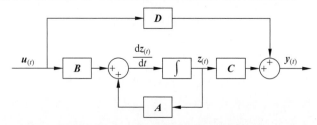

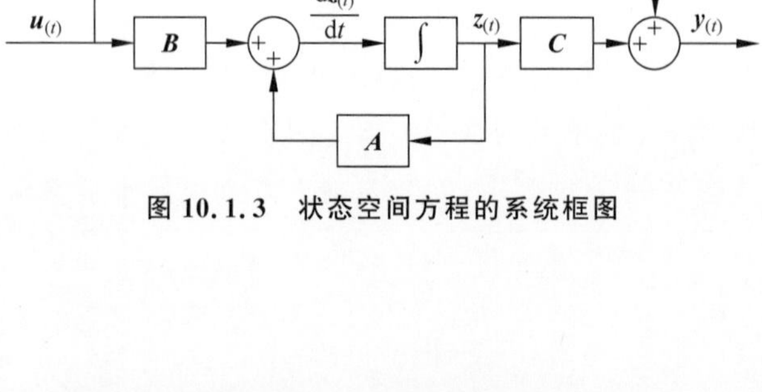

图 10.1.3 状态空间方程的系统框图

10.2　系统的能控性

10.2.1　系统能控性的直观理解

在设计控制器之前，需要判断一个先决条件，即**系统的能控性**(Controllability)。思考如下例子，如图10.2.1(a)所示，对一个质量为$m_1=1\text{kg}$的小车施加向右的力$F_{(t)}$。小车的位移为$x_{1_{(t)}}$，根据牛顿第二定律：$m_1\dfrac{\mathrm{d}^2x_{1_{(t)}}}{\mathrm{d}t^2}=F_{(t)}$，选取两个状态变量，$z_{1_{(t)}}=x_{1_{(t)}}$，代表位移；$z_{2_{(t)}}=\dfrac{\mathrm{d}z_{1_{(t)}}}{\mathrm{d}t}$，代表速度。令系统的输入$\boldsymbol{u}_{(t)}=[F_{(t)}]$，代表外力。可以得到状态空间方程，即

$$\frac{\mathrm{d}}{\mathrm{d}t}\begin{bmatrix}z_{1_{(t)}}\\z_{2_{(t)}}\end{bmatrix}=\begin{bmatrix}0&1\\0&0\end{bmatrix}\begin{bmatrix}z_{1_{(t)}}\\z_{2_{(t)}}\end{bmatrix}+\begin{bmatrix}0\\1\end{bmatrix}[u_{(t)}] \tag{10.2.1}$$

仅凭常识判断便知，理论上可以通过改变输入$u_{(t)}$，使得状态变量$z_{1_{(t)}}$(小车的位移)和$z_{2_{(t)}}$(小车的速度)达到任意给定值。

下面考虑一个更复杂的情况。如果将另一辆质量为m_2的小车用一根弹簧挂在m_1的后面，如图10.2.1(b)所示，m_2的状态变量$z_{3_{(t)}}=x_{2_{(t)}}$，代表其位移；$z_{4_{(t)}}=\dfrac{\mathrm{d}z_{3_{(t)}}}{\mathrm{d}t}$，代表其速度。现在的问题是，通过输入$\boldsymbol{u}_{(t)}$是否可以控制所有的状态变量$\boldsymbol{z}_{(t)}=[z_{1_{(t)}},z_{2_{(t)}},z_{3_{(t)}},z_{4_{(t)}}]^{\mathrm{T}}$，使它们同时达到一个任意的给定值？换言之，我们能否通过控制作用在第一辆车上的外力同时控制两辆小车的位置和速度？这一问题需要在设计控制器之前解决。

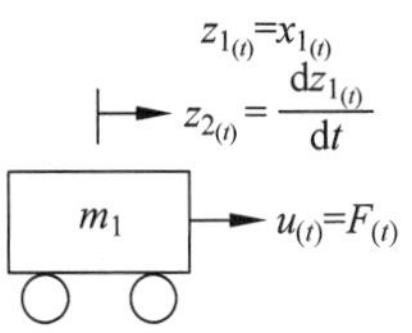

(a) 单个小车控制

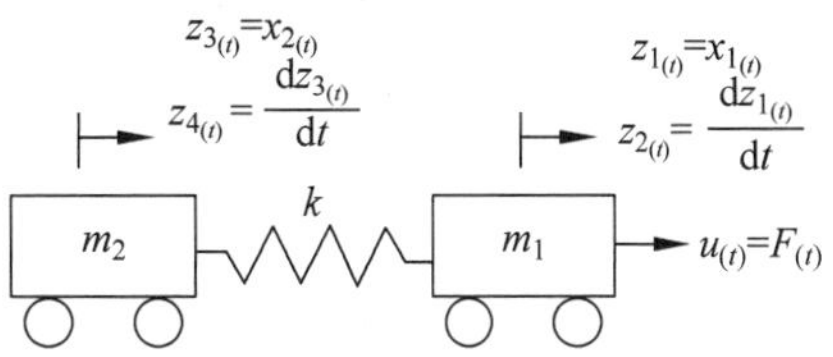

(b) 两个小车控制

图10.2.1　能控性举例

10.2.2　系统能控性的定义与判据

线性时不变系统的状态空间方程一般形式为

$$\frac{\mathrm{d}\boldsymbol{z}_{(t)}}{\mathrm{d}t}=\boldsymbol{A}\boldsymbol{z}_{(t)}+\boldsymbol{B}\boldsymbol{u}_{(t)} \tag{10.2.2a}$$

$$\boldsymbol{y}_{(t)}=\boldsymbol{C}\boldsymbol{z}_{(t)}+\boldsymbol{D}\boldsymbol{u}_{(t)} \tag{10.2.2b}$$

状态能控性定义：对于系统(式(10.2.2a)、式(10.2.2b))而言，如果存在着输入$\boldsymbol{u}_{(t)}$，可以在有限的时间区间$[t_0,t_1]$(其中t_1有限)内，将系统的状态变量从初始状态$\boldsymbol{z}_{(t_0)}$转移到终端状态$\boldsymbol{z}_{(t_1)}$，那么就称状态$\boldsymbol{z}_{(t_0)}$是能控的状态。如果在任意的初始时间t_0下的初始状

态 $\boldsymbol{z}_{(t_0)}$ 都能控,就称系统的状态是能控的。需要指出,如果系统的状态 $\boldsymbol{z}_{(t)}$ 能控,根据式(10.2.2b),系统的输出 $\boldsymbol{y}_{(t)}$ 也一定能控。

状态能控性判据:对于 n 维线性时不变系统(见式(10.2.2))而言,它的状态能控的充分必要条件是能控矩阵

$$\boldsymbol{C}_{\mathrm{o}}=[\boldsymbol{B} \quad \boldsymbol{AB} \quad \boldsymbol{A}^2\boldsymbol{B} \quad \cdots \quad \boldsymbol{A}^{n-1}\boldsymbol{B}] \tag{10.2.3}$$

的秩为 n,即 $\mathrm{Rank}(\boldsymbol{C}_{\mathrm{o}})=n$。

10.2.3 系统能控性的举例与分析

10.2.2 节介绍了系统能控性的定义和判据,下面请看两个例子。

例 10.2.1 判断系统 $\frac{\mathrm{d}\boldsymbol{z}_{(t)}}{\mathrm{d}t}=\boldsymbol{Az}_{(t)}+\boldsymbol{Bu}_{(t)}$ 的能控性,其中,$\boldsymbol{A}=\begin{bmatrix}2 & 0\\1 & 1\end{bmatrix}$,$\boldsymbol{B}=\begin{bmatrix}1\\1\end{bmatrix}$。

解:这是一个二维系统,$n=2$。根据式(10.2.3),可得 $\boldsymbol{C}_{\mathrm{o}}=[\boldsymbol{B} \quad \boldsymbol{AB}]=\begin{bmatrix}1 & 2\\1 & 2\end{bmatrix}$,$\mathrm{Rank}(\boldsymbol{C}_{\mathrm{o}})=1\neq 2$,所以系统不能控。

例 10.2.2 判断式(10.2.1)系统(即单个小车移动)$\frac{\mathrm{d}\boldsymbol{z}_{(t)}}{\mathrm{d}t}=\boldsymbol{Az}_{(t)}+\boldsymbol{Bu}_{(t)}$ 的能控性,其中,$\boldsymbol{A}=\begin{bmatrix}0 & 1\\0 & 0\end{bmatrix}$,$\boldsymbol{B}=\begin{bmatrix}0\\1\end{bmatrix}$。

解:这是一个二维系统,$n=2$。根据式(10.2.3),得到 $\boldsymbol{C}_{\mathrm{o}}=[\boldsymbol{B} \quad \boldsymbol{AB}]=\begin{bmatrix}0 & 1\\1 & 0\end{bmatrix}$,$\mathrm{Rank}(\boldsymbol{C}_{\mathrm{o}})=2$,所以系统能控。

> 需要说明的是,系统能控只可以保证系统从初始状态 $\boldsymbol{z}_{(t_0)}$ 转移到终端状态 $\boldsymbol{z}_{(t_1)}$,但不能保证其移动轨迹。例如,在如图 10.2.2 所示的相平面图中,横轴为 $z_{1_{(t)}}$,即小车的位移,纵轴为 $z_{2_{(t)}}$,即小车的速度。假设在初始状态 $\boldsymbol{z}_{(t_0)}$ 时,位移 $z_{1_{(t_0)}}>0$ 且速度 $z_{2_{(t_0)}}>0$。这说明此时小车在原点的右边并且向右行驶。如果终端状态在 $\boldsymbol{z}_{(t_1)}$,即位移 $z_{1(t_1)}<0$ 且速度 $z_{2(t_1)}>0$,这说明它在原点的左边且向右行驶。在外力(输入 $\boldsymbol{u}_{(t)}$)的作用下,从初始状态 $\boldsymbol{z}_{(t_0)}$ 到 $\boldsymbol{z}_{(t_1)}$ 的移动是无法通过图中的轨迹 1 实现的。相反,它首先要经历一个先向右减速再加速向左的过程,这样才可以向左移动。之后,它需要向左减速,最后向右加速,才可以保证达到终端状态,即图 10.2.2 中轨迹 2 所示。

例 10.2.3 判断图 10.2.1(b)的两辆小车相连系统的能控性。其中,小车质量为 $m_1=m_2=1\mathrm{kg}$,弹簧的弹性系数为 $k=100\mathrm{N/m}$,输入 $\boldsymbol{u}_{(t)}=[F_{(t)}]$,状态变量 $\boldsymbol{z}_{(t)}=[z_{1_{(t)}},z_{2_{(t)}},z_{3_{(t)}},z_{4_{(t)}}]^{\mathrm{T}}=\left[x_{1_{(t)}},\frac{\mathrm{d}x_{1_{(t)}}}{\mathrm{d}t},x_{2_{(t)}},\frac{\mathrm{d}x_{2_{(t)}}}{\mathrm{d}t}\right]^{\mathrm{T}}$。

解:首先分析两个小车的受力情况,如图 10.2.3 所示。

根据牛顿第二定律,可得

$$m_1\frac{\mathrm{d}^2x_{1_{(t)}}}{\mathrm{d}t^2}=F_{(t)}-k(x_{1_{(t)}}-x_{2_{(t)}}) \tag{10.2.4a}$$

$$m_2\frac{\mathrm{d}^2 x_{2_{(t)}}}{\mathrm{d}t^2}=k(x_{1_{(t)}}-x_{2_{(t)}}) \tag{10.2.4b}$$

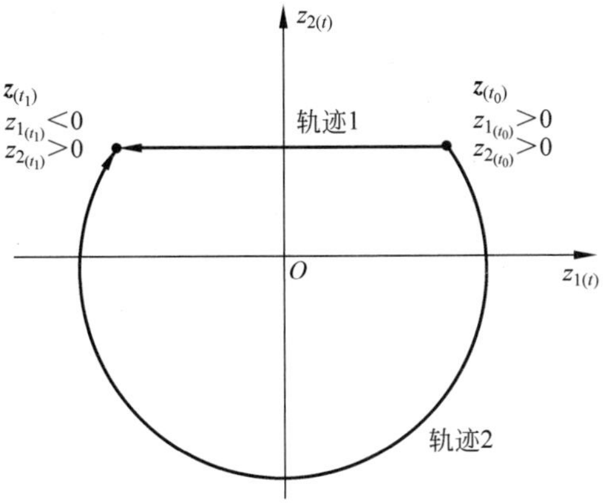

图 10.2.2 能控性轨迹说明

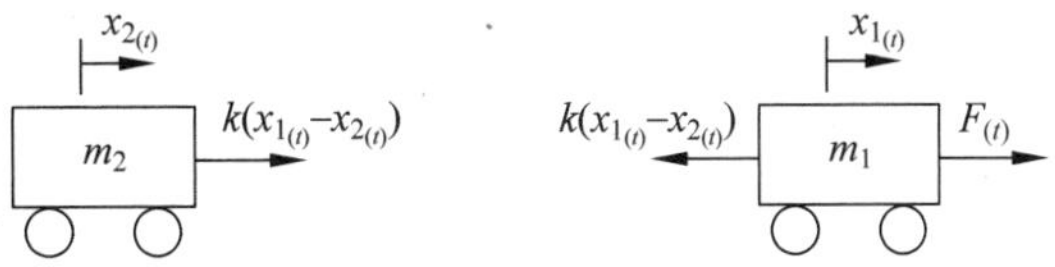

图 10.2.3 两辆小车的受力分析图

将 $m_1=m_2=1\text{kg}, k=100\text{N/m}$,以及状态变量和系统输入代入其中,可得

$$\frac{\mathrm{d}\boldsymbol{z}_{(t)}}{\mathrm{d}t}=\boldsymbol{A}\boldsymbol{z}_{(t)}+\boldsymbol{B}\boldsymbol{u}_{(t)} \tag{10.2.5}$$

其中,$\boldsymbol{A}=\begin{bmatrix}0 & 1 & 0 & 0\\ -100 & 0 & 100 & 0\\ 0 & 0 & 0 & 1\\ 100 & 0 & -100 & 0\end{bmatrix}$,$\boldsymbol{B}=\begin{bmatrix}0\\1\\0\\0\end{bmatrix}$。这是一个四维系统,$n=4$。它的能控矩阵为

$$\boldsymbol{C}_{\mathrm{o}}=[\boldsymbol{B}\quad \boldsymbol{AB}\quad \boldsymbol{A}^2\boldsymbol{B}\quad \boldsymbol{A}^3\boldsymbol{B}]=\begin{bmatrix}0 & 1 & 0 & -100\\ 1 & 0 & -100 & 0\\ 0 & 0 & 0 & 100\\ 0 & 0 & 100 & 0\end{bmatrix},\mathrm{Rank}(\boldsymbol{C}_{\mathrm{o}})=4 \tag{10.2.6}$$

所以系统能控。说明在一辆小车上面作用的力可以通过弹簧传递到另一辆小车上,选择合适的输入,可以令这两辆小车同时达到目标位置与速度。这里有两点需要说明。第一,能控性是指理论上能控,但具体到实际问题中,要考虑系统的物理限制。例如在本例中,弹簧超过一定长度之后就会发生不可逆的形变。第二,能控性表明系统的状态可以被控制到任意的终端状态,但是不代表系统可以稳定在任意的终端状态。10.3.2 节会有详细的说明。

请参考代码 10.1:10-1_Controllability.m。

10.3 线性状态反馈控制器

在掌握系统能控性之后,本节将讨论**线性状态反馈控制器**(Linear State-Feedback Controller)。

10.3.1 极点配置

回到本章开始的指尖平衡的例子,本节将设计控制器稳定其位置,并以此为例讲解控制

器的设计流程,此例子的状态空间方程在 10.1.3 节中已经得到,即

$$\frac{\mathrm{d}\boldsymbol{z}_{(t)}}{\mathrm{d}t}=\boldsymbol{A}\boldsymbol{z}_{(t)}+\boldsymbol{B}\boldsymbol{u}_{(t)},\quad 其中,\boldsymbol{A}=\begin{bmatrix}0 & 1\\ \frac{g}{d} & 0\end{bmatrix},\boldsymbol{B}=\begin{bmatrix}0\\1\end{bmatrix} \tag{10.3.1a}$$

$$\boldsymbol{y}_{(t)}=\boldsymbol{C}\begin{bmatrix}z_{1_{(t)}}\\ z_{2_{(t)}}\end{bmatrix}+\boldsymbol{D}\boldsymbol{u}_{(t)},\quad 其中,\boldsymbol{C}=[1\quad 0],\boldsymbol{D}=[0] \tag{10.3.1b}$$

首先分析无输入的系统,即 $\boldsymbol{u}_{(t)}=[0]$ 的情况。此时 $\frac{\mathrm{d}\boldsymbol{z}_{(t)}}{\mathrm{d}t}=\boldsymbol{A}\boldsymbol{z}_{(t)}$,求它的平衡点,令 $\frac{\mathrm{d}\boldsymbol{z}_{(t)}}{\mathrm{d}t}=\boldsymbol{0}$,可得

$$\begin{cases}0=z_{2\mathrm{f}}\\ 0=\frac{g}{d}z_{1\mathrm{f}}\end{cases}\Rightarrow\begin{cases}z_{1\mathrm{f}}=0\\ z_{2\mathrm{f}}=0\end{cases} \tag{10.3.2}$$

根据 3.3 节所介绍的相平面和相轨迹的分析方法,可以根据状态矩阵 $\boldsymbol{A}$ 的特征值判断平衡点的类型。求矩阵 $\boldsymbol{A}$ 的特征值,令 $|\boldsymbol{A}-\lambda\boldsymbol{I}|=0$,得到

$$\begin{vmatrix}-\lambda & 1\\ \frac{g}{d} & -\lambda\end{vmatrix}=0 \tag{10.3.3}$$

即

$$\lambda^2-\frac{g}{d}=0 \tag{10.3.4}$$

计算出矩阵 $\boldsymbol{A}$ 的两个特征值为

$$\begin{cases}\lambda_1=-\sqrt{\frac{g}{d}}<0\\ \lambda_2=\sqrt{\frac{g}{d}}>0\end{cases} \tag{10.3.5}$$

式(10.3.5)说明状态矩阵的特征值一正一负,根据表 3.3.1 可以判断系统的平衡点 $\boldsymbol{z}_{\mathrm{f}_{(t)}}=[0,0]^{\mathrm{T}}$ 是一个鞍点,$\frac{g}{d}$ 的值仅仅会改变相轨迹的形状,但不会影响平衡点的性质。它的相轨迹如图 10.3.1 所示$\left(图中选取\frac{g}{d}=10\right)$。这意味着系统的状态变量一旦偏离平衡点,在

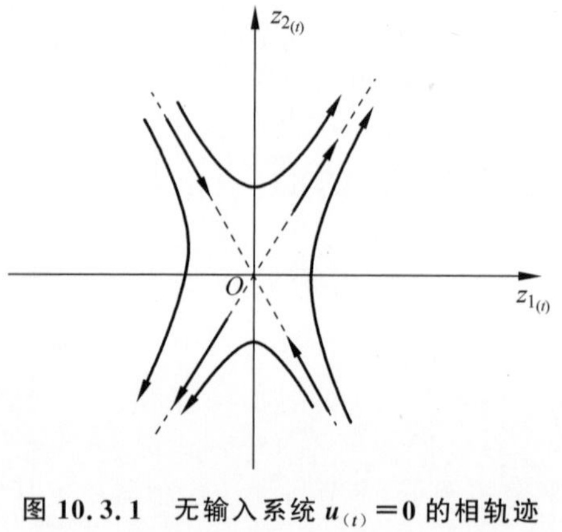

图 10.3.1 无输入系统 $\boldsymbol{u}_{(t)}=0$ 的相轨迹

没有外力输入的情况下，将无法回到平衡点，所以这是一个不稳定的系统。这个结果并不意外，本例中的倒立摆在没有外力介入的情况下，当连杆小球偏离直立位置后，当然无法回来。若要改变平衡点的性质，则需要设计合适的输入 $\boldsymbol{u}_{(t)}$，在设计之前，首先要判断系统的能控性，根据式(10.2.3)，$\boldsymbol{C}_{\mathrm{o}}=[\boldsymbol{B}\quad \boldsymbol{AB}]=\begin{bmatrix}0 & 1\\ 1 & 0\end{bmatrix}$，$\mathrm{Rank}(\boldsymbol{C}_{\mathrm{o}})=2$，所以系统能控。

思考：仅仅通过位置输出的比例反馈 $\boldsymbol{u}_{(t)}=-k\boldsymbol{y}_{(t)}$ 是否可以稳定系统？

将 $\boldsymbol{u}_{(t)}=-k\boldsymbol{y}_{(t)}$ 代入式(10.3.1a)，可得

$$\begin{aligned}\frac{\mathrm{d}\boldsymbol{z}_{(t)}}{\mathrm{d}t}&=\begin{bmatrix}0 & 1\\ \dfrac{g}{d} & 0\end{bmatrix}\boldsymbol{z}_{(t)}+\boldsymbol{B}(-k\boldsymbol{y}_{(t)})=\begin{bmatrix}0 & 1\\ \dfrac{g}{d} & 0\end{bmatrix}\boldsymbol{z}_{(t)}+\begin{bmatrix}0\\ 1\end{bmatrix}(-k)[1\quad 0]\boldsymbol{z}_{(t)}\\ &=\begin{bmatrix}0 & 1\\ \dfrac{g}{d} & 0\end{bmatrix}\boldsymbol{z}_{(t)}+\begin{bmatrix}0 & 0\\ -k & 0\end{bmatrix}\boldsymbol{z}_{(t)}=\begin{bmatrix}0 & 1\\ \dfrac{g}{d}-k & 0\end{bmatrix}\boldsymbol{z}_{(t)}\end{aligned}\tag{10.3.6}$$

其中，矩阵 $\begin{bmatrix}0 & 1\\ \dfrac{g}{d}-k & 0\end{bmatrix}$ 的两个特征值分别为 $\pm\sqrt{\dfrac{g}{d}-k}$。当 $\dfrac{g}{d}>k$ 时，特征值依然是一正一负；而当 $\dfrac{g}{d}<k$ 时，特征值为两个共轭纯虚数。这说明仅仅通过输出 $\boldsymbol{y}_{(t)}$ 的比例反馈是无法使系统稳定的。

> 此结论与图 10.1.2(a)、图 10.1.2(b)通过根轨迹的方法得出的结论一致，即随着 k 的增加，闭环传递函数的极点从一正一负移动到虚轴上两个共轭的位置。请读者体会这两种方法的相似之处。

上述分析说明只依靠输出的比例反馈控制不能满足设计要求，所以需要考虑设计全状态反馈控制器，可以令

$$\boldsymbol{u}_{(t)}=-\boldsymbol{K}\boldsymbol{z}_{(t)},\quad 其中,\boldsymbol{K}=[k_1\quad k_2]\tag{10.3.7}$$

此时的输入 $\boldsymbol{u}_{(t)}$ 与所有状态变量 $\boldsymbol{z}_{(t)}$ 有关。将式(10.3.7)代入式(10.3.1a)，可得

$$\frac{\mathrm{d}\boldsymbol{z}_{(t)}}{\mathrm{d}t}=\boldsymbol{A}\boldsymbol{z}_{(t)}-\boldsymbol{BK}\boldsymbol{z}_{(t)}=(\boldsymbol{A}-\boldsymbol{BK})\boldsymbol{z}_{(t)}=\boldsymbol{A}_{\mathrm{cl}}\boldsymbol{z}_{(t)}\tag{10.3.8a}$$

其中，$\boldsymbol{A}_{\mathrm{cl}}=\boldsymbol{A}-\boldsymbol{BK}$，代表闭环控制系统的状态矩阵。称其为闭环控制系统是因为它将状态反馈集成到系统之中。在本例中，

$$\boldsymbol{A}_{\mathrm{cl}}=\boldsymbol{A}-\boldsymbol{BK}=\begin{bmatrix}0 & 1\\ \dfrac{g}{d} & 0\end{bmatrix}-\begin{bmatrix}0\\ 1\end{bmatrix}[k_1\quad k_2]=\begin{bmatrix}0 & 1\\ \dfrac{g}{d}-k_1 & -k_2\end{bmatrix}\tag{10.3.8b}$$

令 $|\boldsymbol{A}_{\mathrm{cl}}-\lambda\boldsymbol{I}|=0$，可以求其特征值，得到

$$\begin{vmatrix}-\lambda & 1\\ \dfrac{g}{d}-k_1 & -k_2-\lambda\end{vmatrix}=0\tag{10.3.9a}$$

即

$$(-\lambda)(-k_2-\lambda)-\left(\frac{g}{d}-k_1\right)\times(1)=0$$

$$\Rightarrow \lambda^2+k_2\lambda-\left(\frac{g}{d}-k_1\right)=0 \tag{10.3.9b}$$

如果希望闭环状态矩阵的两个特征值 λ_1 和 λ_2 均为 $-1<0$(此时平衡点将变成稳定节点)，其对应的特征方程为

$$(\lambda+1)(\lambda+1)=0$$

$$\Rightarrow \lambda^2+2\lambda+1=0 \tag{10.3.10}$$

对比式(10.3.9b)和式(10.3.10)，可得

$$\begin{cases}-\left(\frac{g}{d}-k_1\right)=1\\ k_2=2\end{cases}$$

$$\Rightarrow \begin{cases}k_1=1+\frac{g}{d}\\ k_2=2\end{cases} \tag{10.3.11}$$

代入式(10.3.7)，系统的输入为

$$\boldsymbol{u}_{(t)}=-\boldsymbol{K}\boldsymbol{z}_{(t)}=[-k_1 \quad -k_2]\boldsymbol{z}_{(t)}=\begin{bmatrix}-1-\frac{g}{d} & -2\end{bmatrix}\boldsymbol{z}_{(t)} \tag{10.3.12}$$

将式(10.3.12)代入式(10.3.1a)，可得

$$\frac{\mathrm{d}\boldsymbol{z}_{(t)}}{\mathrm{d}t}=\boldsymbol{A}_{\mathrm{cl}}\boldsymbol{z}_{(t)}=\begin{bmatrix}0 & 1\\ -1 & -2\end{bmatrix}\boldsymbol{z}_{(t)} \tag{10.3.13}$$

其反馈控制系统所对应的相轨迹如图 10.3.2 所示。在使用线性反馈控制 $\boldsymbol{u}_{(t)}=-\boldsymbol{K}\boldsymbol{z}_{(t)}$ 之后，原动态系统不稳定的平衡点变成了稳定的节点。

> 从本质上来说，这依然是比例控制，但相较于传统方法(只反馈位移信息)，所有的状态信息(包括位移和速度)都被用作反馈，因此有两个比例增益 k_1 和 k_2。第 3 章中曾经介绍过状态矩阵的特征值对应于传递函数的极点。所以这种设计思路也被称为**极点配置**(Pole Placement)。

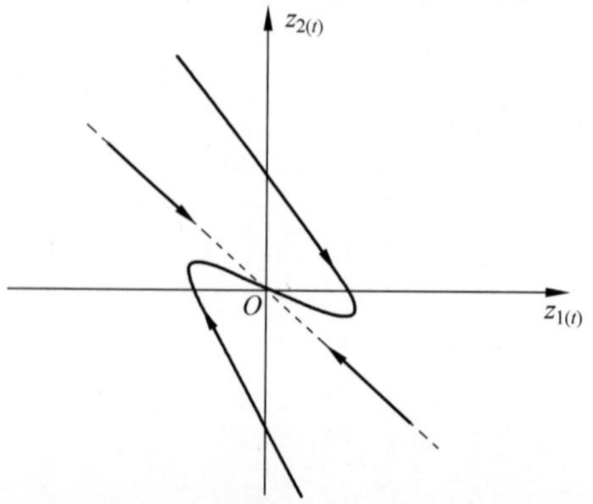

图 10.3.2 线性状态反馈系统相轨迹分析

若将此案例推广到一般形式的状态空间方程中，其设计框图如图 10.3.3 所示，对比图 10.1.3，可以发现它使用了全状态的反馈信息。设计核心是通过设计矩阵 $\boldsymbol{K}$ 使得闭环状态矩阵的特征值的实部部分都为负数。

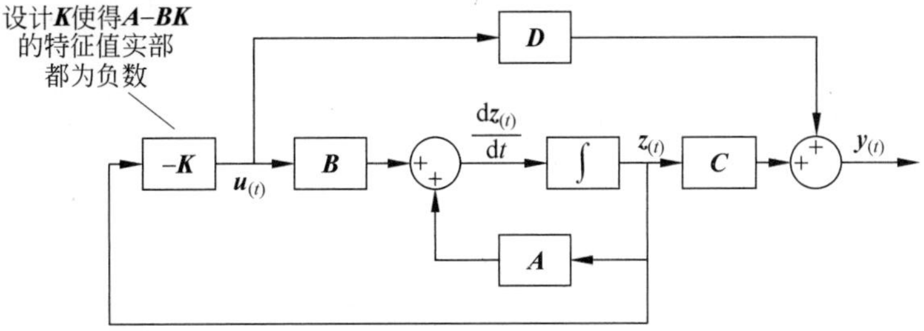

图 10.3.3 线性状态反馈控制器设计框图

在本例中，式(10.3.10)中的特征值 λ_1 和 λ_2 均为−1 是随意选的，只是选择了两个负数来保证系统的稳定性。在实际应用中，是否可以通过某种方式指导设计这个值的选择将是 10.3.2 节讨论的重点。

请参考代码 10.2：10-2_Pole_Placement_Controller_Design.m。

10.3.2 最优化控制初探——LQR 控制器

在设计反馈控制 $\boldsymbol{K}$ 的时候，如何选择闭环状态矩阵的特征值涉及最优化控制，从这一点入手可以发展出一整个单独的学科和研究领域。本节将稍作试探，为读者介绍一个基础的最优化控制器——**LQR 控制器**。LQR 的全称为 **Linear Quadratic Regulator**，字面意义就是线性二次型调节器。有兴趣的读者可以参考《控制之美(卷 2)：最优化控制 MPC 与卡尔曼滤波器》中的详细数学推导过程。

在式(10.3.7)和式(10.3.8a)中，当使用线性状态反馈控制时，令 $\boldsymbol{u}_{(t)}=-\boldsymbol{K}\boldsymbol{z}_{(t)}$，可以得到闭环控制系统的状态空间方程，即

$$\frac{\mathrm{d}\boldsymbol{z}_{(t)}}{\mathrm{d}t}=(\boldsymbol{A}-\boldsymbol{B}\boldsymbol{K})\boldsymbol{z}_{(t)}=\boldsymbol{A}_{\mathrm{cl}}\boldsymbol{z}_{(t)} \tag{10.3.14}$$

此时通过设计不同的 $\boldsymbol{K}$ 值可以改变闭环状态矩阵 $\boldsymbol{A}_{\mathrm{cl}}$ 的特征值。在 10.3.1 节中 λ_1 和 λ_2 均为选取−1，这样做可以保证系统的稳定性。同时，$\boldsymbol{A}_{\mathrm{cl}}$ 特征值的不同将决定不同状态的收敛速度及输入的大小。为了更好地选择特征值，引入**代价函数**(Cost Function)：

$$J=\int_0^{\infty}\boldsymbol{z}_{(t)}^{\mathrm{T}}\boldsymbol{Q}\boldsymbol{z}_{(t)}+\boldsymbol{u}_{(t)}^{\mathrm{T}}\boldsymbol{R}\boldsymbol{u}_{(t)}\,\mathrm{d}t \tag{10.3.15}$$

控制器设计的目标是选择合适的 $\boldsymbol{K}$，从而得到 $J_{\min}$(代价函数 J 的最小值)。式(10.3.15)中，矩阵 $\boldsymbol{Q}$ 和矩阵 $\boldsymbol{R}$ 分别是状态变量和控制量(即动态系统的输入)的权重矩阵，都是正定的对称矩阵。一般情况下，$\boldsymbol{Q}$ 和 $\boldsymbol{R}$ 会选择为对角矩阵，且对角线上的元素都大于 0，即

$$\boldsymbol{Q}_{n\times n}=\begin{bmatrix} q_1 & & \cdots & & 0 \\ & q_2 & \cdots & 0 & \\ \vdots & \vdots & \ddots & \vdots & \vdots \\ & 0 & \cdots & q_{n-1} & \\ 0 & & \cdots & & q_n \end{bmatrix},\quad \boldsymbol{R}_{p\times p}=\begin{bmatrix} r_1 & & \cdots & & 0 \\ & r_2 & \cdots & 0 & \\ \vdots & \vdots & \ddots & \vdots & \vdots \\ & 0 & \cdots & r_{p-1} & \\ 0 & & \cdots & & r_p \end{bmatrix} \tag{10.3.16}$$

其中，n 代表状态变量 $\boldsymbol{z}_{(t)}$ 的维度，p 代表输入 $\boldsymbol{u}_{(t)}$ 的维度。通过设计不同的对角元素的值可以得到不同的代价函数。考虑一个例子：

$$\frac{\mathrm{d}\boldsymbol{z}_{(t)}}{\mathrm{d}t}=\boldsymbol{A}\boldsymbol{z}_{(t)}+\boldsymbol{B}\boldsymbol{u}_{(t)},\quad \text{其中},\boldsymbol{A}=\begin{bmatrix}0 & -3\\ -1 & 2\end{bmatrix},\boldsymbol{B}=\begin{bmatrix}0\\1\end{bmatrix} \tag{10.3.17}$$

它是一个二状态单输入系统，$n=2,p=1$，所以 $\boldsymbol{Q}=\begin{bmatrix}q_1 & 0\\ 0 & q_2\end{bmatrix}$，$\boldsymbol{R}=r$。代入式(10.3.15)可得

$$\begin{aligned}J&=\int_0^{\infty}\begin{bmatrix}z_{1_{(t)}} & z_{2_{(t)}}\end{bmatrix}\begin{bmatrix}q_1 & 0\\ 0 & q_2\end{bmatrix}\begin{bmatrix}z_{1_{(t)}}\\ z_{2_{(t)}}\end{bmatrix}+u_{(t)}ru_{(t)}\,\mathrm{d}t\\ &=\int_0^{\infty}q_1z_{1_{(t)}}^2+q_2z_{2_{(t)}}^2+ru_{(t)}^2\,\mathrm{d}t\end{aligned} \tag{10.3.18}$$

观察式(10.3.18)可以发现不同的权重系数 q_1、q_2、r 对代价函数的影响。例如，当 q_1 远大于 q_2 和 r 时，在求代价函数最小值的时候就会更关注 $z_{1_{(t)}}$ 的变化，会让它在最短时间内趋于0。反之，如果 r 比较大，在求解的过程中就会更加关注 $\boldsymbol{u}_{(t)}$ 的值。关于如何求解 LQR 控制器不在本书的讨论范围内，这属于最优化控制的内容。现在很多软件都包含 LQR 的功能包，可以直接计算出结果。

以指尖平衡系统为例分析不同权重矩阵对系统的影响，表10.3.1为测试方案，选择三组不同的权重矩阵，分别强调 $z_{1_{(t)}}$、$z_{2_{(t)}}$ 和 $\boldsymbol{u}_{(t)}$。系统的初始状态为 $\boldsymbol{z}_{(0)}=\left[\frac{\pi}{20},0\right]^{\mathrm{T}}$，它意味着在时间 $t=0$ 时刻，连杆与垂直方向的夹角为 $\frac{\pi}{20}$，速度为0。控制的目标是将它移动回到平衡位置。在测试中选择参数 $\frac{g}{d}=10$。表10.3.1中的第四列显示了当 LQR 控制器输入不同的权重矩阵后所计算出的矩阵 $\boldsymbol{K}$(即满足给定权重矩阵情况下满足代价函数最小的 $\boldsymbol{K}$)。

表 10.3.1　不同权重矩阵测试

测试组	权重矩阵		LQR 控制器计算出的矩阵 $\boldsymbol{K}$	初始状态 $\boldsymbol{z}_{(0)}$
	$\boldsymbol{Q}$	$\boldsymbol{R}$		
组 1	$\begin{bmatrix}100 & 0\\ 0 & 1\end{bmatrix}$	$[1]$	$[24.1421\quad 7.0203]$	$\left[\frac{\pi}{20},0\right]^{\mathrm{T}}$
组 2	$\begin{bmatrix}1 & 0\\ 0 & 100\end{bmatrix}$	$[1]$	$[20.0499\quad 11.8364]$	
组 3	$\begin{bmatrix}1 & 0\\ 0 & 1\end{bmatrix}$	$[100]$	$[20.0005\quad 6.3254]$	

测试结果如图10.3.4所示。它显示了系统状态变量 $z_{1_{(t)}}$、$z_{2_{(t)}}$ 以及控制量(动态系统的输入)$u_{(t)}$ 随时间的变化，可以发现在这三组测试中，三组控制系统都成功地将系统稳定到了平衡点$[0,0]^{\mathrm{T}}$。其中，组1的状态变量 $z_{1_{(t)}}$ 的收敛速度是最快的，如图10.3.4(a)所示，这是因为在它的权重矩阵 $\boldsymbol{Q}$ 中 $z_{1_{(t)}}$ 所对应的权重系数是100，远大于另一个状态变量 $z_{2_{(t)}}$ 和输入 $u_{(t)}$ 的权重系数1。其所对应的代价方程为 $J=\int_0^{\infty}100z_{1_{(t)}}^2+z_{2_{(t)}}^2+u_{(t)}^2\,\mathrm{d}t$，$z_{1_{(t)}}$

在其中占比是最大的。所以当求 $J_{\min}$ 的时候，会考虑如何让 $z_{1_{(t)}}$ 迅速地接近 0。读者可以根据表 10.3.1 思考分析其他两组结果。请注意，在图 10.3.4(c)中，虽然组 3 的输入 $u_{(t)}$ 收敛速度慢于组 1，但是它的起始位置要远低于组 1，所以积分后的结果 $\int_0^{\infty} ru_{(t)}^2 \mathrm{d}t$ 低于组 1。

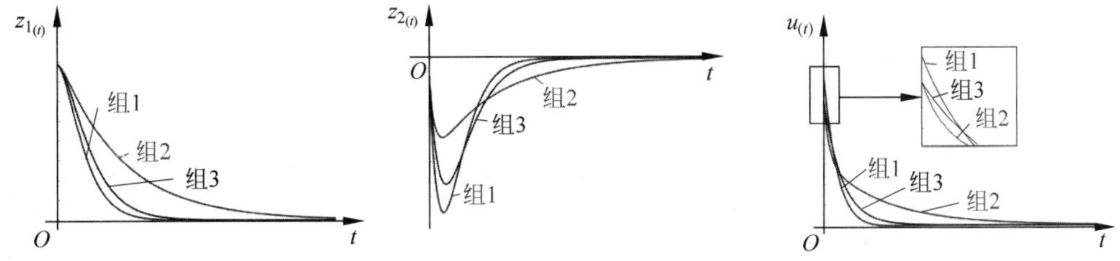

(a) 状态变量$z_{1_{(t)}}$随时间的变化　(b) 状态变量$z_{2_{(t)}}$随时间的变化　(c) 控制量(系统输入)$u_{(t)}$随时间的变化

图 10.3.4　不同权重矩阵对系统的影响

> 最优化是当前最热门的领域之一，有很多新的算法被引入进来。但无论是机器学习、神经网络，还是其他的智能算法，其本质都是建立代价函数，设定不同的权重系数并求其极值(极大值或者极小值)。在控制领域中，"最优"并不像体育比赛一样会有明确的标准，例如短跑，谁跑得快谁就是最优的。控制系统中的最优是综合分析的结果，例如在这个例子中，可以说组 1 是最优的，因为它迅速地将连杆恢复到了平衡的位置。也可以说组 3 是最优的，因为它的总输入最小，意味着它的能耗最小。从性能的角度看，组 1 是最好的。从节能的角度看，组 3 则是最佳。作为最优化算法工程师，根据不同的应用场景去**权衡**(**Tradeoff**)权重系数，是非常重要的工作。

在本节的最后，请读者思考一个问题，上述控制器的设计始终是围绕在平衡点 $\boldsymbol{z}_{\mathrm{f}}=[0,0]^{\mathrm{T}}$ 进行分析的。但是如果在实际情况中，设计的目标是将系统的状态稳定在一个非零的目标值 $\boldsymbol{z}_{\mathrm{d}}=[z_{1\mathrm{d}},z_{2\mathrm{d}}]^{\mathrm{T}}$，(例如，本章引子部分提出的令连杆小球追随一定的轨迹运动)又应该如何去设计控制器呢？

请参考代码 10.3：10-3_LQR_Controller.m。

10.3.3　轨迹追踪

本节将解释 10.3.2 节末尾提出的问题，设计 $u_{(t)}$ 使得系统的状态稳定在一个非零的目标值 $\boldsymbol{z}_{\mathrm{d}}$。此时要求控制量 $u_{(t)}$(即动态系统的输入)承担两个功能：

第一，改变系统的平衡点位置到 $\boldsymbol{z}_{\mathrm{d}}$。

第二，令 $\boldsymbol{z}_{\mathrm{d}}$ 成为一个稳定的平衡点。

首先引入误差，令

$$\boldsymbol{e}_{(t)}=\boldsymbol{z}_{\mathrm{d}}-\boldsymbol{z}_{(t)}=\begin{bmatrix} z_{1\mathrm{d}}-z_{1_{(t)}} \\ z_{2\mathrm{d}}-z_{2_{(t)}} \end{bmatrix}=\begin{bmatrix} e_{1_{(t)}} \\ e_{2_{(t)}} \end{bmatrix} \tag{10.3.19}$$

此时的设计目标就变成了：①令 $\boldsymbol{e}_{(t)}$ 的平衡点为 $\boldsymbol{e}_{\mathrm{f}}=[0,0]^{\mathrm{T}}$；②$\boldsymbol{e}_{\mathrm{f}}=[0,0]^{\mathrm{T}}$ 是稳定的平衡点。

假设目标值 z_{1d} 和 z_{2d} 都是常数(或者变化缓慢),因此 $\frac{dz_{1d}}{dt}=\frac{dz_{2d}}{dt}=0$。可得

$$\frac{d\boldsymbol{e}_{(t)}}{dt}=\frac{d\boldsymbol{z}_d}{dt}-\frac{d\boldsymbol{z}_{(t)}}{dt}=-\frac{d\boldsymbol{z}_{(t)}}{dt}=-\boldsymbol{A}\boldsymbol{z}_{(t)}-\boldsymbol{B}\boldsymbol{u}_{(t)} \tag{10.3.20}$$

将式(10.3.19)和 $\boldsymbol{A}=\begin{bmatrix}0 & 1\\ \frac{g}{d} & 0\end{bmatrix}$,$\boldsymbol{B}=\begin{bmatrix}0\\1\end{bmatrix}$ 代入式(10.3.20),得到

$$\frac{d\boldsymbol{e}_{(t)}}{dt}=-\boldsymbol{A}(\boldsymbol{z}_d-\boldsymbol{e}_{(t)})-\boldsymbol{B}\boldsymbol{u}_{(t)}=\boldsymbol{A}\boldsymbol{e}_{(t)}-\boldsymbol{A}\boldsymbol{z}_d-\boldsymbol{B}\boldsymbol{u}_{(t)}$$

$$\Rightarrow\frac{d\boldsymbol{e}_{(t)}}{dt}=\begin{bmatrix}0 & 1\\ \frac{g}{d} & 0\end{bmatrix}\begin{bmatrix}e_{1_{(t)}}\\ e_{2_{(t)}}\end{bmatrix}-\begin{bmatrix}0 & 1\\ \frac{g}{d} & 0\end{bmatrix}\begin{bmatrix}z_{1d}\\ z_{2d}\end{bmatrix}-\begin{bmatrix}0\\1\end{bmatrix}u_{(t)} \tag{10.3.21}$$

展开得到

$$\frac{de_{1_{(t)}}}{dt}=e_{2_{(t)}}-z_{2d} \tag{10.3.22a}$$

$$\frac{de_{2_{(t)}}}{dt}=\frac{g}{d}e_{1_{(t)}}-\frac{g}{d}z_{1d}-u_{(t)} \tag{10.3.22b}$$

观察式(10.3.22)可以发现,本例中 $e_{2_{(t)}}$ 的平衡点是无法通过输入改变的,因为无论 $u_{(t)}$ 如何选择,都无法作用在式(10.3.22a)上,当式(10.3.22a)中的 $\frac{de_{1_{(t)}}}{dt}=0$ 时,平衡点 $e_{2f}\equiv z_{2d}$,这说明只有在 $z_{2d}=0$ 时,误差的平衡点 $e_{2f}=0$,意味着状态变量 $z_{2_{(t)}}$ 的唯一平衡点为 0。

> 这是由系统本身的物理限制决定的,虽然原系统是能控的,状态变量 $z_{2_{(t)}}$ 可以达到任意值,但并不意味着它可以被稳定在任意值。本例中的 $z_{2_{(t)}}$ 代表了角速度,如果它不为 0,连杆小球就一定还在运动过程当中,自然无法稳定。

但是 $z_{1_{(t)}}$ 不一样,它的平衡点的位置是可以通过输入 $u_{(t)}$ 改变的。令 $\boldsymbol{u}_{(t)}=\boldsymbol{F}\boldsymbol{z}_d+\boldsymbol{K}_e\boldsymbol{e}_{(t)}$,其中 $\boldsymbol{F}\boldsymbol{z}_d$ 部分称为**前馈**(Feedforward),用来将平衡点 z_{1f} 移动到 z_{1d}。$\boldsymbol{K}_e\boldsymbol{e}_{(t)}$ 项用来配置极点,使得系统稳定,其中 $\boldsymbol{K}_e=[k_{e1},k_{e2}]$。

根据上述分析,平衡点位置为 $[z_{1d},0]^T$。令

$$\boldsymbol{u}_{(t)}=\boldsymbol{F}\boldsymbol{z}_d+\boldsymbol{K}_e\boldsymbol{e}_{(t)}=\begin{bmatrix}-\frac{g}{d} & 0\end{bmatrix}\begin{bmatrix}z_{1d}\\0\end{bmatrix}+\boldsymbol{K}_e\boldsymbol{e}_{(t)} \tag{10.3.23}$$

将其代入式(10.3.21),得到

$$\frac{d\boldsymbol{e}_{(t)}}{dt}=\begin{bmatrix}0 & 1\\ \frac{g}{d} & 0\end{bmatrix}\begin{bmatrix}e_{1_{(t)}}\\ e_{2_{(t)}}\end{bmatrix}-\begin{bmatrix}0 & 1\\ \frac{g}{d} & 0\end{bmatrix}\begin{bmatrix}z_{1d}\\ 0\end{bmatrix}-$$
$$\begin{bmatrix}0\\1\end{bmatrix}\left(\begin{bmatrix}-\frac{g}{d} & 0\end{bmatrix}\begin{bmatrix}z_{1d}\\0\end{bmatrix}+\begin{bmatrix}k_{e1} & k_{e2}\end{bmatrix}\begin{bmatrix}e_{1_{(t)}}\\ e_{2_{(t)}}\end{bmatrix}\right)$$

$$
=\begin{bmatrix}0 & 1\\ \dfrac{g}{d} & 0\end{bmatrix}\begin{bmatrix}e_{1_{(t)}}\\ e_{2_{(t)}}\end{bmatrix}-\begin{bmatrix}0 & 0\\ k_{\mathrm{e}1} & k_{\mathrm{e}2}\end{bmatrix}\begin{bmatrix}e_{1_{(t)}}\\ e_{2_{(t)}}\end{bmatrix}
$$

$$
=\begin{bmatrix}0 & 1\\ \dfrac{g}{d}-k_{\mathrm{e}1} & -k_{\mathrm{e}2}\end{bmatrix}\begin{bmatrix}e_{1_{(t)}}\\ e_{2_{(t)}}\end{bmatrix} \tag{10.3.24}
$$

此时，误差状态变量的平衡点为 $\boldsymbol{e}_{\mathrm{f}}=[0,0]^{\mathrm{T}}$。

接下来的工作就是设计 $\boldsymbol{K}_{\mathrm{e}}$，使得闭环状态矩阵 $\begin{bmatrix}0 & 1\\ \dfrac{g}{d}-k_{\mathrm{e}1} & -k_{\mathrm{e}2}\end{bmatrix}$ 的特征值实部都小于 0 就可以了。当然也可以使用 LQR 的方法来确定 $\boldsymbol{K}_{\mathrm{e}}$，此处不再赘述。图 10.3.5 显示了使用此控制器的测试结果并与 PID 控制器进行了比较。其中，选择 $\boldsymbol{K}_{\mathrm{e}}=[25,7]$。目标 $\boldsymbol{z}_{\mathrm{d}}$ 如图 10.1.1(b)所示。对比组 PID 选择 $K_{\mathrm{P}}=50,K_{\mathrm{I}}=8,K_{\mathrm{D}}=10$。参数 $\dfrac{g}{d}=10$。可以看出，PID 控制会有超调量且收敛速度较慢，具体的原因请参考 10.1.2 节的分析。

> 最后需要说明的是，在本例的分析中实际上做了一些简化，在本章开始建立动态方程的时候是将系统在垂直位置附近线性化的，而当平衡点改变之后，系统的线性化模型也应该随之改变，但在本例中因为它们始终偏离平衡点不远，所以这些变化忽略不计。（关于平衡点对线性化模型的影响请参考附录 A。）

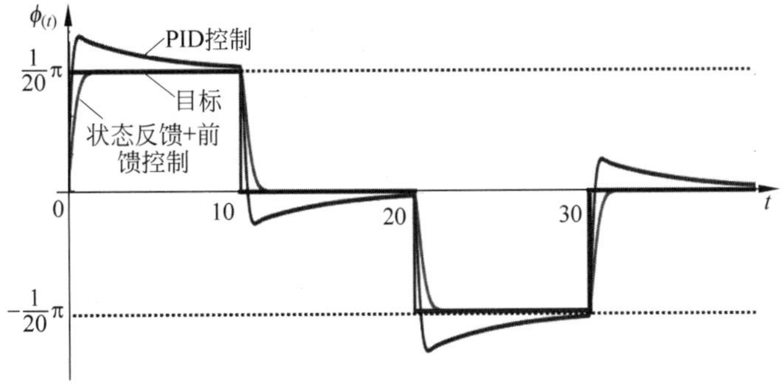

图 10.3.5　带有前馈的线性状态反馈控制器与 PID 控制器的对比

将此案例推广到一般形式的状态空间方程中，可以得到其设计框图如图 10.3.6 所示。

> 对比图 10.3.6 和图 10.1.2(c)，可以看出 PID 控制只使用输出的误差信号 $e_{(t)}$ 来设计控制器。而线性状态反馈控制器的设计则需要用到所有的状态变量 $\boldsymbol{z}_{(t)}$。正是因为更多的系统信息被用来设计控制器，所以状态反馈控制器的灵活度更大，有更多可调节的参数，也就更有可能达到满意的表现。

此时我们思考另一个问题，如果系统中的某些状态变量无法测量，例如，在上述的例子中，如果没有办法实时得到连杆的角速度 $z_{2_{(t)}}$，那么状态反馈控制器也就无法使用了。若要解决这个问题，需要用到观测器来实时估计系统的状态变量值。

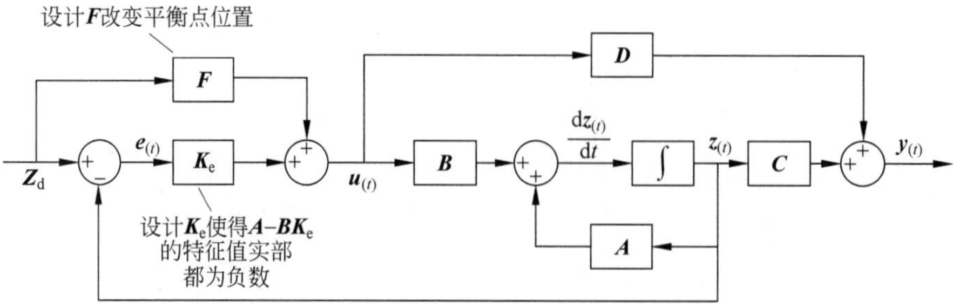

图 10.3.6 带有前馈的线性状态反馈控制器设计

请参考代码 10.4：10-4_Tracking_Problem.m。

10.4 观测器设计

本节将介绍线性观测器设计，正如 10.3 节末尾所提出的，如果系统的某些状态变量不可测，如何通过可测量的输出值估计状态值是很值得研究的问题。在很多情况下，传感器无法安装在我们需要测量的地方。例如，电动汽车电池内芯的温度就只能通过其表面温度估计。再如在隧道中运行的车辆，其速度很难直接测量，但可以根据其他信息估计。与控制器设计类似，在设计观测器之前，首先要明确状态是否可以通过输出观测到。

10.4.1 系统的能观测性

对于一个线性时不变系统：

$$\frac{\mathrm{d}\boldsymbol{z}_{(t)}}{\mathrm{d}t}=\boldsymbol{A}\boldsymbol{z}_{(t)}+\boldsymbol{B}\boldsymbol{u}_{(t)} \tag{10.4.1a}$$

$$\boldsymbol{y}_{(t)}=\boldsymbol{C}\boldsymbol{z}_{(t)}+\boldsymbol{D}\boldsymbol{u}_{(t)} \tag{10.4.1b}$$

状态能观测性的定义：在任意给定的输入 $\boldsymbol{u}_{(t)}$ 下，根据有限的时间区间$[t_0,t_1]$(其中 t_1 有限)的输入 $\boldsymbol{u}_{(t)}$ 和输出值 $\boldsymbol{y}_{(t)}$，可以唯一确定在初始时间 t_0 下的初始状态 $\boldsymbol{z}_{(t_0)}$，则称系统在 t_0 时刻是能观测的，如果在任意初始时间 t_0 下的初始状态 $\boldsymbol{z}_{(t_0)}$ 都能观测，就称系统的状态是能观测的。

状态能观测性判据：对于 n 维线性时不变系统而言，它的状态能观测的充分必要条件是能观测矩阵

$$\boldsymbol{O}=\begin{bmatrix}\boldsymbol{C}\\ \boldsymbol{C}\boldsymbol{A}\\ \boldsymbol{C}\boldsymbol{A}^2\\ \vdots\\ \boldsymbol{C}\boldsymbol{A}^{n-1}\end{bmatrix} \tag{10.4.2}$$

的秩为 n，即 $\mathrm{Rank}(\boldsymbol{O})=n$。

请参考代码 10.5：10-5_Observability.m。

10.4.2 线性观测器设计

针对一个可观测的系统，可以设计一个线性观测器，通过系统的输出来观测(估计)状态变量。首先来看一个最直接、最简单的状态观测器，即

$$\frac{\mathrm{d}\hat{\boldsymbol{z}}_{(t)}}{\mathrm{d}t}=\boldsymbol{A}\hat{\boldsymbol{z}}_{(t)}+\boldsymbol{B}\boldsymbol{u}_{(t)} \tag{10.4.3}$$

其中，$\hat{\boldsymbol{z}}_{(t)}$代表估计值。这一观测器的核心理念是“**猜**”。式(10.4.3)中的观测器的状态空间方程和式(10.4.1a)中的动态系统一模一样。这意味着，如果运气足够好，在 $t=0$ 时刻“猜”的状态变量的值是准确的，即 $\hat{\boldsymbol{z}}_{(0)}=\boldsymbol{z}_{(0)}$，那么在未来通过式(10.4.3)所计算得到的估计值 $\hat{\boldsymbol{z}}_{(t)}$会和实际值 $\boldsymbol{z}_{(t)}$保持一致，即 $\hat{\boldsymbol{z}}_{(t)}=\boldsymbol{z}_{(t)}$。但是，如果在初始时刻猜得不准确 $\hat{\boldsymbol{z}}_{(0)}\neq\boldsymbol{z}_{(0)}$，未来估计的结果就将大相径庭，更为严重的是，如果使用一个不准确的估计值来指导设计控制器，就有可能带来危害性的后果。因此，为改善式(10.4.3)，可以为其加上一个和输出有关的反馈，令

$$\frac{\mathrm{d}\hat{\boldsymbol{z}}_{(t)}}{\mathrm{d}t}=\boldsymbol{A}\hat{\boldsymbol{z}}_{(t)}+\boldsymbol{B}\boldsymbol{u}_{(t)}+\boldsymbol{L}(\boldsymbol{y}_{(t)}-\hat{\boldsymbol{y}}_{(t)}) \tag{10.4.4a}$$

$$\hat{\boldsymbol{y}}_{(t)}=\boldsymbol{C}\hat{\boldsymbol{z}}_{(t)}+\boldsymbol{D}\boldsymbol{u}_{(t)} \tag{10.4.4b}$$

其中，$\hat{\boldsymbol{y}}_{(t)}$是根据估计值 $\hat{\boldsymbol{z}}_{(t)}$计算出的估计输出。因为输出 $\boldsymbol{y}_{(t)}$是可测的，所以可以利用它与估计输出 $\hat{\boldsymbol{y}}_{(t)}$之间的差(输出误差)反馈到观测器式(10.4.4a)中，这样就形成了一个闭环的观测器。式(10.4.4a)、式(10.4.4b)被称为**龙伯格观测器**(Luenberger Observer)。设计目标则是通过设计观测矩阵 $\boldsymbol{L}$，使得 $\hat{\boldsymbol{z}}_{(t)}$随时间的增加趋近于 $\boldsymbol{z}_{(t)}$。首先将式(10.4.4b)代入式(10.4.4a)，得到

$$\begin{aligned}\frac{\mathrm{d}\hat{\boldsymbol{z}}_{(t)}}{\mathrm{d}t}&=\boldsymbol{A}\hat{\boldsymbol{z}}_{(t)}+\boldsymbol{B}\boldsymbol{u}_{(t)}+\boldsymbol{L}(\boldsymbol{y}_{(t)}-\boldsymbol{C}\hat{\boldsymbol{z}}_{(t)}-\boldsymbol{D}\boldsymbol{u}_{(t)})\\&=(\boldsymbol{A}-\boldsymbol{L}\boldsymbol{C})\hat{\boldsymbol{z}}_{(t)}+(\boldsymbol{B}-\boldsymbol{L}\boldsymbol{D})\boldsymbol{u}_{(t)}+\boldsymbol{L}\boldsymbol{y}_{(t)}\end{aligned} \tag{10.4.5}$$

式(10.4.5)通过输入 $\boldsymbol{u}_{(t)}$和输出 $\boldsymbol{y}_{(t)}$表示估计值 $\hat{\boldsymbol{z}}_{(t)}$，这两个值都是可知的。除此之外，式中不存在未知的变量，所以式(10.4.5)是线性观测器最终的表达式。

用式(10.4.1a)减去式(10.4.5)，得到

$$\frac{\mathrm{d}(\boldsymbol{z}_{(t)}-\hat{\boldsymbol{z}}_{(t)})}{\mathrm{d}t}=\boldsymbol{A}\boldsymbol{z}_{(t)}+\boldsymbol{B}\boldsymbol{u}_{(t)}-(\boldsymbol{A}-\boldsymbol{L}\boldsymbol{C})\hat{\boldsymbol{z}}_{(t)}-(\boldsymbol{B}-\boldsymbol{L}\boldsymbol{D})\boldsymbol{u}_{(t)}-\boldsymbol{L}\boldsymbol{y}_{(t)} \tag{10.4.6}$$

将式(10.4.1b)代入式(10.4.6)，得到

$$\begin{aligned}\frac{\mathrm{d}(\boldsymbol{z}_{(t)}-\hat{\boldsymbol{z}}_{(t)})}{\mathrm{d}t}&=\boldsymbol{A}\boldsymbol{z}_{(t)}+\boldsymbol{B}\boldsymbol{u}_{(t)}-(\boldsymbol{A}-\boldsymbol{L}\boldsymbol{C})\hat{\boldsymbol{z}}_{(t)}-(\boldsymbol{B}-\boldsymbol{L}\boldsymbol{D})\boldsymbol{u}_{(t)}-\boldsymbol{L}(\boldsymbol{C}\boldsymbol{z}_{(t)}+\boldsymbol{D}\boldsymbol{u}_{(t)})\\&=(\boldsymbol{A}-\boldsymbol{L}\boldsymbol{C})(\boldsymbol{z}_{(t)}-\hat{\boldsymbol{z}}_{(t)})\end{aligned} \tag{10.4.7}$$

令 $\tilde{\boldsymbol{z}}_{(t)}=\boldsymbol{z}_{(t)}-\hat{\boldsymbol{z}}_{(t)}$，代表观测误差，代入式(10.4.7)可得

$$\frac{\mathrm{d}\tilde{\boldsymbol{z}}_{(t)}}{\mathrm{d}t}=(\boldsymbol{A}-\boldsymbol{L}\boldsymbol{C})\tilde{\boldsymbol{z}}_{(t)} \tag{10.4.8}$$

式(10.4.8)说明观测误差 $\tilde{\boldsymbol{z}}_{(t)}$的平衡点是 $\boldsymbol{0}$。根据前面的分析，当矩阵$(\boldsymbol{A}-\boldsymbol{L}\boldsymbol{C})$的特征值实部都为负数时，其平衡点是稳定的。这意味着随着时间的增加，$\tilde{\boldsymbol{z}}_{(t)}\to 0$，即 $\hat{\boldsymbol{z}}_{(t)}\to\boldsymbol{z}_{(t)}$。因此，当前设计的目标就是找到合适的 $\boldsymbol{L}$，使得$(\boldsymbol{A}-\boldsymbol{L}\boldsymbol{C})$的特征值实部都为负数。观测器设计的框图如图 10.4.1 所示，其中被虚线圈起来的部分就是观测器，即式(10.4.5)所表示的内容。它相当于在“后台”同步运行另一套动态系统，而这个动态系统可以根据系统的输入 $\boldsymbol{u}_{(t)}$和输出 $\boldsymbol{y}_{(t)}$估计系统的状态值 $\boldsymbol{z}_{(t)}$。

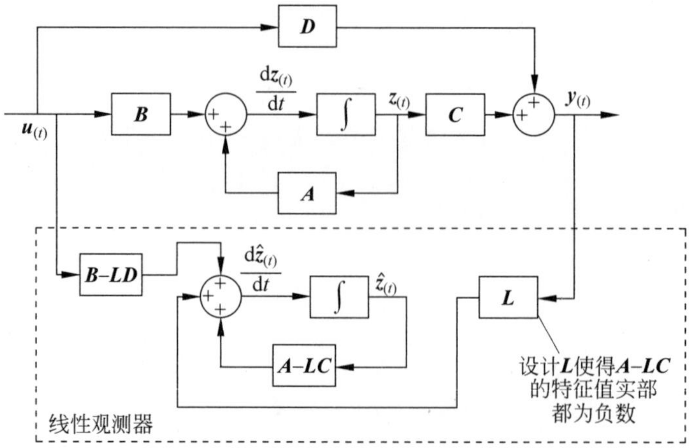

图 10.4.1 线性观测器设计框图

例 10.4.1 如图 10.4.2 所示的弹簧振动阻尼系统，其中，$m=1\text{kg}$，$k=1\text{N/m}$，$b=0.5\text{Ns/m}$。系统输出是位移 $\boldsymbol{y}_{(t)}=[x_{(t)}]$，输入是外力 $\boldsymbol{u}_{(t)}=[f_{(t)}]$。

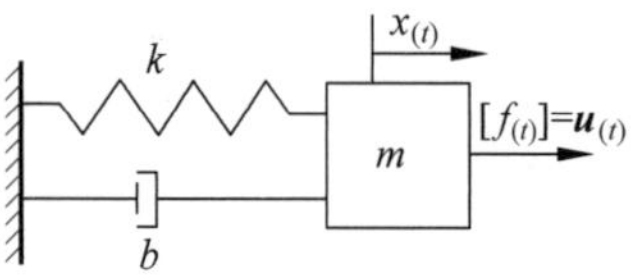

图 10.4.2 弹簧振动阻尼系统

令 $z_{1_{(t)}}=x_{(t)}$ 代表位移，$z_{2_{(t)}}=\dfrac{\mathrm{d}z_{1_{(t)}}}{\mathrm{d}t}=\dfrac{\mathrm{d}x_{(t)}}{\mathrm{d}t}$ 代表速度。在第 3 章中曾经推导出它的状态空间方程，为

$$\frac{\mathrm{d}}{\mathrm{d}t}\begin{bmatrix}z_{1_{(t)}}\\z_{2_{(t)}}\end{bmatrix}=\begin{bmatrix}0 & 1\\-\dfrac{k}{m} & -\dfrac{b}{m}\end{bmatrix}\begin{bmatrix}z_{1_{(t)}}\\z_{2_{(t)}}\end{bmatrix}+\begin{bmatrix}0\\\dfrac{1}{m}\end{bmatrix}\boldsymbol{u}_{(t)} \tag{10.4.9a}$$

$$\boldsymbol{y}_{(t)}=\begin{bmatrix}1 & 0\end{bmatrix}\begin{bmatrix}z_{1_{(t)}}\\z_{2_{(t)}}\end{bmatrix}+[0]\boldsymbol{u}_{(t)} \tag{10.4.9b}$$

将 $m=1\text{kg}$，$k=1\text{N/m}$，$b=0.5\text{Ns/m}$，代入可得

$$\frac{\mathrm{d}}{\mathrm{d}t}\begin{bmatrix}z_{1_{(t)}}\\z_{2_{(t)}}\end{bmatrix}=\boldsymbol{A}\begin{bmatrix}z_{1_{(t)}}\\z_{2_{(t)}}\end{bmatrix}+\boldsymbol{B}\boldsymbol{u}_{(t)} \tag{10.4.9c}$$

$$\boldsymbol{y}_{(t)}=\boldsymbol{C}\begin{bmatrix}z_{1_{(t)}}\\z_{2_{(t)}}\end{bmatrix}+\boldsymbol{D}\boldsymbol{u}_{(t)} \tag{10.4.9d}$$

其中，$\boldsymbol{A}=\begin{bmatrix}0 & 1\\-1 & -0.5\end{bmatrix}$，$\boldsymbol{B}=\begin{bmatrix}0\\1\end{bmatrix}$，$\boldsymbol{C}=\begin{bmatrix}1 & 0\end{bmatrix}$，$\boldsymbol{D}=[0]$。

假设在此系统中可以使用一个传感器实时测量质量块的位移，即系统的输出 $\boldsymbol{y}_{(t)}$，同时也是状态变量之一 $z_{1_{(t)}}$。但是无法测量另一个状态变量 $z_{2_{(t)}}$，即质量块的速度。此时就需要使用前面介绍的观测器来观测 $z_{2_{(t)}}$。首先判断系统的能观测性，使用式(10.4.2)：

$$\boldsymbol{O}=\begin{bmatrix}\boldsymbol{C}\\\boldsymbol{CA}\end{bmatrix}=\begin{bmatrix}\begin{bmatrix}1 & 0\end{bmatrix}\\\begin{bmatrix}1 & 0\end{bmatrix}\begin{bmatrix}0 & 1\\-1 & -0.5\end{bmatrix}\end{bmatrix}=\begin{bmatrix}1 & 0\\0 & 1\end{bmatrix} \tag{10.4.10}$$

此时 $\text{Rank}(\boldsymbol{O})=2$，因此系统能观测。设计观测器，令

$$\boldsymbol{L} = \begin{bmatrix} l_1 \\ l_2 \end{bmatrix} \tag{10.4.11a}$$

此时，

$$\boldsymbol{A} - \boldsymbol{LC} = \begin{bmatrix} 0 & 1 \\ -1 & -0.5 \end{bmatrix} - \begin{bmatrix} l_1 \\ l_2 \end{bmatrix} \begin{bmatrix} 1 & 0 \end{bmatrix} = \begin{bmatrix} -l_1 & 1 \\ -1-l_2 & -0.5 \end{bmatrix} \tag{10.4.11b}$$

求$(\boldsymbol{A}-\boldsymbol{LC})$的特征值可以令$|\boldsymbol{A}-\boldsymbol{LC}-\lambda\boldsymbol{I}|=0$,得到

$$\begin{vmatrix} -l_1-\lambda & 1 \\ -1-l_2 & -0.5-\lambda \end{vmatrix} = 0 \tag{10.4.12a}$$

即

$$(-l_1-\lambda)(-0.5-\lambda)-(1)\times(-1-l_2)=0$$

$$\Rightarrow \lambda^2+(0.5+l_1)\lambda+0.5l_1+1+l_2=0 \tag{10.4.12b}$$

若希望观测器准确估计系统状态变量,则需要令$(\boldsymbol{A}-\boldsymbol{LC})$的特征值实部部分为负数。可以令$\lambda_1$和$\lambda_2$均为$-1$,其对应的特征方程为

$$(\lambda+1)(\lambda+1)=0 \quad \Rightarrow \quad \lambda^2+2\lambda+1=0 \tag{10.4.13}$$

对比式(10.4.12b)和式(10.4.13)可以得到

$$\begin{cases} 0.5+l_1=2 \\ 0.5l_1+1+l_2=1 \end{cases} \Rightarrow \begin{cases} l_1=1.5 \\ l_2=-0.75 \end{cases} \tag{10.4.14}$$

将式(10.4.14)代入式(10.4.4)可以得到观测器的状态空间方程,即

$$\begin{aligned} \frac{\mathrm{d}\hat{\boldsymbol{z}}_{(t)}}{\mathrm{d}t} &= (\boldsymbol{A}-\boldsymbol{LC})\hat{\boldsymbol{z}}_{(t)} + (\boldsymbol{B}-\boldsymbol{LD})\boldsymbol{u}_{(t)} + \boldsymbol{L}\boldsymbol{y}_{(t)} \\ &= \begin{bmatrix} -1.5 & 1 \\ -0.25 & -0.5 \end{bmatrix} \hat{\boldsymbol{z}}_{(t)} + \begin{bmatrix} 0 \\ 1 \end{bmatrix} \boldsymbol{u}_{(t)} + \begin{bmatrix} 1.5 \\ -0.75 \end{bmatrix} \boldsymbol{y}_{(t)} \end{aligned} \tag{10.4.15}$$

为验证观测器的效果,设计如下测试：令系统的初始状态$\boldsymbol{z}_{(0)} = \begin{bmatrix} \boldsymbol{z}_{1_{(0)}} \\ \boldsymbol{z}_{2_{(0)}} \end{bmatrix} = \begin{bmatrix} 1 \\ 1 \end{bmatrix}$,它的物理意义是在初始状态时质量块的位置为$z_{1_{(0)}}=1\mathrm{m}$,同时初速度$z_{2_{(0)}}=1\mathrm{m/s}$。同时考虑无输入条件,即$\boldsymbol{u}_{(t)}=[0]$。在此情况下,由于没有外力,因此质量块最终会停止。观测器的初始估计值可以设定为$\hat{\boldsymbol{z}}_{(0)} = \begin{bmatrix} \hat{z}_{1_{(0)}} \\ \hat{z}_{2_{(0)}} \end{bmatrix} = \begin{bmatrix} 0 \\ 0 \end{bmatrix}$。测试结果如图 10.4.3 所示,其中图 10.4.3(a)表示$z_{1_{(t)}}$与$\hat{z}_{1_{(t)}}$的对比,图 10.4.3(b)则是$z_{2_{(t)}}$与$\hat{z}_{2_{(t)}}$的对比。可见经过 5s 之后,观测器收敛,准确地估计出实际的状态值。

值得注意的是,在上例中,$(\boldsymbol{A}-\boldsymbol{LC})$的特征值被设定为$\lambda_1$和$\lambda_2$均为$-1$。因此观测误差$\tilde{\boldsymbol{z}}_{(t)}$将以$\mathrm{e}^{-t}$的速度趋向于$\boldsymbol{0}$。从数学的角度,$(\boldsymbol{A}-\boldsymbol{LC})$的特征值越大,观测误差就越快趋向于$\boldsymbol{0}$,也就是观测值更快速地趋向于真实值。从表面上看,这样的选择似乎是有利的,但在实际使用中,需要根据情况做出权衡。比如系统的输出$\boldsymbol{y}_{(t)}$存在扰动,那么式(10.4.9d)可以写成

$$\boldsymbol{y}_{(t)} = \begin{bmatrix} 1 & 0 \end{bmatrix} \begin{bmatrix} z_{1_{(t)}} \\ z_{2_{(t)}} \end{bmatrix} + [0]\,[u_{(t)}] + d = \boldsymbol{C}\boldsymbol{z}_{(t)} + d \tag{10.4.16}$$

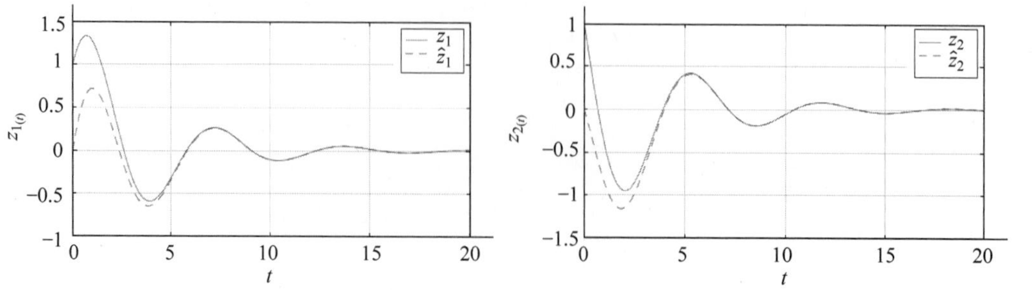

(a) $z_{1(t)}$与$\hat{z}_{1(t)}$的对比　　(b) $z_{2(t)}$与$\hat{z}_{2(t)}$的对比

图 10.4.3　使用全阶观测器估计值与实际值对比

此时，状态估计$\hat{z}_{(t)}$的动态方程为

$$\frac{\mathrm{d}\hat{\boldsymbol{z}}_{(t)}}{\mathrm{d}t}=(\boldsymbol{A}-\boldsymbol{LC})\hat{\boldsymbol{z}}_{(t)}+(\boldsymbol{B}-\boldsymbol{LD})\boldsymbol{u}_{(t)}+\boldsymbol{L}(\boldsymbol{Cz}_{(t)}+d)$$
$$=(\boldsymbol{A}-\boldsymbol{LC})\hat{\boldsymbol{z}}_{(t)}+\boldsymbol{Bu}_{(t)}+\boldsymbol{LCz}_{(t)}+\boldsymbol{L}d \tag{10.4.17}$$

随着观测矩阵($\boldsymbol{A}-\boldsymbol{LC}$)的特征值向复平面左边移动，$\boldsymbol{L}$ 将变得很大，同时它将放大扰动项 $\boldsymbol{L}d$，对扰动的敏感性将会增强，这可能会导致系统的不稳定。

请参考代码 10.6：10-6_Full_Order_Observer_Design.m。

10.4.3　降阶观测器

在上述案例中，观测器$\hat{z}_{(t)}$同时观测了 $z_{1_{(t)}}$ 和 $z_{2_{(t)}}$，也就是全部的状态变量，因此$\hat{z}_{(t)}$被称为**全阶观测器**(Full-order Observer)。然而，在实际应用中，大多数情况下系统的一些状态变量是可以被直接测量的，比如**例 10.4.1** 中的 $z_{1_{(t)}}$，也就没有必要使用观测器来估计它，需要观测的只是少部分不可测的状态变量。因此我们可以构建**降阶观测器**(Reduced-order Observer)。考虑一般情况：

$$\frac{\mathrm{d}}{\mathrm{d}t}\begin{bmatrix}\boldsymbol{z}_{1_{(t)}}\\ \boldsymbol{z}_{2_{(t)}}\end{bmatrix}=\begin{bmatrix}\boldsymbol{A}_{11} & \boldsymbol{A}_{12}\\ \boldsymbol{A}_{21} & \boldsymbol{A}_{22}\end{bmatrix}\begin{bmatrix}\boldsymbol{z}_{1_{(t)}}\\ \boldsymbol{z}_{2_{(t)}}\end{bmatrix}+\begin{bmatrix}\boldsymbol{B}_1\\ \boldsymbol{B}_2\end{bmatrix}\boldsymbol{u}_{(t)} \tag{10.4.18a}$$

$$\boldsymbol{y}_{(t)}=\begin{bmatrix}\boldsymbol{I}_{q\times q} & \boldsymbol{0}\end{bmatrix}\begin{bmatrix}\boldsymbol{z}_{1_{(t)}}\\ \boldsymbol{z}_{2_{(t)}}\end{bmatrix}+\boldsymbol{Du}_{(t)} \tag{10.4.18b}$$

请注意，在上述表达中，$\boldsymbol{z}_{1_{(t)}}$ 是一个 $q\times 1$ 向量，代表一组可以通过输出 $\boldsymbol{y}_{(t)}$ 直接计算得到的状态变量，通过式(10.4.18b)可得 $\boldsymbol{z}_{1_{(t)}}=\boldsymbol{y}_{(t)}-\boldsymbol{Du}_{(t)}$，其中，$\boldsymbol{y}_{(t)}$ 是可以直接通过测量得到的输出。$\boldsymbol{z}_{2_{(t)}}$ 则代表不可被直接测量或计算(需要设计观测器观测)的一组状态变量，也是观测器设计的目标：估计 $\boldsymbol{z}_{2_{(t)}}$。

将式(10.4.18a)展开可得

$$\frac{\mathrm{d}\boldsymbol{z}_{1_{(t)}}}{\mathrm{d}t}=\boldsymbol{A}_{11}\boldsymbol{z}_{1_{(t)}}+\boldsymbol{A}_{12}\boldsymbol{z}_{2_{(t)}}+\boldsymbol{B}_1\boldsymbol{u}_{(t)}$$

$$\Rightarrow\quad \boldsymbol{A}_{12}\boldsymbol{z}_{2_{(t)}}=\frac{\mathrm{d}\boldsymbol{z}_{1_{(t)}}}{\mathrm{d}t}-\boldsymbol{A}_{11}\boldsymbol{z}_{1_{(t)}}-\boldsymbol{B}_1\boldsymbol{u}_{(t)} \tag{10.4.19a}$$

$$\frac{\mathrm{d}\boldsymbol{z}_{2_{(t)}}}{\mathrm{d}t}=\boldsymbol{A}_{21}\boldsymbol{z}_{1_{(t)}}+\boldsymbol{A}_{22}\boldsymbol{z}_{2_{(t)}}+\boldsymbol{B}_2\boldsymbol{u}_{(t)} \tag{10.4.19b}$$

将式(10.4.19a)、式(10.4.19b)中的已知量($\boldsymbol{z}_{1_{(t)}}$ 和 $\boldsymbol{u}_{(t)}$)进一步化简，令

$$\bar{\boldsymbol{y}}_{(t)}=\frac{\mathrm{d}\boldsymbol{z}_{1_{(t)}}}{\mathrm{d}t}-\boldsymbol{A}_{11}\boldsymbol{z}_{1_{(t)}}-\boldsymbol{B}_1\boldsymbol{u}_{(t)} \tag{10.4.20a}$$

$$\bar{\boldsymbol{u}}_{(t)}=\boldsymbol{A}_{21}\boldsymbol{z}_{1_{(t)}}+\boldsymbol{B}_2\boldsymbol{u}_{(t)} \tag{10.4.20b}$$

将式(10.4.20a)、式(10.4.20b)代入式(10.4.19a)、式(10.4.19b)，可得

$$\bar{\boldsymbol{y}}_{(t)}=\boldsymbol{A}_{12}\boldsymbol{z}_{2_{(t)}} \tag{10.4.21a}$$

$$\frac{\mathrm{d}\boldsymbol{z}_{2_{(t)}}}{\mathrm{d}t}=\boldsymbol{A}_{22}\boldsymbol{z}_{2_{(t)}}+\bar{\boldsymbol{u}}_{(t)} \tag{10.4.21b}$$

式(10.4.21a)、式(10.4.21b)即一个标准的关于 $\boldsymbol{z}_{2_{(t)}}$ 的状态空间方程，同时输出 $\bar{\boldsymbol{y}}_{(t)}$ 为已知量，可通过式(10.4.20a)求得。我们可以为其设计全阶观测器来估计 $\boldsymbol{z}_{2_{(t)}}$，参考 10.4.2 节的式(10.4.4a)、式(10.4.4b)，设计状态观测器：

$$\frac{\mathrm{d}\hat{\boldsymbol{z}}_{2_{(t)}}}{\mathrm{d}t}=\boldsymbol{A}_{22}\hat{\boldsymbol{z}}_{2_{(t)}}+\bar{\boldsymbol{u}}_{(t)}+\boldsymbol{L}(\bar{\boldsymbol{y}}_{(t)}-\hat{\bar{\boldsymbol{y}}}_{(t)}) \tag{10.4.22a}$$

$$\hat{\bar{\boldsymbol{y}}}_{(t)}=\boldsymbol{A}_{12}\hat{\boldsymbol{z}}_{2_{(t)}} \tag{10.4.22b}$$

之后设计观测矩阵 $\boldsymbol{L}$ 即可。

> 值得注意的是，式(10.4.22a)、式(10.4.22b)所表达的观测器中包含 $\bar{\boldsymbol{y}}_{(t)}$，根据式(10.4.20a)，$\bar{\boldsymbol{y}}_{(t)}$ 中包含 $\frac{\mathrm{d}\boldsymbol{z}_{1_{(t)}}}{\mathrm{d}t}$ 项，而微分运算对噪声十分敏感。在实际应用中，测量值大多包含噪声，其导数会非常不稳定，这将导致式观测器失灵。因此，式(10.4.22a)、式(10.4.22b)的设计在现实中并不可行。

为避免在观测器中直接使用 $\boldsymbol{z}_{1_{(t)}}$ 的导数 $\frac{\mathrm{d}\boldsymbol{z}_{1_{(t)}}}{\mathrm{d}t}$，使用变量变换的方法，令

$$\bar{\boldsymbol{z}}_{(t)}=\hat{\boldsymbol{z}}_{2_{(t)}}-\boldsymbol{L}\boldsymbol{z}_{1_{(t)}} \tag{10.4.23}$$

对式(10.4.23)两边取对时间的导数可得

$$\frac{\mathrm{d}\bar{\boldsymbol{z}}_{(t)}}{\mathrm{d}t}=\frac{\mathrm{d}\hat{\boldsymbol{z}}_{2_{(t)}}}{\mathrm{d}t}-\boldsymbol{L}\frac{\mathrm{d}\boldsymbol{z}_{1_{(t)}}}{\mathrm{d}t} \tag{10.4.24}$$

根据式(10.4.20a)，可得 $\frac{\mathrm{d}\boldsymbol{z}_{1_{(t)}}}{\mathrm{d}t}=\bar{\boldsymbol{y}}_{(t)}+\boldsymbol{A}_{11}\boldsymbol{z}_{1_{(t)}}+\boldsymbol{B}_1\boldsymbol{u}_{(t)}$。代入式(10.4.24)，可得

$$\frac{\mathrm{d}\bar{\boldsymbol{z}}_{(t)}}{\mathrm{d}t}=\frac{\mathrm{d}\hat{\boldsymbol{z}}_{2_{(t)}}}{\mathrm{d}t}-\boldsymbol{L}(\bar{\boldsymbol{y}}_{(t)}+\boldsymbol{A}_{11}\boldsymbol{z}_{1_{(t)}}+\boldsymbol{B}_1\boldsymbol{u}_{(t)}) \tag{10.4.25}$$

将式(10.4.22a)代入式(10.4.25)，可得

$$\begin{aligned}\frac{\mathrm{d}\bar{\boldsymbol{z}}_{(t)}}{\mathrm{d}t}&=\boldsymbol{A}_{22}\hat{\boldsymbol{z}}_{2_{(t)}}+\bar{\boldsymbol{u}}_{(t)}+\boldsymbol{L}(\bar{\boldsymbol{y}}_{(t)}-\hat{\bar{\boldsymbol{y}}}_{(t)})-\boldsymbol{L}(\bar{\boldsymbol{y}}_{(t)}+\boldsymbol{A}_{11}\boldsymbol{z}_{1_{(t)}}+\boldsymbol{B}_1\boldsymbol{u}_{(t)})\\&=\boldsymbol{A}_{22}\hat{\boldsymbol{z}}_{2_{(t)}}+\bar{\boldsymbol{u}}_{(t)}+\boldsymbol{L}(-\hat{\bar{\boldsymbol{y}}}_{(t)}-\boldsymbol{A}_{11}\boldsymbol{z}_{1_{(t)}}-\boldsymbol{B}_1\boldsymbol{u}_{(t)})\end{aligned} \tag{10.4.26}$$

将式(10.4.20b)和式(10.4.22b)代入式(10.4.26)，可得

$$\begin{aligned}\frac{\mathrm{d}\bar{\boldsymbol{z}}_{(t)}}{\mathrm{d}t}&=\boldsymbol{A}_{22}\hat{\boldsymbol{z}}_{2_{(t)}}+\boldsymbol{A}_{21}\boldsymbol{z}_{1_{(t)}}+\boldsymbol{B}_2\boldsymbol{u}_{(t)}+\boldsymbol{L}(-\boldsymbol{A}_{12}\hat{\boldsymbol{z}}_{2_{(t)}}-\boldsymbol{A}_{11}\boldsymbol{z}_{1_{(t)}}-\boldsymbol{B}_1\boldsymbol{u}_{(t)})\\&=(\boldsymbol{A}_{22}-\boldsymbol{L}\boldsymbol{A}_{12})\hat{\boldsymbol{z}}_{2_{(t)}}+(\boldsymbol{A}_{21}-\boldsymbol{L}\boldsymbol{A}_{11})\boldsymbol{z}_{1_{(t)}}+(\boldsymbol{B}_2-\boldsymbol{L}\boldsymbol{B}_1)\boldsymbol{u}_{(t)}\end{aligned} \tag{10.4.27}$$

为式(10.4.27)右侧同时减,加$(\boldsymbol{A}_{22}-\boldsymbol{L}\boldsymbol{A}_{12})\boldsymbol{L}\boldsymbol{z}_{1_{(t)}}$,即

$$\begin{aligned}\frac{\mathrm{d}\bar{\boldsymbol{z}}_{(t)}}{\mathrm{d}t}&=(\boldsymbol{A}_{22}-\boldsymbol{L}\boldsymbol{A}_{12})\hat{\boldsymbol{z}}_{2_{(t)}}+[-(\boldsymbol{A}_{22}-\boldsymbol{L}\boldsymbol{A}_{12})\boldsymbol{L}\boldsymbol{z}_{1_{(t)}}+(\boldsymbol{A}_{22}-\boldsymbol{L}\boldsymbol{A}_{12})\boldsymbol{L}\boldsymbol{z}_{1_{(t)}}]+\\&\quad(\boldsymbol{A}_{21}-\boldsymbol{L}\boldsymbol{A}_{11})\boldsymbol{z}_{1_{(t)}}+(\boldsymbol{B}_2-\boldsymbol{L}\boldsymbol{B}_1)\boldsymbol{u}_{(t)}\\&=(\boldsymbol{A}_{22}-\boldsymbol{L}\boldsymbol{A}_{12})(\hat{\boldsymbol{z}}_{2_{(t)}}-\boldsymbol{L}\hat{\boldsymbol{z}}_{1_{(t)}})+[(\boldsymbol{A}_{22}-\boldsymbol{L}\boldsymbol{A}_{12})\boldsymbol{L}+(\boldsymbol{A}_{21}-\boldsymbol{L}\boldsymbol{A}_{11})]\boldsymbol{z}_{1_{(t)}}+\\&\quad(\boldsymbol{B}_2-\boldsymbol{L}\boldsymbol{B}_1)\boldsymbol{u}_{(t)}\end{aligned}\tag{10.4.28a}$$

将式(10.4.23)代入式(10.4.28a),可得

$$\frac{\mathrm{d}\bar{\boldsymbol{z}}_{(t)}}{\mathrm{d}t}=(\boldsymbol{A}_{22}-\boldsymbol{L}\boldsymbol{A}_{12})\bar{\boldsymbol{z}}_{(t)}+[(\boldsymbol{A}_{22}-\boldsymbol{L}\boldsymbol{A}_{12})\boldsymbol{L}+(\boldsymbol{A}_{21}-\boldsymbol{L}\boldsymbol{A}_{11})]\boldsymbol{z}_{1_{(t)}}+(\boldsymbol{B}_2-\boldsymbol{L}\boldsymbol{B}_1)\boldsymbol{u}_{(t)}\tag{10.4.28b}$$

最后,通过式(10.4.18b),得到$\boldsymbol{z}_{1_{(t)}}=\boldsymbol{y}_{(t)}-\boldsymbol{D}\boldsymbol{u}_{(t)}$,将它代入式(10.4.28b),可得

$$\begin{aligned}\frac{\mathrm{d}\bar{\boldsymbol{z}}_{(t)}}{\mathrm{d}t}&=(\boldsymbol{A}_{22}-\boldsymbol{L}\boldsymbol{A}_{12})\bar{\boldsymbol{z}}_{(t)}+[(\boldsymbol{A}_{22}-\boldsymbol{L}\boldsymbol{A}_{12})\boldsymbol{L}+(\boldsymbol{A}_{21}-\boldsymbol{L}\boldsymbol{A}_{11})]\\&\quad(\boldsymbol{y}_{(t)}-\boldsymbol{D}\boldsymbol{u}_{(t)})+(\boldsymbol{B}_2-\boldsymbol{L}\boldsymbol{B}_1)\boldsymbol{u}_{(t)}\end{aligned}\tag{10.4.29}$$

式(10.4.29)即观测器变量$\bar{\boldsymbol{z}}_{(t)}$的动态方程,其中不包括任何未知量。在实际应用中,用式(10.4.29)代替式(10.4.22a),可以消除观测器所包含的微分项。

为设计观测矩阵$\boldsymbol{L}$,需要分析观测误差$\tilde{\boldsymbol{z}}_{2_{(t)}}=\boldsymbol{z}_{2_{(t)}}-\hat{\boldsymbol{z}}_{2_{(t)}}$,其动态方程为

$$\frac{\mathrm{d}\tilde{\boldsymbol{z}}_{2_{(t)}}}{\mathrm{d}t}=\frac{\mathrm{d}(\boldsymbol{z}_{2_{(t)}}-\hat{\boldsymbol{z}}_{2_{(t)}})}{\mathrm{d}t}=\frac{\mathrm{d}\boldsymbol{z}_{2_{(t)}}}{\mathrm{d}t}-\frac{\mathrm{d}\hat{\boldsymbol{z}}_{2_{(t)}}}{\mathrm{d}t}\tag{10.4.30a}$$

将式(10.4.21b)和式(10.4.22a)代入式(10.4.30a)得到

$$\begin{aligned}\frac{\mathrm{d}\tilde{\boldsymbol{z}}_{2_{(t)}}}{\mathrm{d}t}&=\boldsymbol{A}_{22}\boldsymbol{z}_{2_{(t)}}+\bar{\boldsymbol{u}}_{(t)}-(\boldsymbol{A}_{22}\hat{\boldsymbol{z}}_{2_{(t)}}+\bar{\boldsymbol{u}}_{(t)}+\boldsymbol{L}(\bar{\boldsymbol{y}}_{(t)}-\hat{\bar{\boldsymbol{y}}}_{(t)}))\\&=\boldsymbol{A}_{22}(\boldsymbol{z}_{2_{(t)}}-\hat{\boldsymbol{z}}_{2_{(t)}})-L(\bar{\boldsymbol{y}}_{(t)}-\hat{\bar{\boldsymbol{y}}}_{(t)})\end{aligned}\tag{10.4.30b}$$

将式(10.4.21a)和式(10.4.22b)代入式(10.4.30b)得到

$$\begin{aligned}\frac{\mathrm{d}\tilde{\boldsymbol{z}}_{2_{(t)}}}{\mathrm{d}t}&=\boldsymbol{A}_{22}(\boldsymbol{z}_{2_{(t)}}-\hat{\boldsymbol{z}}_{2_{(t)}})-\boldsymbol{L}(\boldsymbol{A}_{12}\boldsymbol{z}_{2_{(t)}}-\boldsymbol{A}_{12}\hat{\boldsymbol{z}}_{2_{(t)}})\\&=\boldsymbol{A}_{22}(\boldsymbol{z}_{2_{(t)}}-\hat{\boldsymbol{z}}_{2_{(t)}})-\boldsymbol{L}\boldsymbol{A}_{12}(\boldsymbol{z}_{2_{(t)}}-\hat{\boldsymbol{z}}_{2_{(t)}})\\&=\boldsymbol{A}_{22}\tilde{\boldsymbol{z}}_{2_{(t)}}-\boldsymbol{L}\boldsymbol{A}_{12}\tilde{\boldsymbol{z}}_{2_{(t)}}\\&=(\boldsymbol{A}_{22}-\boldsymbol{L}\boldsymbol{A}_{12})\tilde{\boldsymbol{z}}_{2_{(t)}}\end{aligned}\tag{10.4.31}$$

设计观测矩阵$\boldsymbol{L}$,使得$(\boldsymbol{A}_{22}-\boldsymbol{L}\boldsymbol{A}_{12})$的特征值实部都小于0,即可保证$\tilde{\boldsymbol{z}}_{2_{(t)}}$趋向于$\boldsymbol{0}$,观测器误差趋向于$\boldsymbol{0}$。

总结而言,在使用降阶观测器时,系统的状态变量观测值为

$$\begin{bmatrix}\hat{\boldsymbol{z}}_{1_{(t)}}\\\hat{\boldsymbol{z}}_{2_{(t)}}\end{bmatrix}=\begin{bmatrix}\boldsymbol{z}_{1_{(t)}}=\boldsymbol{y}_{(t)}-\boldsymbol{D}\boldsymbol{u}_{(t)}\\\boldsymbol{L}\hat{\boldsymbol{z}}_{1_{(t)}}+\bar{\boldsymbol{z}}_{(t)}\end{bmatrix}\tag{10.4.32}$$

其中,$\boldsymbol{z}_{1_{(t)}}$是可以直接通过测量系统输出计算得到的。求$\hat{\boldsymbol{z}}_{2_{(t)}}$首先要找到$\bar{\boldsymbol{z}}_{(t)}$和测量得到的$\hat{\boldsymbol{z}}_{1_{(t)}}$,再使用式(10.4.32)计算求得。

例 10.4.2 设计降阶观测器估计**例 10.4.1** 中质量块的速度 $z_{2_{(t)}}$,初始条件与**例 10.4.1** 相同。

在**例 10.4.1** 中,状态变量 $z_{1_{(t)}}$ 即系统输出 $\boldsymbol{y}_{(t)}$ 可以通过测量直接得到,为了设计降阶控制器,首先将系统写成式(10.4.18a)、式(10.4.18b)的一般形式。

$$\frac{\mathrm{d}}{\mathrm{d}t}\begin{bmatrix}\boldsymbol{z}_{1_{(t)}}\\\boldsymbol{z}_{2_{(t)}}\end{bmatrix}=\begin{bmatrix}\boldsymbol{A}_{11} & \boldsymbol{A}_{12}\\\boldsymbol{A}_{21} & \boldsymbol{A}_{22}\end{bmatrix}\begin{bmatrix}\boldsymbol{z}_{1_{(t)}}\\\boldsymbol{z}_{2_{(t)}}\end{bmatrix}+\begin{bmatrix}\boldsymbol{B}_1\\\boldsymbol{B}_2\end{bmatrix}\boldsymbol{u}_{(t)} \tag{10.4.33a}$$

$$\boldsymbol{y}_{(t)}=\begin{bmatrix}\boldsymbol{I}_{q\times q} & 0\end{bmatrix}\begin{bmatrix}\boldsymbol{z}_{1_{(t)}}\\\boldsymbol{z}_{2_{(t)}}\end{bmatrix}+\boldsymbol{D}\boldsymbol{u}_{(t)} \tag{10.4.33b}$$

根据式(10.4.9a),$\boldsymbol{z}_{1_{(t)}}$ 和 $\boldsymbol{z}_{2_{(t)}}$ 都是一维向量。$\boldsymbol{A}_{11}=[0]$,$\boldsymbol{A}_{12}=[1]$,$\boldsymbol{A}_{21}=[-1]$,$\boldsymbol{A}_{22}=[-0.5]$,$\boldsymbol{B}_1=[0]$,$\boldsymbol{B}_2=[1]$,$\boldsymbol{D}=\boldsymbol{0}$,$\boldsymbol{u}_{(t)}=[0]$。代入式(10.4.31),可得观测误差的状态空间方程为

$$\begin{aligned}\frac{\mathrm{d}\tilde{\boldsymbol{z}}_{2_{(t)}}}{\mathrm{d}t}&=(\boldsymbol{A}_{22}-\boldsymbol{L}\boldsymbol{A}_{12})\tilde{\boldsymbol{z}}_{2_{(t)}}\\&=([-0.5]-\boldsymbol{L}[1])\tilde{\boldsymbol{z}}_{2_{(t)}}\end{aligned} \tag{10.4.34}$$

为系统稳定,需要令$(\boldsymbol{A}_{22}-\boldsymbol{L}\boldsymbol{A}_{12})$的特征值小于 0。设计 $\boldsymbol{L}=[0.5]$,可得

$$\frac{\mathrm{d}\tilde{\boldsymbol{z}}_{2_{(t)}}}{\mathrm{d}t}=[-1]\tilde{\boldsymbol{z}}_{2_{(t)}} \tag{10.4.35}$$

即可保证$\tilde{z}_{2_{(t)}}$ 随着时间的增加趋向于 **0**。将已知条件和 $\boldsymbol{L}=[0.5]$代入式(10.4.29),可得到观测器的状态空间方程:

$$\begin{aligned}\frac{\mathrm{d}\bar{\boldsymbol{z}}_{(t)}}{\mathrm{d}t}&=(\boldsymbol{A}_{22}-\boldsymbol{L}\boldsymbol{A}_{12})\bar{\boldsymbol{z}}_{(t)}+[(\boldsymbol{A}_{22}-\boldsymbol{L}\boldsymbol{A}_{12})\boldsymbol{L}+(\boldsymbol{A}_{21}-\boldsymbol{L}\boldsymbol{A}_{11})]\\&\quad(\boldsymbol{y}_{(t)}-\boldsymbol{D}\boldsymbol{u}_{(t)})+(\boldsymbol{B}_2-\boldsymbol{L}\boldsymbol{B}_1)\boldsymbol{u}_{(t)}\\&=([-0.5]-[0.5][1])\bar{\boldsymbol{z}}_{(t)}+[([-0.5]-[0.5][1])([0.5])+\\&\quad([-1]-[0.5][0])](\boldsymbol{y}_{(t)}-\boldsymbol{D}[0])+([1]-[0.5][0])[0]\\&=[-1]\bar{\boldsymbol{z}}_{(t)}+[-1.5]\boldsymbol{y}_{(t)}\end{aligned} \tag{10.4.36}$$

最后,将 $\boldsymbol{L}=[0.5]$,$\boldsymbol{D}=\boldsymbol{0}$ 代入式(10.4.32),可得到观测值:

$$\begin{bmatrix}\hat{\boldsymbol{z}}_{1_{(t)}}\\\hat{\boldsymbol{z}}_{2_{(t)}}\end{bmatrix}=\begin{bmatrix}\boldsymbol{y}_{(t)}-\boldsymbol{D}\boldsymbol{u}_{(t)}\\\boldsymbol{L}\hat{\boldsymbol{z}}_{1_{(t)}}+\bar{\boldsymbol{z}}_{(t)}\end{bmatrix}=\begin{bmatrix}\boldsymbol{y}_{(t)}\\{[0.5]}\,\hat{\boldsymbol{z}}_{1_{(t)}}+\bar{\boldsymbol{z}}_{(t)}\end{bmatrix} \tag{10.4.37}$$

系统的仿真结果如图 10.4.4 所示,可见$\hat{z}_{1_{(t)}}$ 与 $\boldsymbol{z}_{1_{(t)}}$ 相同(直接计算得到的可测量变量),$\hat{\boldsymbol{z}}_{2_{(t)}}$ 则很好地估计了实际情况 $\boldsymbol{z}_{2_{(t)}}$。

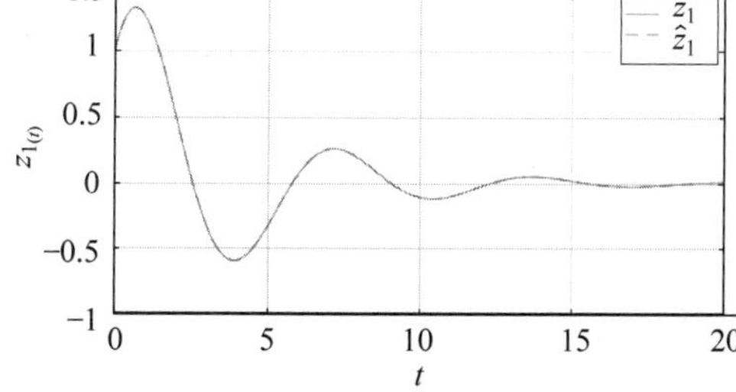

(a) $z_{1(t)}$与$\hat{z}_{1(t)}$的对比

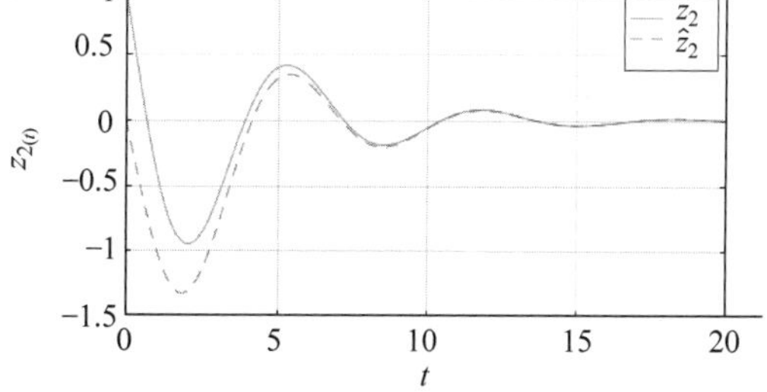

(b) $z_{2(t)}$与$\hat{z}_{2(t)}$的对比

图 10.4.4 使用降阶观测器估计值与实际值对比

请参考代码 10.7：10-7_Reduced_Order_Observer_Design.m。

10.4.4 观测器的滤波器性质

相较于全阶观测器，降阶观测器所构建的动态系统更简单且耦合性更低，在**例 10.4.2** 中，我们只需要考虑 $\bar{z}_{(t)}$ 的微分方程，因此容易更加快速地收敛。通过图 10.4.3(b)与图 10.4.2(b)可以发现，对比全阶观测器，使用降阶观测器时 $\hat{z}_{2_{(t)}}$ 的观测结果收敛速度更快。但是，降阶观测器也有其劣势，首先对比全阶观测器，降阶观测器的表达更加复杂。同时，观察式(10.4.37)，$\hat{z}_{1_{(t)}}$ 直接通过测量的输出 $\boldsymbol{y}_{(t)}$ 计算得到，这意味着测量误差将直接影响 $\hat{z}_{1_{(t)}}$，并传递给 $\hat{z}_{2_{(t)}}$。相反，观察式(10.4.15)，全阶观测器的设计是两个一阶微分方程，可以理解为通过观测器在系统的输出上连接了两个一阶低通滤波器，它们将平滑高频噪声。

为验证上述情况，针对 10.4.3 节的例子，假设测量系统输出的传感器存在高频噪声，即 $\boldsymbol{y}_{(t)}=\boldsymbol{z}_{1_{(t)}}+[0.1\sin(20\pi t)]$。在使用全阶观测器时，观测结果如图 10.4.5 所示。在两幅图中都看不到噪声的痕迹。而当使用降阶观测器时，估计值如图 10.4.6 所示。其中，$\hat{z}_{1_{(t)}}=\boldsymbol{y}_{(t)}$ 就是测量的结果，测量噪声被完整地继承下来。在估计 $z_{2_{(t)}}$ 时，使用了式(10.4.37)，即 $\hat{z}_{2_{(t)}}=[0.5]\hat{z}_{1_{(t)}}+\bar{z}_{(t)}$，其中，$[0.5]\hat{z}_{1_{(t)}}$ 继承了部分(此例中是一半)的测量噪声，而 $\bar{z}_{(t)}$ 是通过一阶观测器得到的结果，因此过滤掉了噪声，所以 $\hat{z}_{2_{(t)}}$ 的估计噪声比 $\hat{z}_{1_{(t)}}$ 小。

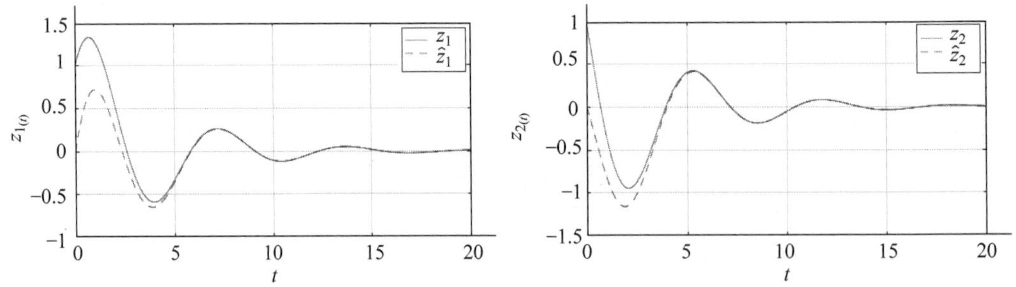

(a) $z_{1(t)}$与$\hat{z}_{1(t)}$的对比　　(b) $z_{2(t)}$与$\hat{z}_{2(t)}$的对比

图 10.4.5　使用全阶观测器估计值与实际值对比——包含测量噪声情况

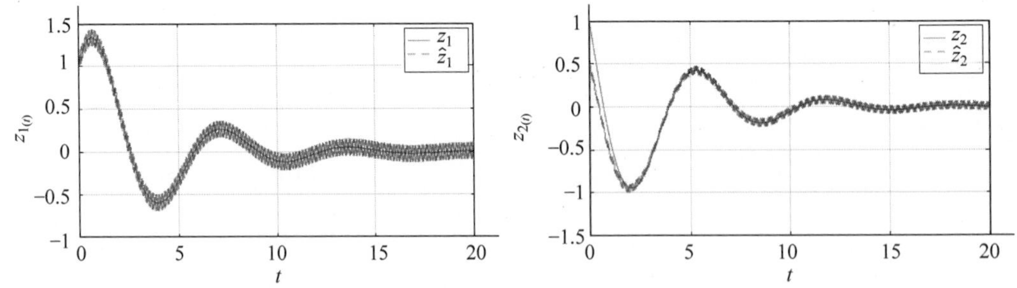

(a) $z_{1(t)}$与$\hat{z}_{1(t)}$的对比　　(b) $z_{2(t)}$与$\hat{z}_{2(t)}$的对比

图 10.4.6　使用降阶观测器估计值与实际值对比——包含测量噪声情况

正是由于这一性质，在一些情况下，观测器是直接当作滤波器来设计和使用的。也正因如此，在实际应用中，大部分情况使用的是全阶观测器，它可以省去滤波器的设计过程。

请参考代码 10.8：10-8_Observer_with_Noise.m。

10.5　观测器与控制器的结合

本节将讨论观测器与控制器的结合。回到本章开始的指尖上的平衡系统，此时增加一个限制条件，即连杆小球的角速度$\frac{\mathrm{d}\phi_{(t)}}{\mathrm{d}t}$不可测量。为不失一般性，本节将使用全阶观测器。

沿用式(10.3.1)，即

$$\frac{\mathrm{d}\boldsymbol{z}_{(t)}}{\mathrm{d}t}=\boldsymbol{A}\boldsymbol{z}_{(t)}+\boldsymbol{B}\boldsymbol{u}_{(t)},\quad \text{其中，}\quad \boldsymbol{A}=\begin{bmatrix}0 & 1\\ \frac{g}{d} & 0\end{bmatrix},\quad \boldsymbol{B}=\begin{bmatrix}0\\1\end{bmatrix} \tag{10.5.1a}$$

$$\boldsymbol{y}_{(t)}=\boldsymbol{C}\begin{bmatrix}z_{1_{(t)}}\\ z_{2_{(t)}}\end{bmatrix}+\boldsymbol{D}\boldsymbol{u}_{(t)},\quad \text{其中，}\quad \boldsymbol{C}=[1\quad 0],\quad \boldsymbol{D}=[0] \tag{10.5.1b}$$

我们的目标仍然是将连杆小球从初始位置控制到直立状态，即平衡点 $\boldsymbol{z}_{f_{(t)}}=[0\quad 0]^{\mathrm{T}}$，在10.3.1节中已经找到了这样的控制器，即 $\boldsymbol{u}_{(t)}=-\boldsymbol{K}\boldsymbol{z}_{(t)}$。但是，这里无法直接使用它，因为其中 $z_{2_{(t)}}=\frac{\mathrm{d}\phi_{(t)}}{\mathrm{d}t}$不可测量。要解决这一问题就需要用到观测器得到估计的状态变量$\hat{\boldsymbol{z}}_{(t)}$并使用它来计算系统的控制量 $\boldsymbol{u}_{(t)}=-\boldsymbol{K}\hat{\boldsymbol{z}}_{(t)}$。

10.5.1　分离原理

首先来考虑一般情况：

$$\frac{\mathrm{d}\boldsymbol{z}_{(t)}}{\mathrm{d}t}=\boldsymbol{A}\boldsymbol{z}_{(t)}+\boldsymbol{B}\boldsymbol{u}_{(t)} \tag{10.5.2a}$$

$$\boldsymbol{y}_{(t)}=\boldsymbol{C}\boldsymbol{z}_{(t)}+\boldsymbol{D}\boldsymbol{u}_{(t)} \tag{10.5.2b}$$

根据10.4.2节的介绍，系统的观测误差$\tilde{\boldsymbol{z}}_{(t)}=\boldsymbol{z}_{(t)}-\hat{\boldsymbol{z}}_{(t)}$的动态方程为

$$\frac{\mathrm{d}\tilde{\boldsymbol{z}}_{(t)}}{\mathrm{d}t}=(\boldsymbol{A}-\boldsymbol{L}\boldsymbol{C})\tilde{\boldsymbol{z}}_{(t)} \tag{10.5.3}$$

此时，根据控制器设计，令系统输入：

$$\boldsymbol{u}_{(t)}=-\boldsymbol{K}\hat{\boldsymbol{z}}_{(t)} \tag{10.5.4}$$

式(10.5.4)使用估计值$\hat{\boldsymbol{z}}_{(t)}$计算控制器。将式(10.5.4)代入式(10.5.2a)，得到

$$\frac{\mathrm{d}\boldsymbol{z}_{(t)}}{\mathrm{d}t}=\boldsymbol{A}\boldsymbol{z}_{(t)}-\boldsymbol{B}\boldsymbol{K}\hat{\boldsymbol{z}}_{(t)}=\boldsymbol{A}\boldsymbol{z}_{(t)}-\boldsymbol{B}\boldsymbol{K}(\boldsymbol{z}_{(t)}-\tilde{\boldsymbol{z}}_{(t)})=(\boldsymbol{A}-\boldsymbol{B}\boldsymbol{K})\boldsymbol{z}_{(t)}+\boldsymbol{B}\boldsymbol{K}\tilde{\boldsymbol{z}}_{(t)} \tag{10.5.5}$$

将式(10.5.3)和式(10.5.5)合并，得到增广状态空间方程：

$$\frac{\mathrm{d}}{\mathrm{d}t}\begin{bmatrix}\tilde{\boldsymbol{z}}_{(t)}\\ \boldsymbol{z}_{(t)}\end{bmatrix}=\begin{bmatrix}(\boldsymbol{A}-\boldsymbol{L}\boldsymbol{C}) & \boldsymbol{0}\\ \boldsymbol{B}\boldsymbol{K} & (\boldsymbol{A}-\boldsymbol{B}\boldsymbol{K})\end{bmatrix}\begin{bmatrix}\tilde{\boldsymbol{z}}_{(t)}\\ \boldsymbol{z}_{(t)}\end{bmatrix} \tag{10.5.6}$$

可以发现，当矩阵$\begin{bmatrix}(\boldsymbol{A}-\boldsymbol{L}\boldsymbol{C}) & \boldsymbol{0}\\ \boldsymbol{B}\boldsymbol{K} & (\boldsymbol{A}-\boldsymbol{B}\boldsymbol{K})\end{bmatrix}$的特征值的实部部分都为负数的时候，系统是稳定的，$\begin{bmatrix}\tilde{\boldsymbol{z}}_{(t)}\\ \boldsymbol{z}_{(t)}\end{bmatrix}$会趋向于平衡点$\begin{bmatrix}\boldsymbol{0}\\ \boldsymbol{0}\end{bmatrix}$，这其中$\tilde{\boldsymbol{z}}_{(t)}\to\boldsymbol{0}$说明观测值接近于实际值，$\boldsymbol{z}_{(t)}\to\boldsymbol{0}$说明系

统趋向于平衡点。矩阵 $\begin{bmatrix}(\boldsymbol{A}-\boldsymbol{LC}) & \boldsymbol{0} \\ \boldsymbol{BK} & (\boldsymbol{A}-\boldsymbol{BK})\end{bmatrix}$ 是三角矩阵，因此其特征值就是对角线上两个矩阵($\boldsymbol{A}-\boldsymbol{LC}$)和($\boldsymbol{A}-\boldsymbol{BK}$)的特征值。这被称为**分离原理**(Separation Principle)，是线性控制理论中的重要概念。它将控制器与观测器分开，在设计过程中可以分别设计 $\boldsymbol{L}$ 和 $\boldsymbol{K}$，并将估计值 $\hat{\boldsymbol{z}}_{(t)}$ 用在 $\boldsymbol{u}_{(t)}=-\boldsymbol{K}\hat{\boldsymbol{z}}_{(t)}$ 中。增广矩阵的特征值是观测矩阵与控制矩阵特征值的组合。观测器与控制器的结合设计框图如图 10.5.1 所示，它是图 10.3.2 和图 10.4.1 的综合。

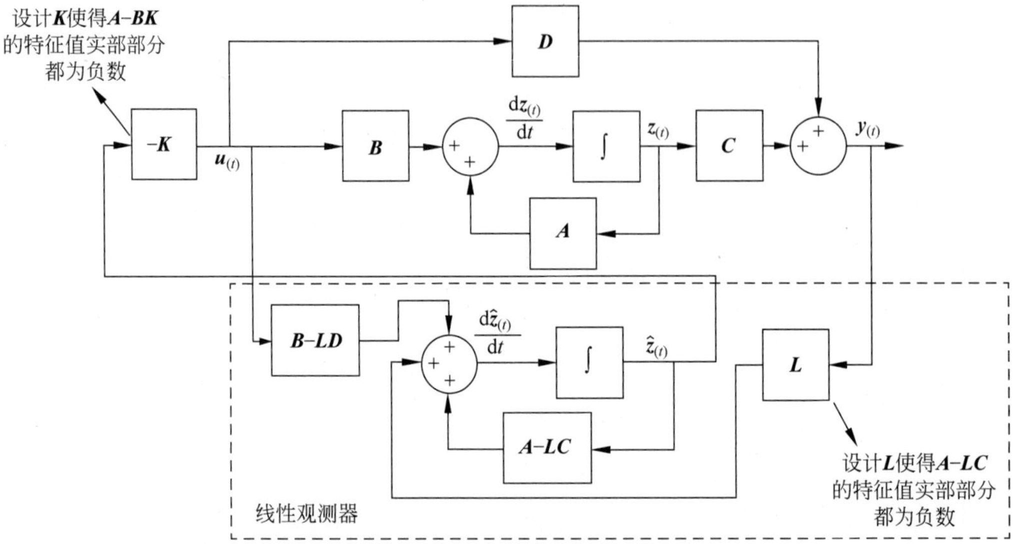

图 10.5.1 线性观测器与控制器结合设计框图

10.5.2 指尖平衡案例

对于指尖平衡的案例，需要设计控制矩阵 $\boldsymbol{K}$ 与观测矩阵 $\boldsymbol{L}$，其中 $\boldsymbol{K}$ 的设计在 10.3 节中已经得到 $\boldsymbol{K}=\begin{bmatrix}1+\frac{g}{d} & 2\end{bmatrix}$，此时控制系统反馈矩阵($\boldsymbol{A}-\boldsymbol{BK}$)的特征值为 λ_1 和 λ_2 均为 −1(<0)。设计系统的观测器之前需要首先判断该系统的能观测性，使用式(10.4.2)：

$$\boldsymbol{O}=\begin{bmatrix}\boldsymbol{C} \\ \boldsymbol{CA}\end{bmatrix}=\begin{bmatrix}\begin{bmatrix}1 & 0\end{bmatrix} \\ \begin{bmatrix}1 & 0\end{bmatrix}\begin{bmatrix}0 & 1 \\ \frac{g}{d} & 0\end{bmatrix}\end{bmatrix}=\begin{bmatrix}1 & 0 \\ 0 & 1\end{bmatrix} \tag{10.5.7}$$

此时 $\mathrm{Rank}(\boldsymbol{O})=2$，因此系统能观测。设计观测器，需要求($\boldsymbol{A}-\boldsymbol{LC}$)的特征值，可令

$$|\boldsymbol{A}-\boldsymbol{LC}-\lambda\boldsymbol{I}|=0 \tag{10.5.8}$$

将 $\boldsymbol{A}$、$\boldsymbol{L}$、$\boldsymbol{C}$ 代入可得

$$\begin{vmatrix}-l_1-\lambda & 1 \\ \frac{g}{d}-l_2 & -\lambda\end{vmatrix}=0 \tag{10.5.9}$$

即

$$(-\lambda)(-l_1-\lambda)-\left(\frac{g}{d}-l_2\right)\times(1)=0$$

$$\Rightarrow\lambda^2+l_1\lambda-\left(\frac{g}{d}-l_2\right)=0 \tag{10.5.10}$$

在设计观测矩阵 $\boldsymbol{L}$ 时，目标是令$(\boldsymbol{A}-\boldsymbol{LC})$的特征值都在复平面的左半部分。同时需要注意的是，观测器的收敛速度应快于控制器度（一般要求快 2～5 倍），这将保证控制器在运行时使用相对准确的观测值。在本例中，控制器的特征值为－1，因此可以选择其两倍，即－2 作为观测器的特征值，得到

$$\lambda^2+l_1\lambda-\left(\frac{g}{d}-l_2\right)=(\lambda+2)^2=\lambda^2+4\lambda+4 \tag{10.5.11}$$

可得

$$\begin{cases}l_1=4\\-\left(\frac{g}{d}-l_2\right)=4\end{cases}\Rightarrow\begin{cases}l_1=4\\l_2=4+\frac{g}{d}\end{cases} \tag{10.5.12}$$

此时，将控制器与观测器代入式(10.5.6)，可得增广状态空间方程：

$$\frac{\mathrm{d}}{\mathrm{d}t}\begin{bmatrix}\tilde{\boldsymbol{z}}_{(t)}\\\boldsymbol{z}_{(t)}\end{bmatrix}=\begin{bmatrix}(\boldsymbol{A}-\boldsymbol{LC}) & \boldsymbol{0}\\\boldsymbol{BK} & (\boldsymbol{A}-\boldsymbol{BK})\end{bmatrix}\begin{bmatrix}\tilde{\boldsymbol{z}}_{(t)}\\\boldsymbol{z}_{(t)}\end{bmatrix}=\begin{bmatrix}-4 & 1 & 0 & 0\\-4 & 0 & 0 & 0\\0 & 0 & 0 & 1\\1+\frac{g}{d} & 2 & -1 & -2\end{bmatrix}\begin{bmatrix}\tilde{\boldsymbol{z}}_{(t)}\\\boldsymbol{z}_{(t)}\end{bmatrix} \tag{10.5.13}$$

仿真结果如图 10.5.2(a)所示，其中初始估计值设为$\hat{\boldsymbol{z}}_{(0)}=\begin{bmatrix}z_{1_{(0)}}\\z_{2_{(0)}}\end{bmatrix}=\begin{bmatrix}0\\0\end{bmatrix}$。从结果可以看到，观测值很好地追踪了真实值，并将估计值传递到控制器中，控制器也成功地完成了稳定连杆小球的任务。作为对比，图 10.5.2(b)显示了当所有状态变量可测时（即直接使用 $\boldsymbol{u}_{(t)}=-\boldsymbol{Kz}_{(t)}$）的结果。可以看到，使用观测器与控制器结合时，由于最初的估计值不准确，系统会产生振荡，但随着估计值靠近真实值，控制系统很好地完成了将状态变量调节到平衡点的任务。

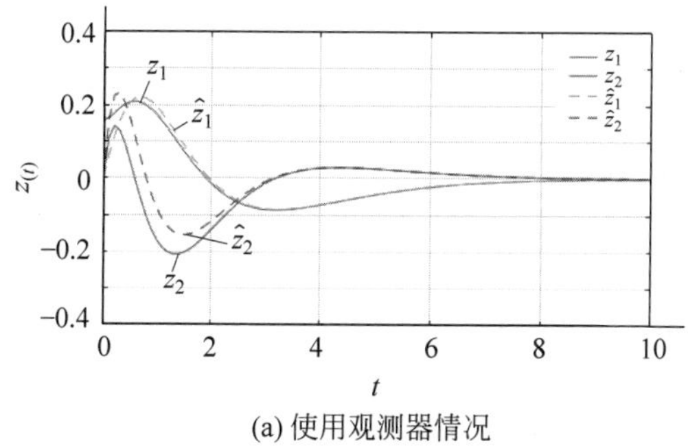

(a) 使用观测器情况

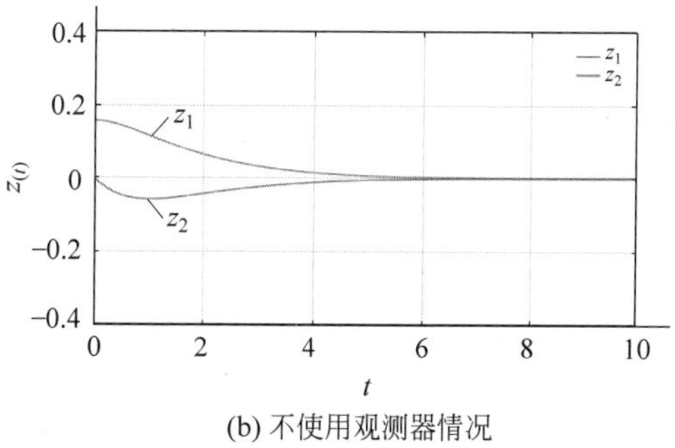

(b) 不使用观测器情况

图 10.5.2 观测器与控制器结合仿真结果

请参考代码 10.9：10-9_Controller_Observer_Combination.m。

10.6 本章要点总结

- **系统的能控性**。
  - 系统能控的充分必要条件：能控矩阵 $\boldsymbol{C}_{\mathrm{o}}=[\boldsymbol{B}\quad \boldsymbol{AB}\quad \boldsymbol{A}^2\boldsymbol{B}\quad \cdots\quad \boldsymbol{A}^{n-1}\boldsymbol{B}]$的秩为 n。
  - 系统能控不代表可以改变其平衡点或者令其状态变量按照一定轨迹移动。
- **线性状态反馈控制器**。
  - 线性反馈控制器的设计思路为极点配置。
  - $\boldsymbol{u}_{(t)}=-\boldsymbol{K}\boldsymbol{z}_{(t)}$，设计 $\boldsymbol{K}$ 使得闭环状态矩阵$(\boldsymbol{A}-\boldsymbol{BK})$的特征值实部都为负数。
  - 可以通过调整权重矩阵实现最优化控制。
  - $\boldsymbol{u}_{(t)}=\boldsymbol{F}\boldsymbol{z}_{\mathrm{d}}+\boldsymbol{K}_{\mathrm{e}}\boldsymbol{e}_{(t)}$可以改变系统的平衡点。
- **观测器设计**。
  - 设计思路：设计 $\boldsymbol{L}$ 使得$(\boldsymbol{A}-\boldsymbol{LC})$的特征值实部都为负数。
  - 全阶观测器为低通滤波器，具有滤除噪声的性质。降阶观测器收敛快，但形式复杂，并且会继承测量噪声。
  - 当控制器与观测器结合的时候，观测器的收敛速度要快于控制器。

非线性系统的线性化

本书中所研究的动态系统都是线性时不变系统，但在实际生活中，很多系统都是非线性的。若要使用线性系统的理论处理非线性系统，则需要将非线性系统线性化。这要用到泰勒级数展开，即一个无穷可微的函数可以展开为

$$f_{(x)}=f_{(x_0)}+\frac{\left.\frac{\mathrm{d}f_{(x)}}{\mathrm{d}x}\right|_{x=x_0}}{1!}(x-x_0)+\frac{\left.\frac{\mathrm{d}^2f_{(x)}}{\mathrm{d}x^2}\right|_{x=x_0}}{2!}(x-x_0)^2+\cdots+\frac{\left.\frac{\mathrm{d}^nf_{(x)}}{\mathrm{d}x^n}\right|_{x=x_0}}{n!}(x-x_0)^n+\cdots \tag{A.1}$$

当 x 在 x_0 附近时，$(x-x_0)$ 很小，所以高阶项的 $(x-x_0)^n\to0(n\geqslant2$ 时)。此时式(A.1)变为

$$\begin{aligned}f_{(x)}&=f_{(x_0)}+\left.\frac{\mathrm{d}f_{(x)}}{\mathrm{d}x}\right|_{x=x_0}(x-x_0)\\&=\left.\frac{\mathrm{d}f_{(x)}}{\mathrm{d}x}\right|_{x=x_0}x+f_{(x_0)}-\left.\frac{\mathrm{d}f_{(x)}}{\mathrm{d}x}\right|_{x=x_0}x_0\end{aligned} \tag{A.2}$$

式(A.2)是一个线性(直线)方程，其斜率为 $\left.\frac{\mathrm{d}f_{(x)}}{\mathrm{d}x}\right|_{x=x_0}$，截距为 $f_{(x_0)}-\left.\frac{\mathrm{d}f_{(x)}}{\mathrm{d}x}\right|_{x=x_0}x_0$。式(A.2)说明使用泰勒级数展开的线性化运算省略了高阶项，这意味着 x 偏离 x_0 越大，线性化估计的误差就越大。例如，非线性函数 $f_{(x)}=\sin x$ 在 $x_0=0$ 附近线性化可得

$$f_{(x)}=f_{(0)}+\left.\frac{\mathrm{d}f_{(x)}}{\mathrm{d}x}\right|_{x=0}(x-0)=\sin0+(\cos0)x=x \tag{A.3}$$

图 A.1 是 $f_{(x)}=\sin x$ 与 $f_{(x)}=x$ 的示意图，通过对比可以发现，在 x 接近 0 点的时候这两条曲线非常相似。而一旦远离 0 点，就会产生较大的偏差。例如，当 $x=\frac{\pi}{6}$ 时，$f_{(x)}=\sin\frac{\pi}{6}=0.5$；其线性化的结果是 $f_{(x)}=x=\frac{\pi}{6}$，与实际结果之间的误差为 $\frac{\frac{\pi}{6}-0.5}{0.5}\times100\%=4\%$。而当 $x=\frac{\pi}{4}$ 时，线性化后的估计结果与实际结果之间的误差为 $\frac{\frac{\pi}{4}-\sin\frac{\pi}{4}}{\sin\frac{\pi}{4}}\times100\%=11\%$。

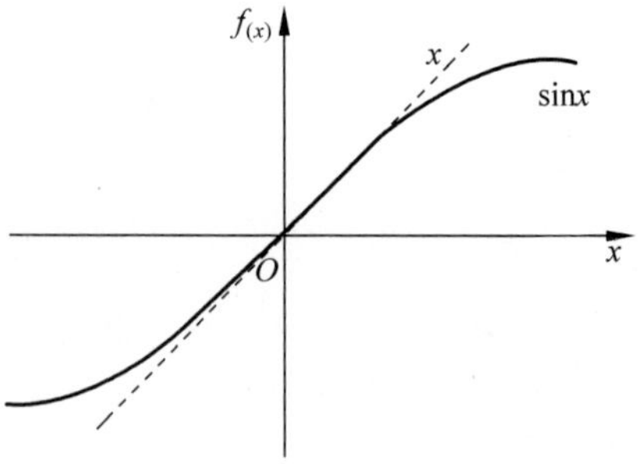

图 A.1 $f_{(x)}=\sin x$ 与 $f_{(x)}=x$ 在 0 点附近的对比图

对于非线性的动态系统，一般要求在平衡点附近对其进行线性化，考虑一个非线性系统的微分方程：

$$\frac{\mathrm{d}^2 x_{(t)}}{\mathrm{d}t^2}+\frac{\mathrm{d}x_{(t)}}{\mathrm{d}t}+\frac{1}{x_{(t)}}=1 \tag{A.4}$$

首先求其平衡点，令$\frac{\mathrm{d}^2 x_{(t)}}{\mathrm{d}t^2}=\frac{\mathrm{d}x_{(t)}}{\mathrm{d}t}=0$，得到 $x_{\mathrm{f}}=1$，在平衡点附近时 $x_{(t)}$ 可以表达为 $x_{(t)}=x_{\mathrm{f}}+x_{\delta_{(t)}}$。将非线性项 $f(x_{(t)})=\frac{1}{x_{(t)}}$用泰勒级数在 x_{f} 附近展开可得

$$\frac{1}{x_{(t)}}=\frac{1}{x_{\mathrm{f}}}+\left.\frac{\mathrm{d}f(x_{(t)})}{\mathrm{d}x_{(t)}}\right|_{x=x_{\mathrm{f}}}(x_{(t)}-x_{\mathrm{f}})=\frac{1}{x_{\mathrm{f}}}-\frac{1}{x_{\mathrm{f}}^2}x_{\delta_{(t)}} \tag{A.5}$$

代入 $x_{\mathrm{f}}=1$，得到

$$\frac{1}{x_{(t)}}=1-x_{\delta_{(t)}} \tag{A.6}$$

将 $x_{(t)}-x_{\mathrm{f}}=x_{\delta_{(t)}}$ 与式(A.6)代入式(A.4)，得到

$$\frac{\mathrm{d}^2(x_{\mathrm{f}}+x_{\delta_{(t)}})}{\mathrm{d}t^2}+\frac{\mathrm{d}(x_{\mathrm{f}}+x_{\delta_{(t)}})}{\mathrm{d}t}+1-x_{\delta_{(t)}}=1$$

$$\Rightarrow \frac{\mathrm{d}^2 x_{\delta_{(t)}}}{\mathrm{d}t^2}+\frac{\mathrm{d}x_{\delta_{(t)}}}{\mathrm{d}t}-x_{\delta_{(t)}}=0 \tag{A.7}$$

式(A.7)即为非线性系统在平衡点 $x_{\mathrm{f}}=1$ 附近的线性化方程。

考虑使用状态空间方程表达的非线性动态系统，定义为

$$\frac{\mathrm{d}\boldsymbol{z}_{(t)}}{\mathrm{d}t}=\boldsymbol{f}(\boldsymbol{z}_{(t)}) \tag{A.8}$$

其中，$\boldsymbol{f}_{()}$ 是非线性运算，$\boldsymbol{z}_{(t)}=[z_{1_{(t)}},z_{2_{(t)}},\cdots,z_{n_{(t)}}]^{\mathrm{T}}$ 是状态变量。其平衡点为 $\boldsymbol{z}_{\mathrm{f}}$，在平衡点附近的线性化为

$$\frac{\mathrm{d}\boldsymbol{z}_{\delta_{(t)}}}{\mathrm{d}t}=\left.\begin{bmatrix}\frac{\partial f_1}{\partial z_{1_{(t)}}} & \cdots & \frac{\partial f_1}{\partial z_{n_{(t)}}}\\ \vdots & \ddots & \vdots\\ \frac{\partial f_n}{\partial z_{1_{(t)}}} & \cdots & \frac{\partial f_n}{\partial z_{n_{(t)}}}\end{bmatrix}\right|_{\boldsymbol{z}=\boldsymbol{z}_{\mathrm{f}}}\boldsymbol{z}_{\delta_{(t)}} \tag{A.9}$$

其中，$\begin{bmatrix} \dfrac{\partial f_1}{\partial z_{1_{(t)}}} & \cdots & \dfrac{\partial f_1}{\partial z_{n_{(t)}}} \\ \vdots & \ddots & \vdots \\ \dfrac{\partial f_n}{\partial z_{1_{(t)}}} & \cdots & \dfrac{\partial f_n}{\partial z_{n_{(t)}}} \end{bmatrix}$为 $n\times n$ 矩阵，称为**雅可比矩阵**(Jacobi Matrix)。

以式(A.4)为例，将它写成状态空间方程，令 $z_{1_{(t)}}=x_{(t)}$，$z_{2_{(t)}}=\dfrac{\mathrm{d}x_{(t)}}{\mathrm{d}t}$，得到

$$\frac{\mathrm{d}z_{1_{(t)}}}{\mathrm{d}t}=z_{2_{(t)}}=f_1(\boldsymbol{z}_{(t)}) \tag{A.10a}$$

$$\frac{\mathrm{d}z_{2_{(t)}}}{\mathrm{d}t}=1-\frac{1}{z_{1_{(t)}}}-z_{2_{(t)}}=f_2(\boldsymbol{z}_{(t)}) \tag{A.10b}$$

求它的平衡点，令$\dfrac{\mathrm{d}z_{1_{(t)}}}{\mathrm{d}t}=\dfrac{\mathrm{d}z_{2_{(t)}}}{\mathrm{d}t}=0$，得到

$$\begin{cases} 0=z_{2_{(t)}} \\ 0=1-\dfrac{1}{z_{1_{(t)}}}-z_{2_{(t)}} \end{cases}$$

$$\Rightarrow\begin{cases} z_{1\mathrm{f}}=1 \\ z_{2\mathrm{f}}=0 \end{cases} \tag{A.11}$$

使用式(A.9)，其雅可比矩阵为

$$\left.\begin{bmatrix} \dfrac{\partial f_1}{\partial z_{1_{(t)}}} & \dfrac{\partial f_1}{\partial z_{2_{(t)}}} \\ \dfrac{\partial f_2}{\partial z_{1_{(t)}}} & \dfrac{\partial f_2}{\partial z_{2_{(t)}}} \end{bmatrix}\right|_{z=z_\mathrm{f}}=\left.\begin{bmatrix} \dfrac{\partial(z_{2_{(t)}})}{\partial z_{1_{(t)}}} & \dfrac{\partial(z_{2_{(t)}})}{\partial z_{2_{(t)}}} \\ \dfrac{\partial\left(1-\dfrac{1}{z_{1_{(t)}}}-z_{2_{(t)}}\right)}{\partial z_{1_{(t)}}} & \dfrac{\partial\left(1-\dfrac{1}{z_{1_{(t)}}}-z_{2_{(t)}}\right)}{\partial z_{2_{(t)}}} \end{bmatrix}\right|_{z=z_\mathrm{f}}$$

$$=\left.\begin{bmatrix} 0 & 1 \\ \dfrac{1}{z_{1_{(t)}}^2} & -1 \end{bmatrix}\right|_{z=z_\mathrm{f}}=\begin{bmatrix} 0 & 1 \\ 1 & -1 \end{bmatrix} \tag{A.12}$$

因此，它的线性化后的结果为

$$\frac{\mathrm{d}\boldsymbol{z}_{\delta_{(t)}}}{\mathrm{d}t}=\begin{bmatrix} 0 & 1 \\ 1 & -1 \end{bmatrix}\boldsymbol{z}_{\delta_{(t)}} \tag{A.13}$$

展开为

$$\frac{\mathrm{d}z_{\delta 1_{(t)}}}{\mathrm{d}t}=z_{\delta 2_{(t)}} \tag{A.14a}$$

$$\frac{\mathrm{d}z_{\delta 2_{(t)}}}{\mathrm{d}t}=z_{\delta 1_{(t)}}-z_{\delta 2_{(t)}} \tag{A.14b}$$

其结果与式(A.7)所表达的结果一致。

附录B APPENDIX B

傅里叶级数与变换

傅里叶级数与变换是重要的数学工具，在信号处理、图像处理、控制工程中都得到了广泛的应用。网络上有大量关于傅里叶级数与变换的视频与文字教程，在我的视频课程中，这部分内容的观看量也一直是比较高的。本附录将详细推导傅里叶级数与傅里叶变换。

B.1 三角函数的正交性

首先讨论三角函数的正交性，在几何概念中正交即垂直。如图 B.1.1 所示的向量 $\boldsymbol{a}$ 和 $\boldsymbol{b}$ 互相垂直，若使用解析法来表达，它们的内积(点积)为 0，即

$$\boldsymbol{a}\cdot\boldsymbol{b}=|\boldsymbol{a}||\boldsymbol{b}|\cos\varphi=0 \tag{B.1.1}$$

图 B.1.1(a)中的两个垂直二维列向量为 $\boldsymbol{a}=[2,1]^{\mathrm{T}}$，$\boldsymbol{b}=[-1,2]^{\mathrm{T}}$，可得

$$\boldsymbol{a}\cdot\boldsymbol{b}=\begin{bmatrix}2 & 1\end{bmatrix}\begin{bmatrix}-1\\ 2\end{bmatrix}=2\times(-1)+1\times2=0 \tag{B.1.2}$$

图 B.1.1(b)中的两个垂直三维向量为 $\boldsymbol{a}=[1,2,3]^{\mathrm{T}}$，$\boldsymbol{b}=[1,-2,1]^{\mathrm{T}}$，可得

$$\boldsymbol{a}\cdot\boldsymbol{b}=\begin{bmatrix}1 & 2 & 3\end{bmatrix}\begin{bmatrix}1\\ -2\\ 1\end{bmatrix}=1\times1+2\times(-2)+3\times1=0 \tag{B.1.3}$$

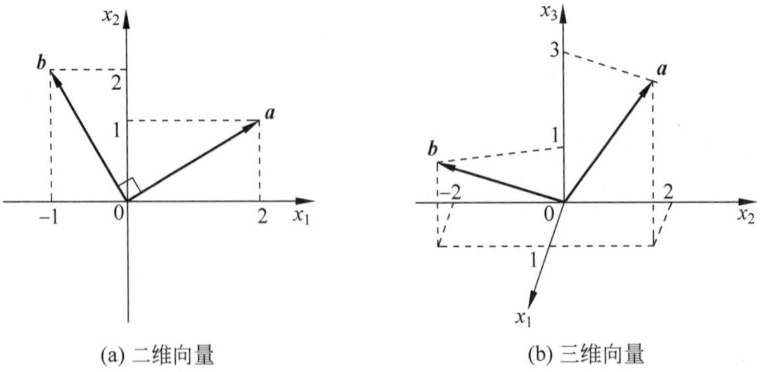

图 B.1.1 向量正交性举例

将上述概念推广到更高的维度，即

$$\boldsymbol{a}=[a_1,a_2,a_3,\cdots,a_n]^{\mathrm{T}} \tag{B.1.4a}$$

$$\boldsymbol{b}=[b_1,b_2,b_3,\cdots,b_n]^{\mathrm{T}} \tag{B.1.4b}$$

那么，$\boldsymbol{a}$ 与 $\boldsymbol{b}$ 正交意味着

$$\boldsymbol{a}\cdot\boldsymbol{b}=\sum_{i=1}^{n}a_ib_i=0 \tag{B.1.5}$$

进一步将正交的概念推广到连续函数上，在某一区间 $x\in[a,b]$，如果函数 $f_{(x)}$ 和 $g_{(x)}$ 正交，则

$$\int_a^b f_{(x)}g_{(x)}\mathrm{d}x=0 \tag{B.1.6}$$

式(B.1.6)即为函数正交的定义。下面讨论三角函数系：

$$\{1,\sin x,\cos x,\sin(2x),\cos(2x),\sin(3x),\cos(3x),\cdots,\sin(nx),\cos(nx),\cdots\} \tag{B.1.7}$$

式(B.1.7)中的"1"可以理解为 $\cos(0x)$。因为 $\sin(0x)=0$，所以没有写在其中。三角函数的正交性是指，在式(B.1.7)中任何两个不同函数的乘积在区间 $x\in[-\pi,\pi]$内正交，例如：

$$\int_{-\pi}^{\pi}\sin(nx)\cos(nx)\mathrm{d}x=0 \tag{B.1.8a}$$

$$\int_{-\pi}^{\pi}\cos(nx)\cos(mx)\mathrm{d}x=0 \quad n\neq m \tag{B.1.8b}$$

$$\int_{-\pi}^{\pi}\sin(mx)\mathrm{d}x=\int_{-\pi}^{\pi}1\times\sin(mx)\mathrm{d}x=0 \tag{B.1.8c}$$

读者可以利用三角函数积化和差的方式进行验证。注意式(B.1.8b)，只有当 $n\neq m$ 时，$\cos(nx)$和 $\cos(mx)$才是三角函数系中两个不同的函数，才在区间 $x\in[-\pi,\pi]$内正交。否则，当 $n=m$ 时，

$$\begin{aligned}\int_{-\pi}^{\pi}\cos(nx)\cos(nx)\mathrm{d}x&=\int_{-\pi}^{\pi}\frac{1}{2}[1+\cos(2nx)]\mathrm{d}x\\&=\frac{1}{2}\left[\int_{-\pi}^{\pi}1\mathrm{d}x+\int_{-\pi}^{\pi}\cos(2nx)\mathrm{d}x\right]=\frac{1}{2}\int_{-\pi}^{\pi}1\mathrm{d}x\\&=\frac{1}{2}x\Big|_{-\pi}^{\pi}=\pi\end{aligned} \tag{B.1.9}$$

B.2 周期为2π的函数展开成傅里叶级数

B.1节介绍了三角函数的正交性，本节将利用这一性质推导周期为2π的函数展开为傅里叶级数。式(B.2.1)描述了周期 $T=2\pi$ 的函数表达式：

$$f_{T_{(x)}}=f_{T_{(x+2\pi)}} \tag{B.2.1}$$

$f_{T_{(x)}}$ 可以用三角级数表达为

$$f_{T_{(x)}}=\frac{a_0}{2}+\sum_{n=1}^{\infty}[a_n\cos(nx)+b_n\sin(nx)] \tag{B.2.2}$$

式(B.2.2)是在大部分教科书中出现的傅里叶级数展开表达式，但是它很不容易理解，尤其是$\frac{a_0}{2}$项在式子中显得很不和谐。这也是影响很多读者理解傅里叶级数的主要障碍。

从直观上看,观察图 B.2.1。当从三角函数系中选择几个元素,让它们分别乘以一个系数后再叠加在一起,就会形成一个以 2π 为周期的函数。

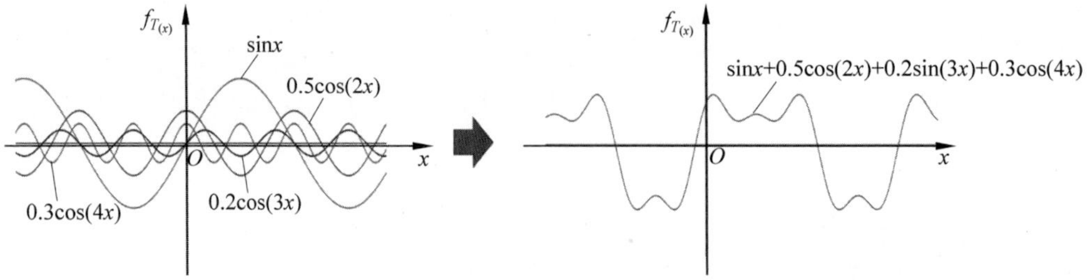

图 B.2.1 不同周期与振幅的三角函数叠加形成新的周期函数

这一现象可以拓展为:将式(B.1.7)三角函数系中的所有元素乘以特定的系数后叠加,就可以构成任意周期为 2π 的函数 $f_{T(x)}$。用数学语言表达为

$$f_{T(x)}=\sum_{n=0}^{\infty}a_n^*\cos(nx)+\sum_{n=0}^{\infty}b_n\sin(nx) \tag{B.2.3}$$

其中,a_n^* 和 b_n 是常数,代表不同频率(周期)的振幅。下面来求解 a_n^* 和 b_n 的表达式。

将式(B.2.3)中 $n=0$ 的项单独列出来,得到

$$\begin{aligned}f_{T(x)}&=a_0^*\cos0+b_0\sin0+\sum_{n=1}^{\infty}[a_0^*\cos(nx)+b_n\sin(nx)]\\&=a_0^*+\sum_{n=1}^{\infty}[a_n^*\cos(nx)+b_n\sin(nx)]\end{aligned} \tag{B.2.4}$$

> 此时比较式(B.2.4)和式(B.2.2),会发现只有第一项 a_0^* 不太一样。这将在后面的推导中解释。

首先求 a_0^*,对式(B.2.4)等号两边从 $-\pi$ 到 π 做定积分,得到

$$\begin{aligned}\int_{-\pi}^{\pi}f_{T(x)}\mathrm{d}x&=\int_{-\pi}^{\pi}a_0^*\mathrm{d}x+\int_{-\pi}^{\pi}\sum_{n=1}^{\infty}[a_n^*\cos(nx)+b_n\sin(nx)]\mathrm{d}x\\&=\int_{-\pi}^{\pi}a_0^*\mathrm{d}x+\sum_{n=1}^{\infty}a_n^*\int_{-\pi}^{\pi}\cos(nx)\mathrm{d}x+\sum_{n=1}^{\infty}b_n\int_{-\pi}^{\pi}\sin(nx)\mathrm{d}x\end{aligned} \tag{B.2.5}$$

根据三角函数的正交性,等号右边的 $\sum_{n=1}^{\infty}a_n^*\int_{-\pi}^{\pi}\cos(nx)\mathrm{d}x+\sum_{n=1}^{\infty}b_n\int_{-\pi}^{\pi}\sin(nx)\mathrm{d}x=0$。可得

$$\int_{-\pi}^{\pi}f_{T(x)}\mathrm{d}x=\int_{-\pi}^{\pi}a_0^*\mathrm{d}x\Rightarrow\int_{-\pi}^{\pi}f_{T(x)}\mathrm{d}x=2\pi a_0^*$$

$$\Rightarrow a_0^*=\frac{1}{2\pi}\int_{-\pi}^{\pi}f_{T(x)}\mathrm{d}x \tag{B.2.6}$$

下面求 a_n^*,令式(B.2.4)等号两边乘以 $\cos(mx)$ 后再从 $-\pi$ 到 π 做定积分,得到

$$\begin{aligned}\int_{-\pi}^{\pi}f_{T(x)}\cos(mx)\mathrm{d}x=&\int_{-\pi}^{\pi}a_0^*\cos(mx)\mathrm{d}x+\\&\int_{-\pi}^{\pi}\sum_{n=1}^{\infty}[a_n^*\cos(nx)\cos(mx)+b_n\sin(nx)\cos(mx)]\mathrm{d}x\end{aligned}$$

$$=\int_{-\pi}^{\pi} a_0^* \cos(mx)\mathrm{d}x + \sum_{n=1}^{\infty} a_n^* \int_{-\pi}^{\pi} \cos(nx)\cos(mx)\mathrm{d}x + \sum_{n=1}^{\infty} b_n \int_{-\pi}^{\pi} \sin(nx)\cos(mx)\mathrm{d}x \tag{B.2.7}$$

注意式(B.2.7)等号右边，根据三角函数的正交性，$\int_{-\pi}^{\pi} a_0^* \cos(mx)\mathrm{d}x = 0$ 且 $\sum_{n=1}^{\infty} b_n \int_{-\pi}^{\pi} \sin(nx)\cos(mx)\mathrm{d}x = 0$，而在 $\sum_{n=1}^{\infty} a_n^* \int_{-\pi}^{\pi} \cos(nx)\cos(mx)\mathrm{d}x$ 中，所有的加和项里只有当 $m=n$ 时才不为 0。此时式(B.2.7)可以写成

$$\int_{-\pi}^{\pi} f_{T_{(x)}} \cos(nx)\mathrm{d}x = a_n^* \int_{-\pi}^{\pi} \cos(nx)\cos(nx)\mathrm{d}x = a_n^* \pi \tag{B.2.8a}$$

其中，$\int_{-\pi}^{\pi} \cos(nx)\cos(nx)\mathrm{d}x = \pi$(参考式(B.1.9))。得到

$$a_n^* = \frac{1}{\pi}\int_{-\pi}^{\pi} f_{T_{(x)}} \cos(nx)\mathrm{d}x,\quad n=1,2,3,\cdots \tag{B.2.8b}$$

请注意，在式(B.2.8b)中，当 $n=0$ 时，$a_{n=0}^* = \frac{1}{\pi}\int_{-\pi}^{\pi} f_{T_{(x)}} \cos(nx)\mathrm{d}x$。它与式(B.2.6)所得出的结果并不相同。因此，为了避免不一致带来的疑惑，定义

$$\begin{cases} a_0 = 2a_0^* = \dfrac{1}{\pi}\displaystyle\int_{-\pi}^{\pi} f_{T_{(x)}} \mathrm{d}x \\ a_n = a_n^* = \dfrac{1}{\pi}\displaystyle\int_{-\pi}^{\pi} f_{T_{(x)}} \cos(nx)\mathrm{d}x,\quad n=1,2,3,\cdots \end{cases} \tag{B.2.9}$$

将式(B.2.9)代入式(B.2.4)，可得

$$f_{T_{(x)}} = \frac{a_0}{2} + \sum_{n=1}^{\infty}(a_n\cos(nx) + b_n\sin(nx)) \tag{B.2.10}$$

以上表达和式(B.2.2)一致。

对于 b_n，令式(B.2.4)等号两边乘以 $\sin(mx)$ 后再从 $-\pi$ 到 π 做定积分，可得

$$b_n = \frac{1}{\pi}\int_{-\pi}^{\pi} f_{T_{(x)}} \sin(nx)\mathrm{d}x,\quad n=1,2,3,\cdots \tag{B.2.11}$$

将式(B.2.9)、式(B.2.10)和式(B.2.11)整理在一起，可以得到周期为 2π 的函数展开为傅里叶级数的表达形式，即

$$f_{T_{(x)}} = \frac{a_0}{2} + \sum_{n=1}^{\infty}(a_n\cos(nx) + b_n\sin(nx)) \tag{B.2.12a}$$

其中，

$$\begin{cases} a_n = \dfrac{1}{\pi}\displaystyle\int_{-\pi}^{\pi} f_{T_{(x)}} \cos(nx)\mathrm{d}x & n=0,1,2,\cdots \\ b_n = \dfrac{1}{\pi}\displaystyle\int_{-\pi}^{\pi} f_{T_{(x)}} \sin(nx)\mathrm{d}x & n=1,2,3,\cdots \end{cases} \tag{B.2.12b}$$

需要注意的是，从纯数学角度来看，$f_{T_{(x)}}$ 在 $-\pi$ 到 π 之间不一定可积，即 $\int_{-\pi}^{\pi} f_{T_{(x)}} \mathrm{d}x$ 不一定存在，所以周期函数不一定都可以展开为式(B.2.12(b))的形式(傅里叶级数有可能不收敛)。但从工程角度分析，不管是控制工程还是信号处理，所处理的函数大都是可积的，所以

在本附录中不考虑数学中的特殊情况。

B.3 周期为 2L 的函数展开成傅里叶级数

B.2 节讨论了周期函数 $f_{T_{(x)}}=f_{T_{(x+2\pi)}}$ 的傅里叶级数。本节将在此基础上进行拓展，定义一个新的周期函数为

$$f_{T_{(t)}}=f_{T_{(t+2L)}},\quad T=2L \tag{B.3.1}$$

它是周期为 $T=2L$ 的函数。通过换元法，令 $t=\frac{L}{\pi}x$，得到

$$f_{T_{(t)}}=f_{T_{\left(\frac{L}{\pi}x\right)}}\triangleq g_{T_{(x)}} \tag{B.3.2a}$$

可得

$$g_{T_{(x+2\pi)}}=f_{T_{\left(\frac{L}{\pi}(x+2\pi)\right)}}=f_{T_{\left(\frac{L}{\pi}x+2L\right)}}=f_{T_{\left(\frac{L}{\pi}x\right)}}=g_{T_{(x)}} \tag{B.3.2b}$$

因此，换元之后 $g_{T_{(x)}}$ 是一个周期为 2π 的函数，根据式(B.2.12a)、式(B.2.12b)，它可以展开为傅里叶级数，即

$$g_{T_{(x)}}=\frac{a_0}{2}+\sum_{n=1}^{\infty}[a_n\cos(nx)+b_n\sin(nx)] \tag{B.3.3a}$$

其中，

$$\begin{cases}a_n=\frac{1}{\pi}\int_{-\pi}^{\pi}g_{T_{(x)}}\cos(nx)\mathrm{d}x & n=0,1,2,\cdots\\ b_n=\frac{1}{\pi}\int_{-\pi}^{\pi}g_{T_{(x)}}\sin(nx)\mathrm{d}x & n=1,2,3,\cdots\end{cases} \tag{B.3.3b}$$

将 $t=\frac{L}{\pi}x\left(\text{即 } x=\frac{\pi}{L}t\right)$ 代入式(B.3.3a)，得到

$$f_{T_{(t)}}=g_{T_{(x)}}=\frac{a_0}{2}+\sum_{n=1}^{\infty}\left[a_n\cos\left(n\frac{\pi}{L}t\right)+b_n\sin\left(n\frac{\pi}{L}t\right)\right] \tag{B.3.4}$$

此外，当 x 的上下限为$[\pi,-\pi]$时，t 的上下限为 $\left[\pi\frac{L}{\pi},-\pi\frac{L}{\pi}\right]=[L,-L]$，式(B.3.3b)可写成

$$\begin{aligned}a_n&=\frac{1}{\pi}\int_{-L}^{L}f_{T_{(t)}}\cos\left(n\frac{\pi}{L}t\right)\mathrm{d}\left(\frac{\pi}{L}t\right)\\&=\frac{1}{\pi}\frac{\pi}{L}\int_{-L}^{L}f_{T_{(t)}}\cos\left(n\frac{\pi}{L}t\right)\mathrm{d}t=\frac{1}{L}\int_{-L}^{L}f_{T_{(t)}}\cos\left(n\frac{\pi}{L}t\right)\mathrm{d}t\end{aligned} \tag{B.3.5}$$

$$\begin{aligned}b_n&=\frac{1}{\pi}\int_{-L}^{L}f_{T_{(t)}}\sin\left(n\frac{\pi}{L}t\right)\mathrm{d}\left(\frac{\pi}{L}t\right)\\&=\frac{1}{\pi}\frac{\pi}{L}\int_{-L}^{L}f_{T_{(t)}}\sin\left(n\frac{\pi}{L}t\right)\mathrm{d}t=\frac{1}{L}\int_{-L}^{L}f_{T_{(t)}}\sin\left(n\frac{\pi}{L}t\right)\mathrm{d}t\end{aligned} \tag{B.3.6}$$

式(B.3.4)、式(B.3.5)和式(B.3.6)是周期为 $2L$ 的函数展开为傅里叶级数的表达。引入基频率 ω_T，令

$$\omega_T=\frac{\pi}{L}=\frac{2\pi}{T} \tag{B.3.7}$$

将式(B.3.7)代入式(B.3.4)～式(B.3.6)，得到

$$f_{T_{(t)}}=\frac{a_0}{2}+\sum_{n=1}^{\infty}[a_n\cos(n\omega_T t)+b_n\sin(n\omega_T t)] \quad \text{(B.3.8a)}$$

$$\begin{cases} a_n=\dfrac{2}{T}\displaystyle\int_{-\frac{T}{2}}^{\frac{T}{2}}f_{T_{(t)}}\cos(n\omega_T t)\mathrm{d}t \quad n=0,1,2,\cdots \\ b_n=\dfrac{2}{T}\displaystyle\int_{-\frac{T}{2}}^{\frac{T}{2}}f_{T_{(t)}}\sin(n\omega_T t)\mathrm{d}t \quad n=1,2,3,\cdots \end{cases} \quad \text{(B.3.8b)}$$

在式(B.3.8a)中,如果考虑该函数 $f_{T_{(t)}}$ 周期无限大($T\to\infty$),即函数将在无限久之后才重复。此时的周期函数就变成了非周期函数,即 $f_{T_{(t)}}\to f_{(t)}$。这意味着可以将任意的函数展开为三角函数的叠加。在处理它之前,首先要找到傅里叶级数的复数表达形式。

B.4 傅里叶级数的复数表达形式

傅里叶级数的复数表达形式可以帮助分析非周期函数的傅里叶表达。首先复习欧拉恒等式:

$$\cos\varphi+\mathrm{j}\sin\varphi=\mathrm{e}^{\mathrm{j}\varphi} \quad \text{(B.4.1a)}$$

用 $-\varphi$ 替换 φ,得到

$$\cos(-\varphi)+\mathrm{j}\sin(-\varphi)=\mathrm{e}^{-\mathrm{j}\varphi}$$

$$\Rightarrow \cos\varphi-\mathrm{j}\sin\varphi=\mathrm{e}^{-\mathrm{j}\varphi} \quad \text{(B.4.1b)}$$

令式(B.4.1a)加式(B.4.1b),得到

$$2\cos\varphi=\mathrm{e}^{\mathrm{j}\varphi}+\mathrm{e}^{-\mathrm{j}\varphi}$$

$$\Rightarrow \cos\varphi=\frac{1}{2}(\mathrm{e}^{\mathrm{j}\varphi}+\mathrm{e}^{-\mathrm{j}\varphi}) \quad \text{(B.4.2a)}$$

令式(B.4.1a)减式(B.4.1b),得到

$$2\mathrm{j}\sin\varphi=\mathrm{e}^{\mathrm{j}\varphi}-\mathrm{e}^{-\mathrm{j}\varphi}$$

$$\Rightarrow \sin\varphi=-\frac{1}{2}\mathrm{j}(\mathrm{e}^{\mathrm{j}\varphi}-\mathrm{e}^{-\mathrm{j}\varphi}) \quad \text{(B.4.2b)}$$

将式(B.4.2a)和式(B.4.2b)代入式(B.3.8a),得到

$$\begin{aligned} f_{T_{(t)}}&=\frac{a_0}{2}+\sum_{n=1}^{\infty}[a_n\cos(n\omega_T t)+b_n\sin(n\omega_T t)] \\ &=\frac{a_0}{2}+\sum_{n=1}^{\infty}\left[\frac{a_n}{2}(\mathrm{e}^{\mathrm{j}n\omega_T t}+\mathrm{e}^{-\mathrm{j}n\omega_T t})-\frac{b_n}{2}\mathrm{j}(\mathrm{e}^{\mathrm{j}n\omega_T t}-\mathrm{e}^{-\mathrm{j}n\omega_T t})\right] \\ &=\frac{a_0}{2}+\sum_{n=1}^{\infty}\left(\frac{a_n-\mathrm{j}b_n}{2}\mathrm{e}^{\mathrm{j}n\omega_T t}+\frac{a_n+\mathrm{j}b_n}{2}\mathrm{e}^{-\mathrm{j}n\omega_T t}\right) \\ &=\frac{a_0}{2}+\sum_{n=1}^{\infty}\frac{a_n-\mathrm{j}b_n}{2}\mathrm{e}^{\mathrm{j}n\omega_T t}+\sum_{n=1}^{\infty}\frac{a_n+\mathrm{j}b_n}{2}\mathrm{e}^{-\mathrm{j}n\omega_T t} \end{aligned} \quad \text{(B.4.3)}$$

其中,$\frac{a_0}{2}$可以调整写成

$$\frac{a_0}{2}=\sum_{n=0}^{0}\frac{a_0}{2}\mathrm{e}^{\mathrm{j}n\omega_T t} \quad \text{(B.4.4a)}$$

对于 $\sum_{n=1}^{\infty}\frac{a_n+\mathrm{j}b_n}{2}\mathrm{e}^{-\mathrm{j}n\omega_T t}$ 项，用 $-n$ 代替 n，可以调整为

$$\sum_{n=1}^{\infty}\frac{a_n+\mathrm{j}b_n}{2}\mathrm{e}^{-\mathrm{j}n\omega_T t}=\sum_{n=-\infty}^{-1}\frac{a_{(-n)}+\mathrm{j}b_{(-n)}}{2}\mathrm{e}^{-\mathrm{j}(-n)\omega_T t}$$
$$=\sum_{n=-\infty}^{-1}\frac{a_{(-n)}+\mathrm{j}b_{(-n)}}{2}\mathrm{e}^{\mathrm{j}n\omega_T t} \tag{B.4.4b}$$

将式(B.4.4a)和式(B.4.4b)代入式(B.4.3)，得到

$$f_{T_{(t)}}=\sum_{n=0}^{0}\frac{a_0}{2}\mathrm{e}^{\mathrm{j}n\omega_T t}+\sum_{1}^{\infty}\frac{a_n-\mathrm{j}b_n}{2}\mathrm{e}^{\mathrm{j}n\omega_T t}+\sum_{n=-\infty}^{-1}\frac{a_{(-n)}+\mathrm{j}b_{(-n)}}{2}\mathrm{e}^{\mathrm{j}n\omega_T t} \tag{B.4.5}$$

观察式(B.4.5)，可以发现加和部分中的 n 覆盖了$[-\infty,\infty]$的全部整数，因此式(B.4.5)可以写成

$$f_{T_{(t)}}=\sum_{n=-\infty}^{\infty}c_n\mathrm{e}^{\mathrm{j}n\omega_T t} \tag{B.4.6}$$

其中，

$$c_n=\begin{cases}\dfrac{a_0}{2}, & n=0\\ \dfrac{a_n-\mathrm{j}b_n}{2}, & n=1,2,3,\cdots\\ \dfrac{a_{(-n)}+\mathrm{j}b_{(-n)}}{2}, & n=-1,-2,-3,\cdots\end{cases} \tag{B.4.7}$$

计算 c_n，将式(B.3.8b)代入式(B.4.7)，其中

当 $n=0$ 时，

$$c_n=\frac{a_0}{2}=\frac{1}{2}\frac{2}{T}\int_{-\frac{T}{2}}^{\frac{T}{2}}f_{T_{(t)}}\mathrm{d}t=\frac{1}{T}\int_{-\frac{T}{2}}^{\frac{T}{2}}f_{T_{(t)}}\mathrm{d}t$$
$$=\frac{1}{T}\int_{-\frac{T}{2}}^{\frac{T}{2}}f_{T_{(t)}}\mathrm{e}^{-\mathrm{j}0\omega_T t}\mathrm{d}t \tag{B.4.8a}$$

当 $n=1,2,3,\cdots$时，

$$c_n=\frac{a_n-\mathrm{j}b_n}{2}=\frac{1}{2}\left[\frac{2}{T}\int_{-\frac{T}{2}}^{\frac{T}{2}}f_{T_{(t)}}\cos(n\omega_T t)\mathrm{d}t-\mathrm{j}\frac{2}{T}\int_{-\frac{T}{2}}^{\frac{T}{2}}f_{T_{(t)}}\sin(n\omega_T t)\mathrm{d}t\right]$$
$$=\frac{1}{T}\left[\int_{-\frac{T}{2}}^{\frac{T}{2}}f_{T_{(t)}}(\cos(n\omega_T t)-\mathrm{j}\sin(n\omega_T t))\mathrm{d}t\right]$$
$$=\frac{1}{T}\int_{-\frac{T}{2}}^{\frac{T}{2}}f_{T_{(t)}}\mathrm{e}^{-\mathrm{j}n\omega_T t}\mathrm{d}t \tag{B.4.8b}$$

当 $n=-1,-2,-3,\cdots$时，

$$c_n=\frac{a_{(-n)}+\mathrm{j}b_{(-n)}}{2}=\frac{1}{2}\left[\frac{2}{T}\int_{-\frac{T}{2}}^{\frac{T}{2}}f_{T_{(t)}}\cos(-n\omega_T t)\mathrm{d}t+\mathrm{j}\frac{2}{T}\int_{-\frac{T}{2}}^{\frac{T}{2}}f_{T_{(t)}}\sin(-n\omega_T t)\mathrm{d}x\right]$$
$$=\frac{1}{T}\left(\int_{-\frac{T}{2}}^{\frac{T}{2}}f_{T_{(t)}}[\cos(n\omega_T t)-\mathrm{j}\sin(n\omega_T t)]\mathrm{d}x\right)$$
$$=\frac{1}{T}\int_{-\frac{T}{2}}^{\frac{T}{2}}f_{T_{(t)}}\mathrm{e}^{-\mathrm{j}n\omega_T t}\mathrm{d}t \tag{B.4.8c}$$

此时归纳式(B.4.8)，发现 c_n 可以写成一个统一的形式，即

$$c_n = \frac{1}{T}\int_{-\frac{T}{2}}^{\frac{T}{2}} f_{T_{(t)}} \mathrm{e}^{-\mathrm{j}n\omega_T t}\,\mathrm{d}t,\quad n=0,\pm 1,\pm 2,\pm 3,\cdots \tag{B.4.9}$$

式(8.4.6)和式(8.4.9)说明,当使用复数表达傅里叶级数时会非常简单。

B.5　傅里叶变换

本节将推导傅里叶变换,在开始之前,首先思考傅里叶级数的物理意义。在 B.4 节中介绍了周期为 T 的函数 $f_{T_{(t)}}$ 的傅里叶级数展开的复数表达,即

$$f_{T_{(t)}} = \sum_{n=-\infty}^{\infty} c_n \mathrm{e}^{\mathrm{j}n\omega_T t} \tag{B.5.1}$$

其中,

$$c_n = \frac{1}{T}\int_{-\frac{T}{2}}^{\frac{T}{2}} f_{T_{(t)}} \mathrm{e}^{-\mathrm{j}n\omega_T t}\,\mathrm{d}t,\quad n=0,\pm 1,\pm 2,\pm 3,\cdots \tag{B.5.2}$$

观察式(B.5.1)可以发现,任何周期为 T 的函数展开后的表达形式都是一致的,都是一系列的复数 c_n 与 $\mathrm{e}^{\mathrm{j}n\omega_T t}$ 的乘积之后求和的结果。因此,将不同周期函数区别开的是式(B.5.2)中所计算的 c_n 项。例如,图 B.5.1(a)是周期函数 $f_{T_{(t)}}$,图 B.5.1(b)则是其所对应的 c_n。

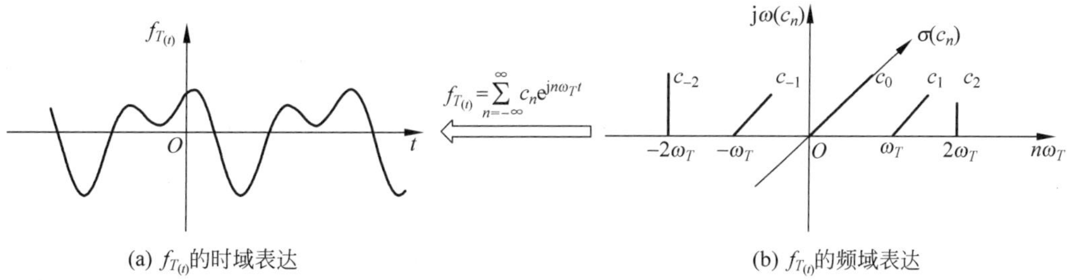

图 B.5.1　周期函数 $f_{T_{(t)}}$ 的时域与频域表达

其中,图 B.5.1(a)以时间 t 为横坐标,称为 $f_{T_{(t)}}$ 的时域表达,而图 B.5.1(b)则显示了周期函数在不同频率下 c_n 的值,称为频域表达,它是 $f_{T_{(t)}}$ 的**频谱**。这就是从不同的角度看世界,每一个周期函数都将对应一种频谱。请注意,一般情况下看到的频谱很少是图 B.5.1(b)这种三维复平面的,而是会把复数的模 $|c_n|$ 单独列出来,这样就可以得到时间函数在不同频率下的强度了。这在分析系统信号及设计滤波器中是非常重要的。

到此为止,我们讨论的一直都是周期函数 $f_{T_{(t)}}$ 的傅里叶级数的展开,是否可以将其推广到更一般的形式呢? 如果考虑 $f_{T_{(t)}}$ 周期无限大,即 $T\to\infty$,即函数将在无限久之后才重复。此时的周期函数就变成了非周期函数,即 $f_{T_{(t)}}\to f_{(t)}$。首先考虑周期函数的频谱,如图 B.5.2(a)所示,它的横坐标是离散的形式,之间的间隔为

$$\Delta\omega = (n+1)\omega_T - n\omega_T = \omega_T = \frac{2\pi}{T} \tag{B.5.3}$$

随着周期 T 的增加,间隔 $\Delta\omega$ 会变得越来越小。当 $T\to\infty$时,$\Delta\omega\to 0$,原本的离散形式就变成了连续形式,如图 B.5.2(b)所示,此时横坐标变成了连续变量 ω。因此,原本离散的 c_n 也将变成一条连续的曲线。

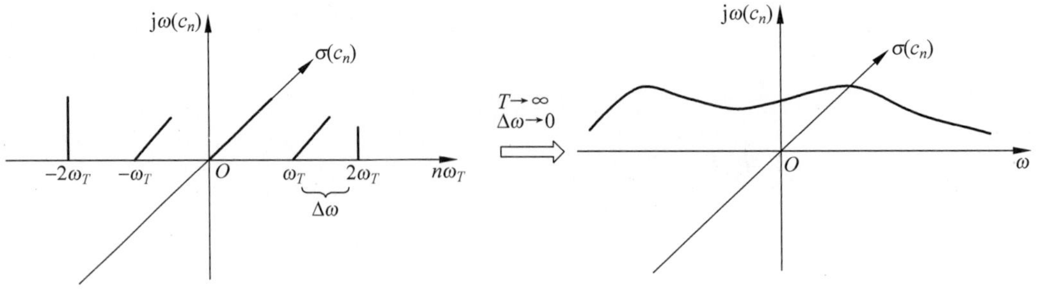

(a) $f_{T_{(t)}}$的频域表达　　(b) $f_{(t)}$的频域表达

图 B.5.2　当周期 $T\to\infty$时的频谱变化

将式(B.5.2)代入式(B.5.1),得到

$$f_{T_{(t)}}=\sum_{n=-\infty}^{\infty}\frac{1}{T}\int_{-\frac{T}{2}}^{\frac{T}{2}}f_{T_{(t)}}\mathrm{e}^{-\mathrm{j}n\omega_T t}\mathrm{d}t\,\mathrm{e}^{\mathrm{j}n\omega_T t}\tag{B.5.4}$$

根据式(B.5.3),$\frac{1}{T}=\frac{\Delta\omega}{2\pi}$,代入式(B.5.4),得到

$$\begin{aligned}f_{T_{(t)}}&=\sum_{n=-\infty}^{\infty}\frac{\Delta\omega}{2\pi}\int_{-\frac{T}{2}}^{\frac{T}{2}}f_{T_{(t)}}\mathrm{e}^{-\mathrm{j}n\omega_T t}\mathrm{d}t\,\mathrm{e}^{\mathrm{j}n\omega_T t}\\&=\frac{1}{2\pi}\sum_{n=-\infty}^{\infty}\int_{-\frac{T}{2}}^{\frac{T}{2}}f_{T_{(t)}}\mathrm{e}^{-\mathrm{j}n\omega_T t}\mathrm{d}t\,\mathrm{e}^{\mathrm{j}n\omega_T t}\Delta\omega\end{aligned}\tag{B.5.5}$$

当 $T\to\infty$时,$f_{T_{(t)}}\to f_{(t)}$,$\int_{-\frac{T}{2}}^{\frac{T}{2}}f_{T_{(t)}}\mathrm{e}^{-\mathrm{j}n\omega_T t}\mathrm{d}t\to\int_{-\infty}^{\infty}f_{(t)}\mathrm{e}^{-\mathrm{j}\omega t}\mathrm{d}t$,式(B.5.5)中的求和也将变成积分。因此,式(B.5.5)可以写成

$$f_{(t)}=\frac{1}{2\pi}\int_{-\infty}^{\infty}\int_{-\infty}^{\infty}f_{(t)}\mathrm{e}^{-\mathrm{j}\omega t}\mathrm{d}t\,\mathrm{e}^{\mathrm{j}\omega t}\mathrm{d}\omega\tag{B.5.6}$$

其中,令

$$F_{(\omega)}=\int_{-\infty}^{\infty}f_{(t)}\mathrm{e}^{-\mathrm{j}\omega t}\mathrm{d}t\tag{B.5.7}$$

$F_{(\omega)}$被称为 $f_{(t)}$的**傅里叶变换**。同时,称 $f_{(t)}=\frac{1}{2\pi}\int_{-\infty}^{\infty}F_{(\omega)}\mathrm{e}^{\mathrm{j}\omega t}\mathrm{d}\omega$ 为 $F_{(\omega)}$ 的**傅里叶逆变换**。

通过上述详细的推导,我们得到了函数 $f_{(t)}$的傅里叶变换,对比式(B.5.7)与拉普拉斯变换:

$$\mathcal{L}[f_{(t)}]=F_{(s)}=\int_{0}^{\infty}f_{(t)}\mathrm{e}^{-st}\mathrm{d}t\tag{B.5.8}$$

会发现傅里叶变换是拉普拉斯变换的一种特殊情况(当 $s=\mathrm{j}\omega$ 时)。所以,傅里叶变换具有拉普拉斯变换的一切性质。此外,实函数的傅里叶变换为**埃尔米特函数**,符合共轭对称。根据傅里叶变换的定义:

$$\overline{F_{(\omega)}}=\int_{-\infty}^{\infty}\overline{f_{(t)}\mathrm{e}^{-\mathrm{j}\omega t}}\mathrm{d}t=\int_{-\infty}^{\infty}\overline{f_{(t)}}\mathrm{e}^{\mathrm{j}\omega t}\mathrm{d}t=\int_{-\infty}^{\infty}f_{(t)}\mathrm{e}^{\mathrm{j}\omega t}\mathrm{d}t=F_{(-\omega)}\tag{B.5.9}$$

其中,$\overline{F_{(\omega)}}$代表 $F_{(\omega)}$的共轭复数。$\overline{F_{(\omega)}}=F_{(-\omega)}$是一个非常重要的性质,它被运用在第 9 章中推导频率响应。

APPENDIX C 附录C

代码汇总与说明

本书所有案例所附代码请扫描以下二维码下载：

本书所附代码说明请参考如下表格：

第 2 章代码

编号	书中位置	文 件 名	代 码 功 能
2.1	2.1.1 节尾	2-1_Convolution_Example. m	卷积的基本原理和应用
2.2	图 2.3.5 下	2-2_Transfer_Function_Example. m	传递函数

第 3 章代码

编号	书中位置	文 件 名	代 码 功 能
3.1	3.1 节尾	3-1_Statespace_Example. m	使用状态空间方程搭建系统并与传递函数转换

第 4 章代码

编号	书中位置	文 件 名	代 码 功 能
4.1	4.2 节尾	4-1_1st_Order_Response. m	一阶系统冲激与阶跃响应

第 5 章代码

编号	书中位置	文 件 名	代 码 功 能
5.1	5.3 节尾	5-1_2nd_Order_Step_Response. m	二阶系统单位阶跃响应，ζ 效应

第 7 章代码

编号	书中位置	文 件 名	代 码 功 能
7.1	7.1 节尾	7-1_System_Modeling_Weight_Loss. m	体重系统建模
7.2	7.2 节尾	7-2_P_Control_Weight_Loss. m	比例控制_体重模型
7.3	7.3.2 节尾	7-3_PI_Control. m	比例积分控制
7.4	7.3 节尾	7-4_PI_Control_Weight_Loss. m	比例积分控制_体重模型
7.5	7.4 节尾	7-5_PI_Control_Weight_Loss_with_Limit. m	含限制的比例积分控制_体重模型

第 8 章代码

编号	书中位置	文 件 名	代 码 功 能
8.1	8.2 节尾	8-1_Root_Locus_Example. m	根轨迹举例
8.2	8.4.2 节尾	8-2_Lead_Compensator. m	超前补偿器设计
8.3	8.4.3 节尾	8-3_Lag_Compensator. m	滞后补偿器设计

第 9 章代码

编号	书中位置	文 件 名	代 码 功 能
9.1	9.5.2 节尾	9-1_BodePlot_Examples. m	伯德图举例
9.2	9.6 节尾	9-2_BodePlot_Controller_Design. m	基于伯德图的控制器设计
9.3	9.8.3 节尾	9-3_GM_PM_Controller_Design. m	基于裕度分析的控制器设计
9.4	9.8.4 节尾	9-4_Rlocus_GM. m	根轨迹与幅值裕度

第 10 章代码

编号	书中位置	文 件 名	代 码 功 能
10.1	10.2 节尾	10-1_Controllability. m	可控性判据
10.2	10.3.1 节尾	10-2_Pole_Placement_Controller_Design. m	线性反馈控制器-极点配置
10.3	10.3.2 节尾	10-3_LQR_Controller. m	LQR 控制器
10.4	10.3.3 节尾	10-4_Tracking_Problem. m	轨迹追踪
10.5	10.4.1 节尾	10-5_Observability. m	可观测性判据
10.6	10.4.2 节尾	10-6_Full_Order_Observer_Design. m	全阶观测器设计案例
10.7	10.4.3 节尾	10-7_Reduced_Order_Observer_Design. m	降阶观测器案例
10.8	10.4.4 节尾	10-8_Observer_with_Noise. m	观测器的滤波器性质
10.9	10.5 节尾	10-9_Controller_Observer_Combination. m	观测器与控制器结合案例

参 考 文 献

[1] Marques, Horacio J. J. *Nonlinear Control Systems Analysis and Design*[M]. NJ: Wiley-Interscience, 2003.

[2] 姜春瑞,槐春晶,刘丽. 自动控制原理与系统[M]. 北京:北京大学出版社,2005.

[3] Bay, John. *Fundamentals of Linear State Space Systems*[M]. NY: McGraw-Hill Education, 1998.

[4] Brogan, William. *Modern Control Theory*[M]. 3rd ed.. NJ: Prentice Hall, 1990.

[5] Nise, Norman S. *Control Systems Engineering*[M]. 6th ed.. NJ: John Wiley & Sons, Inc., 2006.

[6] Åström, Karl J., Richard M. Murray. *Feedback Systems: An Introduction for Scientists and Engineers*[M]. NJ: Princeton University Press, 2021.

[7] Close, Charles M., Dean K. Frederick, Jonathan C. Newell. *Modeling and Analysis of Dynamic Systems*[M]. 3rd ed.. NJ: John Wiley & Sons, Inc., 2001.

[8] Vahidi, Ardalan. *ME820: Modern Control Engineering*[R]. Lecture Note. Clemson University, 2008.

[9] Douglas, Brian. *The Fundamentals of Control Theory*: An Intuitive Approach from the Creator of Control System Lectures on YouTube. Rev. 1.6, 2019.

[10] Ogata, Katsuhiko. *Modern Control Engineering*[M]. 5th ed.. NJ: Prentice Hall, 2010.

[11] Franklin, Gene F., J. Da Powell, Abbas Emami-Naeini. *Feedback Control of Dynamic Systems*. 7th ed.. NJ: Pearson, 2015.

[12] Dorf, Richard C., Robert H. Bishop. *Modern Control Systems*. 13th ed.. NJ: Pearson, 2016.